카이사르의 마지막 숨

우리를 둘러싼 공기의 비밀

샘 킨 지음 이충호 옮김

카이사르의 마지막 숨

CAESAR'S LAST BREATH

해나무

모래 한 알 속에서 세상을 보고
한 송이 들꽃에서 천국을 보며,
손바닥 안에 무한을 담고
한 시간 안에 영원을 담으라.

—윌리엄 블레이크William Blake, 「순수의 전조*Auguries of Innocence*」

차례

일러두기

1. 본문에서 *로 표시된 부분은 441쪽부터 시작되는 '노트'에 좀 더 자세하고 흥미로운 이야기가 실려 있다.

2. 단행본 제목은 겹낫표(『 』), 기사·단편 제목은 홑낫표(「 」), 신문·잡지·영화 제목은 홑화살(〈 〉)로 표기했다.

마지막 숨

간단한 실험을 하나 해보자. 지금부터 몇 초 동안 자기 몸에서 빠져나가는 공기에 주목하라. 당신이 이 세상에서 내쉬는 마지막 숨이라고 생각하고서 말이다. 당신은 이 공기에 대해 얼마나 알고 있는가? 가슴 안에서 폐가 쪼그라들면서 축 처지는 것이 느껴지는가? 그 안에서는 무슨 일이 일어나고 있을까? 손을 입 앞에 갖다 대고 입 밖으로 빠져나오는 기체가 몸속에서 어떻게 변했는지 느껴보라. 더 따뜻해지고, 습기가 더 많아지고, 아마도 새로운 냄새까지 얻었을 것이다. 어떤 종류의 연금술이 이런 변화를 초래했을까? 그리고 당신의 촉각은 충분히 예민하지 않을 테지만, 손가락 끝에 와 부딪치는 개개 기체 분자들을 느낄 수 있다고 상상해보라. 당신 몸에 부딪친 뒤 주변의 공기 속으로 돌아가는 엄청나게 작은 아령 모양의 분자들 말이다. 그런 분자는 얼마나 많이 있으며, 이 분자들은 어디로 갈까?

일부 분자는 그리 멀리 달아나지 못한다. 다음번 숨을 들이쉴 때, 이 분자들은 바다로 멀찌감치 달아나기 전에 파도에 휩쓸려 해변으로 도로 밀려오는 바닷물처럼 다시 폐로 들어온다. 그런가 하면, 어떤 분자들은 조금 더 멀리 달아나 잠깐 동안 옆방에서 자유를 누리지만, 얼마 지나지 않아 작은 탕아처럼 다시 돌아온다. 하지만 대부분의 분자들은 대기 중의 분자들 속으로 흘러들어가 전 세계를 돌아다닌다. 그리고 몇 달 뒤에 일부 분자들은 지친 순례자처럼 당신의 몸속으로 다시 돌아올지도 모른다. 그동안 당신은 이 분자들을 처음 만날 때와는 아주 다르게 변했을 수 있지만, 당신이 내뱉은 숨의 유령들은 매초 주위를 스쳐 지나가면서 매일 당신과 마주친다.

물론 이런 경험을 하는 사람은 당신뿐만이 아니다. 지구에 살고 있는 모든 사람에게 이런 일이 일어난다. 게다가 당신이 내뱉은 유령들은 다른 사람들이 내뱉은 유령들과 뒤섞이는데, 당신이 숨을 들이마셨다가 내뱉은 분자들 중 일부를 다른 사람들도 들이마셨다가 내뱉기 때문이다.(혹은 그 반대의 일이 일어날 수도 있다.) 사실, 만약 당신이 이 책을 공공장소에서 읽고 있다면, 주변의 모든 사람이 내뱉은 공기를 들이마시고 있다(간접 호흡). 이에 대한 당신의 반응은 아마도 주변 사람이 누구냐에 따라 달라질 것이다. 이렇게 공기가 섞이는 것을 좋아할 수도 있는데, 서로 몸을 밀착하고서 목에 와닿는 상대의 숨결을 즐기는 연인들이라면 그럴 것이다. 반면에 비행기 옆 좌석에 앉은 사람이 마늘을 먹고서 수다를 떤다면 몹시 싫을 것이다. 하지만 산소 탱크로 숨을 쉬지 않는 이상 우리는 주변 공기로부터 벗어날 길이 없다. 우리는 늘 이웃들, 심지어 아주 멀리 떨어진 이웃들이 내뱉은 공기를 재사용하면서 살아간다. 먼 별에서 날아온 빛이 우리의 홍채를 반짝이게 하는 것처럼, 지구 반대편에서 낯선 사람이 내뱉은 공기가 다음 번 산들바람에 실려와 내 폐로 들어갈지도 모른다.

더욱 놀라운 사실은 우리의 숨이 과거의 역사와 우리를 연결한다는 점이다. 다음번에 우리가 들이마시는 숨에는 9·11 테러나 베를린 장벽 붕괴, 제1차 세계 대전, 맥헨리 요새 위에 나부낀 성조기에서 유래한 분자들이 일부 포함돼 있을지 모른다. 시간적으로나 공간적으로 상상력을 더 확대하면, 흥미로운 시나리오를 생각해볼 수 있다. 예를 들면, 다음번에 우리가 들이마시는(지금 이 순간 여기서) 숨에 율리우스 카이사르Julius Caesar가 죽는 순간에 내뱉은 공기 중 일부가 함께 딸려온다면 어떨까?

카이사르의 이야기는 여러분도 익히 알고 있을 것이다. 기원전 44년 3월 15일, 살아 있는 사람의 초상화가 동전에 새겨진 최초의 로마인인 율리우스 카이사르—폰티펙스 막시무스*Pontifex Maximus*, 딕타토르 페르페투오*dictator perpetuo*(*Pontifex Maximus*는 고대 로마의 최고 사제를 가리키는 명칭인데, 나중에 로마 황제의 공식 칭호가 되었다. *dictator perpetuo*는 종신 독재관이란 뜻이다.—옮긴이)—가 원로원 회의실로 들어섰다. 카이사르는 힘든 밤을 보냈는데도 놀랍도록 활력이 넘쳐 보였다. 전날 밤 만찬석상에서 죽기에 가장 좋은 방법이 무엇인가 하는 다소 음울한 주제로 대화가 흘러간 적이 있었다.(카이사르는 예기치 못하게 갑자기 죽는 것을 선호한다고 말했다.) 뇌전증이 있었던 카이사르는 밤에 잠을 푹 자지 못했는데, 아내는 집이 무너지고 피투성이가 된 카이사르를 부둥켜안는 악몽을 꾸었다.

잠을 못 잔 후유증으로 카이사르는 그날 오전에는 집에 머물렀다. 하지만 마지막 순간에 카이사르는 하인들에게 가마를 준비하라고 일렀다. 수행원들이 그를 가마에 태우고 포룸Forum(고대 로마의 대광장)을 향해 출발하자, 마침내 카이사르는 안정을 되찾았고 호흡도 더 자유롭고 편해졌다. 심지어 도중에 한 예언자를 놀리기까지 했는데, 그 사람은 한 달 전에 카이사르에게 3월 중순 이전에 파멸이 찾아올 것이라고 예언한 적이 있었다. 카이사르는 숨을 깊이 들이쉬고 나서 "이미 3월 15일이 되지 않았는가!"라고 외쳤다. 예언자는 전혀 웃지 않고 대답했다. "그렇군요. 하지만 아직 다 지나가진 않았습니다."

카이사르가 회의실로 들어서자, 수백 명의 원로원 의원들이 자리에서 일어섰다. 회의실 안의 공기는 다소 답답하게 느껴졌을 텐데, 한동안 이들이 내쉰 숨과 체온이 공기를 데웠을 것이기 때문이다. 그런데 카이사르가 황금 의자에 앉기 전에 킴베르Cimber 의원이 다가와 자신의 형을 사면해달라고 탄원했다. 킴베르는 카이사르가 탄원을 절대로 들어주지 않으리란 사실을 알았지만, 킴베르가 노린 것은 바로 그것이었다. 킴베르는 간청을 반복했고, 카이사르는 거절을 반복했는데, 그 틈을 타 여섯 의원이 마치 거들기라도 하려는 것처럼 카이사르에게 다가갔다. 카이사르는 위풍당당한 태도를 유지했지만 끓어오르는 짜증을 억누르면서 그들 사이에 앉아 있었다. 카이사르는 논의를 중단하려고 시도했지만, 킴베르는 간청하듯이 양손으로 그의 어깨를 감쌌다. 그러더니 자주색 토가를 확 벗겨 카이사르의 가슴을 드러냈다.

"이건 폭력이야!"라고 카이사르는 외쳤다. 하지만 그것이 얼마나 정곡을 정확하게 찌른 말인지 미처 알지 못했다. 곧이어 카스카Casca 의원이 단도를 들고 달려들어 카이사르의 목을 찔렀다. 카이사르는 "카스카, 이 천한 자야, 무슨 짓이냐?"라고 외쳤지만, 분노보다는 당황한 기색이 역력했다. 그 뒤를 이어 '탄원자' 무리가 우르르 몰려들더니 각자 자신의 토가를 걷어 올려 살을 약간 드러내는 동시에 허리띠에 매달린 가죽 주머니를 열었다. 가죽 주머니는 평소에 철필을 넣는 용도로 쓰였다. 하지만 이번에는 60개의 철필 대신에 60개의 단도가 나왔다. 카이사르도 마침내 상황을 제대로 파악했다. 시크 셈페르 티란니스*Sic semper tyrannis*.(독재자의 말로는 항상 이렇게 되리라.)

카이사르는 처음에는 저항했지만, 단도에 몇 번 찔리고 나자 샌들 아래의 대리석 바닥이 피로 미끌미끌해졌다. 그러면서 곧 자신의 옷에 뒤엉켜 넘어지고 말았다. 그러자 암살자들이 덮쳐 그의 몸을 스물세 군데나 찔렀다. 나중에 시신을 부검한 의사는 스물두 군데의 자상은 얕은 것이었다고 말했다. 한 번 찔릴 때마다 카이사르의 몸은 더 패닉 상태에 빠졌을 테고, 그 쇼크로 피가 주변부에서 중심부로 몰리면서 산소를 주요 기관으로 계속 공급했을 것이다. 하지만 그래도 심장을 찌른 치명적인 일격만 없었더라면, 카이사르는 살아남았을 것이라고 의사는 말했다.

대다수 목격담에 따르면, 카이사르는 넘어지기 전에 토가로 자신의 몸을 감쌌고, 한마디 비명도 없이 죽었다고 한다. 하지만 한 증언(왜 이 이야기가 2000년 동안 사람들의 관심을 사로잡았는지는 충분히 이해할 수 있다)에 따르면, 카이사르는 쓰러지기 직전에 사타구니를 찔린 걸 느꼈고 피 묻은 눈을 닦았다고 한다. 그러면서 카이사르는 암살자 무리 중에서 붉게 빛나는 단도를 들고 서 있는 자신의 추종자 브루투스Brutus를 발견했다. 카이사르는 이 상황을 받아들이면서 "너도냐, 아들아?"라고 중얼거렸다. 이 말은 반은 질문이고 반은 답이었다. 그러고는 조금이라도 품위를 지키기 위해 토가를 머리 위로 뒤집어쓰고 바닥으로 쓰러져 마지막 숨을 내쉬었다.

〈카이사르의 죽음〉, 빈첸초 카무치니Vincenzo Camuccini의 작품.

그렇다면 그가 마지막으로 내뱉은 숨에는 무슨 일이 일어났을까? 얼핏 생각하면, 당연히 어디론가 사라지고 말았을 것 같다. 카이사르는 아주 오래전에 죽었기 때문에 그가 쓰러졌던 건물의 잔해도 거의 남아 있지 않다. 하물며 그의 몸은 화장되었으니 말할 것도 없다. 심지어 쇠로 된 단도들조차 지금쯤은 녹이 슬어 먼지 덩어리로 변했을 가능성이 높다. 그러니 마지막에 내뱉은 숨처럼 덧없는 것이 어떻게 아직도 남아 있겠는가? 무엇보다도 대기는 아주 광대하게 뻗어 있어서 카이사르의 마지막 숨은 지금쯤은 무에 가깝게 해체되어 창공 속으로 사라졌을 것이다. 정맥을 절개해 바다에 피를 조금 뿌렸더니, 2000년 뒤에 그 피 중 일부가 해변으로 밀려오는 일이 일어날 수 있겠는가?

그 양에 대해 한번 생각해보자. 우리 폐는 숨을 한 번 쉴 때마다 약 0.5L의 공기를 내뱉는다. 마지막 순간에 숨을 몰아쉬던 카이사르는 아마도 1L 정도의 공기를 내뿜었을 것이다. 이것은 지름 12.5cm의 풍선을 가득 채울 수 있는 양이다. 그렇다면 이 풍선의 부피와 대기의 부피를 비교해보자. 경계선을 어디로 잡느냐에 따라 다르지만, 대기권은 약 16km 높이로 지구를 빙 둘러싼 껍질을 이루고 있다. 이 껍질의 부피는 약 80억 km^3(8 × 10^{21}L)에 이른다. 따라서 카이사르의 마지막 숨에 포함된 공기 1L는 지구에 존재하는 모든 공기 중 0.00000000000000000001%에 지나지 않는다. 이것이 얼마나 작은 비율인지 생각해보자. 지금까지 지구에서 살았던 사람 약 1000억 명이 모두 한자리에 모였다고 상상해보자. 여러분과 나는 물론이고, 로마의 마지막 황제와 교황과 닥터 후까지 모두 포함해서 말이다. 이들 모두를 대기라고 생각하고 여기에 위의 비율을 곱하면,

0.00000000001'명'만 남는다. 이 정도면 세포 수백 개로 이루어진 티끌인 셈이니, 그야말로 마지막 숨 한 모금에 지나지 않는다. 따라서 카이사르의 마지막 숨은 대기와 비교하면 반올림 오차(반올림할 때 생기는 오차. 예컨대 0.2751의 값은 반올림하면 0.275가 되는데, 이때 반올림 오차는 0.0001이 된다.—옮긴이)처럼 하찮아 보이며, 여러분이 다음번에 숨을 들이쉴 때 그것을 만날 확률은 0이나 다름없어 보인다.

하지만 가능성을 완전히 묵살하기 전에 기체가 지구에서 얼마나 빨리 퍼지는지 생각해보자. 카이사르의 마지막 숨은 탁월풍에 실려 약 2주일 만에, 대체로 로마와 같은 위도(카스피해와 몽골 남부, 시카고, 케이프코드를 지나며)에서 띠를 이룬 전 세계 모든 지역으로 퍼졌을 것이다. 그리고 두 달이 지나기 전에 그 숨은 북반구 전체에 퍼졌을 것이고, 1~2년 안에는 지구 전체에 퍼졌을 것이다.(이것은 지금도 마찬가지이다. 지구상의 어느 곳에서 누가 내뿜은 숨이나 트림 또는 방귀는 여러분이 있는 곳의 상대적 위치에 따라 약간 차이는 나겠지만 대략 2주일, 두 달, 한두 해 만에 여러분에게 도달할 것이다.)

하지만 바람이 그 숨을 아주 희박하게 퍼지게 해 사실상 남은 게 아무것도 없지 않을까? 그 숨결은 폭이 너무나도 좁아 금방 완전히 지워지지 않았을까? 아마도 그리 되지는 않았을 것이다. 위에서 이야기할 때 우리는 카이사르의 마지막 숨을 하나의 덩어리인 것처럼 다루었다. 하지만 아주 작은 척도에서 들여다보면, 이 하나의 공기 덩어리는 개개 분자들로 이루어져 있다. 따라서 어떤 차원(인간의 차원)에서는 카이사르의 마지막 숨은 대기 중으로 사라진 것으로 보이지만, 미시적 차원에서는 그 숨은 전혀 사라진 것이 아닌데, 그것을 이루었던 개개 분자들이 아직도 남아서 존재하기 때문이다.(공기는 아주 '부드러워' 보이지만, 공기 분자들은 대개 아주 단단하다. 그 원자들을 연결하는 결합들은 자연계에서 아주 강한 결합에 속한다.) 따라서 방금 카이사르의 마지막 숨 중 일부를 들이마시지 않았느냐는 질문은 사실은 카이사르가 마지막 순간에 내뱉은 공기 '분자' 중 일부를 들이마시지 않았느냐는 질문과 같다.

그 답은 물론 우리가 이야기하는 분자가 얼마나 많은가에 달려 있다. 기초 화학 지식이 있는 사람이라면, 보통 온도와 압력하에서 공기 1L 속에 들어 있는 분자의 수가 약 270해[垓](27,000,000,000,000,000,000,000) 개라고 계산할 수 있을 것이다. 이것은 감을 잡기 힘들 만큼 엄청나게 많은 수이다. 빌 게이츠가 자신의 전 재산 800억 달러를 1달러짜리 지폐로 바꿔 모두 매트리스 밑에 집어넣었다고 상상해보자. 그리고 거기서 1달러 지폐를 한 장씩 꺼내 1달러로 소프트웨어 회사를 하나씩 세웠다고 상상해보자. 그리고 이 800억 개의 회사가 모두 엄청난 성공을 거둬 각자 800억 달러의 수익을 얻었다고 하자. 이 모든 현금—800억×800억 달러—을 다 합쳐도, 우리가 한 번 숨 쉴 때 들이마시는 분자 수의 4분의 1밖에 되지 않는다. 인류의 전체 역사 동안 존재한 전 세계의 모든 도로와 운하와 공항이 처리한 교통량도 우리 폐가 1초에 처리하는 공기 분자의 수에는 미치지 못한다. 이런 관점에서 보면, 카이사르의 마지막 숨은 셀 수 없이 많은 양으로 보이며, 따라서 다음번에 우리가 숨을 쉴 때 필연적으로 적어도 분자 몇 개는 우리 몸속으로 들어올 것처럼 보인다.

자, 그렇다면 어느 쪽이 이길까? 카이사르가 내뱉은 엄청난 수의 분자와, 대기의 부피에서 한 번의 숨이 차지하는 미미한 비율 중 어느 쪽이 이길까? 이와 비슷한 상황을 생각해보면 그 답을 아는 데 큰 도움이 되는데, 바로 교도소 탈출과 탈주범 수색 상황이다.

전성기 때의 앨커트래즈 교도소에서 수감자 300명 전원—알 카포네Al Capone, 로버트 '조류학자' 스트라우드Robert 'Birdman' Stroud, 조지 '기관총' 켈리George 'Machine Gun' Kelly와 297명의 친구들—이 교도관들을 제압한 뒤 보트 몇 척을 탈취해 육지로 탈출했다고 하자. 그리고 체포될 확률을 낮추기 위해 길을 잘 아는 탈주범들이 샌프란시스코를 빠져나와 (기체처럼) 미국 전역으로 흩어졌다고 하자. 여러분은 이 소식을 듣고 불안에 사로잡혀 탈주범이 자신이 사는 고장으로 흘러들 가능성이 얼마나 되는지 계산해보려고 한다. 과연 이토록 큰 두려움에 떨어야 할 근거가 있는 것일까?

미국의 면적은 약 380만 제곱마일이다. 탈주범 300명으로 그것을 나누면, 탈주범 한 명당 1만 2700제곱마일이 돌아간다. 사우스다코타주에 있는 내 고향은 75제곱마일의 초원 위에 자리잡고 있으므로, 이곳에서 우리가 맞닥뜨릴 수 있는 탈주범의 수는 0.006(=75÷12700)명이다. 즉, 0명이나 다름없다. 반드시 0명이라고 확언할 수는 없는데, 우연히 한 명이 나타날 수도 있기 때문이다. 하지만 앨커트래즈에 수감된 죄수들은 미국 전역을 뒤덮을 만큼 그 수가 충분히 많지 않아 내 고향에 나타날 가능성은 거의 없다고 볼 수 있다.

하지만 앨커트래즈보다 큰 교도소들도 있다. 재소자가 1만 명이나 되는 시카고의 쿡카운티 교도소를 가지고 동일한 시나리오를 전개해보자. 이번에는 더 많은 탈주범이 전국에 풀렸기 때문에, 그중 한 명이 내 고향 땅에 발을 들여놓을 확률이 약 20%로 커진다. 아직도 틀림없이 탈주범이 나타난다고 말할 수는 없지만, 갑자기 털이 쭈뼛 서는 걸 느낀다. 만약 미국의 모든 교도소 재소자들(무려 220만 명)

이 동시에 탈출한다면, 그 확률은 더 커질 것이다. 이번에는 내 고향에 나타날 수 있는 탈주범이 43명(43%가 아니라)으로 껑충 뛴다. 앨커트래즈의 경우에는 내 고향이 광대한 미국에서 차지하는 면적이 아주 작아서 비교적 안전할 수 있었다. 하지만 재앙에 가까운 전국적 교도소 탈출 상황에서는 탈주범 수가 너무 많아 내 고향의 작은 면적도 든든한 안전판이 되지 못하며, 불가피하게 몇몇 탈주범이 내 고향에 나타날 것이다.

이것을 염두에 두고 카이사르의 마지막 숨을 다시 살펴보자. 그의 폐에서 빠져나오는 공기 분자들은 교도소에서 탈출한 재소자에 해당한다. 탈주범들이 전국으로 흩어지는 것은 기체 분자들이 대기 중으로 확산되는 것에 해당한다. 그리고 한 탈주범이 어느 고장(비교적 면적이 작은)에 나타날 확률은 한 분자가 당신이 다음번에 들이쉬는 숨(비교적 적은)에 붙들릴 확률에 해당한다. 따라서 앞에서 던졌던 질문을 다음처럼 바꿔서 던질 수 있다. 카이사르의 마지막 숨은 앨커트래즈 교도소 탈출 상황처럼 공기 중으로 흩어진 분자들이 너무 적어서 당신이 그중 한 분자를 들이쉴 확률에 의미 있는 차이를 가져오지 못할까? 아니면 전국의 교도소 재소자들이 일제히 탈출한 상황과 같아서 그 확률을 통계적 확실성 수준으로 끌어올릴까?

그 답은 둘 사이의 중간 지점에 있을 것이다. 물질과 반물질이 만나는 상황과 비슷하게, 27,000,000,000,000,000,000,000개의 분자와 0.00000000000000000001%의 비율은 거의 정확하게 상쇄된다. 좀 더 자세히 계산해보면, 대략 '카이사르의 마지막 숨'에 들어 있었던 공기 분자 1개가 당신이 다음번에 들이쉬는 숨에 포함될 것이라는 결과가 나온다. 이 값은 어떤 가정을 하느냐에 따라 약간 줄어들 수 있지만, 카이사르가 브루투스를 향해 통한의 한마디를 내뱉을 때 나왔던 바로 그 공기 분자들 중 일부를 방금 당신이 들이마셨을 가능성이 아주 높다. 그리고 시간을 하루 동안으로 늘려 잡으면, 그 분자들 중 수천 개를 들이마실 것이 확실하다.

생각해보라. 한때 카이사르의 폐 속에서 춤추던 분자들 중 일부가 그토록 먼 거리와 시간을 뛰어넘어 지금 이 순간 우리의 폐 속에서 춤추고 있다는 사실을. 그리고 우리가 숨을 얼마나 자주 쉬는지(대략 4초마다 한 번씩) 감안하면, 이런 일이 날마다 약 2만 번씩 일어난다. 몇 년의 세월이 지나다 보면, 그중 일부는 심지어 우리 몸의 일부가 될 수도 있다. 카이사르의 몸을 이루었던 액체나 고체는 전혀 남아 있지 않다. 하지만 우리와 카이사르는 평소에 자주 만나면서 서로 키스를 나누는 친척이나 다름없다. 유명한 시인의 시에 나오는 구절을 조금 바꾸어 표현하자면, 그의 숨에 들어 있던 원자들은 당신 몸에도 들어 있다.(The atoms belonging to his breath as good as belongs to you.) [이 표현은 월트 휘트먼Walt Whitman의 시 「나 자신의 노래*Song of Myself*」에 나오는 "For every atom belonging to me as good belongs to you.(내게 있는 모든 원자를 당신도 갖고 있을 테니까.)"라는 구절에서 인용한 것이다.—옮긴이]

그런데 이 이야기에서 카이사르에게 뭔가 특별한 점이 있는 건 아니다. 나는 '카이사르의 마지막 숨'을 변형한 문제를 들은 적이 있다. 그것은 카이사르 대신에 십자가에 못 박힌 예수가 주인공으로 등장한 문제였는데(나는 가톨릭 학교를 다녔다), 사실 고통스러운 마지막 숨을 내쉰 사람이라면 누가 등장하더라도 상관없다. 폼페이에서 죽어간 사람이나 잭 더 리퍼Jack the Ripper에게 희생된 사람이나 제1차 세계 대전 때 독가스 공격을 받고 죽어간 병사라도 괜찮다. 혹은 침대에 누워 평온하게 마지막 숨을 내쉰 사람을 선택하더라도 상관없다.(적용되는 물리학은 똑같으니까.) 심지어 린 틴 틴Rin Tin Tin(제1차 세계 대전 중 버려진 독일군 참호에서 발견되어 할리우드의 영화 스타가 된 셰퍼드—옮긴이)이나 서커스단의 거대한 코끼리 점보를 선택해도 무방하다. 세균에서부터 흰긴수염고래에 이르기까지 숨을 쉬며 살아간 생물 중 어떤 것을 선택하건, 그 생물이 마지막으로 내쉰 숨 중 일부가 지금 혹은 얼마 후에 여러분의 몸속에서 순환하고 있을 것이다.

이것은 비단 호흡에 관한 이야기에만 국한해 생각할 필요가 없다. X의 마지막 숨에 포함된 분자 문제는 물리학과 화학 수업에서 고전적인 사고 실험이 되었다. 하지만 누가 마지막 숨에 관한 이야기를 할 때마다 나는 그것에 만족하지 못하고 자꾸 딴생각이 들었다. 좀 더 과감한 생각을 해볼 순 없을까? 여기서 한발 더 나아가, 훨씬 더 크고 기묘한 현상에 이르기까지 공기 분자들을 추적하면 어떨까? 우리가 들이마시는 '모든' 기체에 관해 완전한 이야기를 들려주면 좋지 않을까?

돌이켜보면 지구의 역사에서 일어난 획기적 사건들—최초의 대규모 화산 분화에서부터 복잡한 생명체의 출현에 이르기까지—은 모두 기체의 행동과 진화에 절대적으로 의존해 일어났다. 기체는 우리가 숨 쉬는 공기를 주었을 뿐만 아니라, 고체 대륙의 구조를 바꾸었고, 액체 바다를 변화시켰다. 지구 이야기는 '곧' 기체 이야기이다. 사람에 대해서도 똑같이 말할 수 있는데, 지난 수백 년 동안은 특히 그렇다. 마침내 기체의 물리적 힘을 이용하는 법을 터득하면서 우리는 갑자기 증기 기관을 만들고, 수십억 년이나 된 산들을 순식간에 폭파하게 되었다. 이와 비슷하게, 기체의 화학을 이용하는 법을 터득하자, 마침내 우리는 고층 건물을 건설할 강철을 만들고, 수술의 고통을 없애고, 전 세계 인구를 먹이기에 충분한 식량을 재배하게 되었다. 그러한 역사의 순간들은 카이사르의 마지막 숨처럼 늘 우리 주위에 널려 있다. 바람이 나뭇가지를 흔들면서 불어올 때마다, 열기구가 하늘 높이 솟아오를 때마다, 라벤더나 박하 심지어 위에 찬 가스 냄새가 코를 자극할 때마다 우리는 그 역사에 흠뻑 젖는다. 다시 한번 입 앞에 손을 갖다 대고 그것을 느껴보라. 우리는 한 모금의 숨결에 온 세계를 담을 수 있다.

이것이 바로 『카이사르의 마지막 숨』이 지향하는 목표이다. 즉, 11월의 쌀쌀한 날 아침에 자신이 내쉰 숨을 볼 수 있는 것처럼, 보이지 않는 기체 이야기를 여러분에게 분명하게 보여주는 것이다. 이 책이 안내하는 여행을 통해 여러분은 방사능에 오염된 돼지와 함께 바다에서 헤엄을 치고, 닥스훈트만큼 큰 곤충을 사냥할 것이다. 또 아인슈타인이 더 나은 냉장고를 발명하려고 애쓰던 장면을 볼 것이고, 베트남에서 극비리에 진행한 '기상 무기' 살포 작전을 위해 출격한 전투기의 조수석에 앉아 그 상황을 지켜볼 것이다. 분노한 군중과 함께 행진도 할 것이고, 머리뼈 안의 뇌가 끓어오를 정도로 아주 뜨거운 증기에 파묻히기도 할 것이다. 이 모든 이야기는 기체의 놀라운 행동을 중심으로 펼쳐지는데, 그런 기체에는 용암 구덩이와 미생물 창자, 시험관, 자동차 엔진, 주기율표의 모든 구석에서 나오는 온갖 기체가 포함된다. 우리는 오늘도 여전히 이 기체들을 들이마시고 있는데, 이 책의 각 장은 그중 하나를 선택해 기체가 인간의 무용담에서 때로는 비극적이고 때로는 익살맞은 역할을 하는 이야기를 자세히 살펴볼 것이다.

1부 '공기의 탄생: 최초의 네 가지 대기'는 자연에 존재하는 기체를 다룬다. 45억 년 전에 우주 공간의 가스 구름에서 지구가 탄생한 이야기도 여기에 포함된다. 그런 다음에 화산들을 통해 깊은 지구 내부의 기체들이 뿜어져 나오기 시작하면서 지구에 적절한 대기가 생겨났다. 그 후 출현한 생명은 최초의 대기 성분들을 변화시키고 마구 뒤섞음으로써 산소 재앙(실제로는 우리 동물에게 축복이었던) 사태를 촉발했다. 1부에서는 대체로 지구에 공기가 어떻게 생겨났으며, 기체들이 상황에 따라 어떻게 행동하는지 설명한다.

2부 '공기의 이용: 인간과 공기의 관계'는 인간이 지난 수백 년 동안 다양한 기체의 특별한 능력을 어떻게 이용해왔는지 살펴본다. 우리는 흔히 공기는 질량이나 무게가 없다고 생각하지만, 공기도 질량과 무게가 있다. 에펠탑 주위를 원통으로 둘러싸는 장면을 상상해보라. 그러면 그 원통 속에 든 공기의 무게는 에펠탑의 금속보다 더 무거울 것이다. 그리고 공기와 그 밖의 기체는 무게가 있기 때문에 물체를 들어올리거나 밀거나 심지어 사람을 죽일 수도 있다. 기체는 산업혁명을 견인했고, 인류의 오랜 꿈인 비행도 이루게 해주었다.

3부 '프런티어: 새로운 하늘'은 지난 수십 년 동안 우리와 공기의 관계가 어떻게 진화했는지 살펴본다. 무엇보다도 우리는 우리가 숨 쉬는 대기의 조성을 변화시켰다. 지금 우리가 들이마시는 공기는 조부모가 어린 시절에 들이마시던 공기와 같지 않으며, 300년 전 사람들이 숨 쉬던 공기하고는 확연한 차이가 있다. 우리는 또한 태양계 밖에 있는 행성들의 대기를 탐구하기 시작하여 후손들이 지구를 떠나 우리가 아직 상상조차 할 수 없는 기체로 가득 찬 행성에서 새로운 삶을 시작할 가능성을 열었다.

이 책에는 이렇게 큰 주제를 다루는 이야기들 사이사이에 '못다 한 이야기'라 이름 붙인 짧은 이야기들이 섞여 있다. 이 에피소드들은 각 장에서 다룬 주제와 개념을 더 확장해 냉장과 조명, 창자 장애 같은 현상에서 기체가 담당하는 역할을 설명한다.(재미를 위해 일부 에피소드는 자연 발화와 로스웰 외계인 '침공'처럼 일상적인 주제에서 벗어난 이야기를 다루기도 한다.) 이 책에서 다루는 기체들 중 상당수는 공기 중에 미량으로 존재한다. 즉, 우리가 숨 쉬는 공기 중에 겨우 몇 ppm이나 몇 ppb에 불과할 정도로 아주 적게 존재하는 화합물이다. 하지만 '미량'이라고 해서 중요하지 않은 것은 아니다. 와인은 99% 이상이 물과 알코올이지만, 물과 알코올만으로는 훌륭한 와인이 될 수 없다. 와인에는 그 외에도 가죽, 초콜릿, 사향, 자두 등의 향미를 내는 성분이 수십 가지나 들어 있다. 따라서 공기 중의 미량 기체는 우리가 숨 쉬는 공기와 그 이야기들에 화려한 뉘앙스를 더해준다.

사람들에게 공기가 무엇이냐고 물으면, 어떤 기체에 초점을 맞추느냐에 따라 또는 미시 수준의 공기를 말하는지 거시 수준의 공기를 말하는지에 따라 아주 다른 답이 나온다. 뭐 그래도 상관없다. 공기는 이 모든 관점을 수용할 만큼 충분히 거대하니까. 사실, 나는 이 책이 여러분에게 공기에 대한 생각을 바꾸는 계기가 되길 희망한다. 그리고 아마도 장이 바뀔 때마다 공기에 대한 생각이 바뀔 것이다. 또한 여러분은 갈수록 전체론적인 견해를 갖게 될 것이다.

스스로에게 공기를 어떻게 생각하는지 물어보는 것도 가치가 있는데, 우리 환경에서 단일 대상 중 가장 중요한 것이 바로 공기이기 때문이다. 음식물이나 고체가 없어도 몇 주 동안은 살 수 있다. 물이나 친구가 없어도 며칠은 살 수 있다. 그러나 공기가 없다면, 기체가 없다면, 우리는 몇 분조차 살 수 없다. 하지만 장담하건대, 여러분은 자신이 들이마시는 공기에 대해 거의 아무 생각도 하지 않고 살아갈 것이다. 『카이사르의 마지막 숨』은 바로 이런 태도를 바꾸게 하려고 쓴 책이다. 순수한 공기는 색이 없고 (이상적으로는) 냄새도 없으며, 그 자체만으로는 무와 다름없어 보인다. 그렇다고 해서 공기가 말을 못 하는 것은 아니다. 즉, 아무 목소리가 없는 것은 아니다. 공기는 자신의 이야기를 들려주고 싶어 안달한다. 바로 그 이야기가 여기에 있다.

1부

공기의 탄생

최초의 네 가지 대기

'공기의 탄생'에서는 공기에 관한 두 가지 주요 질문을 살펴볼 것이다. 하나는 대기가 처음에 어떻게 생겨났느냐 하는 것이고, 또 하나는 대기의 주요 성분이 무엇이냐 하는 것이다. 지구가 탄생한 이래 지구에는 독특한 대기가 여러 번 나타났는데, 각자 나름의 특별한 조성을 갖고 있었다. 많은 기체 성분은 화산에서 나왔고, 일부는 지구의 역사에서 생물이 나타나기 훨씬 이전 시대에 생겨났다. 그 후 생물은 여러 가지 방식으로 대기를 변화시켰는데, 특히 대기에 산소를 추가했다.

이산화황(SO_2)
현재 공기 중 농도는 0.00001ppm.
한 번 숨을 들이쉴 때마다 이산화황 분자 약 1200억 개가 폐로 들어온다.

황화수소(H_2S)
현재 공기 중 농도는 0.000005ppm.
한 번 숨을 들이쉴 때마다 황화수소 분자 약 600억 개가 폐로 들어온다.

1장

지구의 초기 공기

1926년, 해리 트루먼은 살해 위협에 쫓겨 세인트헬렌스산 기슭으로 숨어들었다. 이 사람(전체 이름은 해리 랜들 트루먼Harry Randall Truman)은 여러분이 생각하는 그 유명한 해리 트루먼이 아니지만, 대통령과 성이 같다는 사실을 고맙게 여긴다. 해리 트루먼은 트루먼을 "아주 배짱이 두둑한 노인네지요."라고 평가한다. "그는 아주 위대한 대통령 중 한 사람으로 평가받을 거예요." 배짱이 두둑한 노인네라면 이 트루먼도 웬만한 사람에게 뒤지지 않는다. 그는 30세에 워싱턴주로 달아난 뒤에 눈부신 세인트헬렌스산 아래에서 54년 동안 혹독하고 고독한 겨울을 버텨냈다. 1980년 봄에 세인트헬렌스산이 증기를 내뿜고 쿠르릉거리기 시작할 때에도 그는 그곳을 떠나지 않았는데, 그러다가 아주 극적인 방식으로 다른 곳으로 옮겨갔다. 화산 폭발의 충격에 휩쓸려 대기 중으로 높이 솟아오른 것이다.

그의 가족은 벌목꾼으로 살아갔는데, 트루먼이 어린 시절에 워싱턴주로 옮겨왔다. 트루먼은 고등학교를 졸업한 뒤 군에 입대해 제1차 세계 대전 때에는 항공기 정비사로 일했다.(타고난 이야기꾼인 트루먼은 훗날 자신이 그 당시의 개방형 조종석에서 흰 스카프를 휘날리면서 전투기를 몰고 해외 전투 임무에 나섰다고 주장했다.) 제대한 뒤에 제재소 주인 딸과 결혼해 자동차 정비사로 살아갔지만, 결혼 생활과 직장 생활 모두 따분하기만 했다. 그래서 금광 탐사 일에 뛰어들었지만, 그 일은 따분한 것보다 더 나쁘다는 사실을 깨달았다. 금광 탐사는 아주 고단하고 힘든 일이었다.

그래서 금주법이 시행되자 이번에는 밀주 사업을 시작했는데, 이 일은 자신의 기질에 잘 맞았다. 법망을 교묘하게 빠져나가는 모험에서 짜릿한 흥분을 느꼈고, 게다가 수입도 짭짤했다. 또한, 이따금 술도 즐겼는데, 위스키의 해악을 설파하는 공상적 개혁가들의 말 따위는 귓등으로 흘려들었다. 그러다가 결국 캘리포니아 북부의 갱들과 손을 잡고 해안 지역 사창가와 주류 밀매점에 술을 공급하기 시작했다. 그렇게 한동안 아주 좋은 시절을 보냈지만, 1926년에 갑자기 극도의 두려움에 사로잡혔다. 그는 그 이유가 정확하게 무엇인지는 결코 밝히지 않았다. 남의 여자인 특별한 여성과 너무 친하게 지냈을 수도 있고, 어느 갱단의 영역을 침범하려고 시도했을 수도 있다. 어쨌든 트루먼은 기관단총을 가지고 다니기 시작했다. 그리고 그러던 어느 날, 마침내 그는 아내와 딸을 데리고 세인트헬렌스산으로 도망가 숨어 지냈다.

자신이 좋아한 세인트헬렌스산 기슭의 오두막에서 '흑표범 오줌'을 마시는 떠버리 해리 랜들 트루먼. (사진 제공: 미국산림청)

트루먼은 호구지책으로 산 정상에서 북쪽으로 5km 떨어진 지점에 주유소와 잡화점을 차렸다. 그리고 사업을 점점 확대해 오두막과 보트를 빌려주는 야영지까지 운영했다. 그곳은 아주 인기 있는 장소였다. 멋진 전나무들이 집을 빙 둘러싸고 있었는데, 개중에는 키가 75m, 지름이 2.4m나 되는 것도 있었다. 야영지에는 스피릿호도 있었는데, 길이가 4km나 되는 이 호수는 냉각시킨 진처럼 차갑고 투명했다. 아주 외딴 지역에 터를 잡은 트루먼은 밀주도 계속 만들었는데, 그렇게 만든 여러 통의 위스키(그는 이 밀주를 '흑표범 오줌'이란 뜻으로 "팬서 피Panther Pee"라고 불렀다)를 숲 여기저기에 숨겨두었다.

하지만 아내는 외딴 장소를 좋아하지 않았다. 수 킬로미터 떨어진 기숙 학교에 다니는 딸과 떨어져 지내는 것도 마음에 들지 않았다.

1930년대 초에 트루먼 부부가 이혼한 것은 어쩌면 불가피한 결과였을지 모른다. 트루먼은 1935년에 재혼했지만, 두 번째 부인(트루먼 못지않게 따지기 좋아하고 성마른 성격이었던)과의 관계도 그리 오래가지 않았다.(논쟁에서 '이기려고' 아내를 스피릿호로 밀어넣은 일이 불에 기름을 부었다. 아내는 헤엄을 칠 줄 몰랐다.) 그래서 트루먼은 또다시 새 아내를 구하려고 노력했는데, 처음에는 그 고장의 한 아가씨와 사귀다가 얼마 후 그 여동생 에드나Edna(트루먼은 에드나를 에디Eddie라고 불렀다)와 사귀기 시작했다. 처음부터 로맨틱한 관계는 아니었지만, 일단 에디와 사랑에 빠진 뒤에는 트루먼은 거기서 헤어날 줄 몰랐다.

에디 역시 남편을 몹시 사랑한 게 분명한데, 트루먼은 함께 살아가기가 결코 쉬운 남자가 아니었기 때문이다. 거의 매일 새벽마다 트루먼이 집 안에서 이런저런 잡일을 하는 동안 에디는 일찍 일어나 남편이 좋아하는 아침 식사—소 뇌 스크램블에 버터밀크 한 잔—를 준비해야 했다. 트루먼은 낄낄거리면서 "이 음식은 남자에게 넘치는 정력을 가져다주지."라고 말했다. 에디는 남편의 험한 입도 참고 견뎌야 했다. 트루먼은 말을 빨리 했기 때문에 가끔 사람들은 그의 말을 제대로 알아듣지 못했지만, 욕지거리가 섞인 단어들만큼은 잘 들렸다. 친구들을 "늙은 잡놈들"이라고 불렀고, 잘 모르는 사람들도 "멍청한 개자식들"이라고 불렀다.(한번은 대법원 판사였던 윌리엄 더글러스William Douglas를 여자 같은 사내로 보인다는 이유로 자신의 집에서 내쫓은 적도 있었다. 나중에는 친구가 되었지만.) 트루먼은 뭐든 다 아는 체하는 버릇도 있었다. 사진사가 세인트헬렌스산을 찍으려고 방문하면, 트루먼이 불쑥 끼어들어 훈수를 두었다. "저 빌어먹을 산 사진에는 사람이 들어가야 해요. 그 빌어먹을 대중은 작은 흥밋거리를 무엇보다 중요하게 여긴다니까요."라고 불평을 쏟아내면서 말이다. 수십 년 뒤에 트루먼이 유명해지고 나서 한 인터뷰들을 들어보면, 아마도 여러분은 트루먼이 가장 좋아한 단어가 '삑beep'이라고 생각할 것이다.

스피릿호에서 보트 대여 사업이 잘되는 날이면 트루먼은 현금 1500달러를 손에 쥐었다. 그러면 함께 운영하던 카페로 가 에디에게 돈을 건네고는, 자신이 좋아하는 흑표범 오줌—셴리 위스키에 콜라를 탄 것—을 직접 잔에 따른 뒤, 손님들과 실없는 소리를 주고받으며 시시덕거렸다. 두 사람은 가끔 1956년형 핑크색 캐딜락 같은 것에 돈을 펑펑 썼는데, 캐딜락은 산길에서 몰고 다니기에는 불편했지만, 트루먼은 이 차를 에디 절반만큼이나 좋아했다. 하지만 그보다는 번 돈을 야영지나 카페에 재투자하는 경우가 더 많았다. 혹은 어려운 시절에 대비해 저금을 했는데, 눈이 약 3m나 쌓이는 겨울이 바로 그런 시기였다. 그럴 때면 돈 구경하기가 가뭄에 콩 나듯 귀했다. 하지만 그런 때조차도 트루먼은 바로 그곳에 살고 있다는 행운에 감탄을 금치 못했다. "저것 좀 봐!" 그는 세인트헬렌스산을 가리키며 말했다. "세상 어디에도 저 오래된 산만큼 아름다운 곳은 없을걸!"

트루먼의 감정이야 옳은 것이었다 하더라도(실제로 눈으로 덮인 산꼭대기의 모습을 이상적으로 보여주는 세인트헬렌스산은 아름답다), 이 발언에 담긴 트루먼의 지질학적 지식은 틀린 것이었는데, 세인트헬렌스산 원뿔은 그렇게 오래된 것이 아니었기 때문이다. 그것은 율리우스 카이사르가 살던 시대에는 거의 존재하지도 않았다. 불과 수천 년 사이에 산이 1000m 이상 솟아오른다는 것은 불가능한 소리처럼 들리지만, 활화산은 사면斜面에 용암을 쌓아 아주 빨리 솟아오를 수 있는데, 세인트헬렌스산이 바로 그런 활화산이었다. 비록 불의 산(현지 원주민이 부르던 이름)은 1857년 이후로는 분화한 적이 없었지만, 과거에 분화한 흔적은 아마추어의 눈으로도 여기저기에서 찾을 수 있었다. 분화의 증거로는 등산로 곳곳에 흩어져 있는 오래된 화산재와, 구멍이 많아 스피릿호에 던지면 물 위에 둥둥 뜨는 부석浮石 등이 있었다. 방문객들은 땅이 흔들리는 것도 자주 느꼈다. 하지만 트루먼은 그런 위험조차 그 산의 매력으로 느꼈다.

세인트헬렌스산 기슭에서 산 지 약 50년이 지났을 때, 트루먼의 세계가 와르르 무너지기 시작했다. 1975년 9월의 어느 날 밤, 에디가 몸이 아프다며 일찍 잠자리에 들었다. 읍에 사는 친구들이 밤에 놀러 오기로 했는데, 트루먼은 친구들에게 전화로 자신을 위해 셴리 위스키를, 그리고 에디를 격려하기 위해 깜짝 선물로 식물을 하나 가져오라고 부탁했다. 식물이 도착하자, 트루먼은 그것을 들고 곧장 안방으로 갔다가 잠시 후 서둘러 계단을 내려왔다. 그리고 평소보다 말을 더 빠르게 했는데, 무슨 말인지 알아듣기 힘들었다. 친구들이 알아들을 수 있었던 말은 "에디가 아파! 에디가 아파!"뿐이었다. 사실, 에디는 이미 심장마비로 사망한 뒤였다. 하지만 그러고 나서도 트루먼은 한 시간 동안 더 사람들에게 에디를 도와달라고 간청했다.

에디의 죽음은 트루먼의 마음에 큰 상처를 남겼다. 그 후 웃음은 마지못해 짓는 것이 다였고, 평소에 늘 활력이 넘쳤던 그를(친구는 "만취한 사람보다 맹렬하다."라고 표현했다) 놀렸던 친구들도 이제 그가 매우 쇠약해졌다고 이야기하기 시작했다. 신체 곳곳과 행동거지를 포함해 모든 면에서 79세라는 나이가 뚜렷하게 드러났다. 여름에는 그래도 야영지에서 정신을 팔 수 있었다. 하지만 6개월이나 지속되는 겨울 동안에는 사람들은 그를 걱정했는데, 몇 주일이 지나도 트루먼이 대면하는 대상은 세인트헬렌스산 말고는 아무것도 없는 경우가 많았기 때문이다. 수 킬로미터의 숲을 사이에 두고서 두 고독한 존재가 그렇게 서로를 응시하면서 지냈다.

그러한 고독에도 끝이 찾아오고 있었다. 에디가 죽을 무렵, 세인트헬렌스산 주변의 암석층 표본을 조사하던 정부 소속 지질학자들이 과거의 무서운 분화 기록을 발견했다고 발표했다. 1978년에 한 보고서는 거기서 한발 더 나아가 이 화산이 "지난 4500년 동안 미국 본토에서 어떤 화산보다도 더 활동적이고 폭발적"이었다고 표현했다. 이것은 계시적인 표현이었다. 자연에서는 아름다운 것이 치명적일 때가 많은데, 세인트헬렌스산의 아름다운 산꼭대기는 과거에 대포 포신처럼 격렬하게 활동한 전력이 있었다.

세인트헬렌스산은 미국 역사에서 지질학적으로 가장 큰 교훈을 준 화산이었다. 또, 믿기 힘들겠지만, 지구의 초기 시절과 대기의 생성을 들여다볼 흥미로운 기회도 제공했다. 대다수 사람들은 공기가 만들어진다고 생각하지 않겠지만(공기는 그저 그렇게 존재하는 것처럼 보인다), 모든 행성은 아무것도 없는 상태에서 대기를 만들어내야 한다. 그리고 섬뜩하게 들리겠지만, 화산 연기가 지구 대기의 기본 구성 요소들을 제공했다. 따라서 공기를 이해하려면 화산에서 뿜어져 나오는 용암과 가스의 폭발을 이해할 필요가 있다. 그리고 그 여정의 첫걸음으로 역사상 가장 자세히 관찰된 화산 분화와, 그 사건을 유명하게 만드는 데 일조한 뜻밖의 영웅적 인물을 살펴보는 것만큼 좋은 것도 없다.

초기 지구에 대기가 생겨난 과정

세인트헬렌스산 밑에 도사리고 있는 위험의 기원은 행성 지구의 초기 시절로 거슬러 올라간다. 약 45억 년 전에 우리에게서 가까운 우주 공간에서 초신성이 폭발하면서 충격파가 사방으로 퍼져나갔다. 이 충격파는 근처에 있던 수소 가스 바다를 훑고 지나갔는데, 이 여파로 수소 가스 바다에 파도가 일렁이면서 그 중심 주위에 소용돌이가 생겨났다. 결국에는 중력이 가스 물질의 99.9%를 한 덩어리로 뭉치게 하면서 새로운 별이 태어났는데, 이 별이 바로 태양이다. 나머지 가스 물질 중 대부분은 막 태어난 태양계에서 가장자리 지역으로 밀려났고, 그곳에서 목성과 토성 같은 거대 기체 행성을 만들었다.

한편, 소량의 가스 물질이 태양과 거대 기체 행성들 사이에 놓였는데, 이 구름 속의 원소들—산소, 탄소, 규소, 철 등—이 서로 뭉치기 시작했다. 처음에는 아주 작은 티끌로 뭉쳤다가 점점 커지면서 바위와 소행성, 그리고 대륙만 한 크기의 암석 덩어리를 만들었다. 중력은 아주 효율적인 일꾼이어서 작은 조각들을 뭉쳐 큰 덩어리로 만드는 일은 아주 빨리 일어났다—일부 평가에 따르면 약 100만 년 만에. 충분히 많은 조각들이 모여 한 덩어리로 결합되자, 지구를 포함해 암석질 행성이 여러 개 생겨났다. 우리 주변의 모든 것(발밑의 바닥, 손에 들고 있는 책, 심지어 우리 몸까지도)은 그것이 아무리 단단한 고체처럼 보이더라도 처음에는 모두 기체로 시작했다. 즉, 우리의 전생은 기체이다.

지구 같은 고체가 이전에 기체였다는 이야기는 뭔가 미심쩍어 보이지만, 고체와 기체의 본질이 무엇인지 살펴보면 충분히 이해가 갈 것이다. 고체 속의 분자들은 정해진 주소가 있어 마음대로 돌아다닐 수 없다. 고체가 그 형태를 비교적 잘 유지하는 것은 이 때문이다. 액체의 경우에는 분자들이 여전히 서로 맞닿은 채 비비고 문대지만, 고체 상태보다 더 큰 에너지를 갖고 있고 좀 더 자유롭게 서로의 곁을 미끄러지면서 돌아다닐 수 있다. 그래서 액체는 흐를 수 있고, 담는 용기에 따라 그 모양이 변한다. 기체 분자들은 서로 접촉하는 일이 드물고 제멋대로 돌아다니며, 이웃 간의 간격이 고체나 액체 상태에 비해 훨씬 넓다. 그리고 기체 분자들이 서로 만나면, 마치 혼돈스러운 3차원 당구 게임처럼 충돌한 뒤에 각자 새로운 방향으로 튀어나간다. 22°C에서 평균적인 공기 분자는 시속 약 1600km로 돌아다닌다.

그래서 같은 물질이라도 그 상태가 고체와 액체와 기체 중 어느 것이냐에 따라 서로 완전히 다른 물질처럼 보인다. 실제로 초기 과학자들은 물과 얼음과 증기를 각각 별개의 물질로 분류했다. 지금은 그렇지 않다는 걸 모두가 안다. 고체 얼음을 가열하면, 분자들이 사슬을 끊고 액체가 되어 미끄러져 돌아다니기 시작한다. 열에너지를 더 많이 가하면, 액체 분자가 공기 중으로 튀어나가면서 기체 분자가 된다. 이것들은 겉모습은 제각각 다르지만, 모두 동일한 물질이다. 다른 물질들에서도 이와 똑같은 변화가 일어날 수 있다. 보통은 암석에 들어 있는 철이나 규소, 우라늄을 잠재적인 증기로 간주하지 않지만, 주기율표에 있는 원소 물질은 모두 다 충분히 뜨거워지면 기체가 될 수 있다. 그 반대 과정도 성립한다. 기체에서 열을 빼내면, 기체는 액체로 변한다. 거기서 열을 더 빼내면, 고체가 된다. 기체의 압력을 높여도 분자들 사이의 간격이 좁아지면서 덜 활발한 상태로 변한다.

초기 지구에서는 이렇게 서로 다른 물질 상태들이 불안하게 섞여 있었다. 많은 물질들이 녹은 채 서로 섞여 부글거리고 있던 초기 지구의 모습은 오늘날 우리가 알고 있는 깔끔한 지구의 모습과는 전혀 달랐다. 고체 우주 암석들이 서로 뭉쳐서 행성이 만들어진 뒤에는 엄청난 중력의 압력 때문에 대부분의 물질이 녹아 액체 상태로 변했다. 밀도가 더 큰 액체(녹은 철 같은)는 중심 쪽으로 가라앉은 반면, 더 가벼운 액체는 위로 솟아올랐다.(그랬다가 지표면에서 우주 공간의 차가운 온도와 맞닥뜨리면서 다시 고체로 변했다.) 전체적으로 볼 때 이러한 지구는 달걀과 비슷했는데, 대부분 철로 이루어진 중심부는 노른자위, 그 주위를 둘러싼 걸쭉한 맨틀은 흰자위, 얇은 검은색 암석 지각은 껍데기에 해당했다. 달걀과 다른 점이 하나 있었는데, 지구의 껍데기는 수백만 개의 조각들로 쪼개져 있고, 그 틈으로 용암이 솟아올랐다. 주황색으로 빛나는 이 뜨거운 용암 때문에 초기 지구는 밤에도 어둡지 않았다. 그리고 가끔 이 용암 거품이 마치 지옥의 정원 분수처럼 공기 중으로 튀어올랐다.

초기의 지구에도 대기(구분하기 좋아하는 사람들을 위해 이것을 첫 번째 대기라고 하자)가 있었지만, 그것은 너무나도 희박해서 대기라고 부르기 민망할 정도였다. 첫 번째 대기의 주요 성분은 태양과 목성 사이에서 떠돌던 수소와 헬륨이었다. 이 대기는 생긴 지 얼마 안 돼 사라지고 말았는데, 태양풍(태양 내부에서 쏟아져 나오는 양성자와 전자로 이루어진 바람)에 휩쓸려 우주 공간으로 빠져나갔기 때문이다. 스스로 탈출한 기체 원자들도 많았다. 한 가지 기체 법칙에 따르면, 크고 무거운 분자보다 작은 분자가 더 빠른 속도로 움직인다. 수소와 헬륨은 주기율표에서 맨 위에 위치하는 가장 가볍고 빠르게 움직이는 두 원소이므로, 지구 탈출 속도(초속 11.2km)를 넘어서는 수소와 헬륨이 매일 어느 정도 생겨났다. 수조 개의 초소형 새턴 로켓처럼 수소와 헬륨은 지옥처럼 이글거리는 지구에 작별을 고하면서 차갑고 평온한 외부 우주 공간으로 빠져나갔다.

곧 첫 번째 대기를 대신할 두 번째 대기가 나타났는데, 이번 대기는 땅에서 나왔다. 혈액에 산소가 녹아 있고 샴페인에 이산화탄소가 녹아 있는 것처럼 마그마(지하에 있는 용암)에는 기체가 녹아 있다. 그리고 병을 열었을 때 이산화탄소가 빠져나오는 것처럼, 마그마가 지표면의 틈을 통해 솟아오르면서 압력이 갑자기 떨어지면 마그마에 녹아 있던 기체가 빠져나온다. 이렇게 빠져나온 기체의 주성분은 아마도 수증기와 이산화탄소였겠지만(이에 대해서는 지질학자들 사이에 논란이 있다), 그 밖의 다른 기체도 빠져나왔다. 화산 가스가 뿜어져 나오는 곳에 가본 적이 있는 사람이라면, 그중 일부 기체의 정체가 무엇인지 짐작할 것이다. 예를 들어 썩은 달걀 냄새와 화약 타는 냄새를 풍기는 황 화합물(각각 황화수소와 이산화황)이 있다. 그런 곳에서는 금과 수은 원자를 포함해 뜨거운 금속 증기도 희미한 실안개처럼 뿜어져 나온다. 모두 코로 들이마시기에 흥미로운 물질들이다.

일부 지질학자들은 이 모든 기체가 한꺼번에 땅에서 쏟아져 나왔다고 주장했다—대분출Big Burp이라는 사건을 통해. 그러나 순진한 사람들은 아쉬워하겠지만, 대분출은 일어나지 않았을 가능성이 높다. 대신에 지구는 자신의 기체를 잘 저장하면서 조금씩 새어나가게 한 것으로 보인다. 하지만 방출이 점진적으로 일어났다고 해서 반드시 상황이 더 나아졌다고 말할 수는 없다. 여전히 뜨거운 증기는 피부에 화상을 입히고, 황을 함유한 기체는 코를 찌르고, 산과 암모니아는 폐를 갈기갈기 찢었을 것이다. 그 압력 역시 전혀 유쾌한 것이 못 되었다. 그 당시의 마그마는 그 속에 포함된 기체의 농도가 훨씬 높아 거품이 아주 심하게 일었고, 거기서 매일 수십억 톤의 기체가 빠져나왔다. 그 결과로 대기압이 오늘날보다 100배나 높았는데, 그런 환경에서는 여러분의 머리뼈가 안쪽으로 짜부라지고 몸도 구형에 가깝게 쭈그러들 것이다. 이렇게 밀도가 높은 공기에서는 가벼운 산들바람도 여러분을 데굴데굴 구르게 해 마그마 웅덩이에 빠뜨릴 것이다.

이 두 번째 대기는 오늘날 우리가 숨 쉬는 공기 바다가 아닌데, 그 이유는 여러 가지가 있다. 그 당시 공기의 주요 성분인 증기는 결국 응결되어 비가 되어 내리면서 지상에 고여 호수와 바다를 만들기 시작했다. 바다와 호수의 생성은 연쇄 효과를 일으켰는데, 그 당시 공기 중에서 두 번째로 많은 성분이던 이산화탄소가 물에 쉽게 녹아 광물질과 반응해 고체 침전물을 만들었던 것이다. 그 결과로 이산화탄소가 순환 과정에서 배제되었다.

오늘날 우리가 엄청나게 높은 기압에서 살지 않는 또 한 가지 이유는 우주에서 날아온 소행성(그리고 혜성)이 지구에 충돌하면서 초기의 공기를 우주 공간으로 빠져나가게 했기 때문이다. 따라서 모든 소행성 충돌이 무조건 우리에게 재앙을 가져다주기만 했던 것은 아니다. 게다가 작은 소행성들은 내부의 증기가 빠져나오면서 지구의 대기에 기체를 추가했을 것이다. 하지만 큰 충돌이 일어날 때마다 지구는 에너지 보존 법칙이라는 뼈아픈 교훈을 얻었다. 충돌이 일어날 때 소행성이 가진 운동 에너지 중 상당량은 열로 변했는데, 이 열 때문에 대기 중의 기체가 끓어올라 우주 공간으로 빠져나갔다. 나머지 운동 에너지는 거대한 충격파를 만들어내 더 많은 공기를 우주 공간으로 빠져나가게 했다. 일부 지질학자들은 이런 충돌들이 지구의 대기를 여러 차례 벗겨냈고, 이 때문에 지구는 대기가 하나도 없이 벌거벗은 상태가 되었다고 주장한다. 만약 이것이 사실이라면, 화산에서 생겨난 대기를 두 번째 대기라고 부르는 대신에 2a번째, 2b번째, 2c번째, …… 대기라고 불러야 할 것이다. 각각의 대기는 동일한 기체 조성을 갖고 있었지만, 소행성과 혜성이 반복적으로 대기를 앗아갔다.

이 사건들 중 하나에 특별히 관심을 기울일 이유가 있는데, 이 사건으로 달이 생겨났기 때문이다. 달은 위성치고는 아주 기묘한 위성이다. 위성을 거느린 나머지 행성들의 경우, 위성의 크기는 모행성에 비해 아주 작은 편이다. 하지만 달은 지름이 지구의 4분의 1에 이를 만큼 크다. 이 현상을 설명하기 위해 20세기의 천문학자들은 여러 가지 이론을 내놓았다. 어떤 사람들은 달이 별개의 행성으로 독자적으로 생겨났는데 지구 곁을 지나가다가 지구의 중력에 붙들려 위성이 되었다고 주장한다. 또 어떤 사람들은 천문학자로 활동한, 찰스 다윈Charles Darwin의 아들 조지 다윈George Darwin의 가설을 받아들여 마치 모세포에서 딸세포가 떨어져나가는 것처럼 아직 충분히 단단한 고체가 되지 않은 지구에서 떨어져나간 일부가 달이 되었다고 주장한다.

1969년에 달에서 가져온 월석을 분석하면서 마침내 이 문제에 종지부를 찍었는데, 분석 결과는 이 두 이론을 혼합한 형태가 옳다고 시사한다. 무엇보다도 월석은 지구의 암석보다 내부에 갇힌 휘발성 기체의 양이 적은데, 이것은 어떤 사건이 달의 기체를 끓어오르게 해 우주 공간으로 빠져나가게 했음을 암시한다. 달처럼 큰 천체 내부에 있는 모든 기체를 끓어오르게 하려면 막대한 열이 필요했을 텐데, 그렇다면 생각하기 힘들 정도로 큰 규모의 충돌이 일어났다고 볼 수밖에 없다. 천문학자들은 계산을 통해 이 가상의 충돌체(지금은 테이아Theia

라는 이름까지 붙어 있는)의 크기가 대략 화성만 했다는 사실을 알아냈다. 테이아는 지구 궤도의 다른 지점에서 별개의 행성으로 생겨났을 가능성이 있다. 그래서 지구가 태양 주위를 도는 동안 우리보다 몇 달 '앞서서' 혹은 '뒤서서' 궤도를 돌았을 것이다. 하지만 영원한 참견자인 중력은 두 행성이 서로 가까이에서 궤도를 도는 걸 가만히 보고 있지 않았고, 결국 두 행성이 생겨난 지 약 5000만 년이 지나기 전에 둘을 충돌시키기로 마음먹었다. 천문학자들은 이 사건을 '빅 스왝Big Thwack', 즉 대충돌이라 부른다.

혹시 여기서 공룡 멸종을 초래한 소행성 충돌을 생각하는 사람이 있다면, 생각을 고쳐먹기 바란다. 물론 그 충돌도 성경의 「탈출기」(개신교 성경에서는 「출애굽기」라고 함)에 나올 법한 불기둥들을 솟아오르게 했고, 엄청난 양의 먼지를 공중으로 띄워올려 태양을 몇 년 동안이나 가렸다. 하지만 지구 전체는 움찔하지도 않았다. 앞유리창에 참새가 충돌한 뒤에도 아무 일 없다는 듯이 그냥 달려가는 자동차처럼 말이다. 하지만 참새가 아니라 말코손바닥사슴에 해당하는 크기였던 테이아는 지구에 큰 구조적 손상을 초래했다. 이 충돌은 지구의 대기만 날려보내는 데 그치지 않았다. 바다를 끓어오르게 하고 암석 대륙 전체를 증발시켰을 수 있다. 게다가 테이아는 맨틀 속으로 깊숙이 파고들면서 마치 책상에 놓인 지구본을 누가 주먹으로 세게 친 것처럼 지구를 한쪽으로 기울어지게 했다. 테이아 자신은 기체로 변해 증발했고, 대부분의 기체 물질은 우주 공간으로 나가 지구 주위를 돌면서 고리를 이루었다. 하지만 주로 얼음과 암석으로 이루어진 토성의 고리와 달리 아주 뜨거운 이 기체 고리는 결국은 식어서 달에 합쳐졌다.

결국 테이아의 충돌은 우리에게 보름달과 봄과 가을을 비롯해 온갖 종류의 시적 대상을 가져다주었는데, 똑바로 서 있던 자전축을 기울임으로써 시기에 따라 쏟아지는 햇빛의 양에 변화를 가져와 계절 변화를 일으켰기 때문이다. 하지만 단기적으로는 테이아는 지구를 이전보다 생명이 살기에 더 어려운 곳으로 만들었다. 특히 앞서 존재했던 화산성 대기보다 더 뜨겁고 혹독한 대기를 가져다주었다. 아마도 1000년 정도 지속된 것으로 보이는 이 대기는 주로 아주 뜨거운 규소(모래가 증발했다고 생각해보라)로 이루어져 있었고, 간간이 철 성분의 '비'가 내렸다. 이 대기는 염화나트륨 연기 때문에 짠맛이 났을 것이다. 숨을 한 번 들이쉴 때마다 소금을 핥는 맛이 난다고 상상해보라.

새로 생긴 달은 불과 2만 4000km 떨어진 저 높은 곳에서 이 모든 것을 지켜보고 있었다. 그 당시 달은 하늘에서 지금의 태양보다 12배나 커 보였다. 그리고 암석이 녹아서 이글거리는 상태에 있던 달은 마치 어둡게 충혈된 눈처럼 빛났을 것이다. 이때의 달을 보고도 시가 떠오를 수는 있겠지만, 그것은 프로스트의 시보다는 단테의 시에 가까울 것이다.

결국 태양계에서 지구에 충돌할(적어도 정기적으로) 소행성의 수가 크게 줄어들었다. 그 결과로 지구의 대기에 생긴 기체는 우주 공간으로 빠져나가는 대신에 지구에 머물게 되었다. 그리고 테이아의 충돌에 못지않게 중요한 사건이 일어났는데, 바로 화산 활동이 활발해진 것이다. 탄생 초기의 지구에서는 화산 활동이 활발하지 않았던 것으로 보인다. 반쯤 녹은 바깥쪽 껍데기에 난 틈을 통해 마그마 기체가 쉽게 밖으로 빠져나갈 수 있었기 때문이다. 하지만 우주의 암석들이 충돌을 멈추자, 지구가 식으면서 단단한 지각이 생겨 표면에 틈이 적어졌다. 그래서 마그마가 지하 웅덩이에 모이기 시작했다. 마그마에는 여전히 기체 물질이 녹아 있었기 때문에, 이러한 마그마 웅덩이 내부의 압력은 종종 위험한 수준으로 치솟았다. 시간이 지나자 압력이 너무 커져서 용암과 뜨거운 기체가 그 위의 암석을 뚫고 나와 도중에 만나는 것을 모두 태웠다.

지금은 마그마가 옛날처럼 심하게 끓어오르지 않지만, 수십억 년 동안 지하에서 압력이 쌓였다가 밖으로 폭발하면서 분출하는 이 순환은 오늘날에도 계속되고 있다. 1980년에 세인트헬렌스산에 일어난 일도 바로 이 순환의 연장선상에서 일어난 일이었다.

화산을 떠나려 하지 않는 괴짜 늙은이

에디가 죽고 나서 트루먼의 삶은 황폐해졌다. 하루하루가 무기력하게 흘러갔고, 일을 할 때에도 딴생각에 빠지는 일이 잦고 게을러졌다. 나무를 베다가 넘어지던 나무에 머리를 부딪힌 일도 있었고, 제설기에 손이 끼인 적도 있었다. 현관에서 넘어져 의식을 잃었다가 팬티 바람으로 눈밭에서 깨어난 적도 있었다. 그러니 야영지도 제대로 운영될 리가 없었다. 손님 침대를 정리해주던 에디가 없으니 오두막은 몹시 지저분해졌다. 트루먼은 요리사로서도 솜씨가 형편없었다. 물론 에디가 미슐랭 스타 평점을 받을 만큼 요리 솜씨가 출중했던 것은 아니다. 그저 핫도그 샌드위치와 햄버거를 질척한 흰 빵과 함께 내놓았을 뿐이다. 하지만 트루먼이 내놓은 음식은 손님들에게 외상 후 스트레스 장애를 일으킬 만한 것이었다. 점심으로는 PB&O(peanut butter 'n' onions, 즉 땅콩버터와 양파)를 내놓았고, 저녁으로는 '치킨 백 수프chicken back soup'를 내놓았는데, 죽은 새를 마늘 스물다섯 쪽과 함께 삶은 것이었다. 손님을 내쫓으려고 이러나 싶을 정도였다.

트루먼이 이렇게 실의에 빠져 지내는 동안 그 뒤에 우뚝 솟은 산은 그 밑에서 일어나는 판들의 이동 때문에 갈수록 점점 더 기운이 넘쳤다. 1980년 무렵에는 '대륙 이동'과 '판 구조론' 같은 용어들이 지질학자들의 입에 자주 오르내리고 있었는데, 15년 전만 해도 이런 상황이 벌어지리라고 예상한 사람은 거의 없었다. 대륙 이동설을 맨 처음 주장한 사람은 독일 기상학자 알프레트 베게너Alfred Wegener였다. 1900년대 초에 베게너는 남아메리카와 아프리카의 가장자리가 마치 깨진 도자기 파편들처럼 딱 들어맞는다는 사실에 주목했다. 게다가 두 대륙에서 발견되는 화석들의 패턴도 서로 비슷한 데가 있었다. 제1차 세계 대전 때 목에 총상을 입은 베게너는 요양하는 동안 책을 쓰기로 결심했는데, 이 책에서 대륙들은 큰 판들 위에 얹혀 있으며, 판들은 시간이 지남에 따라 천천히 움직인다는 주장을 펼쳤다.

베게너의 이론이 지질학자들에게 받아들여지지 않은 이유는 셔먼Sherman 장군이 애틀랜타에서 환대를 받지 못한 이유와 비슷하다.(남북전쟁 때 애틀랜타는 북군을 지휘하던 셔먼 장군에게 파괴되었다.—옮긴이) 지질학자들은 판 구조론을 혐오했고, 심지어 혐오하는 것을 즐겼다. 하지만 1940년대와 1950년대에 점점 더 많은 증거들이 나오자, 판의 이동은 더 이상 실없는 소리로 들리지 않았다. 1960년대 후반에 이르러서는 균형이 완전히 기울어져 과학사에서 가장 극적인 반전 중 하나로 기록될 만한 일이 일어났는데, 전 세계의 대다수 지질학자들이 일제히 베게너의 개념을 받아들인 것이다. 이 변화는 너무나도 압도적인 기세로 상전벽해같이 일어나는 바람에 오늘날 우리는 이 이론의 진정한 가치를 제대로 평가하지 못하고 지나치는 경우가 많다. 자연선택설이 생물학의 기반을 다진 것처럼, 판 구조론은 지진과 산맥, 화산, 대기에 관한 잡다한 사실들을 모아 아주 중요한 체계로 만들었다.

판들은 가끔 아주 극적인 방식으로 움직이는데, 이때 큰 지진이 일어난다. 평소에 판들은 대개 손톱이 자라는 것과 비슷한 속도로 천천히 서로를 스쳐 지나간다.(다음에 손톱을 깎을 일이 있거든, 우리가 판과 닮은 점이 있다는 이 사실을 떠올려보라.) 한 판이 다른 판 밑으로 들어갈 때(섭입攝入이라고 부르는 현상), 판들이 마찰하면서 열이 발생하는데, 이 때문에 판 밑부분이 녹아 마그마로 변한다. 이 마그마 중 일부는 지구의 뱃속으로 사라진다. 하지만 그중에서 가벼운 부분은 지각의 틈을 통해 표면을 향해 구불구불 헤엄치면서 다시 위로 솟아오른다.(화산암의 한 종류인 부석이 물 위에 둥둥 뜨는 이유는 이 때문인데, 부석은 그렇게 밀도가 아주 작은 물질로 만들어졌기 때문이다.) [부석이 물에 뜨는 진짜 이유는 속에 구멍이 많이 뚫려 있고 공기가 많이 들어 있기 때문이다. 고체 부분의 밀도는 2.6~2.9 정도로 물보다 훨씬 크다. 마그마 자체는 주변 암석보다 밀도가 작아 위로 서서히 솟아오르는 성질이 있다.—옮긴이] 마찰열은 판이 녹을 때 판에서 이산화탄소를 빠져나오게 하는데, 그와 함께 양은 더 적지만 황화수소와 이산화황, 그리고 미량의 질소를 포함해 다른 기체들도 빠져나온다.

한편, 뜨거운 마그마가 지각의 틈을 통해 위로 솟아오를 때, 같은 틈을 통해 지각의 물이 아래로 흘러 들어간다. 그러면 위험한 일이 일어날 수 있다. 기체의 한 가지 중요한 성질은 온도가 올라가면 팽창하는 것이다. 이 때문에 모든 물질은 기체로 변하면, 액체나 고체 상태보다 훨씬 많은 공간을 차지한다. 아래로 내려간 액체 상태의 물이 위로 올라오는 마그마와 만나면, 물이 순식간에 증기로 변하면서 엄청난 힘으로 팽창하여, 갑자기 부피가 이전보다 1700배나 늘어난다. 소방관들이 이 현상을 두려워하는 특별한 이유가 있다. 타오르는 불에 차가운 물을 뿌리면, 폐쇄된 공간에서 증기가 폭발하듯이 급팽창하기 때문에 그 증기에 화상을 입을 수 있다. 화산에서도 이런 일이 일어난다. 우리는 비탈을 따라 쏟아져 내려오는 주황색 용암을 경이로운 눈으로 바라보지만, 폭발을 일으키면서 대부분의 피해를 초래하는 것은 바로 기체이다.

매 순간 전 세계에서 활동하는 화산은 약 600개나 된다. 대부분의 화산은 불안정한 여러 판 위에 자리잡은 '불의 고리'(태평양을 고리 모양으로 빙 둘러싸고 있는, 지진과 화산 활동이 빈번한 지역. 환태평양 화산대 또는 환태평양 지진대라고도 한다.—옮긴이)에 있다. 세인트헬렌스산은 워싱턴주 앞바다에 위치한 후안데푸카판이 북아메리카판과 맞물린 곳에 자리잡고 있다. 두 판의 충돌은 지하 약 160km 지점에서 일어난다. 이 깊이에서는 두꺼운 암석층이 마그마 웅덩이를 덮고 있기 때문에, 유독한 증기가 일상적으로 지표면으로 분출되는 일은 일어나지 않는다. 하지만 깊은 곳에 자리잡은 이 웅덩이들 중 하나가 폭발하는 일이 일어나면, 훨씬 많은 파편이 튀어나온다.

1980년 3월 20일, 진도 4.0의 지진이 세인트헬렌스산을 뒤흔들었다. 이곳에서 땅의 흔들림은 그다지 특이한 사건이 아니었지만, 이번 지진은 이전의 지진들과 달리 땅의 흔들림이 멈추지 않고 계속 이어졌다. 평소에 세인트헬렌스산에서는 5년 동안 지진이 40번 정도 일어났다. 그런데 3월 20일부터 일주일 동안 지진이 100번이나 일어났다.

그러자 과학자들은 난처한 처지에 놓이게 되었다. 그들은 실제로 일어나지 않을 수도 있는 분화 가능성 때문에 사람들을 놀라게 하고 싶지 않았다. 5년 전에 시애틀 북쪽에 위치한 베이커산 분화에 대해 종말론적 예측을 했다가 아무 일도 일어나지 않는 바람에 지질학자들이 큰 망신을 당한 일이 있었다. 하지만 세인트헬렌스산의 활동은 쉽게 가라앉지 않았다. 3월 27일, 연기 한 줄기가 산꼭대기에서 터져나와 2100m 고도까지 솟아오르면서 흰 눈을 검게 물들였다. 얼마 후 주 당국은 세인트헬렌스산 주변의 모든 도로에 바리케이드를 쳐 교통을 차단했다. 더 논란이 되는 조처도 취했는데, 강제로 주민들을 대피시키기 시작한 것이다. 데이비드 존스턴David Johnston이라는 젊은 금발 지질학자는 기자들에게 그 이유를 이렇게 설명했다. "지금 상황은 다이너마이트 상자 옆에 서 있는 것과 같습니다. 신관에 불이 붙은 건 확실한데, 도화선의 길이가 얼마나 되는지는 아무도 모릅니다."

하지만 대피 지역에 살고 있던 한 주민은, 정부 당국은 자신들이 무슨 말을 하고 있는지 전혀 모른다고 판단했다. 아름답고 치명적인 화산 원뿔로부터 불과 5km 거리에 머물고 있던 해리 트루먼은 첫 번째 지진을 단순한 산사태에 불과하다고 일축했다. 여진이 계속 이어지는 동안에도 자신이 위험에 처해 있다는 사실을 믿으려 하지 않았다. 에디와 함께 보낸 최고의 시절을 포함해 인생 대부분을 그 산 아래에서 보낸 트루먼은 "만약 산에서 어떤 일이 일어난다면, 나는 차라리 여기서 그것과 운명을 함께하겠다."라고 선언했다.

산을 떠나려 하지 않는 사나이에 대한 소문은 빠르게 퍼져나갔는데, 특히 오락가락하는 화산 활동에 실망을 느끼던 기자들 사이에서 그랬다. 존스턴의 "다이너마이트 상자" 표현 외에 확실한 정보를 원하던 기자들은, 모든 예측에 빠져나갈 구멍을 만들어두고 또 그 구멍에서도 빠져나갈 구멍을 만들려는 지질학자들에게서는 신통한 정보를 얻을 수 없었다. 그래서 기자들이 전하는 이야기는 대부분 과학을 소홀히 하고 현지 사정을 강조하면서 반대쪽으로 흘러갔다. 트루먼이 사진사들에게 흔히 말한 것처럼, 사람들의 흥미를 끌려면 모든 것에는 사람이 필요했고, 트루먼의 괴팍한 늙은이 인상(그는 심지어 가끔 양말을 신은 채 샌들을 신었다)은 언론이 환영할 만한 인물상이었다. 트루먼은 수십 년 동안 언론에 공개되는 것을 피해왔고, 밀주를 만들던 시절에 알던 사람이 자신을 죽이러 올까 봐 아직도 두려워했다. 하지만 1980년은 그 시절로부터 이미 50년이나 지난 시점이었고, 트루먼은 새로운 사람들에게 옛날이야기를 들려주는 것에 재미를 느꼈다. 예컨대 팬티만 입은 채 갈퀴로 곰을 물리쳤던 시절 이야기나 커다란 나무발 두 개를 깎아 만든 뒤 눈밭 위에 발자국을 남김으로써 빅풋 전설을 만들던 시절 이야기 같은 것 말이다. 제1차 세계 대전 시절의 몇몇 이야기도 다시 꺼냈고, 낡은 파일럿 헬멧을 쓰고서 분화를 멈추기 위해 화산 분화구에 폭탄을 투하하려 했다고 주장했다.

이렇게 재미있는 이야기 외에도 트루먼은 기회가 있을 때마다 현지의 담당 공무원들을 헐뜯었다. 트루먼은 "그들은 화산이 다시 분화할 것이라고 말하지만, 입만 열면 거짓말을 해요."라고 조롱했다. 또, 카페 창문에 달린 레이니어 비어Rainier Beer 팻말이 좌우로 흔들리는 정도를 보고서 지질학자들보다 지진의 규모를 더 빨리 판단할 수 있다고 으스댔다. 현지의 주요 언론사들은 모두 다 한 번씩은 트루먼을 찾아왔는데, 선물로 셴리 위스키를 가져와야 한다는 사실이 모든 기자에게 알려져 있었다. 트루먼의 캐비닛은 곧 위스키 병으로 가득 찼고, 트루먼은 지금 산에서 최악의 사태가 벌어지더라도 자신은 거뜬히 버텨낼 수 있다고 큰 소리쳤다.

공무원들은 대피 명령을 집행하고 소란을 가라앉히기 위해 트루먼을 체포하는 방안을 고려했다. 하지만 그럴 경우 어떤 일이 벌어질까? 노인을 구치소에 집어넣는다면 여론이 악화될 게 뻔했고, 게다가 유죄 평결을 내릴 배심원단을 찾기도 쉽지 않을 것 같았다. 그래서 차라리 제멋대로 지껄이도록 내버려두는 편이 낫다고 판단했다. 설사 〈뉴욕 타임스〉나 〈내셔널 지오그래픽〉에 트루먼의 이야기가 실린다 하더라도 말이다.

폭발 없이 한 주가 지나갈 때마다 일반 대중 사이에서는 긴장과 흥분이 고조되었다. 지역 사회의 정원에는 여기저기 "세인트헬렌스산: 내 잔디에 재를 뿌리지 말 것."이라는 팻말이 등장했다. 산 주위에 벌목용 산길이 많이 나 있었기 때문에, 적절한 지도를 가진 사람이라면 누구나 바리케이드를 우회할 수 있었고, 사람들은 용암을 생생히 볼 수 있을지도 모른다는 생각에 스릴을 느끼면서 산비탈로 소풍을 가기 시작했다. 심지어 워싱턴 주지사 딕시 리 레이Dixy Lee Ray—과학자(해양생물학자)로 일한 적이 있는 그는 좀 더 현명한 판단을 해야 마땅했지만—도 이런 분위기에 휩쓸렸다. 그는 "나는 우리 화산 중 하나가 분화하는 모습을 볼 만큼 충분히 오래 살았으면 좋겠다고 늘 말해왔지요."라고 감정적 발언까지 쏟아냈다. 이런 열광적인 분위기 속에서 시애틀의 한 영화 제작진은 헬리콥터를 타고 산봉우리 가까이에서 맥주 광고를 찍었다.

이런 와중에도 세인트헬렌스산 내부에는 기체가 계속 축적되었다. 그 위를 선회하던 비행기들은 이산화황(화약 냄새를 풍기는) 냄새가 점점 더 강해지는 것을 감지했는데, 이것은 황을 많이 함유한 마그마가 지표면을 향해 올라오고 있다는 걸 의미했다.(그 시점에서 산 위로 비행하는 것은 엄밀하게는 불법이었지만, 너무나도 많은 비행기가 금지 조처를 위반했기 때문에, 한 파일럿은 산 주위를 선회하는 비행기 무리를 보고서 이전 시대의 공중전이 벌어진 것 같다고 말했다.) 더 불길한 조짐이 나타났는데, 4월 중순에 지질학자들은 북쪽 사면에서 불룩하게 솟아오른 부분을 발견했다. 거대한 물집처럼 암석 더미가 솟아오르고 있었다. 이 부분이 얼마나 빨리 솟아오르는지는 아무도 몰랐기 때문에, 하루에 수 밀리미터의 변화까지 감지할 수 있는 레이저 측정 장비를 갖춘 비행기들이 떴다. 하지만 그렇게 정밀한 장비까지는 필요하지 않았던 것으로 드러났다. 그곳은 매일 1.5m 이상 솟아올랐다. 나쁜 징후를 충분히 많이 포착한 정부 소속 지질학자들은 5월 9일에 관측탑을 계산상 위험 지역 밖에 위치한 10km 뒤로 이동시켰다. 트루먼은 겁쟁이들이라면서 낄낄거리며 웃었다.

적어도 대외적으로는 그렇게 행동했다. 개인적으로는 그의 내면에도 압력이 계속 쌓이고 있었다. 트루먼은 그전부터 늘 자신과 화산 사이에 서 있는 거대한 전나무들이 보호막이 되어 자신을 보호해줄 것이라고 주장했지만, 시간이 지날수록 친구들은 그의 신념이 흔들린다는 걸 느꼈다. 트루먼은 과거 그 어느 때보다도 더 외톨이 신세였고, 비록 기자들은 바닥으로 굴러떨어지지 않으려고 박차를 신은 채 침대에 눕는다는 그의 말에 웃음을 터뜨렸지만, 그것은 완전히 농담만은 아니었다. 진동 때문에 카페의 접시들이 한 시간에 몇 차례나 덜거덕거리면서 신경을 곤두서게 하는 밤들도 있었다. 어쩌다 잠을 푹 자고 일어나면, 침대가 방 반대편으로 밀려가 있었다. 트루먼은 자신과 에디가 함께 산 집을 떠나고 싶지 않았지만, 그렇다고 해서 매일 밤을 공포 속에서 보낼 수는 없었다.

이를 눈치챈 친구들과 관리들이 5월 중순에 이 무모한 사내를 산에서 내려오게 하려고 마지막 노력을 기울였다. 그러나 트루먼은 거절했다. 그 무렵 그의 용기에 감명받은 사람들로부터 수많은 편지가 쇄도한 것이 일부 이유였다. 청혼 제안도 들어왔다.(그는 '꽃다운 열여덟 살 처녀가 왜 나 같은 늙은이와 결혼하려고 한단 말인가?'라고 의아해했다.) 불굴의 용기를 칭찬하는 주지사 딕시 리 레이의 편지도 받았는데, 그는 흥분하여 이 편지를 머리 위로 흔들었다. 명성과 칭찬 때문에 그렇지 않아도 하려고 했던 일을 더 해야겠다고 마음먹었는지, 아니면 유명세의 압력 때문에 사실은 하고 싶지 않았던 결정을 억지로 따랐는지는 판단하기 어렵다. 어느 쪽이건, 트루먼은 그곳을 떠나지 않기로 결정했다.

주 공무원들은 어쩔 수 없이 트루먼을 포기하고, 나머지 모든 것을 산에서 철수시키기로 결정했다. 지진이 사흘 동안 잠잠해지자, 그들은 5월 17일에 도로 봉쇄를 풀어 통나무집 주인들에게 트럭을 가져와 의자와 테이블, 토스터, 카메라를 비롯해 챙길 수 있는 것을 모두 옮기도록 허락했다. 그 다음 날 오전에도 통행 허가를 내주었다. 한편, 산은 딴생각을 품고 있었다.

해리 트루먼의 최후

빠져나갈 구멍을 여기저기 만들어놓았는데도 불구하고 세인트헬렌스 산은 여전히 과학자들에게 수모를 안겨주었다. 정확한 '때'를 놓친 것은 큰 문제가 아니었다. 화산 분화는 예측하기가 불가능하기 때문에, 5월 18일 일요일 오전 8시 32분 11초라는 분화 시기를 미리 예측하지 못한 것은 전혀 창피한 일이 아니었다. 하지만 지질학자들은 분화가 일어나면 '어떤' 일이 벌어질지에 대해서는 모두 의견이 일치했다. 즉, 화산 원뿔이 모든 힘을 위쪽으로 분출되도록 하기 때문에, 화산 가스와 연기가 하늘 높이 뿜어져 나올 것이라고 보았다. 그러나 실상은 그렇지 않았다. 대신에 북쪽 사면에 불룩 솟아오른 부분이 폭발했고, 잠깐 동안 안쪽으로 붕괴가 일어난 뒤에 온갖 끔찍한 것들이 측면으로 쏟아져 나오면서 역사를 통틀어 최대 규모의 산사태가 일어났다. 특히 강한 압력의 화산 기체가 산비탈을 따라 쏟아져 내려오면서 재와 연기와 섞였고, 도중에 만나는 것을 모조리 증발시켰다.

파괴 상황은 일련의 동심원들로 나타낼 수 있었다. 300km 밖에 있던 사람들은 폭발 소리를 들었다. 150km 밖에서는 창틀에서 유리창이 덜거덕거렸고, 캐비닛 속에 가보로 보관하던 도자기가 넘어졌다. 동쪽으로 136km 떨어진 야키마에서는 진흙 덩어리가 하늘에서 쏟아졌고, 하늘은 아주 캄캄하게 변해 오전 9시 30분인데도 가로등이 자동으로 켜졌다. 70km 밖에서는 일부 하천의 온도가 32°C까지 올라가 연어가 강둑으로 뛰어올랐다.

기묘하게도 산에 가까울수록 폭발 소리가 잘 들리지 않았다. 인근 지역에서는 하늘을 뒤덮은 모래와 부스러기가 소음을 흡수했다. 또 소리는 지면 부근의 따뜻한 공기 속에서는 위로 떠오르는 경향이 있어 폭발 소리는 인근 지역 사람들의 머리 위로 지나갔다.(이 현상은 나중에 더 자세히 다룰 것이다.) 폭발 소리가 들리지 않았다고 해서 다른 일들도 평온하게 일어난 것은 아니다. 24km 이내 지역에 있는 나무들

1980년 5월 18일, 세인트헬렌스산의 분화 장면.
(사진 제공: 미국산림청)

은 모두 다 쓰러졌다. 마치 누가 거대한 빗으로 세인트헬렌스산의 머리를 쓸고 지나간 것 같았다. 무게가 수 톤이나 되는 벌목 트럭들이 장난감 차처럼 넘어졌다. 사람들은 불덩어리 돌 더미 세례를 받았고, 머리카락이 불에 그슬렸다. 이 지역에 머물던 한 남자와 여자는 뿌리가 뽑힌 나무의 구덩이 속으로 뛰어들어 목숨을 건졌는데, 만약 이 재난에서 살아남는다면 결혼하기로 약속했다. 두 사람은 실제로 나중에 결혼했다.

16km 이내 지역에서는 죽을 수 있는 것은 모두 다 죽었다. 대형 포유류(엘크, 사슴, 곰) 7000여 마리와 세인트헬렌스산을 다이너마이트 상자에 비유했던 금발의 지질학자 데이비드 존스턴도 그중에 포함되었다. 젊고 건강했던(그는 마라톤을 즐겼는데, 그 당시로서는 기이한 취미였다) 존스턴은 가장 가까이 위치한 관측탑에 교대 근무를 자원했는데, 자신은 나이가 더 많은 동료들보다 탈출할 가능성이 더 높다고 판단했기 때문이다. 하지만 5월 18일은 원래 존스턴이 근무하는 날이 아니었다. 그런데 그날 상사가 독일에서 온 친구와 함께 지내길 원해 근무일을 바꾸어 존스턴이 근무를 섰다. 세인트헬렌스산이 폭발했을 때, 존스턴은 무전으로 본부에 그 소식을 전할 만큼의 시간은 있었다. 그는 "마침내 시작되었어요!"라고 외쳤다. 동료들은 그것을 환희에 들뜬 목소리로 들었다.

존스턴의 시체는 발견되지 않았지만, 이 지역에서 다른 사람들의 시체 수십 구가 발견되었다. 검시관은 대다수는 재를 들이마신 것이 직접적인 사망 원인이라고 결론 내렸다. 재는 입속의 침과 닿자마자 걸쭉한 퍼티처럼 변해 기도를 막았다. 죽은 뒤에 이들의 시체는 뜨거운 열기에 바싹 구워졌고, 내부 장기들은 말라붙어 육포처럼 변했다. 몇몇 시체는 썩기 시작하고 재로 범벅이 되어 메스의 날을 무디게 했다.

8km 이내 지역에서는 구조대원들이 시체를 찾으려고 하지도 않았다. 이곳에서는 황 냄새가 진동해 초기 지구 시대로 돌아간 것 같았다. 그리고 초기 지구처럼 풍경에도 별다른 특징이 없었다. 며칠 뒤 지미 카터Jimmy Carter는 비행기를 타고 그 위를 지나가면서 "여기에 비하면 달 표면은 골프장이나 다름없군!"이라고 말했다. 이제 유일한 주요 지형지물은 다시 태어난 스피릿호뿐이었다. 다른 모든 것과 마찬가지로 원래의 스피릿호는 수십 미터의 잿더미 밑에 묻혀버렸다. 하지만 물이 잔해 사이로 솟아올라 약 50m 더 높은 곳에 새로운 호수를 만들었다. 원래의 호수는 차갑고 투명하고 매력적이고 시정이 9m나 되었던 반면, 새로운 호수는 부글거리는 갈색 구정물 구덩이처럼 보였고, 시정이 수십 센티미터에 불과했다.

마지막으로, 5km 이내의 거리에 해리 트루먼이 앉아 있었다. 그가 죽었다는 사실은 명백했지만, 그것 말고는 그에게 무슨 일이 일어났는지 결코 알 수 없다. 하지만 다른 화산 분화의 희생자들과 화학 법칙을 바탕으로 그의 마지막 순간을 재구성해볼 수는 있다.

맨 먼저, 옷은 뜨거운 열기에 플래시 페이퍼flash paper(나이트로셀룰로스로 만든 종이나 천. 밝은 섬광과 함께 순식간에 타며 재가 전혀 남지 않는다. 마술 트릭에 많이 사용된다.—옮긴이)처럼 사라졌을 것이다. 그가 입었던 청바지와 스웨터, 양말은 모두 순식간에 타버렸을 것이다. 치아의 사기질은 금이 가며 쪼개졌을 것이고, 한때 축축했던 폐는 새카맣게 타 퍼석퍼석한 탄소로 변했을 것이다. 그와 동시에 트루먼은 고통을 느낄 새도 없이 죽었을 것이다. 79년에 베수비오산이 분화한 뒤에 발견된 시체들, 특히 해변의 집 안에 머물렀던 사람들의 시체에는

| 세인트헬렌스산이 분화할 때 뜨거운 재에 파묻힌 우체통. (사진 제공: 미국지질조사국)

두려움이나 발버둥의 흔적이 전혀 없는 경우가 많았다. 예를 들면, 손으로 얼굴을 감싼(보편적인 고통의 흔적) 사람은 아무도 없었다. 이것은 열 충격으로 인해 그들이 1초도 안 되는 사이(반사 작용으로 고통을 느끼기에는 너무 짧은 시간)에 죽었음을 시사한다.

베수비오산의 열은 또한 많은 희생자의 근육을 사후에 수축시켰는데, 이 때문에 발가락은 발 아래쪽으로 접히고, 팔은 위쪽으로 가슴을 향해 구부러졌다—소위 투사형 자세로. 그러고 나서 시체는 재에 묻혔고, 재는 단단하게 굳으면서 시체 주위에 데스마스크 같은 형태를 만들었다. 그리고 시체가 썩자, 그 속에 사람 형태의 빈 공간이 남게 되었다. 고고학자들은 이 빈 공간을 소석고로 채움으로써 그 안에 있었던 사람의 캐스트cast(화석이 있던 공간에 다른 퇴적물이 채워져 화석 원래의 모습이 나타나는 것)를 만들었는데, 오늘날 폼페이를 방문한 여행객들이 보는 폼페이 사람들의 형체는 바로 이렇게 만든 캐스트이다.

이것은 가능성이 있는 한 가지 종말이다. 수 미터 아래의 화산재 속에 해리 트루먼의 형체로 빈 공간이 생길 수 있다. 하지만 더 섬뜩한 가능성도 있다. 베수비오 화산은 폼페이 외에 다른 마을들도 파괴했는데, 그 장소들(트루먼의 야영지처럼 열 폭풍이 직접 덮친 곳)에서는 많은 사람이 그 열 폭풍에 닿자마자 증발하고 말았다.

신체 증발에 관한 연구는 아주 적지만, 그 과정을 수분 증발, 내장 증발, 뼈 증발, 이렇게 세 단계로 나누어 설명한다. 수분 증발에는 다시 두 단계가 필요하다. 먼저 체내 수분의 온도가 체온(약 37°C)에서 끓는점(100°C)까지 올라가야 한다. 우리 몸속의 수분 함량은 나이가 들면서 변한다. 신생아는 75%이지만, 쭈글쭈글한 노인이 되면 60% 아래로 떨어진다. 트루먼의 나이와 체중을 감안하면, 그의 몸속에는 물이 45kg쯤 들어 있었을 것이다. 물은 열을 아주 잘 흡수하므로, 그렇게 많은 물의 온도를 100°C까지 올리려면 많은 에너지가 필요한데, 약 2900kcal가 든다.(이에 비해 45kg의 철을 같은 온도만큼 올리려면 305kcal밖에 들지 않으며, 금은 88kcal밖에 들지 않는다.) 지금까지 이야기한 것은 100°C의 뜨거운 물을 만드는 과정에 지나지 않는다. 이것을 증기로 만들려면 훨씬 더 많은 에너지가 필요한데, 물 분자들 사이에 강한 인력이 작용하기 때문에 그렇다. 그래서 물 분자는 이웃 물 분자들을 뿌리치고 공기 중으로 날아올라 기체가 되길 주저하는 경향이 있다. 그 결과로 증기 45kg을 만드는 데에는 추가로 2만 4000kcal가 필요하다.

이번에는 내장 증발을 살펴보자. 우리 몸에는 수백 개의 기관과 조직이 있는데, 이것들은 성질과 열 흡수 특성이 제각각 다르다. 일부 과학자들은 이러한 차이들을 모두 조사해 표로 만드는 대신에 대체물을 사용한다. 대체물로 쓰이는 것은 말린 돼지고기인데, 사람과 돼지의 내장은 서로 비슷하기 때문이다. (수분을 뺀) 평균적인 사람의 기관과 연골과 지방은 약 11kg이다. 말린 돼지고기를 분해하는 데 100g당 약 230kcal가 필요하다는 점을 감안하면, 모든 내장 분자를 분해하는 데에는 약 2만 7000kcal가 추가로 필요하다.

베수비오산 가까이에서 죽어간 희생자들의 상태를 바탕으로 우리는 물과 내장이 화산 분화의 뜨거운 열기에 쉽게 끓어서 기체로 변한다는 사실을 알고 있다. 12kg 정도의 뼈를 증발시키기는 더 어려운데, 뼈의 주요 광물질[칼슘 하이드록시아파타이트$Ca_{10}(PO_4)_6(OH)_2$]은 끓는점이 매우 높기 때문이다. 이 때문에 트루먼의 뼈는 아마도 온전한 상태로 남았을 것이다. 그렇다고 해서 아무런 손상도 입지 않는다는 뜻은 아니다. 약 480°C 이상에서는 뼈가 옅은 노란색으로 변했다가 그다음에는 불그스름한 갈색으로, 그다음에는 다시 검은색으로 변한다. 그리고 분자들이 재배열되면서 약간 녹기도 한다. 이 재배열은 뼈를 약하게 하여 바스러지기 쉽게 만든다. 베수비오 화산 분화의 희생자들 중 일부는 머리 꼭대기 부분이 터졌다. 뜨거운 화산 가스가 뇌를 끓게 했는데, 뇌 속에서 끓어오른 증기는 달리 탈출할 데가 없어 작은 세인트헬렌스 화산처럼 머리뼈 꼭대기를 뚫고 분출한 것으로 보인다.

해리 트루먼 같은 노인의 몸속에서 물을 끓게 하고 내장과 뼈를 증발시키는 데에는 모두 합해 약 7만 5000kcal*의 열에너지가 필요했을 텐데, 이것은 성인 한 명이 한 달 동안 섭취하는 열량에 해당한다. 이 모든 에너지를 단숨에 가해야 한다는 점을 감안하면, 이 사실은 더욱 인상적으로 보인다. 맥박이 한 번 뛰는 사이에 사람의 몸을 증발시킬 수 있는 것은 원자폭탄 말고는 거의 없는데, 화산 분화도 그런 예외적인 사건에 해당한다.

트루먼은 자신의 생애 중 마지막 순간을 아마도 다음과 같이 맞이했을 것이다. 발밑의 땅이 흔들리면서 몸의 균형을 잃었겠지만, 폭발 지점에서 아주 가까운 곳에 있던 그는 아무 소리도 듣지 못했을 가능성이 높다. 위를 올려다볼 수 있었더라면, 트루먼은 뭔가 장엄한 것(무시무시하고 경이로운 것을 시적으로 나타낸 표현)을 보았을 것이다. 그가 경이로운 눈으로 바라보면서 대부분의 생애를 보낸 사면이 수플레처럼 꺼졌다가 다시 솟아오르면서 내부의 모든 기체가 자유를 찾아 한꺼번에 분출했을 것이다. 이때 나타난 검은 구름의 속도(최대 시속 560km)를 감안할 때, 트루먼은 그것—높이 100층, 폭 16km에 이르는 연기 기둥—이 산비탈을 따라 쏟아져 내려오는 모습을 아마도 1분 정도 바라보았을 것이다. 강렬한 열은 부근의 눈을 모조리 증발시키고, 키가 75m에 이르는 전나무들을 마치 모닥불에 던져진 비닐 조각처럼 일그러뜨렸을 것이다. 그 전면이 트루먼의 야영지로 몰아닥쳤을 때에는 핑크색 캐딜락에서 페인트가 증발해 물집처럼 돋아오르고, 타이어는 그 속의 공기가 크게 팽창하면서 터졌을 것이다. 캐비닛에 들어 있던 셴리 위스키 병들은 모두 몰로토프 칵테일처럼 폭발하고, 흑표범 오줌은 모두 파란색 화염이 되어 타올랐을 것이다. 트루먼이 걸친 옷도 불타 사라졌을 것이고, 트루먼 자신은 승화했을 것이다. 즉, 순식간에 고체에서 기체 상태로 변했을 것이다. 그리고 마지막으로 쉬익 하는 소리와 함께 그는 공기 중으로 날아올라 더 광대한 대기로 들어갔을 것이다.

그렇다면 여러분이 조금 전에 들이마신 숨 속에는 카이사르가 죽을 때 내뱉은 마지막 숨과 마찬가지로 트루먼의 몸 중 일부가 포함돼 있을 가능성이 상당히 높다.

세인트헬렌스산이 아름다운 원뿔을 쌓아올리는 데에는 2000년이 걸렸지만, 그것을 날려보내는 데에는 겨우 2초밖에 걸리지 않았다. 세인트헬렌스산은 순식간에 높이가 2950m에서 2550m로 낮아졌고, 그 과정에서 3억 6000만 톤의 물질을 날려보냈다. 검은 연기 기둥은 26km 높이까지 솟아올랐고, 올라가는 도중에 번개를 만들어냈다. 분출된 먼지는 미국 전역과 대서양으로 퍼졌으며, 결국에는 지구를 한 바퀴 돌아 17일 뒤에는 서쪽에서 세인트헬렌스산을 향해 밀려왔다. 이 분화에서 분출된 전체 에너지는 히로시마에 투하된 원자폭탄 2만 7000개에 해당하는 양인데, 분화가 아홉 시간 동안 지속되었으니 1초마다 원자폭탄이 1개씩 폭발한 셈이었다.

그런데 여기서 세인트헬렌스산의 분화는 화산 분화 규모치고는 하찮은 것이라는 사실을 지적할 필요가 있다. 이 분화로 약 4km^{3}의 암석이 증발하기는 했지만, 1883년에 분화한 크라카토아 화산의 8%에 불과하고, 1815년에 분화한 탐보라 화산의 3%에 불과하다. 또한 탐보라 화산 분화는 전 세계적으로 햇빛의 양을 15%나 감소시켜, 강력한 아시아의 몬순을 교란시키고 기온을 크게 떨어뜨렸다. 그 결과 여름철에도 뉴잉글랜드 지방에 눈이 내리게 했던 것으로 악명 높은 1816년의 '여름 없는 해'를 초래했다. 그런데 탐보라 화산도 예컨대 210만 년 전에 일어나 와이오밍주의 암석 물질 2438km^{3}를 성층권으로 올려보낸 옐로스톤 분화처럼 역사상 정말로 큰 분화 사건들에 비하면 아무것도 아니다.(이 초화산超火山은 언젠가 다시 찾아와 미국 대륙 중 상당 부분을 재 속에 파묻어버릴 것이다.)

지옥 같은 화산 시대가 끝날 무렵, 지구는 이미 서로 구별되는 대기를 두 차례 경험했다. 희박했던 첫 번째 대기는 주로 수소와 헬륨으로 이루어져 있었고, 더 혹독했던 두 번째 대기는 화산에서 분출된 기체 성분들로 이루어져 있었다. 두 번째 대기는 물론 사라진 지 오래되었다. 지금 우리는 숨을 쉴 때마다 폐가 지글지글 타면서 비명을 지르진 않는다. 하지만 우리는 특정 장소들에서 여전히 그와 같은 대기를 잠깐 경험할 수 있는데, 가장 극적인 사례는 1986년 8월 21일에 카메룬의 니오스호 부근에서 일어난 기묘한 분화 사건이다.

못다 한 이야기

폭발하는 호수

이산화탄소(CO_2)—현재 공기 중 농도는 약 400ppm이며 계속 증가하고 있다. 한 번 숨을 들이쉴 때마다 이산화탄소 분자 약 50경 개가 폐로 들어온다.

처음에 그 소리를 들은 사람들은 또 갱들 사이에 싸움이 벌어졌나 보다 하고 생각했다. 카메룬 서부의 화산 고지대는 옛날부터 사는 주민이 많지 않았는데, 한 가지 이유는 많은 부족들이 이 지역을 귀신이 사는 곳으로 여겼기 때문이다.(한 전설에 따르면, 근처에 있는 니오스호에서 밤이 되면 복수심에 불타는 귀신이 나와 골짜기 아래에 사는 사람들을 공포에 떨게 했다고 한다.) 하지만 이곳의 비옥한 토양은 얌과 콩을 재배하기에 아주 좋아 1980년대 무렵에는 여러 인종 집단의 농부들이 이곳으로 몰려와 살았다. 인구가 늘어나자, 갱들 사이의 폭력과 총격전도 늘어났다. 그래서 많은 주민들은 1986년 8월의 그날 밤에 멀리서 들려온 펑-펑-펑 하는 소음을 그저 일상적으로 벌어지던 총격전 소리로 여겼다.

그런데 그날 저녁에 들려온 다른 소음들은 설명하기가 쉽지 않았다. 낮게 우르릉거리는 소리와 기묘하게 꼴꼴거리는 소리가 났다. 한 눈먼 여자는 발밑의 땅이 마치 누가 몸을 떠는 것처럼 여러 차례 흔들리는 걸 느꼈다. 하지만 대다수 사람들은 그런 징조들을 무시하고 잠자리에 들었다. 하지만 해가 진 직후에 땅은 정말로 니오스호 바닥에서 뭔가 사악한 존재를 불러냈다.

9시 무렵에 호수는 거대한 이산화탄소 거품들을 뿜어내기 시작했다. 거품과 함께 철분이 많이 섞인 호수 바닥의 물도 올라와 거품은 붉은색을 띠었고, 수면에 도달한 거품들이 터지면서 펑펑 소리를 냈다. 거품들에서 빠져나온 이산화탄소는 모두 합쳐서 약 2억 2500만 kg이나 되었고, 기체와 물로 이루어진 분수가 75m 상공까지 솟아오르면서 20초 동안 우르릉거리는 소리를 냈다.

다른 상황이라면 이것은 아주 매력적인 장관을 연출했을 것이다. 마치 올드페이스풀 간헐천(미국 옐로스톤 국립공원에 있는 유명한 간헐천. 물기둥이 최대 60m 높이까지 치솟는다.—옮긴이)이 핏빛으로 솟구치는 것처럼 말이다. 하지만 이산화탄소는 공기에 비해 무겁기 때문에(보통 공기보다 50% 더 무겁다), 이 막대한 양의 기체는 주위로 확산되는 대신에 지면 쪽으로 가라앉아 결국에는 높이 45m의 흰색 구름을 이루었다. 이 구름은 니오스호 주변 산비탈을 따라 부근 마을을 향해 내려가기 시작했는데, 내려가면서 속도가 점점 빨라졌다. 이 골짜기들의 기온은 평소보다 낮았는데, 이 낮은 기온 때문에 구름 속의 수증기가 응결하면서 물방울로 변해 빠져나가자 이 기체 집단은 눈에 보이지 않게 되었다. 야간 사냥을 하기에 아주 완벽하게.

이 유독한 기체는 시속 약 60km로 이동하면서 몇 분 만에 여러 마

1986년 8월 21일에 일어난 니오스호의 불가사의한 '분화' 뒤에 흙집들 근처에서 죽은 가축들. (사진 제공: 미국지질조사국)

을—차, 수붐, 팡, 마시—을 덮쳤다. 흙집에서 잠자던 가족들이 집단으로 질식해 죽었고, 저녁 식사를 준비하려고 불을 피우던 사람들은 그대로 쓰러졌다. 어떤 사람들은 너무나도 순식간에 의식을 잃는 바람에 땅에 손을 짚을 시간도 없이 그대로 넘어지면서 골절상을 입었다. 그러고 나서 이산화탄소가 폐에서 산소를 밀어내면서 질식해 죽었다. 이 집에서 세 명이 죽고, 다음 집에서 네 명이 죽고, 집 밖의 길에서 여섯 명이 죽는 식으로 수많은 사람들이 죽어갔다.

다음 날 아침, 니오스호의 수위는 90cm나 내려갔고, 이전에 하늘색이었던 수면은 기름을 칠해 반들반들한 호랑이 가죽처럼 보였다. 즉, 주황색 바탕에 검은색 줄무늬들이 여기저기 널려 있었다. 조금 더 멀리 떨어진 마을에서는 기적적으로 일부 주민이 살아남았지만, 잠에서 깨어난 뒤에 두통과 욕지기, 설사 등을 겪었다. 많은 사람들은 몇 시간 동안 동일한 장소에서 꼼짝도 않고 누워 있었던 탓에 욕창이 생겼다. 하지만 훨씬 나쁜 소식이 그들을 기다리고 있었다. 대살육이 마을을 휩쓸고 지나갔다는 사실이었다. 이 사건으로 사망한 사람은 1746명이나 되었다. 그다음 며칠 동안 희생자가 더 늘어났는데, 비탄에 빠진 부모들과 조부모들이 자살을 하고 임신부들이 유산을 했기 때문이다. 가축도 6000마리 이상 죽었고, 그와 함께 이 지역에 살던 생쥐와 새, 곤충도 거의 다 죽었다. 생존자들은 그 후 며칠 동안 괴기할 정도로 정적이 감돌았다고 기억한다. 사체를 뜯어먹으러 돌아다니는 파리조차 없었다.

현지의 점쟁이들은 호수의 악령들이 깨어났다고 말했다. 덜 미신적인(편집증은 더 심하다고 볼 수 있지만) 사람들은 적이 감행한 화학전이나 비밀리에 실시한 중성자탄 실험 때문에 이 비극이 일어났다고 주장했다. 한편, 과학자들은 훨씬 따분한 설명을 내놓았다. 처음에 개략적인 뉴스 보도들이 나온 뒤 세계 각지에서 지질학자들(이들 중에서 이전에 니오스호라는 이름을 들어본 사람은 거의 없었다)이 이 '폭발하는 호수'를 직접 보기 위해 카메룬으로 몰려들기 시작했다. 그들은 곧 니오스호가 활화산 위에 위치하고 있다는 결론을 내렸다.(사실, 이 화구호는 불과 400년 전에 일어난 분화에서 생겨났다.) 화산에서는 이산화탄소가 분출되는 일이 많기 때문에, 이 화구가 이산화탄소 기체의 분출원인 게 틀림없었다.

하지만 이 사실을 제외한 나머지 세부 내용에서는 지질학자들 사이에 의견이 엇갈렸다. 특히 이산화탄소 분출의 방아쇠를 당긴 원인이 무엇이냐를 놓고 열띤 논쟁이 벌어졌다. 어떤 지질학자들은 단 한 번의 분화를 통해 이산화탄소가 분출되었다고 주장했다. 그들은 니오스호를 소형 세인트헬렌스산으로 생각했다. 하지만 다른 사람들은 분화는 이 사건과 아무 관계가 없다고 주장했다. 대신에 수백 년 동안 화도를 통해 새어나온 이산화탄소가 니오스호 바닥에 쌓여 있었다고 했다. 위에서 짓누르는 물의 무게 때문에 이산화탄소 기체는 한동안 그곳에 머물러 있었지만, 산사태나 폭우로 호수 바닥이 요동치는 바람에 이산화탄소가 빠져나왔다는 것이다. 또 어떤 사람들은 이산화탄소가 서서히 축적되었다는 의견에는 동의했지만, 외부의 충격이 방아쇠 역할을 했다는 주장에는 동의하지 않았다. 이들은 기체가 너무 많이 쌓여 마침내 물의 무게만으로는 더 이상 억제할 수 없는 지경에 이르렀고, 운 나쁜 어느 날 마침내 샴페인에서 거품이 부글부글 솟아오르는 것처럼 기체가 수면 위로 올라왔다고 주장했다.

혼란스럽게도 단일 분화설을 주장하는 쪽이나 점진적 축적설을 주장하는 쪽 모두 자신의 이론을 뒷받침하는 증거가 있었다. 일부 생존자들은 의식을 잃기 전에 썩은 달걀 냄새와 화약 냄새가 났다고 증언했는데, 이것들은 모두 화산 분화와 관련이 있다. 또, 호수 바닥을 교란시킬 만한 산사태나 폭우가 일어났다는 구체적인 증거가 없었다. 게다가 이산화탄소 분출과 함께 상당량의 열도 방출되었다. 그 사건 직후에 니오스호의 온도는 23°C에서 30°C로 올랐고, 이 열기는 몇 주일 동안 지속되었다. 그렇긴 하지만, 160km 밖에 있는 지진계에는 그날 지질 활동이 전혀 감지되지 않았는데, 이것은 분화 가능성을 부정하는 증거였다. 그리고 아무리 진지하게 증언했다 하더라도 생존자들의 증언은 곧이곧대로 믿을 수 없는데, 이산화탄소 중독은 혼란과 정신 혼미를 초래할 수 있기 때문이다. 일부 과학자들은 이산화탄소가 냄새 환각을 초래할 수 있고, 구조대원들이 사건 직후 며칠 동안 황이 섞인 기체에 관한 질문을 던짐으로써 의도치 않게 사람들의 머릿속에 특정 개념을 심어주었을 수 있다고 주장했다.

두 진영은 마침내 국가별로 갈라졌는데, 프랑스와 이탈리아, 스위스 지질학자들은 화산 분화설을 지지한 반면, 미국과 독일, 일본 지질학자들은 점진적 축적설을 지지했다. 이를 지켜본 한 사람은 "비전문가들은 자신이 좋아하는 국기를 흔드는 것 외에 달리 할 수 있는 일이 없었다."라고 한탄했다.(나는 오늘날 대다수 전문가들이 점진적 축적설을 선호한다는 사실을 언급하고 싶지만, 나는 미국인이기 때문에 아마도…….)

이 논쟁은 단지 과학자를 옹졸한 사람으로 보이게 만드는 데 그치지 않고, 이 지역의 장래 안전을 위험에 빠뜨릴 수도 있다. 만약 분화가 원인이고 또다시 분화가 일어난다면, 니오스호 부근 마을들에 동일한 재난이 닥칠 위험이 크다. 과학자들은 화산 분화를 막는 것은 말할 것도 없고 정확하게 예측하는 것조차 어렵다. 하지만 이산화탄소가 천천히 축적되는 것은 막을 수도 있는데, 특히 충분한 양이 축적되기까지 몇 년간의 시간이 걸린다면 성공할 가능성이 더 높다.

아마도 바로 그 이유 때문에(이것은 적어도 희망을 주므로) 카메룬 사람들은 점진적 축적설을 믿기로 결정했고, 지난 20년 동안 폭발하는 호수의 뇌관을 제거하려고 노력해왔다. 처음에 카메룬 정부는 이를 위해 니오스호에 폭탄을 투하하는 것을 포함해 여러 방법을 논의했다. 그러다가 마침내 수면 위에 뗏목들을 띄우고 길이 200m의 폴리에틸렌 관을 바닥으로 내려보내 기체를 빼내기로 결정했다. 이 작업은 극적인 장관을 연출한다. 때로는 물줄기가 45m 상공까지 치솟아오른다. 하지만 이것이 과연 도움이 되는지는 아무도 모른다. 바닥을 들쑤시다 보면 역작용으로 오히려 또 다른 분출을 초래할 위험도 있다. 지금도 과학자들은 방문객에게 니오스호에 걸어 들어갈 때에는 뭔가 사악한 것을 불러내지 않도록* 물을 너무 첨벙거리지 말라고 경고한다.

아직도 생존자들은 불행한 1986년 재난의 징후를 여기저기서 본다. 호수 바닥에서 올라온 물은 근처의 여러 샘으로 흘러가는데, 이런 샘들 옆에서 갑작스런 이산화탄소 분출 때문에 질식해 죽은 매나 생쥐가 자주 발견된다. 많은 현지 주민은 죽음의 유령이 아직도 니오스호 가장자리를 배회한다고 주장한다. 한 남자는 "그들이 말하는 소리도 들을 수 있어요."라고 주장했다.

그 남자는 유령들이 정확하게 무슨 말을 하는지는 말하지 않았다. 하지만 그들의 죽음과 8월의 불행한 그날 밤에 대한 기억은 뭔가 중요한 것, 우리 모두가 제대로 이해해야 할 것이 있음을 말해준다. 그날 밤은 지구의 먼 과거 상태, 그러니까 늘 엄청난 양의 독가스가 부글부글 끓어올라 초자연적 공포처럼 온 사방을 배회하던 환경을 엿볼 수 있는 기회를 제공했다. 무엇보다도 니오스호 재난은 지구가 그러한 지옥 상태에서 탈출한 것이 얼마나 큰 행운이었는지 일깨워준다.

그렇다면 지구의 대기는 어떻게 그런 상태에서 현재 상태로, 즉 독가스로 가득 찬 공기에서 편안하고 숨 쉴 수 있는 대기로 변했을까? 그 원인은 하나가 아니라 여러 가지이지만, 무엇보다도 지구의 역사에서 다음번의 주요 기체인 질소가 등장한 것이 중요한 원인이라고 할 수 있다.

질소(N_2)
현재 공기 중 농도는 78%(78만 ppm).
한 번 숨을 들이쉴 때마다 질소 분자 약 90해(=9×10^{21}) 개가 폐로 들어온다.

암모니아(NH_3)
현재 공기 중 농도는 0.00001ppm.
한 번 숨을 들이쉴 때마다 암모니아 분자 약 1000억 개가 폐로 들어온다.

2장

공기 중의 악마

지구는 탄생 후 수억 년 동안 도저히 생물이 살 수 없는 환경이었다. 설사 발이 타지 않고 설 수 있는 장소를 찾는다 하더라도, 화산에서 뿜어져 나오는 기체들 때문에 숨을 전혀 쉴 수 없었을 것이다. 하지만 화산 가스는 단기적으로는 유독한 것이었지만, 화산은 질소가 풍부한 기체를 뿜어냄으로써 결국은 경이롭게도 지구의 공기를 구원했다.

무게로 따질 때 우리 몸의 약 93%는 세 가지 원소(산소, 수소, 탄소)가 차지하는데, 이 비율은 다른 생명체들에서도 비슷하다. 또, 세포가 제대로 기능하려면, 이들 외에 극소량만 필요한 몰리브데넘(몰리브덴)을 포함해 수십 가지 원소가 더 필요하다. 뭔가 아주 잘못된 일이 일어나지 않는 한, 동물과 식물은 이 원소들 중 대부분을 주위 환경에서 손쉽게 얻을 수 있다.

그런데 질소는 예외적인 원소이다. 질소는 우리 몸에서 네 번째로 많은 원소로, 체중의 약 3%를 차지한다. 그리고 공기 중에 가장 많이 존재하는 성분이기도 한데, 우리가 매일 숨 쉬는 공기 분자 5개 중 4개가 질소이다. 그렇다면 질소를 우리 세포에 공급하는 일은 식은 죽 먹기가 아닐까? 전혀 그렇지 않다. 질소는 아주 풍부하게 존재하지만, 대부분의 동물은 질소 원자를 얻으려면 많은 노력을 기울여야 한다. 사람을 포함해 대부분의 동물은 기체 상태의 질소를 그대로 이용할 수 없기 때문이다. 동물은 다른 형태로 바뀐 질소만 섭취해 이용할 수 있다. 그리고 지구 역사에서 처음 수십억 년 동안 이에 필요한 재주를 터득한 생물은 몇몇 특별한 미생물뿐이었다.

하지만 20세기 초에 호모 사피엔스가 세균이 아닌 생물로서는 최초로 스스로 질소를 만드는 생물의 대열에 합류했다. 이 위업을 이루는 데 큰 공을 세운 두 사람은 모두 독일인이었고 공업화학자였다. 두 사람은 이 발견으로 국가적 영웅으로 칭송받았고 노벨상을 받았다. 그리고 둘 다 훗날 국제 전범으로 기소되어 유죄 판결을 받았다. 그러나 아무리 많은 사람들이 이 두 사람을 미워했다 하더라도, 이들은 하늘에서 7번 원소를 끌어내려 우리 몸속으로 집어넣는 위업을 이루었다. 프리츠 하버Fritz Haber와 카를 보슈Carl Bosch가 이룬 화학적 마술을 언급하지 않고서는 공기에 관한 이야기를 제대로 할 수 없다.

공기의 연금술

공기의 연금술은 모욕 때문에 시작되었다. 프리츠 하버는 1868년에

과학사에서 파우스트에 가장 가까운 인물 중 하나로 꼽히는 화학자 프리츠 하버.

독일계 유대인 중산층 가정에서 태어났다. 하버는 분명히 과학에 뛰어난 재능이 있었지만, 젊은 시절에 여러 산업 분야—염료 제조, 알코올 생산, 셀룰로오스 수확, 당밀 생산—를 전전하면서 어디에서도 두각을 나타내지 못했다. 그러다가 1905년에 오스트리아의 한 회사가 하버(이 무렵에 하버는 대머리에 코밑수염을 기르고 코안경을 걸치고 다녔다)에게 암모니아 기체(NH_3)를 제조하는 방법을 연구해달라고 부탁했다.

이 개념은 아주 단순한 것처럼 보였다. 공기 중에는 질소 기체(N_2)가 풍부하게 존재하고, 수소 기체(H_2)는 물 분자를 전기 분해하여 얻을 수 있다. 암모니아를 만들려면, 두 기체를 섞고 가열하기만 하면 된다: $N_2 + 3H_2 \rightarrow 2NH_3$. 하지만 하버는 큰 딜레마에 빠졌다. 이 반응이 일어나려면, 질소 분자를 둘로 쪼개 질소 원자로 만들어야 하는데,

이 과정에는 어마어마한 열이 필요했다. 그런데 반응 생성물인 암모니아 분자는 열에 취약하여 이 높은 열에 파괴되는 경향이 있었다. 하버는 별다른 진전 없이 몇 달 동안 연구를 한 끝에 마침내 이 과정은 성공할 가망이 없다는 보고서를 내놓았다.

발터 네른스트Walther Nernst라는 뚱뚱한 화학자가 잘난 체 객기를 부리지 않았다면, 이 보고서는 그냥 잊히고 말았을 것이다(부정적 결과가 상을 받는 경우는 없으니까). 네른스트는 하버가 부러워하는 것을 모두 다 가진 사람이었다. 그는 독일인의 생활 중심지인 베를린에서 일했고, 새로운 종류의 전구를 발명해 큰돈을 벌었다. 무엇보다도 네른스트는 자연의 새로운 법칙인 열역학 제3법칙을 발견함으로써 과학적 명성을 거머쥐었다. 열역학 분야에서 네른스트가 이룬 연구 덕분에 화학자들도 유례가 없는 일을 할 수 있었는데, 어떤 반응(질소로 암모니아를 합성하는 것과 같은)을 분석해 온도와 압력의 차이에 따른 수율收率을 알아낼 수 있었다. 이것은 제조 공정을 크게 단축시켰다. 화학자들은 맹목적으로 이런저런 방법을 시도하는 대신에 마침내 반응의 최적 조건을 '예측'할 수 있게 되었다.

하지만 화학자들은 그러한 예측을 실험실에서 확인해야 했는데, 바로 여기서 갈등이 발생했다. 왜냐하면 하버의 보고서에 기록된 데이터를 검토한 네른스트가 그 암모니아 수율은 불가능하다고 선언했기 때문이다.(네른스트의 예측에 따르면, 하버가 예측한 수율은 실제로 가능한 것보다 50%나 높은 것이었다.)

하버는 이 소식을 듣고서 졸도했다. 그렇지 않아도 하버는 원래 극도로 예민한 사람이었다.(심장이 약했고, 신경쇠약으로 자주 고생했다.) 그런데 지금 네른스트는 하버가 유일하게 내세울 수 있는 것(엄격한 실험화학자라는 명성)을 무너뜨리려 하고 있었다. 하버는 다시 신중하게 실험을 해 네른스트가 예측한 수율에 더 가까운 새 데이터를 발표했다. 하지만 그 수치는 여전히 높은 것이었다. 1907년 5월에 학회에서 하버를 만난 네른스트는 모두가 보는 앞에서 자기보다 어린 동료를 질책했다.

솔직하게 말하면, 이것은 어리석은 논쟁이었다. 두 사람은 질소 기체로 암모니아를 공업적으로 생산하는 것은 불가능하다는 데 의견을 같이했다. 다만 불가능성 정도를 놓고 견해가 엇갈릴 뿐이었다. 하지만 네른스트는 옹졸했고, 하버(기사도적 기질이 있던)는 자신의 명예가 짓밟히는 이 모욕을 참을 수 없었다. 그래서 이전에 말한 것을 깡그리 부정하고 질소 기체로 암모니아를 만들 수 있음을 증명하기로 마음먹었다. 만약 성공만 한다면, 네른스트의 두툼한 코를 납작하게 만들 수 있을 뿐만 아니라, 특허를 얻어 큰 부를 거머쥘 수 있었다. 무엇보다도 공기 중의 질소를 이용해 암모니아를 만든다면 하버는 독일에서 영웅이 될 게 분명했는데, 독일이 세계적 강대국이 되는 데 부족한 한 가지를 제공할 수 있었기 때문이다. 그것은 바로 안정적인 비료 공급이었다.

암모니아는 비료 제조를 달성하기 위해 반드시 통과해야 하는 관문이었다. 단순히 암모니아에 질소가 포함돼 있어서 그런 것만은 아니다. 더 중요한 이유가 있는데, 암모니아는 식물이 이용하기에 좋은 형태의 질소를 가지고 있다. 그 차이를 이해하려면, 분자 내 원자들 사이의 결합에 대해 좀 알 필요가 있다. 대부분의 분자들은 단일 결합(X–Y)이나 이중 결합(X=Y)으로만 이루어져 있다. 하지만 질소 분자는 자연에서 가장 강하고 끊기가 가장 어려운 결합 중 하나인 삼중 결합(N≡N)으로 이루어져 있다.(질소 약 30g에 들어 있는 삼중 결합을 모두 끊으면, 45만 kg의 아령을 바닥에서 38cm 들어올릴 수 있을 만큼의 많은 에너지가 나온다.) 이 강한 삼중 결합은 오늘날 질소가 대기에서 압도적인 비율을 차지하고 있는 이유를 설명해준다. 앞 장에서 언급했듯이, 질소는 대부분의 화산 분화에서 극소량만 분출되는 성분으로, 분출되는 다른 기체들에 비해 그 양이 훨씬 적다. 하지만 화산 기체는 대부분 시간이 지나면 사라지는 반면(서로 반응하거나 자외선에 분해되어), 질소의 삼중 결합은 모든 분해 시도에 꿋꿋하게 버텨낸다. 그래서 각각의 분화에서 분출되는 질소의 비율은 아주 낮지만, 오랜 시간이 지나는 동안 대기 중에서 질소가 차지하는 비율은 꾸준히 증가한다.(그리고 화산 기체인 암모니아가 분해될 때에도 추가로 N_2가 생긴다.) 바꿔 말하면, 질소가 오늘날의 대기에서 주요 성분을 차지하고 있는 이유는 화산들이 뿜어낸 나머지 모든 기체 성분보다 더 오래 지속되기 때문이다.*

거시적 차원에서 이것은 지구의 대기를 다시 만드는 결과를 낳았다. 두 번째 대기가 혹독한 화산 가스로 들끓었다는 사실을 상기해보라. 그런데 약 20억 년 전에 이 혹독한 기체 성분들 중 충분히 많은 양이 분해되어(그리고 충분히 많은 질소가 축적되어) 새로운 대기(세 번째 대기)라고 부를 만한 것이 생겨났다. 질소를 풍부하게 포함한 이 세 번째 대기가 훨씬 고요하고 편안한 성질을 지녔다는 사실은 생물에게 아주 중요한데, 질소는 다른 기체들과 달리 생명체의 분자들을 공격하지 않기 때문이다.

하지만 어떤 면에서 공기 중의 질소는 '너무' 고요하고 너무 소극적이었다. 우리 몸에는 질소 원소가 상당량 필요하다. 우리 몸의 모든 단백질 조각의 뼈대에는 다수의 질소 원자들이 필요하며, 우리 몸의 세포 30조 개 모두에는 DNA 염기가 각각 30억 개씩 들어 있는데, 이 모든 염기에도 질소 원자가 몇 개씩 포함돼 있다. 하지만 정작 세포에 질소를 공급할 때가 되었을 때, N_2는 삼중 결합 때문에 좀체 반응하려 하지 않는다. 이것은 정말로 잔인한 아이러니라 하지 않을 수 없다. 우리는 질소 기체의 바다 밑바닥에서 살아간다. 머리 위에는 늘 지면과 우주 공간 사이에 수 '톤'이나 되는 질소가 쌓여 있다. 하지만 우리는 그것을 전혀 이용할 수 없다. 이것은 마치 바다 한가운데에서 목이 말라 죽는 상황과 비슷하다.

그렇다면 질소는 어떻게 공기에서 빠져나와 우리 몸으로 들어갈까? 뭔가가 질소를 '고정'해야 한다. 즉, 삼중 결합을 끊어 질소를 덜 냉담한 형태로 바꾸어야만 한다. 번개는 공기 중에서 질소-산소 화합물을 만듦으로써 질소를 약간 고정할 수 있다. 하지만 대부분의 고정 질소는 질소 고정 효소nitrogenase라는 특별한 효소가 있는 세균의 도움으로 만들어진다. 효소는 특이한 반응이 일어나도록 돕는 생물학적 구조인데, 질소 고정 효소 분자에서 중요한 부분은 철과 황과 몰리브데넘 원자들로 이루어진 덩어리이다. 이 원소들은 작은 생명의 아가리처럼 삼중 결합을 단계별로 잘라낸다. 여기에는 엄청난 에너지가 필요하다. 또한 상당히 많은 부수적 피해가 발생하는데, 물 분자 16개가 희생된다. 하지만 결국에는 질소 고정 효소가 N≡N을 분해하고, 질소 원자들이 다시 합쳐지기 전에 효소가 질소 원자에 수소 원자를 몇 개 결합시킨다. 이렇게 해서 (짜잔!) 암모니아 분자가 만들어지는데, 이 분자는 단일 결합만 가지고 있어 단백질이나 DNA로 아주 쉽게 전환된다.

질소 고정 세균은 특정 식물의 뿌리에 붙어 살면서 영양분을 얻는 대신에 자신이 만든 암모니아를 내놓는데, 이것은 가장 좋은 형태의 공생이라고 할 수 있다. 질소를 고정하는 다른 생물들도 흙 속에서 독립적으로 일을 하고, 식물이 그 산물을 흡수해 이용한다. 동물과 균류 같은 생물은 이 식물을 먹거나 부패한 식물 물질을 섭취함으로써 고정된 질소를 얻는다.(먹이 사슬에서 맨 꼭대기에 위치한 육식 동물도 여기에 포함되는데, 육식 동물은 식물을 먹고 사는 초식 동물을 잡아먹는다. 심지어 파리지옥 같은 육식 식물도 주로 질소를 얻기 위해 벌레를 잡아먹는다.) 그렇다면 모든 생물의 몸속에 들어 있는 질소는 결국 이 세균들로부터 나온 것이다. 이들이 없다면, 동물이나 식물은 단 한 종도 존재하지 않을 것이다. 그리고 대부분의 생태계에서 부양할 수 있는 생물의 양은 그 생태계의 토양에 포함된 질소의 양에 제약을 받는다.

그렇긴 하지만, 지난 수천 년 동안 농부들은 토양의 이러한 제약을 피해갈 수 있는 방법을 몇 가지 개발했다. 농부들은 뿌리에 질소 고정 세균이 많이 모여 사는 콩 같은 식물을 이용해 윤작을 했다. 또, 분해되면 고정된 질소가 생기는 노폐물인 오줌과 거름을 논밭에 뿌렸다. 일부 똑똑한 농부들은 심지어 거름에 피나 그 밖의 썩는 물질을 섞어 그 질을 높였다. 거대한 갈색 식빵 덩어리처럼 보이는 이 두엄 더미들에서는 열이 발생했다. 농부들은 두엄에서 향긋한 냄새가 나면 이제 그것을 농작물에 뿌려도 된다는 사실을 알았다.

하지만 가축의 분뇨만으로는 두엄을 충분히 만드는 데 한계가 있었다. 19세기가 되자 대다수 선진국들은 질소 수요를 충족시키기 위해 국경 밖으로 눈길을 돌려야 했다. 영국은 인도에 크게 의존했는데, 가난하고 계급이 낮은 인도 노동자들은 소똥과 오줌을 발로 밟아 으깨 수출용 두엄을 만들었다. 다른 유럽 국가들은 세계 각지의 다양한 섬들에서 구아노(새똥이 바위 위에 쌓여 굳어진 덩어리)를 채굴하기 시작했다. 얼마 지나지 않아 한 제도—페루 앞바다에 있는 친차 제도*—에서 구아노 거래를 통해 얻는 이익이 아주 커지자, 남아메리카의 여러 나라들은 이 새똥 무더기를 차지하려고 전쟁까지 벌였다. 구아노는 미국을 대대적인 식민지 경영에 뛰어들게까지 했다. 1856년, 미국 의회는 구아노 제도법을 통과시켰는데, 이 법에 따라 모든 미국 시민은 전 세계의 점유되지 않은 모든 섬 중에서 구아노가 조금이라도 있는 섬이라면, 미국 정부를 대신해 그곳을 점유할 수 있게 되었다. 이 법은 미국이 카리브해와 태평양의 작은 섬 100여 개를 점령하는 데 법적 근거를 제공했다. 이 중 많은 섬들은 아무 가치도 없는 황량한 바위섬에 불과했지만, 존스턴 제도와 미드웨이 제도를 비롯해 여러 섬은 제2차 세계 대전 때 소중한 군사 기지가 되었다. 전쟁이 일어나기 100여 년 전에 구아노를 얻기 위한 미국의 탐욕*이 없었더라면, 연합군은 태평양 전쟁에서 일본군에게 승리하지 못했을지도 모른다.

한편, 독일은 그 좋은 구아노 획득 기회를 놓쳤다. 유럽의 경쟁국들과 달리 독일이 오랫동안 지속된 군소 국가들 간의 분쟁을 종식시키고 단일 국가로 통일된 것이 불과 얼마 전(하버가 어렸을 때)이었기 때문이다. 이 때문에 독일은 아시아와 아메리카에서 벌어진 식민지 쟁탈 경쟁에 뛰어들지 못했고, 값싼 구아노를 얻을 식민지도 거의 확보하지 못했다. 엎친 데 덮친 격으로 독일은 원래 토양이 척박해 질소 비료가 간절히 필요했다. 20세기 초에 독일은 연간 90만 톤이나 되는 질소 비료를 수입했다.

토양은 척박했지만, 독일의 물에는 과학적 천재를 배양하는 성분이 있었다. 1840년대에 한 독일 화학자가 '인공' 질소 비료, 즉 화학 비료라는 획기적인 아이디어를 내놓았다. 하지만 수십 년이 지날 때까지 사람들은 이 아이디어를 진지하게 생각하지 않았는데, 남아메리카의 구아노가 아주 자유롭게 유통되었기 때문이다. 하지만 1890년대가 되자 비료 산업은 위기를 맞이했다. 친차 제도를 비롯해 그 밖의 장소들에 쌓여 있던 구아노가 거의 다 채굴되었기 때문이다. 오직 과학만이 대량 기아의 위기에서 인류를 구할 수 있을 것처럼 보였다. 바로 여기서 재능과 야심이 하늘을 찌를 듯했던 프리츠 하버의 이야기가 다시 이어진다.

공기를 빵으로 바꾸다

네른스트에게 모욕을 당한 뒤에 하버는 BASF라는 독일 화학 회사로부터 지원금을 타내 몇 가지 질소 고정 기술을 연구하기 시작했다. 그중에는 병 안에서 문자 그대로 번개를 만드는 과정도 있었다. 공기로 가득 찬 용기 안에서 거대한 전기 스파크를 일으켜 질소와 산소를 결합시키려고 시도한 것이다. 하지만 하버는 자신이 오래전에 생각한, 질소와 수소를 결합시키는 방법에 집중하려고 했는데, 압력을 높이는 새로운 접근법을 개발한 것이 한 가지 이유였다.

온도를 높이거나 압력을 높이면 기체의 반응 속도가 빨라진다. 분자 차원에서 보면, 기체의 온도를 높이면 분자들이 더 빠른 속도로 돌아다닌다.(사실, 온도는 바로 분자들이 얼마나 활발하게 움직이는지를 측정한 것이다.) 이 여분의 속도에서 얻은 활력 때문에 분자 사이에 분해나

재결합이 더 쉽게 일어나 반응이 촉진된다. 하지만 하버는 여분의 열이 생성된 암모니아를 파괴해 높은 반응 속도의 이점을 상쇄한다는 사실을 잘 알고 있었다. 압력에 초점을 맞춘 이유는 이 때문이었다. 높은 압력은 분자들 사이의 거리를 좁혀 분자들의 충돌을 촉진함으로써 분자들이 서로 원자를 교환할 기회를 높인다.

이런 이유 때문에 몇몇 화학자가 이미 압력을 높여 수소와 질소를 반응시키려는 시도를 했다. 예를 들면, 한 사람은 자전거펌프를 개조해 사용했다. 하지만 이런 장비는 하버가 제안한 것—대기압보다 수백 배나 큰 압력, 즉 잠수함을 짜부라뜨릴 정도로 강한 압력—에 비하면 가소로운 수준에 지나지 않았다. 그런 압력을 얻기 위해 하버는, 석영으로 만들고 철질 외피로 보강한 길이 75cm의 관을 설계했다. 압력을 높여 반응 속도를 높인 덕분에 반응 온도를 수백 도나 낮출 수 있었고, 더 많은 암모니아를 보전할 수 있었다.

하버는 온도와 압력을 조절하는 방법 외에 세 번째 요소인 촉매에도 주목했다. 촉매는 반응 과정에서 자신은 변하거나 소비되지 않으면서 반응 속도를 높이는 물질을 말한다. 촉매의 예로는 자동차 배기가스 정화 장치에 쓰이는 백금을 들 수 있다. 하버는 질소와 수소의 반응을 촉진하는 두 가지 금속 촉매인 망간(망가니즈)과 니켈을 알고 있었다. 이 두 금속은 700°C 이상에서만 촉매 효과를 나타냈는데, 이런 고온에서는 암모니아가 분해되고 말았다. 그래서 하버는 또 다른 수십 가지 금속 위로 수소와 질소를 지나가게 하면서 어떤 일이 일어나는지 관찰하는 방법으로 적절한 촉매를 찾으려고 노력했다. 그러다가 마침내 76번 원소인 오스뮴을 찾아냈는데, 잘 부서지는 금속 물질인 오스뮴은 한때 전구를 만드는 재료로 쓰였다. 오스뮴은 필요한 온도를 '겨우' 590°C로 낮췄는데, 이 정도만으로도 암모니아가 살아남을 기회를 제공할 수 있었다.

하버는 고압 외피와 함께 오스뮴을 사용하면 암모니아의 수율을 8%로 높일 수 있다고 계산했는데, 바로 자신의 숙적 네른스트가 발견한 방정식을 사용해서 계산한 결과였다. 8%의 수율은 실용성이 충분히 있는 결과였다. 하지만 자신의 승리를 자랑하기 전에 먼저 실험실에서 이 수치가 옳은지 확인해야 했다. 복통과 불면증, 굴욕감에 시달리며 몇 년을 보낸 끝에 1909년 7월, 하버는 탁자 위에 석영 용기 여러 개를 올려놓고 서로 연결시켰다. 그러고 나서 고압 밸브들을 열어 N_2와 H_2 혼합물을 용기 속으로 들어가게 한 뒤, 반대편 끝에 있는 노즐을 불안한 마음으로 지켜보았다.

그것은 시간이 좀 걸렸다. 오스뮴의 도움에도 불구하고, 질소의 삼중 결합은 쉽게 끊어지지 않았다. 하지만 결국에는 노즐 끝에서 우유처럼 희부연 암모니아가 몇 방울 떨어지기 시작했다. 이걸 보고서 하버는 자신이 일하던 건물 복도를 뛰어다니면서 모든 사람에게 "이것 좀 봐요! 와서 좀 보라고요!"라고 고래고래 소리쳤다. 반응이 끝났을 때, 찻숟가락 4분의 1 분량의 암모니아를 얻을 수 있었다.

하버의 연구팀은 그 과정을 개선해 결국 암모니아가 콸콸 쏟아져 나오게 하는 데 성공했다—두 시간마다 한 컵씩. 비록 그 산출량은 얼마 되지 않았지만, 잠재력을 충분히 인식한 BASF는 그 기술을 사들인 뒤 생산 속도를 높이는 데 착수했다. 하버는 성공을 축하할 때마다 자주 그런 것처럼 자신의 연구팀을 위해 성대한 파티를 열었다. 한 조수는 "파티가 끝나고 집으로 갈 때, 우리는 똑바로 걸어가기 위해 전차 트랙을 따라가야 했다."라고 말했다.

하버의 발견은 역사에서 하나의 변곡점이 되었다. 그것은 인류가 최초로 물길을 바꾸어 관개 수로로 흘려보낸 사건이나 철을 제련해 도구를 만든 사건과 견줄 만큼 대단한 위업이었다. 그 당시 사람들이 말한 것처럼, 하버는 공기를 빵으로 바꾸었다.

하지만 하버의 발견은 아직 이론 수준에 머물러 있었다. 하버는 질소 기체로 암모니아(따라서 비료)를 만들 수 있음을 증명했지만, 그의 장비로 생산한 양으로는 자기 집에서 토마토를 기르는 데에나 쓸 수 있을 뿐, 독일이라는 한 나라 전체를 먹여 살리기에는 턱없이 부족했다. 수 톤의 암모니아를 생산할 수 있도록 하버의 과정을 공업적으로 개선하는 데에는 다른 종류의 천재성이 필요했다. 즉, 유망해 보이는 아이디어를 실제적인 결과물로 만드는 능력이 필요했다. BASF의 중역들에게는 이런 천재성이 없었다. 그들은 암모니아를 그저 자신들의 포트폴리오에 추가할 또 하나의 화학 물질, 즉 회사의 이익을 조금 더 높일 수 있는 물질로 여겼을 뿐이다. 하지만 그들이 새로운 암모니아 부서의 책임자로 임명한 35세의 엔지니어 카를 보슈는 훨씬 거대한 비전을 갖고 있었다. 보슈는 암모니아가 새로운 세기의 가장 중요한(그리고 수익성이 높은) 물질이 될 잠재력이 있다고 보았는데, 전 세계의 식량 생산에 혁신을 일으킬 가능성이 있었기 때문이다. 가치 있는 비전이 대부분 그렇듯이, 그것은 고무적인 동시에 불확실했다.

보슈는 암모니아 생산에 따르는 많은 문제들을 하나씩 직접 해결하기로 결정했다. 한 가지 문제는 순수한 질소를 충분히 얻는 것이었는데, 보통 공기에는 산소와 그 밖의 '불순물'이 포함돼 있기 때문이다. 이 문제에 도움을 얻기 위해 보슈는 예상 밖의 장소인 기네스 양조회사에 도움을 청했다. 15년 전에 기네스 양조회사는 세상에서 가

질소로 암모니아를 생산하는 과정을 총 지휘한 화학자 카를 보슈.

장 성능이 좋은 냉동 장비를 개발했는데, 이것은 공기를 액화시킬 수 있을 만큼 성능이 좋았다.(모든 물질과 마찬가지로 공기 중의 기체도 충분히 낮은 온도로 냉각시키면 액체로 변한다.) 보슈는 그 반대 과정, 즉 차가운 액화 공기를 끓여서 기체로 만드는 것에 더 관심이 있었다. 흥미롭게도, 액화 공기에는 많은 기체 성분이 섞여 있지만, 이 성분들은 제각각 다른 온도에서 끓으면서 기체로 변해 나온다. 액화 질소는 -160°C에서 끓는다. 그래서 보슈는 기네스의 냉동 장치를 사용해 공기를 액화시킨 뒤, 그 액체의 온도를 -159°C로 올려 거기서 나오는 질소 증기를 모으기만 하면 되었다. 그러니 비료 자루를 볼 때마다 기네스 맥주에 고마움을 표시하라.

두 번째 문제는 촉매였다. 오스뮴은 반응을 시작하게 하는 데에는 효과적이었지만, 산업용으로는 쓸 수가 없었다. 오스뮴에 비하면 금조차 싸고 흔한 물질로 보일 정도로 오스뮴이 비쌌기 때문에, 보슈가 구상한 규모로 암모니아를 생산하는 데 필요한 오스뮴을 충분히 구입하려면 BASF는 파산할 게 뻔했다. 그래서 값싼 대체물이 필요했는데, 보슈는 금속을 하나하나 시험하면서 주기율표의 모든 원소를 샅샅이 뒤졌다. 그의 연구팀은 2만 번의 실험 끝에 마침내 적절한 대체 촉매를 찾아냈는데, 산화알루미늄과 칼슘에 철을 섞은 것이었다. 과학자인 하버는 완벽한 것, 즉 최선의 촉매를 찾으려고 한 반면, 엔지니어인 보슈는 잡종이라도 값싸고 효율적인 것을 찾으려고 했다.

하지만 높은 압력이라는 가장 큰 장애물을 극복하지 못한다면, 순수한 질소와 값싼 촉매만으로는 아무것도 할 수 없었다. 대학 시절에 어느 교수가 내게 이상적인 실험 장비는 마지막 데이터를 얻는 순간 망가지는 것이라고 말한 적이 있다. 이것은 장비를 유지 보수하는 데 최소한의 시간만 썼다는 걸 의미한다(전형적인 과학자의 태도). 보슈의 장비는 철을 달아오르게 만들 정도로 높은 온도와, 증기 기관차의 증기 기관보다 20배나 높은 압력에서도 아무 탈 없이 몇 달 동안 작동해야 했다. 이 수치를 들은 BASF 중역들은 헉하는 반응을 보였다. 한 사람은 자기 부서에서 사용하는 오븐은 겨우 대기압의 7배에 해당하는 압력(보슈가 제안한 것에 비하면 30분의 1에 불과한)에서 돌아가는데도 바로 전날 폭발했다고 말했다. 그렇다면 보슈가 제안한 압력을 견딜 그토록 튼튼한 반응 용기를 대체 어떻게 만들 수 있단 말인가?

보슈는 그 용기를 직접 만들 생각이 전혀 없다고 대답했다. 대신에 엄청나게 큰 대포와 야포를 제조한 병기 회사로 명성이 자자한 크루프에 그 일을 맡기기로 했다. 이 도전에 흥미를 느낀 크루프의 엔지니어들은 곧 보슈에게 화학적 빅 베르타Big Bertha(제1차 세계 대전 때 독일이 개발한 초대형 곡사포—옮긴이)에 해당하는 용기를 만들어주었는데, 높이 2.4m, 두께 2.5cm의 강철 용기였다. 보슈는 폭발 위험에 대비한 추가 안전 조처로 이 용기들을 콘크리트로 둘러쌌다. 이것은 좋은 생각이었는데, 첫 번째 용기가 시험 운전을 한 지 사흘 만에 폭발했기 때문이다. 하지만 한 역사학자가 평했듯이, "그 일은 약간의 파편 때문에 멈출 수 있는 것이 아니었다." 보슈 연구팀은 용기를 다시 제작했는데, 뜨거운 기체에 내부가 부식되는 것을 막기 위해 안쪽 면을 화학 물질로 코팅했다. 그리고 고압의 충격에 견딜 수 있도록 튼튼한 밸브와 펌프, 밀봉 부위를 새로 발명했다.

이러한 신기술들을 도입하는 것 외에 보슈는 새로운 과학 연구 방법의 도입에도 일조했다. 전통적인 과학은 항상 개인이나 소규모 집단에 의존해 진행되었으며, 각 개인이 전체 과정에 관여했다. 보슈는 30년 뒤에 추진된 맨해튼 계획처럼 수십 개의 작은 프로젝트를 병렬로 진행시키는 조립 라인 접근법을 도입했다. 그리고 맨해튼 계획과 마찬가지로 보슈는 놀랍도록 빨리(그리고 대다수 과학자들이 결코 가능하리라고 생각하지 못한 규모로) 결과를 얻었다. 하버가 처음으로 몇 방울의 암모니아를 얻은 지 몇 년 만에 BASF의 암모니아 부서는 세상에서 손꼽을 만큼 큰 공장을 오파우 근처에 세웠다. 이 공장에는 관들과 전기 배선이 직선으로 수 킬로미터나 뻗어 있었고, 방갈로만 한 크기의 기체 액화 장치들이 있었다. 이 공장에는 원자재를 실어와 하역하는 자체 철도역이 있었고, 1만 명의 노동자를 실어나르는 두 번째 역도 있었다. 하지만 가장 놀라운 것은 이 공장이 보슈가 약속한 것만큼 빠른 속도로 암모니아를 많이 생산했다는 사실이다. 몇 년 지나지 않아 암모니아 생산량은 두 배로 증가했고, 곧 다시 두 배로 증가했다. 이익은 그보다 훨씬 더 빨리 증가했다.

이런 성공에도 불구하고, 1910년대 중엽에 보슈는 자신의 생각이 너무 작았다는 결론을 내리고 레우나 근처에 더 크고 화려한 공장을 세우라고 회사에 강하게 권했다. 강철 용기와 노동자가 더 늘어나고 관과 전기 배선의 길이가 더 길어지면, 이익도 더 커진다는 논리였다. 1920년에 완공된 레우나 공장은 길이 3.2km에 폭이 1.6km나 되었다. 한 역사학자는 "도시만큼 큰 기계"라면서 경탄했다.

이렇게 해서 오파우와 레우나에서 현대적인 비료 산업이 시작되었으며, 이 공장들은 그 이후로 생산 속도를 늦춘 적이 없었다. 100여 년이 지난 지금도 하버-보슈법 생산 과정에서 소비되는 에너지는 전 세계 에너지 공급량 중 1%를 차지한다. 인류는 매년 암모니아 비료를 1억 7500만 톤 생산하고 있으며, 이 비료는 전 세계 식량 생산량의 '절반'을 재배하는 데 쓰인다. 하버-보슈법이 발명되지 않았더라면, 오늘날 살아 있는 사람 두 명 중 한 명, 즉 36억 명은 지금 이 자리에 없을 것이다. 달리 표현하면, 거울을 볼 때 우리 몸의 절반이 사라지는 셈이다. 복수심에서 분출된 하버의 천재성과 보슈의 탐욕스러운 비전이 없었더라면, 우리의 DNA와 단백질을 이루는 질소 원소 2개 중 1개는 아직도 공기 중에서 쓸모없이 떠돌아다니고 있을 것이다.

하버의 독가스 연구

하버와 보슈의 이야기가 인류를 구원한 두 독일 화학자의 이야기로 단순하고 행복하게 여기서 끝났더라면 얼마나 좋을까! 하지만 자만심과 야심이 결국 두 사람을 나락으로 몰고 갔다.

암모니아는 하버에게 큰 부를 가져다주었다. 특허 덕분에 암모니아가 1kg 생산될 때마다 몇 센트가 하버에게 지급되었는데, BASF는 얼마 지나지 않아 암모니아를 매년 수만 톤씩 생산했다. 하지만 하버는 특허권을 판 뒤에는 질소 연구에 대한 관심을 거의 접었다. 대신에 갑작스럽게 얻은 명성을 활용해 1911년에 베를린에 새로 설립된 카이저빌헬름연구소에서 중책을 맡았다. 연구소장이 된 그는 이제 정치인이나 왕족과 어울렸는데, 이런 생활에서 큰 즐거움을 느꼈다. 하버는 알베르트 아인슈타인Albert Einstein이 베를린으로 와서 일하도록 하는 데에도 도움을 주었는데, 두 사람은 정치적 성향이 서로 정반대였는데도 불구하고(하버는 보수적이었던 반면, 아인슈타인은 진보적이었다) 아주 가까운 친구가 되었다. 사실, 아인슈타인에게 특별한 사정이 생겼을 때, 하버는 따뜻한 면을 보여주었다. 첫 번째 결혼이 깨져 아내와 두 어린 아들을 떠나보내고 울먹이던 아인슈타인 곁에서 밤을 함께 보낸 사람이 바로 하버였다.

하버가 아인슈타인에게 동정심을 느낀 이유 중 일부는 바로 자신의 결혼 생활이 무너지고 있었기 때문이다. 아내 클라라Clara를 처음 만난 것은 함께 화학을 공부하던 학생 시절이었는데, 그때 하버는 열여덟 살, 클라라는 열다섯 살이었다. 하버는 15년 뒤, 단지 클라라를 만나기 위한 술책으로 그녀를 화학 학회에 초대한 뒤에 청혼했다. 그렇게 출발은 로맨틱했지만 결혼 생활은 곧 삐걱거리기 시작했다. 클라라는 그동안 살아온 생활 기반을 버리고 베를린으로 이사하는 것에 반대했다. 하버의 맹목적 애국주의를 놓고도 충돌했다. 하버는 어린 시절부터 애국심이 넘쳤지만, 높은 자리에 취임하고 카이저(황제)와 만나는 기회까지 생기자, 그의 애국심은 극단으로 치달았다. 한 동료는 하버가 갑자기 카이저가 점심에 초대할 경우에 대비해 자기 사무실에서 절하는 법을 연습하는 걸 보았다. 동료가 지켜보는 가운데 하버는 뒤로 물러서다가 화병을 깨고 말았다.

제1차 세계 대전이 일어나자, 하버는 자신의 연구소를 작은 전초기지로 변모시켰다. 공정하게 말한다면, 하버는 개인적으로는 전쟁을 쓸데없는 짓으로, 군사 지도자들을 멍청이라고 여겼지만, 전쟁에 승리하면 독일이 위대해지리라고 믿고서 군에 입대했으며, 머리를 밀고 군복 차림으로 연구소에 나가기 시작했다. 또한 건물 주위에 철조망을 치고, 군사적 목적에 맞춰 과학 연구를 진행시켰다. 한 가지 연구 계획은 러시아의 겨울 환경에서 얼지 않는 가솔린을 개발하는 것이었다. 또 암모니아 제조 공정을 개조해 폭발물을 만들려고 했다. 세 번째 계획은 나쁜 계획이었는데, 어렵게 얻은 기체에 대한 지식을 활용해 새로운 무기를 만드는 것이었다.

가스전의 기원은 수천 년 전(고대 그리스인은 다른 도시 국가를 공격할 때 황 증기를 피워 적을 도망가게 했다)으로 거슬러 올라가지만, 전면적인 가스 공격은 예컨대 적에게 끓는 기름을 붓는 것보다 효과가 크게 떨어졌다. 심지어 제1차 세계 대전이 벌어지고 나서 처음 몇 개월 동안 프랑스군과 러시아군이 가스로 독일군을 공격했을 때에도 그 공격은 번번이 실패로 돌아갔다. 프랑스군의 가스 공격은 독일군이 '공격받았다는' 사실을 알아채기도 전에 바람에 흩어지고 말았고, 러시아군의 가스는 찬 공기에 액체로 변해 진흙 위로 떨어지고 말았다.

설사 프랑스군과 러시아군의 가스 공격이 성공했다 하더라도, 그들이 사용한 가스—모두 브롬(브로민) 원소를 기반으로 한—는 오늘날 사용하는 최루 가스 정도의 위력밖에 발휘하지 못했을 것이다. 하버는 염소 원소를 기반으로 한 훨씬 혹독한 가스를 개발하려고 했다. 사람들은 소금과 수영장을 통해 염소를 잘 알고 있지만, 염소는 두 원자가 결합한 기체 상태의 분자(Cl_2)로도 존재한다. 그리고 질소 기체와 달리 염소 기체는 유독하다. 염소 분자에서 염소 원자들은 하나의 단일 결합으로 연결돼 있는데, 이 결합은 쉽게 끊어지면서 염소 라디칼이 생긴다. 염소 라디칼은 반응성이 아주 강해서 다른 원자들을 공격한다. 게다가 하버가 살던 시절에 염소는 1kg당 10센트 정도로 아주 쌌다. 또 염소는 산소와 질소보다 무겁기 때문에 공기 중에 살포했을 때 아래로 가라앉는 성질이 있다. 따라서 염소 가스 구름은 공중으로 떠서 흩어지는 대신에 참호를 향해 가라앉을 것으로 예상되었다.

처음에 하버 대위의 가스전 담당 부서는 화학자가 10명뿐인 단출한 조직으로 출발했다. 하지만 10명 중에 미래의 노벨상 수상자가 3명이나 포함돼 있었던 이 부서는 가공할 능력을 지닌 집단이었다. 심지어 하버의 오랜 숙적인 네른스트조차 조국을 위해 협력하려고 했다. 하버는 모든 영광을 독차지할 생각에 네른스트를 배제했다.

하지만 여러 동료 화학자는 독가스 연구에 어떤 영예나 영광도 있을 수 없다고 생각했는데, 하버의 아내도 그중 한 사람이었다. 클라라도 원래 화학자였는데(적어도 주부로 살아가느라 경력이 단절되기 전까지는), 화학 물질을 무기로 사용하는 것은 인류를 돕는다는 화학의 숭고한 임무에 어긋난다고 생각했다. 더 실용적인 이유 때문에 반대한 동료들도 있었다. 노벨상 수상자인 에밀 피셔Emil Fischer는 "애국적 충정에서" 하버가 실패하길 바랐다. 만약 하버가 성공한다면 프랑스와 영국도 염소 무기를 개발해 보복할 것이라고 염려했기 때문이다.

하지만 하버는 연합군은 그럴 기회를 결코 얻지 못할 것이라고 주

제1차 세계 대전 중인 1915년 4월 22일, 이프르 근처에서 감행한 최초의 성공적인 가스 공격을 공중에서 촬영한 모습.

장했다. 염소가 그토록 치명적이어서 그런 것은 아니었다. 하버는 강한 독성에도 불구하고 염소 가스로 죽일 수 있는 병사의 수는 강철에 비해 훨씬 적을 것이란 사실을 잘 알고 있었다. 그는 염소 가스의 진정한 전술적 가치는 공포에 있다고 주장했다. 적군은 초록색 염소 구름이 몰려오는 걸 보고서 공황 상태에 빠져 참호에서 달아날 것이기 때문에, 독일군이 진격할 길을 열어줄 것이라고 보았다. 적시에 가스 공격을 감행하면, 전체 전쟁에서 승리를 거둘 수 있을 것이라고 하버는 큰 소리쳤다. 그러니 장기적으로 보면 오히려 하버는 수많은 목숨을 '구하는' 것일 수도 있었다.

이 숭고한 목적을 위해 하버는 단기적인 희생을 감수할 각오가 돼 있었다. 1914년 12월, 가스전 담당 부서에서 시험관이 폭발하는 바람에 한 사람이 손을 잃고 또 한 사람은 사망했다. 하버는 장례식에서 실성한 듯이 울었지만 연구를 중단하려 하지 않았다. 나중에 현장 실험 도중에 오염 지역 안으로 말을 타고 들어갔다가 하버 자신이 질식해 죽을 뻔한 일도 있었다. 이런 직접적인 독가스 경험에도 불구하고(혹은 어쩌면 바로 그 때문에), 하버는 적에게 얼른 염소 가스 공격을 감행하고 싶어 좀이 쑤셨다. 마침내 1915년 봄에 이프르(오늘날 벨기에의 한 지역)에서 염소 가스를 사용할 기회가 왔는데, 이 공격은 살균 작전이라는 냉담한 이름으로 감행되었다.

암모니아를 만들 때 보슈가 그런 것처럼 하버는 가스 공격을 이전에 어느 누구도 상상하지 못한 규모로 계획했다. 모두 합쳐 171톤의 염소가 든 가스통 5730개를 준비했다. 각각의 가스통은 지면 아래에 묻어두었고, 거기에 연결된 호스가 지면 위로 나와 있었다. 역풍 때문에 가스 공격은 몇 주일이나 지연되었지만, 독일군 장군들의 인내심이 막 한계점에 이르려고 하던 4월 22일에 세찬 바람이 불면서 마침내 풍향이 독일군에게 유리한 쪽으로 바뀌었다. 오후 5시, 특수 훈련을 받은 부대가 포복으로 전진해 밸브들을 열었다. *쉬이이익!* 높이 15m, 폭 6.4km의 초록색 폭풍 구름이 프랑스군과 캐나다군이 지키고 있던 전선을 향해 몰려가기 시작했다.

염소가 콧구멍으로 들어오면, 신체는 숨을 멈추는 반사 작용을 보인다. 그러다가 결국 숨을 헐떡이게 되는데, 염소 원자는 입속과 목과 폐의 물과 반응하여 염산(HCl)과 하이포아염소산(HClO)을 만든다. 이 산성 물질들은 폐의 모세혈관을 할퀴고, 산소를 흡수하는 작은 주머니인 허파꽈리(폐포)의 안벽을 벗겨낸다. 이곳에는 공격할 조직이 아주 많은데(만약 모든 허파꽈리를 편평하게 펼친다면, 폐의 표면적은 테니스 코트와 비슷할 것이다), 망가진 모세혈관과 허파꽈리에서 나온 액체가 모여 여기저기에 웅덩이를 만들기 시작한다. 이 액체는 산소가 폐로 들어오는 것을 막아 점점 더 숨을 쉬기가 어려워진다. 희생자는 사실상 마른 땅에서 익사하는 셈이다.

그날, 프랑스군과 캐나다군은 처음에는 경외감에 사로잡혔다. 그도 그럴 것이 초록색 안개는 일찍이 본 적이 없었기 때문이다. 하지만 그 안개를 한 모금 들이마시고 나자, 경외감은 공포로 변했다. 말들은 입에 거품을 물고 후방을 향해 질주했다. 보병도 기침을 하고 넘어지면서 재빨리 그 뒤를 따랐는데, 총과 심지어 옷까지 버리고 달아났다. 곧 전체 방어선이 무너졌고, 하버가 예측한 것처럼 참호가 텅 비었다. 하지만 평소에 독일군 지휘부를 멍청하다고 불만스럽게 여겼던 하버의 염려가 정확하게 들어맞았다. 가스 공격이 성공하리라고는 전혀 기대하지 않았던 독일군 장군들은 즉각 진격시킬 군대를 전혀 준비하지 않았고, 예비 부대도 전혀 편성하지 않아 적의 방어선에 뻥 뚫린 구멍을 제대로 활용하지 못했다. 사상자 수는 평가한 사람에 따라 큰 차이가 있지만, 아마도 그날 하루 동안 익사한 군인은 수천 명이었을 것이다. 하지만 그것은 아무 쓸모없는 전과였다. 이 전투로 독일군이 얻은 땅은 거의 없었기 때문이다.

하지만 자신들이 목격한 상황에 고무된 독일군 장군들은 며칠 뒤 두 번째 독가스 공격을 명령했다. 이 공격 역시 실질적인 성과는 거의 없었지만, 그래도 그들은 하버를 승진시킨 뒤 러시아와 싸우는 동부 전선에서도 비슷한 공격을 감행하라고 그곳으로 보냈다.

프랑스에서 러시아로 가는 도중에 하버 대위는 집에 들러 며칠을 보냈다. 하지만 하버는 곧 차라리 집에 들르지 않았더라면 좋았을걸 하고 후회하게 된다. 클라라는 남편에게 독가스 연구를 그만두라고 요구했다. 하버는 거부했다. 오히려 하버는 암모니아 제법을 BASF에 판 뒤에 그랬던 것처럼 축하 파티를 열었다.

클라라는 파티 동안에는 사람들과 함께 어울려 잘 지냈지만, 손님들이 모두 돌아가고 나자 혼자 남았다. 하버는 고주망태가 되어 수면제를 몇 알 먹고 잠들어 있었다. 갑자기 찾아온 정적 속에서 클라라는 단호한 결정을 내렸다. 클라라는 편지를 몇 장 쓰고 나서 이승의 일들을 정리했다. 그러고 나서 남편의 권총을 집어들고 정원으로 갔다. 먼저 시험 삼아 한 발 발사하고 나서 총구를 가슴으로 향해 방아쇠를 당겼다. 그 소리를 듣고 열세 살이던 아들 헤르만Hermann이 황급히 달려왔지만, 클라라가 숨을 거두기 전에 작별 인사만 할 수 있었다.(몇 년 뒤, 헤르만도 자살했다.)

다음 날 아침, 감정이 끓어오른 하버는 클라라의 시신 앞에서 슬프게 울부짖으며 자신의 마음이 갈기갈기 찢어져 누더기가 되었다고 말했다. 못난 남편이긴 했어도, 열여덟 살 때 처음 사랑했던 여자를 잃은 이 충격에서는 영영 헤어나지 못할 것만 같았다. 하지만 결국은 뜨거운 애국심이 이러한 감정을 억눌렀고, 하버는 장례식이 끝나기도 전에 러시아를 향해 출발했다.(1917년, 하버는 훨씬 젊은 여성과 결혼해 새 가정을 꾸렸다. 결혼식 때에는 피스 헬멧[아주 더운 나라에서 많이 쓰는, 가볍고 단단한 소재로 만든 흰색 모자. 19세기에 유럽인 탐험가들이 많이 썼다.—옮긴이]을 썼다.)

예상한 대로 프랑스군과 영국군도 곧 가스 공격으로 보복해왔다. 그러자 보복에 대한 보복으로 하버의 연구팀(전쟁이 끝날 무렵에는 그의 팀에서 일하는 과학자의 수가 1500여 명으로 불어났다)은 머스터드 가스와 포스겐처럼 더 지독한 독가스를 개발했다. 이 새로운 위협들에 대응하기 위해 양 진영 모두 곧 방독면을 기본 장비로 지급했다. 급한 경우에는 오줌에 적신 손수건으로 입을 가렸는데, 오줌 속의 물질이 독가스 물질을 중화시켰기 때문이다. 방독면은 폐 손상을 막는 데에는 효과가 있었지만, 독가스에 대한 공포까지 없애지는 못했다. 참호 안의 병사들은 봄철의 꽃향기라 하더라도 낯선 냄새가 나면, 혹시 끔찍한 죽음을 맞이하는 새로운 방법이 아닐까 불안해했다. 하버의 독가스는 전쟁을 끝내기는커녕 오히려 교착 상태를 더 악화시켰다.*

여러 가지 과학적 이점에도 불구하고 독일은 결국 자원이 고갈되어 1918년에 무너지고 말았다.(아이러니하게도 한 가지 문제는 바로 식량과 비료 부족이었는데, 군이 폭발물을 만드느라 대부분의 암모니아를 징발하는 바람에 벌어진 사태였다.) 하지만 전투가 멈춘 뒤에도 적대 행위는 계속되었다. 전쟁 동안에 프랑스는 다른 나라들보다 더 큰 고통을 겪었는데, 베르사유에서 벌어진 평화 협상에서 프랑스 지도자들은 독일에 큰 고통을 안겨주기로 작정했다. 그래서 순금 약 5만 톤에 해당하는 배상금을 요구했는데, 이것은 그 당시 전 세계 금 보유량의 3분의 2에 해당하는 양이었다.(비교를 위해 언급하자면, 미국의 금 보유량 중 상당량이 보관된 포트녹스에는 약 5000톤의 금이 있다.)

과학계도 청산해야 할 빚이 있었다. 여러 나라 과학자들이 독가스 연구를 한 하버를 전범으로 고발했다. 하버는 이를 말도 안 되는 주장이라고 생각했는데, 그 생각에는 일리가 있었다. 전쟁 동안 가스 공격으로 인한 사상자는 125만 명이었지만, 실제로 사망한 사람은 9만 1000명이었다. 이것은 전장에서 사망한 전체 군인 850만 명 중 겨우 1%에 불과했다. 그렇다면 포탄과 대포를 만든 사람들을 비난해야지, 왜 자신만 비난한단 말인가? 그럼에도 불구하고 하버에 대한 비난의 목소리가 점점 커지자, 하버는 독일에서 스위스로 도망쳤다. 그곳에서 돈을 지불해 시민권을 샀고, 변장을 위해 (다소 우스꽝스럽게) 수염을 길렀다. 실제로 하버를 기소한 나라는 하나도 없었지만, 전범이라는 딱지가 평생 그를 따라다녔다.

오늘날에도 하버를 정확히 어떻게 평가해야 할지를 놓고 역사학자들 사이에 의견이 엇갈린다. 암모니아 제법은 그가 살아 있는 동안 수백만 명 이상을 기아에서 구했고, 오늘날에도 수십억 명의 사람들에게 식량을 공급하는 데 큰 역할을 하고 있다. 이 업적만으로도 하버는 백신을 개발한 사람들과 어깨를 나란히 할 만큼 훌륭한 과학적 영웅으로 대접받기에 충분하다. 하지만 하버는 역사상 손꼽을 만큼 섬뜩한 무기도 발명했고, 거리낌없이 그것을 동료 인간들에게 살포했다. 그러니 그를 둘러싼 도덕적 판단이 오락가락할 수밖에 없다.

1919년에 하버가 노벨 화학상을 받은 사실 때문에 상황이 더 꼬였다. 노벨상은 과학적 천재라는 그의 위상을 굳건히 해주었지만, 일반 대중의 반대 때문에 하버는 공식 시상식에 참석해 메달을 받을 수 없었다. 메달은 6개월이 지난 뒤에야 받을 수 있었으며, 스웨덴 왕이 직접 수여하지도 않았다.

하버는 이런 모욕에 개의치 않았다. 자신이 한 일은 모두 조국을 위한 것이었고, 그걸로 모든 걸 정당화할 수 있다고 생각했다. 사실, 전쟁이 끝난 뒤에도 하버는 조국을 위해 헌신했다. 배상금 부담을 덜기 위해 바닷물에서 금을 추출하려고 노력했는데, 바닷물 시료를 채집해 금 추출 실험을 하기 위해 유람선에 비밀 실험실을 설치했다. 이 아이디어는 허황된 것처럼 보였지만, 돌이켜보면 공기로 비료를 만든다는 아이디어 역시 그렇지 않았던가?

가스전 연구도 은밀히 계속하면서 에스파냐와 소련에 조언을 제공했다. 기존에 비축해놓은 가스를 파괴하거나 살충제로 바꾸는 방법을 연구한다는 핑계를 대면서 연구를 계속했다. 그가 화학전에 쏟아부은 헌신적 열정(혹은 반성 결핍)을 의심하는 사람은 그의 연구소를 방문하기만 하면 진실을 알 수 있었는데, 그곳에는 세계 최초로 가스 공격에 성공한 이프르 전투에 관한 뉴스 기사가 액자 속에 보관돼 있었다. 거기에는 카이저의 친필 서명도 있었다고 한다.

보슈의 비극

카를 보슈 역시 전쟁이 끝난 뒤에 어려움을 겪었다. 1918년에 독일이 항복한 후, 프랑스 관리들은 BASF의 암모니아 연구를 '사찰'할 권리를 요구했다. 표면상으로는 독일이 폭발물 생산을 중단했는지 확인하기 위한 것이라지만, 실제로는 보슈의 기술을 탈취하기 위한 것이었다. 하지만 조사관들이 문을 노크할 때마다 보슈가 노동자들에게 연장을 내려놓고 모든 기계의 운행을 멈추게 했던 탓에 프랑스인들은 기계가 제대로 작동하는 모습을 결코 볼 수 없었다. 게다가 사찰을 받는 동안 기막힌 운까지 따랐다. 사찰단이 도착하기 바로 직전에 핵심 밸브들과 계기들이 계속 고장났고, 일부 기계에 접근하는 데 필요한 사다리가 불가사의하게 사라졌다. 한번은 계단 전체가 사라진 적도 있었다. 보슈가 사찰단의 접근을 불허한 적은 없었지만, 방문 때마다 사찰은 해프닝으로 끝났다.

좌절에 분노한 조사관들은 보슈(그 무렵엔 BASF에서 중역으로 승진했다)를 암모니아 기술을 주요 쟁점으로 다루던 베르사유 평화 회담장으로 소환했다. 도착하자마자 보슈와 동료들은 철조망으로 둘러싸인 호텔에 감금되었다. 며칠간의 '협상' 끝에 보슈는 어쨌거나 암모니아 기술을 포기할 수밖에 없다는 사실을 깨달았다. 최선의 조건을 원했던 보슈는 어느 날 밤 체포 위험을 무릅쓰고 철조망을 넘어 프랑스 제조업자들과 은밀한 만남을 가졌다. 그리고 거기서 프랑스에 공장을 건설하는 일을 돕겠다는 협약에 서명했다. 단, 프랑스가 BASF에 더 이상 손을 대지 않겠다는 조건으로 그렇게 하기로 했다.

하지만 프랑스인은 그 약속을 지키지 않았다. 1920년대 초에 독일 경제는 배상금 지불 때문에 휘청거렸다. 빵 한 덩어리 가격이 10억 마르크에 이른 적도 있었다. 결국 독일 정부는 배상금 지불을 중단하고 시간을 더 달라고 요구했다. 다른 나라들은 거의 다 이에 동의했으나, 프랑스는 배상금 대신에 독일에 있는 BASF 공장들을 차지하기로 결정했다. 보슈가 노동자들에게 기계의 작동을 멈추라고 지시하자, 프랑스 정부는 그를 기소해 궐석 재판에서 8년 징역형을 선고했다. 하버-보슈법을 만든 두 사람 중에서 오직 보슈만 전범으로 기소되어 처벌을 받았다.

보슈는 1931년에 노벨 화학상을 받아 국제적 명성을 어느 정도 회복했다. 많은 사람들은 이 소식에 놀랐는데, 이미 하버가 암모니아 연구로 노벨상을 받은 적이 있었기 때문이다. 하지만 노벨위원회는 무엇보다도 고압 화학 분야에서 보슈가 이룬 업적을 높이 평가해 수상을 결정했다. 노벨위원회가 그런 결정을 내린 것은 적절했는데, 그 무렵에는 보슈가 암모니아 연구에서 대체로 손을 뗀 상태였기 때문이다. BASF(이제 I. G. 파르벤이란 회사의 소유로 넘어간)는 암모니아 생산을 계속했지만, 다른 나라 회사들이 해당 기술의 특허를 얻거나 기술을 훔쳐 암모니아를 생산함에 따라 수익은 크게 줄어들었다. 그래서 보슈는 고압 화학 분야의 지식을 석유와 가솔린 생산이라는 새 분야에 활용했다.

1920년대 중반 전 세계적으로 원유가 바닥나고 있는 것처럼 보였다. 이전의 분유정噴油井(지하의 석유가 천연가스의 압력에 의해 분출하는 유정)들은 모두 말라갔고, BASF/파르벤 같은 회사들은 석유를 대체할 합성 물질을 개발하기 위해 노력했다. 보슈는 석탄을 액화시켜 가솔린으로 정제하는 것이 최선의 방책이라고 점점 확신하게 되었다. 하지만 그 과정은 예상한 것보다 훨씬 어려웠다. 과학자들은 기체와 액체를 모두 유체流體로 분류하는데, 기체와 액체는 모두 압력을 가하면 흘러가기 때문이다. 하지만 액체는 기체보다 흐름에 더 강한 저항을 보인다. 물속과 공기 중에서 각각 손을 흔들어보면, 그 저항의 차이를 확연히 느낄 수 있다. 액화 석탄은 타르 성분이 아주 많아 끈적끈적하게 들러붙으면서 보슈가 사용한 모든 관과 밸브를 막아버렸다.

게다가 오클라호마주와 텍사스주에서 석유를 채굴하던 사람들이 1920년대에 역사상 최대 규모의 유정을 발견하는 일이 잇달아 일어났다. 그 후 10년 동안 석유 가격이 곤두박질치자, 보슈는 석유와 경쟁할 만큼 액화 석탄의 비용을 충분히 낮출 수 없다는 사실을 깨달았다. 그러나 불행하게도 보슈(이 무렵에는 파르벤의 이사)는 이미 회사의 미래를 합성 가솔린에 건 상태였다. 파산에 직면한 보슈는 매출을 최대한 올리기 위해 정부 계약을 따내려고 노력했다. 이 때문에 아돌프 히틀러Adolf Hitler를 만나게 되었다.

진실을 말한다면, 나치는 보슈를 경악하게 만들었다. 보슈는 특히 1933년 4월에 정부 조직에서 유대인 숙청을 불러온 전문 공무원 회복법이 마음에 들지 않았다. 민간 기업 파르벤은 유대인 직원을 고용할 수 있어서 계속 고용했고, 보슈는 많은 유대인이 해외에서 일자리를 구하도록 도와주었다. 그러는 한편 보슈는 히틀러를 개인적으로 만났는데, 총통이 자동차에 대해 장황하게 늘어놓는 이야기와 독일만의 훌륭한 합성 가솔린 원천을 확보하고 싶다는 바람을 황홀하게 경청했다.(히틀러는 또한 급팽창하는 자신의 군대를 위한 연료도 원했지만, 분별력이 있어 보슈에게 그 이야기는 하지 않았다.) 이 만남에서 보슈는 히틀러에게 일부 유대인 과학자에게 자비를 베풀 것을 요청했지만, 독재자에게 관용을 호소한 이 요청에는 누구나 예상할 수 있는 반응이 뒤따랐다. 히틀러는 "만약 유대인이 물리학과 화학에 그토록 중요하다면, 우리는 백 년 동안 물리학과 화학 없이 살아갈 거요."라고 호통쳤다. 보슈는 황급히 사과하면서 물러설 수밖에 없었고, 실수를 만회하기 위해 나중에 언론 매체에 나치 정권을 칭송하는 글을 실었으며, 나치 깃발을 들고 '지크 하일Sieg Heil!(승리 만세!)'이라는 구호와 함께 나치 경례를 하며 집회에 참석했다. 파르벤은 연료 계약을 따냈다. 그리고 세계는 전쟁에 돌입했다.

제2차 세계 대전이 끝날 무렵에 보슈가 설계한 공장들은 독일 내의 가솔린 수요 중 4분의 1을 공급했다. 히틀러는 이 공장들을 아주 중요하게 여겨 유럽 최고의 미사일 방어 시스템으로 공장들을 보호했다. 베를린의 방어도 이것에 비하면 약한 편이었다. 사실, 보슈는 석탄 액화 기술을 개발하고 특히 나치가 그 혜택을 누리도록 함으로써 나치의 전격전을 가능하게 했다.

공정하게 말하자면, 나치에 대포와 엔진, 고무 등을 공급한 다른 산업 분야의 동료들보다 특별히 더 나쁜 행동을 한 것은 아니었다. 그렇지만 보슈는 다른 동료 과학자들에 비하면 매우 나쁘게 행동한 게 분명하다. 아인슈타인과 막스 플랑크, 네른스트를 비롯해 그 밖의 노벨상 수상자들(제1차 세계 대전 때에는 대부분 망설임 없이 독일을 지지했던 사람들)은 히틀러에게 굽실거리길 거부했다. 독일의 부흥을 고대했던 하버조차 나치를 쓰레기라고 비난했다. 하버는 자신이 도덕적 타락자로 비난받으며 명성에 금이 간 것처럼 보였을 때, 히틀러에 결연히 맞서는 용기를 보여줌으로써 잃었던 명성을 일부 만회했다.

정부 산하 연구소 수장이던 하버는 1933년 4월에 유대인 직원을 모두 해고해야만 했다. 그것은 크나큰 손실이었는데, 유대인은 전체 독일 인구의 1%에 불과했지만 과학자 중에서는 20%가 유대인이었기 때문이다. 하버 자신은 유대인 혈통을 물려받았는데도 자리를 지킬 수 있었는데(제1차 세계 대전 참전 용사는 이 법의 적용을 면제받았다), 몇 주일 동안 나치의 광기는 곧 지나갈 것이라고 스스로에게 되뇌면서 연구소에 계속 머물기로 한 자신의 결정을 합리화했다. 하지만 4월 30일에 스스로를 속이는 일을 멈추고 감동적인 사직서를 썼다. 사직서에 하버는 "40년 이상의 세월이 흐르는 동안 저는 지성과 인품을 바탕으로 협력자들을 선택했지, 그들의 할머니를 바탕으로 선택하지 않았습니다."라고 썼다. 그의 사직 소식은 독일 전역에서 신문의 헤드라인을 장식했고, 히틀러를 꽤 난처하게 만들었다. 어느 누구도 하버를, 예컨대 아인슈타인에게 그랬던 것처럼 멍청한 평화주의자라고 매도할 수 없었다.

하지만 헤드라인은 하버를 개인적으로 위로하는 데 별 도움이 되지 않았다. 독일을 위해 그토록 헌신적으로 봉사했지만, 이제 와서 독일은 그를 버렸다. 크게 상심한 하버는 스위스로 망명해 새 출발을 하려고 준비했지만, 나치는 그의 등에 마지막 비수를 꽂았다. 암모니아 연구로 번 재산을 몰수한 것이다. 졸지에 궁핍한 처지에 놓인 하버는 다른 나라들에서 일자리를 구하려고 시도했지만, 아무런 제안도 받지 못했다. 노벨상과 히틀러에 결연히 맞선 행동에도 불구하고, 그에게 드리운 가스전의 악취가 너무 심했다. 결국 케임브리지 대학교에서 무급 직책을 받아들였지만, 그곳에 도착했을 때 영국 과학계의 거장인 어니스트 러더퍼드Ernest Rutherford는 그와 악수도 하려 하지 않았다.

파멸 위기에 처한 하버는 마지막 동료인 카를 보슈에게 호소했다. 두 사람은 친구 사이는 아니었지만, 보슈는 하버에게 자주 고마움을 표시했고, 필요할 때 도움을 주겠다고 약속한 적이 있었다. 하버는 보슈에게 보낸 편지에 이렇게 썼다. "저는 당신의 말을 진지하게 받아들였습니다. 제가 평화롭고 품위 있게 …… 여생을 보내도록 도와줄 수 있겠습니까?" 보슈는 아무 답장도 보내지 않았다. 달리 선택할 길이 없었던 하버는 다시 영국에서 팔레스타인으로 가려고 했지만, 1934년 1월 여행 도중에 심장이 멈추고 말았다. 그의 마지막 감상적인 소원은 클라라 옆에 묻히는 것이었다.

하버의 측은한 최후에 관한 소식*이 유럽 전역으로 퍼졌고, 사망 1주기가 돌아오자 옛 친구인 막스 플랑크는 그를 추모하는 공개 기념식을 열기로 결정했다. 나치 관리들은 취소하라고 경고했지만, 플랑크는 개의치 않고 기념식을 위해 500석 규모의 강당을 빌렸다. 기념식 날 저녁, 플랑크는 참석자가 너무 적어 크게 실망했다. 참석한 사람들도, 너무 소심해 오지 못한 과학자들의 부인들이 대다수였다. 참석자들은 여기저기 듬성듬성 앉아 있었다. 마침내 하버의 옛 전우들이 행진하면서 들어와 청중이 조금 늘었다. 그리고 수십 년 전에 암모니아를 만들 때 그랬던 것처럼 카를 보슈가 도착하는 순간 물방울이 격류로 바뀌었다. 보슈는 BASF 직원 수십 명을 데리고 왔는데, 필시 죄책감 때문에 그랬을 것이다. 그들은 남아 있던 자리를 모두 채웠고, 뒤늦게 온 사람들은 강당 뒤에 서 있어야 했다.

우연의 일치이건 아니건, 하버를 추모하는 기념식이 있고 나서 보슈는 비록 조심스럽긴 했지만 나치에 반대하는 발언을 쏟아내기 시작했다. 불행하게도 보슈는 과음을 하기 시작했고, 진통제도 남용했던 것 같다. 최악의 순간은 박물관 개소식에서 술에 취해 불분명한 발음으로 사상의 자유를 옹호하는 연설을 했을 때였는데, 이 연설은 자신을 웃음거리로 만들었을 뿐이었다. 파르벤은 1930년대 후반에 마침내 보슈를 해고하고, 히틀러를 위해 합성 가솔린 생산량을 계속 늘렸다.

보슈는 독일이 계속 승승장구하던 1940년에 죽었지만, 미래에 대해 어떤 환상도 갖고 있지 않았다. 죽기 얼마 전에 그는 "미래를 내다보는 능력은 아주 끔찍한 선물이다. 내 평생의 업적이 파괴될 것이다."라고 말했다.

비록 단기적으로는 그렇지 않았지만, 미래는 보슈가 상상한 것보다 그에게 관대했다. 보슈가 설계하여 세워 그가 죽을 무렵에는 독일군을 위해 밤낮으로 돌아가던 웅장한 공장들은 제2차 세계 대전 동안 연합군 폭격기의 주요 표적이 되어 큰 손상을 입었다. 그리고 그가 세운 회사는 전쟁 후에 나치에 협력했다는 이유로 천덕꾸러기 신세가 되었다. 하지만 보슈가 평생을 바친 연구는 결코 파괴되지 않았다. 그것은 오늘날에도 계속 이어지고 있으며, 사실은 더 활짝 꽃을 피우고 있는데, 아마도 문명이 끝날 때까지 그럴 것이다. 보슈와 하버는 개인적으로는 실패와 좌절을 겪었지만, 공기를 식량으로 바꾸는 방법을 생각해냈다. 그리고 인류가 발명한 화학 반응 중에서 이보다 더 중요한 것은 없다고 말해도 과언이 아니다.

못다 한 이야기

산소로 금속을 녹이다

메탄(CH_4)—현재 공기 중 농도는 2ppm. 한 번 숨을 들이쉴 때마다 메탄 분자 약 2경 5000조 개가 폐로 들어온다.

지구 대기의 역사에서 그다음에 나타난 중요한 기체는 산소(O_2)였는데, 약 20억 년 전부터 쌓이기 시작했다. 하지만 그 이야기로 넘어가기 전에 산소가 왜 그토록 중요한 기체인지 알아두는 게 좋겠다. 간단히 말하면, 산소는 선동가이다. 산소는, 산소가 없었더라면 절대로 일어나지 않을 많은 종류의 화학 반응을 시작하게 한다. 그런 반응의 예로는 연소가 있다. 순수한 형태의 산소는 심지어 금속도 불타게 할 수 있다. 독일의 한 범죄자는 여기서 영감을 얻어 19세기 말에 아주 대담한 강도 짓을 했다.

그는 사기꾼이자 도둑, 과학을 이용하는 흥행사이기도 했다. 1890년, 크리스마스 며칠 전에 자신의 이름을 슈미트Schmidt라고 밝힌 남자가 독일 하노버의 니더작센은행 위에 있는 호텔에 투숙했다. 그는 호텔 직원을 잘 구슬려 특별한 방을 얻었는데(아마도 특정 장소가 잘 보이는 방을 원했을 것이다), 그와 함께 양옆에 있는 두 방도 함께 예약했다.(얼마 후에 올 여동생과 아버지를 위한 것이라고 했다.) 그러고 나서 저녁을 보내기 위해 방으로 올라갔는데, 계단을 올라갈 때 가방 속의 물건들에서 절그럭거리는 소리가 나지 않도록 크게 신경 썼을 것이다.

며칠 동안 시간을 보내고 나서 크리스마스 아침 아주 이른 시간에 슈미트는 가방에서 우산과 톱을 꺼내 바닥에 작은 구멍을 뚫었다. 아래층의 은행에는 아무도 없어 들킬 염려가 없었으므로, 슈미트는 구멍으로 우산을 밀어넣어 펼치고는(부스러기를 받기 위해) 구멍을 더 크게 뚫었다. 그러고 나서 가방에서 밧줄 사다다리를 꺼내 어깨에 자루를 걸친 채 사다다리를 타고 아래로 내려갔다.

다음 단계는 금고가 있는 곳으로 침입하는 것이었다. 은행 측은 700만 마르크가 보관된 금고를 지키기 위해 경비원을 고용하는 대신에 최신 전자 보안 시스템을 설치했다. 금고는 지하실에 있었고, 나선 계단을 통해서만 접근할 수 있었는데, 은행 측은 계단에 경보 장치를 설치했다. 아주 작은 압력만 있어도, 예컨대 발을 한 걸음만 내디뎌도, 경보기가 요란하게 울리게 돼 있었다. 하지만 슈미트는 사전 조사를 철저히 하여 계단에 연결된 몇 개의 전기 연결선만 해제하면 경보 장치를 무력화할 수 있다는 사실을 알고 있었다. 그렇게 경보 장치를 무력화하고 나서 그는 사뿐사뿐 계단을 내려갔다.

그리고 이 단계에서 상당한 과학 지식을 동원했다. 지하실로 내려간 슈미트는 자루에서 절그럭거리는 산소통을 몇 개 꺼냈다. 또 길이 45cm, 지름 1cm의 두 금속 원통으로 이루어진 기다랗고 가느다란 도구를 꺼냈다. 각각의 원통 한쪽 끝에는 고무관이 붙어 있었다. 은행 가스등에 가스를 공급하는 가스관에 한 고무관을 연결시키자, 메탄(CH_4)이 주성분인 혼합물이 쏟아져 나왔다. 다른 고무관은 산소통에 연결시켰다. 이렇게 가스가 쉭쉭거리며 나오게 한 뒤, 자루에서 마지막 물건을 꺼냈는데, 바로 성냥이었다. 슈미트는 그렇게 절단 토치의 노즐에 불을 붙인 뒤, 철제 금고로 향했다.

이전 세기에 몇몇 화학자가 물질이 연소하는 방식과 이유를 설명함으로써 (의도한 것은 아니지만) 이 범죄의 실행을 위한 기초 지식을 제공했다. 아마도 이들이 발견한 것 중 가장 중요한 것은 연소에 세 가지가 필요하다는 사실일 것이다. 그 세 가지는 연료와 에너지, 그리고 산화제라 부르는 물질이다. 산화제는 다른 물질에서 전자를 빼앗는데, 전자는 모든 화학 반응을 촉발하는 원인이기 때문에 아주 중요하다. 화학은 기본적으로 원자들이 전자를 훔치고 교환하고 공유하는 방식을 연구하는 분야이다. 그 이름이 암시하듯이 산소oxygen는 훌륭한 산화제oxidizer이며, 메탄 연료에서 전자를 빼앗아 메탄을 불안정하게 만든다. 그러고 나서 불안정해진 메탄과 산소가 반응하면서 화염과 폭발음이 일어난다. 이 과정에서 일련의 화학 변화들이 빠르게 일어나 결국에는 산화물(이산화탄소 같은)이 생긴다. 여기서 한 가지 문제는 처음에 어느 수준 이상의 열에너지를 공급하지 않으면, 산소가 연료를 공격하지 않는다는 점이다. 그래서 성냥이 필요하다. 하지만 일단 산소가 공격을 시작하면, 그 반응에서 더 많은 열이 나와 이 과정이 저절로 계속 이어진다.

지금까지 연소가 일어나는 과정을 간단하게 살펴보았다. 일부 산소에 에너지를 공급해 산소가 연료를 공격하게 한 뒤, 물러서서 지켜보기만 하면 된다. 하지만 슈미트는 여기서 한 걸음 더 나아가야 했다. 지금 메탄 불꽃이 타고 있긴 했지만, 두꺼운 철제 금고를 뚫어야 했기 때문이다.

이 단계를 이해하려면, 유명한 프랑스 화학자 앙투안-로랑 라부아지에Antoine-Laurent Lavoisier가 1776년에 발견한 철의 흥미로운 성질을 알 필요가 있다. 모든 금속은 어느 온도에 이르면 녹는다. 또 어느 온도에 이르면 연소한다.(여기서 '연소'는 앞에서 설명한 것과 동일한 과정을 의미한다. 즉, 이번에는 금속이 연료가 되는 것이다.) 대부분의 금속은 녹는점이 연소점보다 낮지만, 철은 정반대로 행동한다. 철은 982°C에서 타고 1538°C에서 녹는다. 그리고 여기에는 예상치 못한 보너스가 숨어 있다. 물질이 탈 때에는 열이 나온다. 그러니 982°C에 이를 만큼 충분히 뜨거운 불을 만들어 일부 철이 타기 시작한다고 상상해보라. 거기서 나온 열은 주변의 철을 1538°C 이상으로 가열해 녹일 것이다. 그 결과로 소형 연쇄 반응에서 수백 도에 이르는 여분의 열을 '공짜로' 얻게 된다. 즉, 철을 조금만 태워도 전체를 녹일 수 있다.

점점 벗어져가는 머리에 흰 수염을 기른 공학자 토머스 플레처Thomas Fletcher라는 공학자가 1880년대 후반에 마침내 이 반응을 실용적으로 응용할 수 있는 방법을 생각해냈다. 바로 메탄이 주성분인 천연가스와 산소를 사용하는 절단 토치였다. 그 결과는 뜨거운 칼로 버터를 자르는 것과 같지는 않았지만(절단 과정은 비교적 느렸다), 플레처는 이제 칼날이 없어도 철을 자를 수 있었다. 이것은 아주 큰 발전이었다. 플레처는 이 발명으로 큰 돈을 벌 것이라고 예상했다. 하지만 1888년에 한 무역 박람회에서 플레처가 이 발명품을 보여주었을 때, 일단의 금고 제조업자들이 그의 부스를 둘러쌌다. 한 사람은 "이 방법은 오로지 범죄 목적으로만 쓰일 거요. 따라서 금지시켜야 하오!"라고 씩씩댔다. 그들은 플레처에게 개발과 상품화를 중단하라고 요구했다. 플레처는 거부했는데, 몇 년 뒤에 어떻게 그랬는지는 모르겠지만 불가사의한 슈미트라는 남자가 플레처의 절단 토치를 손에 넣은 것이다.

크리스마스 밤의 절단 작업은 슈미트가 예상한 것보다 오래 걸렸다. 구멍의 기하학적 모양이 한 가지 이유였다. 그는 금고 벽에 30×50cm 크기의 직사각형 구멍을 뚫으려고 절단 작업을 했다. 같은 면적의 원을 선택했더라면, 둘레 길이가 사각형보다 작아 연료를 덜 소모했을 것이다. 반면에 직사각형의 대각선 길이는 원의 지름보다 더 길므로, 만약 그럴 수만 있다면 안으로 몸을 집어넣기에는 직사각형이 더 용이했다. 슈미트는 직사각형에 도박을 걸었고, 산소통 3개면 충분하리라고 계산했다. 오전 1시 30분까지 산소통 2개가 이미 바닥났고, 이제 세 번째 통도 거의 비어가고 있었다.

마침내 슈미트는 직사각형 모양의 금속을 헐거워지게 만드는 데 성공했다. 그리고 그것을 옆으로 밀어놓고 부드러운 마르크 뭉치가 닿으리라 상상하면서 금고 속으로 손을 넣었다. 하지만 손가락 끝에 닿은 것은 차갑고 딱딱한 물체였다. 그 뒤에 또 철이 있었는데, 그것은 이중 벽 구조로 만든 금고였다. 제기랄!

슈미트는 위층으로 올라가 밧줄 사다리를 방으로 끌어올렸다. 그리고 정신을 가다듬고 원래 모습을 되찾고는 프런트로 내려가 직원에게 긴급한 용무가 생겨(크리스마스 새벽 2시에) 열차를 타고 쾰른에 가야 한다고 말했다. 슈미트는 금방 돌아와 짐을 챙겨 가겠으며 계산은 그때 하겠다고 직원을 안심시켰다. 안녕…….

그 후 슈미트를 다시 본 사람은 아무도 없지만, 이 사건에는 흥미로운 뒷이야기가 있다. 그 후 수십 년 동안 공학자들이 새로운 토치를 고안하고 화학자들이 폭발성이 더 높은 가스를 발견하면서 가스 절단 기술은 빠르게 발전했다. 몇몇 화학자는 라부아지에가 실험했던 반응을 다시 살펴보면서 철을 빨리 절단할 수 있는 새 방법을 찾아냈다.

산소 절단이라 부르는 이 기술은 고압 산소를 뜨거운 철 표면 위로 흘려보낸다. 앞에서 말했듯이 뜨거운 철과 산소는 특정 온도 이상에서 반응하여 연소가 일어난다. 즉, 화학적으로 반응하면서 열과 빛이 나온다. 하지만 이 과정은 또 다른 관점에서 바라볼 수 있다. 철과 산소가 반응하면, 산화철이라는 다양한 화합물이 생긴다. 그중에서 특정 산화철을 녹이라 부른다. 어떤 면에서 녹이 스는 것과 연소는 같은 현상이라고 할 수 있는데, 화학적으로 대략 비슷한 현상이다.*

물론 큰 차이점은 속도이다. 녹이 슬어 자동차를 골격만 남기는 데에는 몇 년이 걸릴 수 있다. 하지만 982°C 이상의 온도에서는 산화철이 아주 빨리 생긴다. 더 중요한 사실은 철이 녹는 속도보다 산화철이 만들어지는 속도가 훨씬 빠르다는 점이다. 그러니 철을 둘로 쪼개고 싶다면, 물리적으로 철을 녹이는 것보다 화학적으로 '녹슬게' 하는 것이 더 낫다. 산소 절단이 바로 이 방법을 사용하는데, 절단 부위를 따라 녹이 빨리 슬게 한다. 이 과정은 플레처의 토치 절단과 다른데, 토치 절단에서는 산소의 주요 목적이 메탄 불꽃의 점화를 돕는 것이기 때문이다. 이렇게 점화된 메탄 불꽃이 철을 약간 태우면서 그 주변의 철을 녹인다. 산소 절단에서도 불꽃을 피워 금속을 가열한다. 하지만 그 열이 물리적으로 철을 녹이길 기다리는 대신에 산소 절단 토치는 별개의 산소 가스를 금속 표면 위로 흘려보낸다. 이 여분의 산소가 빠른 화학적 '녹 절단'을 촉발한다. 따라서 여기서는 가스 자체가 칼날로 작용하는 셈이다.

이것은 분명히 용융 절단과 녹 절단의 뚜렷한 차이점인데, 20세기 초에 많은 대기업 경영자들은 이윤 추구를 위해 이 차이를 기꺼이 무시했다. 알다시피, 산소 절단 기술은 초고층 건물과 유조선 수요가 급증하면서 사용되기 시작했다. 다양한 절단 기술의 특허권을 소유한 사람은 큰돈을 청구할 수 있었는데, 1910년대가 되자 여러 나라에서 분쟁이 발생했다.

한 분쟁은 플레처의 낡은 토치 절단 기술을 놓고 벌어졌다. 한쪽은 플레처 절단 기술이 단순히 철을 녹일 뿐이므로 더 이상 말할 가치가 없고, 당연히 더 새로운 산소 절단 특허가 유효하다고 주장했다. 반대쪽은 화학적 세부 사항은 차치하고 플레처의 과정이 용융 절단과 녹 절단 모두에 사용된다고 주장했다. 용융 절단과 녹 절단을 따로 분리할 수 없다는 논리였다. 그리고 만약 플레처가 이 과정을 1880년대에 발명했다면, 그 특허권은 더 이상 효력이 없다고 주장했다. 불행하게도 플레처는 1903년에 세상을 떠났고, 그래서 이 문제를 명확하게 매듭지을 수 없었다.

분쟁 와중에 누군가가 하노버에서 일어난 강도 사건을 떠올렸다. 슈미트가 금고 벽에서 떼어낸 철판이 박물관에 보관돼 있었으므로(그것은 토치를 사용한 최초의 은행 강도 사건이었다), 법원은 그 증거품을 소환해 조사했다. 흰색 가발을 쓴 십여 명의 법률 전문가가 녹 부스러기나 녹으면서 생긴 금속 방울을 찾기 위해 확대경으로 철판 가장자리를 자세히 살피는 장면이 여러분 눈앞에 떠오를 것이다. 법원은 마침내 플레처가 철을 녹이기만 했다고 결론 내렸고, 그래서 녹 절단 특허(산소 절단 특허)는 효력을 인정받았다. 이렇게 19세기의 가장 대담한 과학적 범죄 중 하나는 공범자에게 불리한 증언을 하고 20세기에 새로운 판례를 남기는 것으로 끝났다.

하지만 어떤 면에서 이 결과는 적절한 것이었다. 이 사건에서 슈미트의 주요 공범자였던 산소는 지구 역사의 초기에 수십억 년 동안 새로운 화학적 선례를 확립했다. 지구에서(대기와 특히 생물의 몸속에서) 일어날 수 있는 반응의 범위를 산소만큼 크게 확대한 물질은 지금껏 없었다. 우리는 반응을 부추기는 O_2의 위력을 잘 알았으므로, 이제 이 물질이 어디에서 왔고, 지구 전체에 얼마나 큰 혁명을 가져왔는지 살펴볼 때가 되었다.

산소(O_2)
현재 공기 중 농도는 21%(21만 ppm).
한 번 숨을 들이쉴 때마다 산소 분자 약 20해(= 2×10^{21}) 개가 폐로 들어온다.

3장

산소의 저주와 축복

버밍엄의 폭도는 조지프 프리스틀리Joseph Priestley의 교회를 불사른 뒤, 그를 산 채로 불태워 죽일 심산으로 쇠꼬챙이를 들고 그의 집으로 몰려갔다. 하지만 프리스틀리가 이미 도망갔다는 사실을 알고서 그들은 실망했다. 약탈자들은 대신에 가구를 부수고 화학 실험실을 파괴하면서 분풀이를 했다. 게다가 잔디밭에서 하얀 가발까지 씌운 프리스틀리 인형을 불태우고 그 머리를 잘랐다. 프리스틀리는 가까운 산의 피신처에서 이 모든 것을 쓸쓸히 지켜보았다. 산소의 공동 발견자인 그는 그 당시에 불이 왜 그토록 활활 타오르는지 설명할 수 있는 몇 안 되는 사람 중 한 명이었다.

몇 년 뒤, 프랑스 혁명 와중에 프리스틀리의 가장 큰 경쟁자 역시 군중 심판의 희생자가 되었다. 앙투안-로랑 라부아지에는 불과 산소와 호흡 사이의 관계를 자세히 밝혔는데, 호흡은 폐에서 느리고 통제된 방식으로 일어나는 일종의 연소라고 선언했다. 이것은 그 후로도 가장 중요한 화학 반응 중 하나가 되었다. 하지만 라부아지에는 철두철미한 귀족이었다. 프랑스 왕을 위해 세금 거두는 일을 대행했는데, 자신과 아내와 화학 장비를 그린 초상화에 현재 가치로 약 3억 원이나 되는 거금을 지불하기도 했다. 산소에 대해서는 그토록 빛나는 통찰력을 보여주었지만, 애석하게도 민중이 원하는 것이 무엇인지 파악하는 통찰력은 없었다. 특히 억압받는 사람들의 가슴속에서 반란의 불길이 얼마나 뜨겁게 타오를 수 있는지 전혀 이해하지 못했고, 그 대가로 기요틴(단두대)에 목이 잘려나갔다.

공기의 정체

산소와 질소는 주기율표에서 서로 이웃하고 있는 원소들로, 공기 중에서는 둘 다 이원자 분자(N_2와 O_2) 상태로 존재한다. 수십억 년 전에 질소가 축적되면서 세 번째이자 가장 자비로운 대기를 만들었다면, 산소의 등장은 네 번째이자 훨씬 폭발적인 대기의 등극을 알렸다. 질소는 무기력할 정도로 반응성이 없는 반면, 산소는 거의 모든 화학 반응에서 변덕스러운 미치광이처럼 날뛰는 행동을 보인다. 산소는 실제로 많은 생명체를 중독시키며, 지구상의 생명이 마주쳤던 것 중 가장 큰 위기를 초래했는데, 약 20억 년 전에 일어난 '산소 재앙'이 바로 그것이다.

하지만 생명은 어찌어찌하여 이 위기를 전화위복의 계기로 삼았고, 이전에는 생명에 독이었던 산소는 생명에 없어서는 안 되는 요소가 되었다. 진부하게 들릴지 모르지만, 이 극적인 반전에서 나는 케케묵은 옛날이야기가 떠오른다. 한자로 '위기危機'라는 단어는 위험과 기회를 뜻하는 두 글자로 이루어져 있다는 이야기가 그것이다. 물론 한문학자들은 이를 터무니없는 소리라고 말하지만(危機의 정확한 해석은 '위험'과 '기회'가 아니라 '위험한 시기'인데, 시중에 이렇게 그럴싸한 가짜 해석이 널리 퍼져 있다.—옮긴이), 그래도 그 메시지는 유효하다. 산소는 초기의 생명체를 파괴했는데, 세포 안에서 아주 쉽게 폭발했기 때문이다. 하지만 생명체가 산소를 통제하는 법을 배우자, 그 반응성은 생명체의 가장 큰 자산이 되었다. 산소가 역사를 통해 얼마나 큰 파괴를 저질렀는지 감안한다면, 그 발견에 관여한 화학자들이 모두 이 원소 때문에 죽음을 맞이한 것은 어쩌면 당연해 보인다. 산소는 주기율표의 호프 다이아몬드Hope Diamond(블루 호프Blue Hope라고도 부르며, 소유주를 모두 죽음으로 몰고 가 저주받은 다이아몬드로 알려져 있다.—옮긴이)인 셈이다.

산소의 발견은 공기에 대해 인간이 알아낸 것 중 가장 중요한 발견—공기가 여러 종류의 기체 성분으로 이루어져 있다는 사실—과 밀접한 관련이 있다. 그 전까지만 해도 과학자들은 서로 다른 종류의 기체를 굳이 구별하려고 하지 않았다. 어떤 연기나 증기도 그저 똑같은 '공기'로 여겼다.

17세기 초에 의사이자 연금술사였던 얀 밥티스타 판 헬몬트Jan Baptista van Helmont가 마침내 이 상황을 제대로 정리했다. 그는 그렇게 하기에 아주 유리한 위치에 있었다. 헬몬트와 그 밖의 연금술사들은 공기와 흙, 불, 물을 근원적인 네 원소(즉, 더 이상 쪼갤 수 없는 기본 물질)로 정의한 고대 그리스의 체계를 더 이상 유효하지 않다고 여겼다. 특히 연금술사들은 흙과 불은 가짜 원소(흙은 많은 물질이 뒤섞인 것이고, 불은 물질이라기보다는 사건에 더 가까운 것이므로)라고 선언했다. 헬몬트는 실험을 통해 공기 역시 원소로 볼 수 없다는 결론을 내렸다. 가열하는 물질(나무, 석탄, 광물 등)의 종류가 다르면, 공기와 다른 성질을 가진 연기가 나왔다. 예컨대 불에 타는 연기가 있는가 하면, 어떤 연기 성분은 불에 타지 않았다. 또, 광산과 축축한 지하 저장고, 트림을 하는 사람의 배에서 각각 다른 증기가 나온다는 사실도 발견했다. 헬몬트는 이 다양한 종류의 기체를 다루기 위해 '가스gas'라는 단어를 만들었는데, '카오스chaos'라는 그리스어 단어를 변형한 것이었다.

기체 분자들이 얼마나 무질서한지를 감안하면 이 이름은 적절해 보이지만, 헬몬트는 거기서 지나치게 더 나아가, 기체를 제어할 수 없는 거친 정령들이라고 부르기 시작했다. 심지어 기체를 영혼과 동일시했으며, 과학자들은 결코 기체를 지상의 용기에 가둘 수 없을 것이라고 선언했다.(헬몬트는 헤엄을 치지 못했거나 적어도 물속에서 숨을 참은 적이 없었던 것으로 보인다.) 후대의 과학자들은 헬몬트의 형이상학은 버리고 훌륭한 개념은 받아들였다. 공기와 기체는 서로 다른데, 공기는 물질인 반면 기체는 물질의 한 가지 상태라는 개념이 그것이다.

공기 연구에서 그 다음번의 중요한 진전을 이룬 사람은 아일랜드 과학자 로버트 보일Robert Boyle이다. 보일은 공기의 물리적, 화학적, 생물학적 성질을 연구했다. 보일은 공기의 물리적 성질로는 그 탄성을 조사했다. 즉, 공기를 짓눌러 압축하는 데 어느 정도의 힘이 필요한지 조사했다. 그 결과로 기체의 부피가 줄어들면 기체의 압력이 자동적으로 커진다는 사실을 발견했다.(그 반대도 성립한다. 기체의 부피가 늘어나면 압력이 줄어든다.) 화학적 성질로는, 병 속에 불을 가두면 공기로

부터 영양분을 계속 공급받아야 한다는 듯 얼마 지나지 않아 불이 꺼진다는 사실을 발견했다. 생물학적 성질을 연구할 때에는 별로 명예로운 것이 아니지만 그 후 과학자들 사이에 오랫동안 지속된 전통을 세웠는데, 유리병 속에 각종 동물(종다리, 생쥐, 고양이, 뱀, 치즈벌레)을 집어넣고 질식해 죽어가는 모습을 관찰했다.

보일은 기체를 붙드는 데 주로 황소 방광을 사용했지만, 그 후의 과학자들은 물이나 수은이 담긴 통에 보글거리는 기체를 집어넣으면서 거꾸로 뒤집은 플라스크로 기체 거품을 수집하는 방법이 훨씬 낫다는 사실을 발견했다. 18세기에 스코틀랜드 의사 조지프 블랙Joseph Black은 이러한 새 도구와 기술을 사용해 공기 연구에 큰 진전을 이루었다.

공기를 연구한 과학자들 중에서 블랙은 함께 어울려 지내기에 재미있는 사람처럼 보였다. 블랙은 애덤 스미스Adam Smith, 데이비드 흄David Hume과 함께 에든버러에서 유명한 포커 클럽 회원이었다. 포커 클럽은 '문학적 야만인' 집단으로, 클라레claret(영국에서 보르도 와인을 부르는 이름—옮긴이)와 셰리sherry(에스파냐 남부 지방에서 생산되는 화이트 와인—옮긴이)를 큰 통으로 마시는 걸 즐겼다. 블랙은 활기 넘치는 대중 강연도 했다. 조야한 풍선에 가벼운 기체를 넣어 천장으로 날려 보내자, 청중은 보이지 않는 실이 있는 게 분명하다고 소리쳤다. 또 밀도가 큰 기체를 용기에 집어넣은 뒤, 보이지 않는 그 내용물을 촛불 위에 '부어' 불을 끄는 마술도 보여주었다.

블랙은 1754년에 촛불을 끄는 이 기체, 즉 이산화탄소를 발견했는데, 이것은 역사상 최초로 분리된 순수한 기체 성분이었다. 블랙은 또한 1764년에 냉소적인 실험을 하던 도중에 사람이 이산화탄소를 내뱉는다는 사실도 최초로 알아냈다. 어느 겨울날 아침 이른 시각에 블랙은 현지 교회의 서까래 위로 올라가 그곳에 소석회(수산화칼슘) 용액이 든 비커를 놓아두었다. 소석회 용액은 이산화탄소에 노출되면 희뿌연 침전물이 생긴다. 열 시간에 걸친 미사가 끝나자(스코틀랜드 사람들은 종교를 진지하게 여겼다), 블랙은 그곳으로 다시 올라가 비커를 살펴보았다. 실제로 설교자의 입에서 나온 뜨거운 공기 때문에 소석회 용액이 흰색으로 변해 있었다.

블랙의 제자 두 명도 기체 이론 연구에 중요한 기여를 했다. 1772년, 23세의 대니얼 러더퍼드Daniel Rutherford(훗날 월터 스콧Walter Scott 경의 외삼촌이 된다)는 밀폐된 용기 안에 든 것을 태우고 나서 용기에 남은 것을 소석회에 통과시키는 방법으로 반응성 기체를 모두 없애고 비반응성 기체만 남겼다. 오늘날 우리는 이 기체를 질소라고 부른다. 하지만 질소는 유리병 속에 함께 갇힌 생쥐를 죽였기 때문에, 러더퍼드는 이 기체를 '유독 공기'라고 불렀다.(질소는 한동안 '부패한 공기', '타버린 공기', '불결한 공기' 등의 이름으로 불렸다. 결코 인기 있는 기체는 아니었다.)

또 다른 제자인 헨리 캐번디시Henry Cavendish는 더 큰 기여를 했다. 캐번디시는 아주 큰 부자였는데, 살아 있는 동안 그보다 더 많은 돈을 영국은행에 맡겨놓은 영국인은 없었다고 한다. 캐번디시는 왕립학회에 참석하는 일 말고는 사교 생활을 전혀 하지 않았으며 친구도 없었다. 왕립학회에 갔을 때조차도 누가 말을 걸려고 하면 쏜살같이 달아났다. 집에서 일하는 하인들과도 쪽지를 통해 대화를 나누었고, 1810년에 세상을 떠날 때에는 그 과정을 방해받지 않고 기록하기 위해 모두 방에서 나가게 했다. 돌이켜보면 캐번디시는 자폐증 혹은 그 연관 질환이 있었던 게 거의 확실하다. 하지만 그는 영국이 배출한 과학자들 중에서 손꼽을 만큼 뛰어난 인물이었다. 캐번디시는 납공 4개와 약간의 철사만 가지고 런던의 저택을 떠나지도 않은 채 지구의 밀도를(따라서 그 질량도) 측정했다. 1766년에는 여러 가지 금속에 산을 뿌려 거품이 일게 함으로써 수소 기체를 발견했다. 캐번디시는 수소를 '가연성 공기 inflammable air'라고 불렀는데, 수소를 불에 노출시키면 화염이 일었기 때문이다.

캐번디시는 수소를 분리한 것 외에도 수소와 관련해 중요한 발견을 하나 더 했다. 어느 날, 캐번디시는 유리 용기 속에서 수소와 보통 공기를 섞고, 최신(그리고 틀림없이 엄청나게 비싼) 발전기로 이 혼합물에 스파크를 일으켰다. 잠시 후 유리 용기 안쪽에 '이슬'이 맺혔다. 이슬은 원래의 실험과는 아무 관계가 없는 것이었지만, 위대한 과학자라면 으레 그렇듯이 캐번디시는 이 현상을 자세히 조사했다. 그리고 놀랍게도 그 이슬이 물이라는 사실을 발견했다. 캐번디시는 이것과 관련된 세부 내용을 모두 이해할 수는 없었는데, 현대적인 화학 이론이 아직 정립되기 전이었기 때문이다. 하지만 두 종류의 기체—공기 중의 가연성 성분과 수소—가 결합해 불의 정반대에 해당하는 액체 상태의 물을 만들었다는 사실은 알 수 있었다.

오늘날에도 이 현상은 이해하기가 쉽지 않은데, 그 당시에는 더더욱 어려웠을 것이다. 그리고 더 넓은 의미에서 이 실험은 고대 그리스의 4원소설을 무대에서 퇴장시켰다. 흙과 불은 이미 수백 년 전에 가짜 원소라는 사실이 드러났다. 공기는 17세기 중반에 기체에 관한 실험이 본격적으로 시작될 때까지 버텼다. 물은 지금까지 이런 시련들을 잘 버텨왔지만, 몇 방울의 이슬과 예리한 관찰의 눈은 물의 정체가 순수한 원소가 아니라 복합 물질이라는 사실을 밝혀냈다. 캐번디시는 마침내 2000여 년 동안 자연과학을 지배해온 체계를 무너뜨렸다. 하지만 이제 그것을 대체할 체계를 세워야 했다. 여기에는 엄청난 명성이 걸려 있었기 때문에, 관련된 당사자들을 모두 태워 죽일 만큼 과학자들 사이의 경쟁이 매우 뜨거워졌다.

프리스틀리의 플로지스톤

산소는 우리 주변의 공기에서 가장 중요한 원소이지만, 칼 셸레Carl Scheele라는 스웨덴인 약제사가 1770년대 초에 다양한 광물을 가열해 거기서 나오는 기체를 모으기 시작하기 전까지는 산소가 존재한다는 사실조차 아무도 몰랐다. 이 기체(오늘날 산소라고 부르는) 속에서는 촛불이 더 활활 탔기 때문에 셸레는 이 기체를 '불 공기'라고 불렀다. 셸레는 또 유리병 속에서 이 공기를 마시는 동물은 '더 오래' 산다는 사실을 발견했다. 나머지 기체들이 모두 어김없이 신속하게 동물들을

산소의 공동 발견자인
조지프 프리스틀리.

죽이는 것과는 대조적이었다.

아직까지 확실하게 밝혀지지 않은 이유로 셸레는 이 결과를 몇 년 동안 묵혀두었는데, 나중에 게으르고 부정직한 인쇄업자에게 출판을 맡기는 바람에 그것이 발표되기까지 몇 년 더 지연되었다. 그의 연구는 결국 1777년에야 발표되었는데, 이미 몇 년 전에 두 과학자가 산소를 발견했다고 주장하고 나선 상황이었다. 불행하게도 그다음 10년 동안 셸레는 두 가지 나쁜 버릇 때문에 자신의 우선권을 적극적으로 주장할 수 없었다. 하나는 환기가 되지 않는 방에서 연구를 하는 버릇이었고, 또 하나는 자신이 만든 모든 화학 물질을 맛보는 버릇이었는데, 그중에는 사이안화수은 같은 독성 물질도 있었다.(이것은 방사능 총탄을 스스로에게 쏘는 것처럼 죽음을 선택하는 여러 가지 방법 중 하나이다.) 당연히 셸레는 44세의 나이에 아무런 명성도 인정도 얻지 못한 채 죽음을 맞이했다. 이렇게 그는 산소의 저주로 사망한 첫 번째 희생자가 되었다.

대부분의 역사 기록은 산소 발견의 공을 목사이자 대중 선동가인 조지프 프리스틀리에게 돌린다. 프리스틀리는 육 남매 중 장남으로 태어났고, 어머니는 프리스틀리가 여섯 살 때 세상을 떠났다.(계산에 둔감한 사람을 위해 노파심에서 덧붙인다면, 어머니가 6년 동안 아이를 여섯이나 낳았다는 뜻이다. 그러니 젊은 나이에 건강이 망가진 것도 놀라운 일이 아니다.) 그 후 프리스틀리는 고모 집에서 살았는데, 진보적인 개신교를 믿던 고모는 재능 많은 조카를 성직자의 길로 나아가게 했다. 고모에게는 실망스럽게도 프리스틀리는 성직자가 된 직후에 급진적으로 변해 심지어 예수의 신성까지 의심했다. 프리스틀리는 곧 영국 내에서 악명을 떨쳤고, 풍자만화가들은 그를 희화화하는 걸 즐겼다. 어떤 만화가는 부리처럼 생긴 코와 말더듬을 놀리기 위해 그를 딱따구리로 묘사했다. 어떤 만화가는 단순히 머리에 뿔을 붙이고 그를 사탄이라고 불렀다. 그 결과로 프리스틀리는 가족과 함께 평생 여러 교구를 옮겨다녀야 했다. 프리스틀리는 늘 신념이 확고했지만, 재정 상태는 그렇지 않았다.

프리스틀리가 과학에 손을 댄 이유는 몇 가지가 있다. 첫 번째는 호기심이었다. 그는 하느님의 창조를 이해하고 싶었다. 두 번째는 동지애였는데, 과학자들은 비정통적 신학을 믿는다고 해서 그를 기피하지 않았기 때문이다. 프리스틀리는 심지어 벤저민 프랭클린Benjamin Franklin과도 친구가 되었는데, 전기에 대한 프리스틀리의 과학적 관심에 처음으로 불을 지핀 사람이 바로 프랭클린이었다.(프리스틀리는 1769년에 전기에 관한 책을 쓰면서 삽화를 직접 그리기로 마음먹었지만, 그것을 제대로 그리는 데 애를 먹었다. 그 당시 비싼 물건이었던 종이를 그냥 버리기 아까웠던 그는 종이에서 연필 자국을 지우는 방법을 찾으려고 애썼다. 그러다가 마침내 천연 고무를 발견했는데, 이렇게 해서 최초의 지우개가 발명되었다.)

프리스틀리가 과학에 뛰어든 이유 중에는, 믿기 힘들겠지만 돈을 벌기 위한 목적도 있었다. 학생을 가르칠 목적으로 수학책 몇 권과 지구본을 샀고, 과학에 관한 글을 쓰는 것을 직업으로 삼으려는 시도도 했다. 하지만 과학에 관한 글을 쓰는 것은 값비싼 취미라는 사실을 깨닫게 되었는데, 연구에 필요한 책들을 구하려면 많은 비용이 들었기 때문이다. 그래서 값싼 대안으로 실험을 하고 그 실험에 관한 글을 쓰기 시작했다.(오늘날의 과학자들은, '와우, 그거 환상적인데! 실험 장비와 비품 비용이 책값보다 훨씬 싸게 들다니!'라고 생각할 것이다.)

1767년에 리즈의 한 교구로 옮기고 나서 프리스틀리는 과학—'공기' 연구—에 대한 열정이 불타올랐다. 마침 이사한 집이 양조장 옆에 있었는데, 맥주통에서 보글거리면서 나오는 기체(이산화탄소)에 큰 흥미를 느꼈다. 프리스틀리는 실험 도중에 한 맥주통에 에테르를 약간 흘렸다가 그 맥주를 망치는 바람에 결국은 양조장 출입을 금지당했다.(교회 신도들 역시 프리스틀리가 시간 날 때마다 양조장을 들락거리는 것을 고운 눈으로 보지 않았다.) 프리스틀리는 이내 자신의 개인 '실험실elaboratory'이라 부른 곳으로 옮겨가 공기에 대한 연구를 계속했다.

가난한 성직자였던 프리스틀리는 이 실험들을 일상적인 장비를 가지고 해야 했다.* 물질을 가열할 때에는 그 당시에 시험관 대용물로 흔히 쓰이던 포신砲身(깨지지 않는 단단한 용기)을 사용했다. 방출된 기체를 포집할 때에는 포신 주둥이에 담배 파이프를 끼우고, 기체를 빨래통이나 찻주전자로 흘러가게 했다. 그곳 물속에서 기체가 거품이 되어 나오면, 그것을 병에 모았다가 맥주잔 아래에 갇힌 생쥐에게 넣어주었다. 일이 잘못되면 악취를 풍기는 연기가 온 집 안에 흘러넘쳐 가족들은 냄새를 피해 피신해야 했다. 프리스틀리의 아내와 자식들이 지극한 기독교적 관용을 보여준 것에 과학은 크게 감사해야 할 것이다. 1770년 이전만 해도 과학자들이 아는 순수한 기체는 이산화탄소와 수소, 딱 두 가지밖에 없었다. 그런데 그다음 수십 년 동안 프리스틀리 혼자서 암모니아, 이산화황, 일산화이질소(웃음 가스)를 포함해 새로운 기체를 아홉 가지나 발견했다.

리즈에서 성직자로 지낸 뒤에 프리스틀리에게는 자신의 과학적 취미를 지원할 후원자—셸번 경인 윌리엄 페티William Petty—가 생겼고, 1774년 8월에 자신에게 큰 명성을 가져다줄 실험을 했다. 그것은 보기에도 아주 아름다운 실험이었을 것이다. 지름 30cm의 렌즈로 영국의 (드문) 햇빛을 유리병에 집중시켰다. 병 속에는 빨간색 가루(산화수은, 즉 HgO)가 약간 들어 있었다. 빛줄기가 빨간색 가루를 가열하자, 그 표면에서 액체 수은이 뽀글거리면서 나와 작은 수은 방울들이 생겨났다. 또 빨간색 가루에서는 투명한 기체도 나와 공기 중에서 춤추며 위로 솟아올랐다. 그 기체는 바로 산소였다.

프리스틀리가 이 기체를 어떻게 생각했는지는 분명하지 않지만, 자신이 새로운 원소를 발견했다고 생각하지 못한 것은 확실하다. 대신에 그는 산소를 플로지스톤phlogiston이라는 케케묵은 과학 개념으로 설명하려고 했다. 플로지스톤은 재미있는 이름 외에도 과학사에서 아주 흥미로운 에피소드를 남겼다. 플로지스톤설은 틀린 것이었지만, 그래도 과학을 건설적인 방향으로 나아가게 하는 데 기여했다. 이 이야기를 자세히 소개하는 데 30쪽을 할애하는 대신에 가장 중요한 사실 두 가지만 언급하고 넘어가기로 하자. 첫째, 과학자들은 플로지스톤이 눈에 보이진 않지만 '물질'적 실체이며, 물체가 탈 때마다 공기 중으로 방출된다고 생각했다. 둘째, 프리스틀리는 대다수 과학자들보다 플로지스톤을 더 열정적으로 믿었고, 자신이 발견한 것을 모두 플로지스톤설로 해석했다. 그런 발견 중에는 산소도 있었는데, 그는 산소를 '탈脫플로지스톤 공기'라고 불렀다.

셸레처럼 프리스틀리도 탈플로지스톤 공기 속에서 촛불이 더 활활 탄다는 사실을 발견했다. 또, 그 공기가 생쥐를 질식시키지 않는 것을 보고 매우 기뻐했다. 생쥐가 그 속에서 아주 잘 지내는 걸 보고는 자신도 그것을 몇 모금 들이마셔 보기로 결정했는데, 그것은 상상한 것만큼 아주 기분이 좋았다. 그는 "가슴이 아주 가볍고 편안해진 걸 느꼈다. 시간이 지나면 이 순수한 공기가 사치품이 될지도 모른다."라고 보고했다.(생각해보라. 불과 200년 뒤에 마이클 잭슨Michael Jackson은 고압 산소실에서 잠을 잤다.) 열광적인 표현은 무시하고 냉정하게 살펴보면, 이 실험은 연소와 호흡 사이에 깊은 관계가 있음을 드러냈는데, 새로운 기체는 두 가지 과정을 모두 촉진했기 때문이다.

셸레와 달리 프리스틀리는 때를 놓치지 않고 자신의 연구를 홍보하는 데 열을 올렸다. 첫 번째 산소 실험을 하고 나서 불과 몇 달 뒤인 1774년 10월에 셸번 경이 파리 여행 경비를 지원하겠다고 제의하자, 프리스틀리는 프랑스 과학아카데미의 유명한 과학자 여러 명과 저녁 식사 약속을 잡고는, 자기가 발견한 것을 모두 알려주려고 했다. 그의 인생은 많은 실수로 점철되었지만, 그것은 그중에서도 가장 큰 실수였다.

라부아지에의 화학 혁명

역사에는 식사 메뉴가 기록돼 있지 않지만, 그 상황—혁명 전 파리의 퇴폐적 분위기, 프랑스에서 손꼽을 정도로 부유한 부부의 대저택—을 감안한다면, 어떤 진수성찬이 나왔을지 상상할 수 있다. 트뤼프를 곁들인 오리구이, 샹파뉴 소스를 뿌린 햄, 잉어 혀 라구(고기와 야채를 재료로 한 스튜), 마르멜로, 봉봉, 크림 등이 나왔을 것이다. 하지만 앙투안-로랑 라부아지에와 그의 아내 마리-안Marie-Anne에게는 이러한 진수성찬이 그날 밤의 부차적 관심사에 지나지 않았을 것이다. 두 사람은 빨간색 가루에서 해방된 새로운 공기에 대해 지껄이는 프리스틀

화학에 혁명을 가져오고 프랑스 혁명 때 단두대의 이슬로 사라진 화학자 앙투안-로랑 라부아지에.

리의 말에 귀를 기울였다.

교활하게도 라부아지에는 한 달 전에 자신도 비슷한 실험을 했다는 이야기를 하지 않았다. 자신의 실험에서는 기체가 나오는 것을 전혀 보지 못했지만, 프리스틀리가 파리를 떠나자마자 라부아지에는 그 기체에 푹 빠진 나머지 발견의 공로를 가로채기로 마음먹었다. 만찬석상에서 친구로 만났지만, 얼마 지나지 않아 산소 때문에 라부아지에와 프리스틀리는 불구대천의 원수가 되고 만다.

라부아지에는 이 경쟁에서 크게 유리한 점이 한 가지 있었는데, 그것은 바로 돈이었다. 부유한 집안에서 태어난 라부아지에는 부유한 가문 출신의 마리-안과 결혼하면서 더 부자가 되었고, 국왕을 대신해 징세 업무를 담당하던 민간 회사인 총괄징세청부조합의 주식 절반을 매입하면서 더 큰 부자가 되었다. 매년 국왕의 고문들은 조합에 보리와 담배 같은 상품에서 조세 수입을 얼마나 기대하는지 알려주었다. 그러면 조합은 프랑스 전역의 농부와 담배 장수를 쥐어짜 세금을 뜯어냈고, 정부가 정한 목표를 초과하는 수입은 모두 조합이 차지했다. 조합은 수천 가지 상품을 관할했는데, 굳이 제도를 남용할 필요조차 없었다. 기존의 제도 자체만으로도 손 짚고 헤엄치기 식으로 큰돈을 벌 수 있었다. 그것은 라부아지에가 한 최선의 투자(몇 년 동안 현재 가치로 약 60억 원에 이르는 수익을 올렸다)이자 최악의 투자이기도 했는데, 결국 이 때문에 목숨을 잃었기 때문이다.

29세가 되던 1772년, 라부아지에는 자신의 재산 중 상당 부분을 과학 연구에 쓰기 시작했다. 라부아지에는 햇빛으로 다이아몬드를 태움으로써 아주 유명해졌는데, 바퀴가 달린 단 위에 거대한 렌즈를 설치해 이 묘기를 보여주었다. 이 장치는 마치 망원경을 공성 기계와 결합한 것처럼 보였다. 낭비가 심하기는 했지만(앙시앵 레짐의 귀족이 아니라면, 누가 다이아몬드를 태우려고 하겠는가?), 이 실험은 햇빛의 에너지가 얼마나 강한지 보여주었다.(다음에 혹시라도 태양을 똑바로 쳐다보고 싶은 충동이 든다면, 타서 재가 돼버린 다이아몬드를 떠올려보길.) 이 실험은 물질의 본질에 대해서도 깊이 생각하게 했다. 다이아몬드는 불에 타고 나면 그냥 사라져버리는 것일까? 아니면, 단순히 다른 상태로 변할까?

그해에 라부아지에는 자신보다 열 살 위인 프리스틀리가 한 연구를 알게 되었다. 프리스틀리는 몇 년 전에 H_2O에 CO_2를 집어넣어 탄산수를 발명했다. 프랑스 해군은 탄산수가 괴혈병 치료에 도움이 될지 모른다고 생각하고서 라부아지에에게 조사를 의뢰했다.* 그 생각은 틀린 것이었지만, 라부아지에는 프리스틀리에게서 깊은 인상을 받았다. 우연인지 아닌지 모르겠지만, 얼마 후에 자신도 기체 연구를 시작했다.

라부아지에가 다이아몬드를 태우기 위해 만든 거대한 렌즈.

라부아지에는 아내와 협력해 연구를 했다. 마리-안은 어린 나이에 어머니를 여의고 수녀원에서 자랐는데, 수녀원은 그 당시에 여성이 교육을 받을 수 있는 몇 안 되는 곳이었다. 마리-안은 라부아지에와 결혼하기 위해 수녀원을 떠났는데, 많은 나이 차(마리-안은 13세, 라부아지에는 28세였다)에도 불구하고 라부아지에는 대체로 아내를 자신과 지적으로 동등한 사람으로 대우했다. 특히 여러 언어를 알고 있던 마리-안에게 플로지스톤에 관한 일부 논문을 프랑스어로 번역해 달라고 부탁했다. 이 과정에서 마리-안은 이 이론의 모순을 강조했고, 라부아지에도 플로지스톤설이 의심스럽다는 데 동의했다.

1772년 11월, 라부아지에는 유력한 증거를 얻었다. 만약 플로지스톤이 물질적 실체가 있다면 무게가 있을 것이다. 나무나 양초 같은 물질이 탈 때에는(당시 과학자들은 그 과정에서 플로지스톤이 빠져나간다고 믿었다) 실제로 무게가 줄어들었다. 하지만 거대한 렌즈로 금속을 태우자 금속은 오히려 무게가 늘어났는데, 이것은 플로지스톤설과 들어맞지 않았다. 일부 화학자들은 플로지스톤이 때로는 '음의 무게'를 가진다고 주장함으로써 모순되는 현상을 설명했지만, 대부분의 과학자들은 말이 안 되는 설명이라는 것을 잘 알고 있었다. 하지만 이러한 모순에도 불구하고 플로지스톤설은 죽지 않았는데, 아무도 물질의 연소 현상을 그보다 잘 설명하지 못했기 때문이다. 라부아지에가 저녁 식사 자리에서 프리스틀리가 신나게 지껄인 이야기를 듣기 전까지는 그랬다.

라부아지에는 프리스틀리가 자신도 모르게 새로운 기체를 분리한 게 아닐까 의심했고, 실험실에서 이를 확인해보기로 마음먹었다.(기묘하게도 이 실험실—파리병기창에 위치한—에는 구경꾼들을 위한 관람실이 딸려 있었다. 사실, 라부아지에는 가끔 청중을 초대해 실험 장면을 보여주었다.) 라부아지에는 그 기체를 분리하는 데 성공했고, 그 원소를 산소oxygène라고 불렀다. 몇 차례 실험을 한 뒤, 라부아지에는 플로지스톤보다 산소가 연소의 화학을 훨씬 깔끔하게 설명한다는 사실을 알아냈다. 더 정확하게 말하면, 연소 과정에서는 항상 타는 물질과 산소의 결합이 일어나면서 열과 빛이 나오는 것으로 보였다. 예를 들면, 나무와 석탄 속의 탄소는 산소와 결합해 이산화탄소가 되어 공기 중으로 빠져나간다. 금속이 탈 때에도 비슷한 방식으로 산소가 금속 속의 원자들과 결합한다. 하지만 금속-산소 화합물은 이산화탄소와 달리 너무 무거워서 공기 중으로 달아나지 못한다. 연소한 금속의 무게가 더 늘어나는 현상은 이것으로 설명할 수 있었다. 즉, 산소를 흡수했기 때문에 그만큼 무게가 더 늘어난 것이다. 그러자 플로지스톤은 불필요한 것이 되고 말았는데, 그런 가상의 물질을 가정하지 않고도 연소를 충분히 설명할 수 있었기 때문이다.

라부아지에가 그다음에 몰두한 산소와 호흡에 관한 실험들은 청중에게 훨씬 더 흥미로웠을 것이다. 하지만 그의 동료 아르망 세갱Armand Séguin은 그렇게 느끼지 않았을 것이다. 라부아지에는 세갱을 태피터(광택이 있는 얇은 평직 견직물)로 미라처럼 만든 뒤, 고무 라텍스를 칠해 밀봉하고는 며칠 동안 죽 그 상태로 지내게 했다. 그러고 나서 세갱의 입술에 관을 붙이고 그것을 산소병에 연결시켰다. 그리고 세갱이 여러 가지 일(가만히 앉아 있기, 많은 음식을 먹고 소화시키기, 운동으로 페달식 펌프 밟아 돌리기)을 하는 동안 라부아지에는 세갱이 소비하는 산소와 내뿜는 이산화탄소의 양을 측정했다. 이 실험에서 기체 소비와 호흡 사이에 분명한 상관관계가 있음이 드러났다. 더 힘들게 일할수록 세갱은 산소를 더 많이 빨아들이고 이산화탄소를 더 많이 내뿜었다. 여기서도 호흡을 설명하는 데 플로지스톤을 끌어들일 필요가 전혀 없었다.

(게다가 이 실험은 오래된 난제에 최초로 제대로 된 답을 내놓았다. 그 난제는 운동을 해 체중이 줄어들면, '줄어든' 체중은 어디로 가는가라는 질문이었다. 대부분은 이산화탄소 같은 기체가 되어 공기 중으로 빠져나간다. 이것은 우리가 기체에서 왔으며 결국에는 기체로 돌아간다는 사실을 뒷받침하는 또 하나의 증거이다.)

라부아지에는 이 모든 증거들을 종합하여 1775년 9월에 파리에서 열린 한 과학 회의에서 산소에 대해 알아낸 사실들을 발표했다. 프

라부아지에는 호흡을 연구하느라 동료를 미라로 만들었다.
(사진 제공: 웰컴재단)

리스틀리로부터 소중한 정보를 얻은 지 불과 1년 만의 일이었다. 그것은 사실과 우아한 논리를 바탕으로 한 아폴론적 업적('아폴론적'이란 표현은 니체가 『비극의 탄생』에서 쓴 말로, 예술에서 격정적이고 충동적인 디오니소스형과 대조적으로 단정, 엄격, 질서, 조화를 추구하는 경향을 가리킨다.—옮긴이)이었고, 화학에 돌이킬 수 없는 변화를 가져왔다. 하지만 발표를 마친 후, 라부아지에는 아내와 함께 약간 장난꾸러기처럼 굴면서 떠들썩한 쇼를 펼쳤다. 첫째, 그들은 배우들을 고용해 산소와 플로지스톤이란 이름의 배역들이 출연하는 모의재판을 열었다.(누가 주인공이고 누가 멍청이인지는 굳이 말할 필요가 없을 것이다.) 그러고 나서 마담 라부아지에는 이교도 여사제처럼 분장하고서 플로지스톤에 관한 교과서를 여러 권 불태웠다. 라부아지에가 어떤 이론을 죽일 때, 그들은 그것을 아주 거창하게 보여주었다.

모든 사람이 박수를 친 것은 아니었다. 프리스틀리는 라부아지에가 산소의 발견 공로를 가로챘다고 분노했으며, 진짜 발견자를 둘러싼 논쟁은 오늘날까지 이어지고 있다. 셸레가 맨 먼저 산소를 분리하고 모았으며, 그 뒤를 이어 프리스틀리도 독자적으로 그렇게 했다는 사실은 의심의 여지가 없다. 프리스틀리에게서 이야기를 듣기 전까지는 라부아지에가 산소에 주목한 적이 전혀 없었다는 사실도 의심의 여지가 없다. 일부 역사학자들은 이걸로 이야기는 끝났다고 생각하며, 라부아지에를 발견자에서 제외시킨다. 반면에 셸레와 프리스틀리는 자신이 발견한 것이 무엇인지 제대로 알지 못했다. 화석 사냥꾼이 머리뼈를 파내고서 먼 옛날의 영장류를 발견했다는 발표를 했다고 하자. 그런데 그 화석을 본 한 고생물학자가 그것이 단순한 영장류가 아니라 멸종한 인류의 한 종, 완전히 새로운 갈래의 인류라는 사실을 알아챘다고 하자. 엄밀히 말한다면, 첫 번째 사람은 머리뼈를 발견했을 뿐이고, 그 정체를 제대로 파악한 사람은 두 번째 사람이다. 셸레와 프리스틀리가 전자라면, 라부아지에는 후자인 셈이다.

그리고 어떤 면에서는 누가 산소를 발견했느냐는 논쟁에 너무 몰두하다 보면 핵심을 놓칠 우려가 있다. 라부아지에는 산소 자체보다는 산소가 전반적인 화학에 대해 무엇을 알려주는가에 더 관심이 많았다. 예를 들면, 라부아지에 이전에도 여러 화학자가 호흡과 연소 사이에 어떤 공통점이 있다고 주장했지만, 두 현상의 기반을 이루는 기체가 산소라는 사실을 알아낸 사람은 바로 라부아지에였다. 역사학자들은 라부아지에가 다른 화학자들의 연구를 베꼈다고 비난했지만, 이것 역시 라부아지에가 그런 과정에서 거의 항상 그들의 수준을 뛰어넘는 연구를 했다는 사실을 간과한 주장이다. 헨리 캐번디시가 그런 것처럼 라부아지에도 용기 속에 산소와 수소를 넣고 스파크를 일으켜 이슬이 생기게 하는 실험을 한 적이 있다. 그리고 캐번디시처럼 라부아지에도 반응 전에 두 기체의 질량을 측정해 반응 후에 생긴 물의 질량과 비교함으로써 둘이 똑같다는 사실을 발견했다.(라부아지에는 이를 위해 0.0005g까지 잴 수 있을 정도로 매우 정확한 저울을 만들었다.) 하지만 라부아지에는 캐번디시와 달리 여기서 더 큰 그림을 보았다. 이 관계가 '어떤' 화학 반응에서도 성립할 것이라고 생각한 것이다. 즉, 생성 물질의 질량은 반응 물질의 질량과 항상 똑같아야 한다고 보았다. 그리고 여기서 화학의 일반 법칙 하나를 발견했는데, 그것이 바로 질량 보존의 법칙이다. 이것은 원래 물질들이 그 모양이나 색이 변하거나 기묘한 방식으로 재결합하더라도, 반응 전과 후에 물질의 양은 똑같아야 한다는 법칙이다.

(흥미롭게도 일부 역사학자들은 라부아지에가 총괄징세청부조합에서 세금을 거두는 일을 한 것이 이 연구에 영감을 주었을지 모른다고 주장한다. 질량 보존의 법칙을 알아내는 데에는 많은 반응 물질과 생성 물질의 무게를 재고, 모든 것을 화학적 '대차대조표'에서 정리하는 과정이 필요했다. 회계사들도 동일한 방식으로 차변과 대변을 추적한다. 돈이건 원자이건 그냥 사라지는 일은 일어나지 않는다. 그러니 화학 수업에서 반응식의 균형을 맞추느라 끔찍한 기억이 있는 독자는 우울한 학문인 경제학을 비난하라.)

(경제학을 '우울한 학문dismal science'이라고 부르는 표현은 1848년에 영국 사상가 토머스 칼라일Thomas Carlyle이 서인도 제도의 생산성을 높이기 위해 노예 제도를 다시 도입해야 한다고 주장한 논문에서 처음 썼다. 이것은 그 당시 노래와 시 같은 것을 '즐거운 학문gay science'이라고 부르던 것과 대조되는 표현이다. 하지만 그 당시와 그 후에 많은 사람들은 이 표현이 맬서스를 비롯해 19세기 정치경제학자들의 암울한 예측과 관련이 있다고 받아들였다.—옮긴이)

이것은 라부아지에가 화학에 기여한 업적 중 시작에 불과했다. 그는 한 가지 물질—예컨대 물—이 온도에 따라 고체나 액체, 기체 상태로 나타날 수 있음을 최초로 설명한 과학자였다. 또한 모든 물질은 홑원소 물질(예컨대 산소, 탄소, 철)이거나 원소들의 결합으로 이루어진 화합물(화학에서 가장 기본적인 개념 중 하나)이라고 주장했다. 19세기의 한 화학자는 이렇게 말했다. "라부아지에가 새로운 몸이나 새로운 성질이나 이전에 알려지지 않은 자연 현상을 발견한 것은 아니다. 그가 이룬 불멸의 영광은 바로 여기에 있다. 과학의 몸에 새로운 정신을 불어넣은 것이다."

라부아지에는 『프린키피아』와 『종의 기원』에 필적할 만한 화학 분야의 명저인 『화학 원론*Traité Élémentaire de Chimie*』에서 이 새로운 정신을 펼쳤다. 놀라운 우연의 일치로 『화학 원론』은 프랑스에서 또 다른 혁명이 일어난 해인 1789년에 출간되었는데, 역사학자들은 라부아지에의 화학 혁명은 시간이 지나면 프랑스 혁명에 못지않게 세계를 뒤흔들 것이라고 지적했다. 불행하게도 라부아지에 자신은 두 혁명의 결실을 볼 만큼 충분히 오래 살지 못했다.

산소 급증 사건

현재 공기 중의 산소는 대부분 광합성을 하는 식물과 세균에서 나온다. 과학자들은 이 과정을 완벽하게 알고 있다. 하지만 처음에 생물이 어떻게 산소를 만들기 시작했고, 이 과정이 어떻게 질소가 지배하던 지난날의 대기를 오늘날 우리가 숨 쉬는 대기로 바꾸었는지는 과학자들도 아직 완전히 알지 못한다.

최초의 생명체는 아마도 해저 열수 분출공 근처에서 나타나 그곳의 황을 사용해 대사를 했을 것이다. 그런 생물을 혐기성 세균*이라고 부르는데, 지금도 비슷한 미생물이 살고 있다.(한 예를 들자면, 아침 입 냄새도 바로 이 세균이 원인이다.) 약 30억 년 전에 혐기성 세균 중 한 갈래가 해저의 열이 아니라 햇빛을 이용해 살아가는 남세균cyanobacteria으로 진화했다. 남세균(남조류라고도 함)이 햇빛에서 에너지를 얻는 광합성 과정을 맨 처음 시작한 생물은 아니었다. 사실, 햇빛을 이용한 미생물은 여러 종류가 존재했을 가능성이 높은데, 각자 다른 파장의 빛을 이용하기 위해 서로 다른 색을 띠고 있었다.(나는 자주색과 초록색과 빨간색 부분들이 뒤섞인 그 당시의 해변과 갯벌은 미국의 추상표현주의를 대표하는 마크 로스코Mark Rothko의 그림과 비슷하지 않았을까 하고 상상한다.) 하지만 남세균의 독특한 점은 햇빛을 이용한 것 자체가 아니라, 햇빛을 이용해 물 분자에서 전자를 떼어낸 것이다. 앞에서 보았듯이 전자는 화학 반응을 이끈다. 남세균은 전자를 얻기 위해 황처럼 다소 희귀한 원소에 의존하는 대신에 지구에서 가장 풍부한 분자들 중 하나에서 전자를 실컷 얻었고, 그에 따라 번식 속도가 크게 증가했다.

햇빛을 유용한 에너지로 바꾸는 과정은 생물학적 안테나처럼 하늘에서 빛을 흡수하는 초록색 분자인 엽록소에서 시작된다. 그 후의 생화학은 다소 복잡하다. 하지만 남세균은 기본적으로 햇빛을 이용해 특정 분자들을 분해한 뒤, 에너지를 거기에 저장했다가 나중에 끄집어내 쓸 수 있는 분자들을 만들어낸다. 예를 들면, 남세균은 물 분자를 H_2와 O로 분해한 뒤, 이 조각들을 CO_2를 비롯한 여러 분자와 결합시켜 포도당 같은 당을 만든다.

광합성에는 기억해야 할 게 하나 더 있는데, (화학적 회계에 크게 집착한) 라부아지에는 이것을 즉각 알아챘을 것이다. 그것은 포도당 한 분자를 만드는 데 이산화탄소 분자 6개와 물 분자 6개가 필요하다는 사실이다: $6CO_2 + 6H_2O \rightarrow C_6H_{12}O_6$. 하지만 포도당($C_6H_{12}O_6$)에는 산소가 6개밖에 없다. 즉, 반응 물질에는 산소가 18개 있었는데, 최종 생성 물질에는 산소가 6개밖에 없는 것이다. 질량 보존의 법칙에 따라 원자는 새로 만들어지지도 않고 완전히 사라지지도 않는다. 따라서 광합성 과정에서는 산소 기체(O_2)가 부산물로 생긴다는 결론을 얻을 수 있다. 사실, 남세균이 크게 번성해 지구에서 널리 퍼져나가기 시작하자, 지구 역사상 처음으로 대기 중에 산소 기체가 축적되기 시작했다.

산소는 오늘날에는 생물에게 이로운 물질로 보이지만, 그 당시 생물에게는 독성 물질이었다. 자외선이 O_2에 충돌하면 산소 분자가 분해되어 자유 라디칼로 변하는데, 자유 라디칼이 DNA와 단백질을 자르면서 갈기갈기 찢어놓는 게 문제였다. 산소는 또한 많은 질소 고정 세균이 질소를 고정하는 능력도 파괴했는데, 산소가 질소 고정 효소의 중심부에 있는 철 원자를 떼어냈기 때문이다. 그 당시에 산소는 생명체에게 아주 유독한 물질이었다.

그 당시의 섬세한 미생물들에게는 다행스럽게도, 산소는 처음에 대기 중에 쉽게 축적되지 않았다. 산소는 물속과 공기 중에서 만나는 모든 것(질소 기체만큼은 예외)과 아주 활발하게 반응했기 때문이다. 특히 바닷속의 산소는 물속에 녹아 있는 철과 반응해 녹이 슨 침전물을 만들었다. 이 작은 조각들은 바닥으로 가라앉아 수천 년 이상 축적되면서 호상縞狀 철광층(바닷속에서 산소와 철의 반응으로 생긴 산화철이 침전되어 생성된 띠 모양의 철광층)이 되었다. 이 불그스름한 철광층은 그 시대의 해저가 솟아올라 육지가 된 세계 각지의 노두露頭(광맥, 암석이나 지층 따위가 지표면에 드러난 부분)에서 볼 수 있다. 이 철광층에는 전 세계 철 매장량의 90%가 들어 있는데, 이 모든 것은 미생물 덕분에 생겨났다.

물에 철이 존재하는 한, 대기의 산소 오염은 미미한 수준에 그쳤다. 하지만 시간이 지나자 남세균은 바다에서 철을 점점 없앴고, 철이 고갈되자 상황이 아주 심각하게 변했다. 바다에 산소가 축적되기 시작했고, 그곳에 사는 생물들이 서서히 죽어갔다. 그러다가 산소는 거품을 이루며 위로 솟아올라 대기로 침입했는데, 니오스호에서 솟아오른 치명적인 기체 구름에 해당하는 사건이 미생물 차원에서 일어난 것이다. 수억 년에 걸쳐 일어난 이 산소 축적을 과학자들은 산소 급증 사건Great Oxygenation Event이라 부른다. 우주를 탄생시킨 빅뱅(대폭발)과 달을 탄생시킨 대충돌처럼 이 이름은 절제된 표현의 극치를 보여준다. 지구상의 생명이 이보다 더 심각한 위협에 직면한 적은 일찍이 없었다. 이것을 대학살이라고 표현하는 것은 과장법이 아니다. 이 때문에 생명의 모든 가지와 잔가지가 멸종의 벼랑 끝으로 내몰렸다.

생명은 과연 이 절체절명의 위기를 극복했을까, 극복하지 못했을까? 음, 여러분이 긴장의 끈을 놓지 않도록 하려면 당분간은 밝히지 않는 게 좋겠다. 하지만 이 잔혹한 기체에 맞서 싸우기 시작한 몇몇 미생물이 있었다. 일부 미생물은 산소의 접근을 차단하기 위해 더 단단한 외부막을 발달시켰다. 어떤 미생물은 질소 고정 효소처럼 섬세한 분자를 보호하기 위해 특수한 내벽을 만들었다. 그리고 어떤 미생물은 아무것도 하지 않았지만 운이 좋아 살아남았다. 산소가 세포막을 뚫고 들어왔을 때, 이들은 고통스럽게 죽어가는 대신에 이 기체를 활용해 에너지를 얻을 수 있다는 사실을 발견했고, 그 폭발적인 힘을 생산적인 용도로 사용했다. 하버의 가스 공격을 받아 염소가 섞인 공기를 들이마시고도 단지 살아남는 데 그치지 않고 오히려 기운이 펄펄 나서 날뛰는 프랑스 군인이 있었다고 상상해보라. 그런 미생물이 실제로 존재할 가능성은 그런 프랑스 군인이 존재할 가능성만큼이나 매우 낮을 것이다. 하지만 오늘날 호기성 세균이라 부르는 이 특별한 세균들은 기적과도 같은 그 일을 해냈다.

우리를 포함해 모든 동물은 호기성 세균에게 빚진 게 많은데, 우리 같은 다세포 동물이 존재할 수 있었던 것은 다 호기성 세균 덕분이다. 모든 동물 세포에는 미토콘드리아가 들어 있는데, 호기성 세균에서 유래한 이 작은 세포 내 소기관은 우리 세포들이 산소를 이용할 수 있게 해준다. 사실, 미토콘드리아는 산소와 고등 생물 사이의 연결 관계를 이해하는 열쇠를 제공한다. 동물이 살아가는 데 산소가 필요하다는 사실은 초등학생도 알지만, 동물에게 '왜' 산소가 필요한지 그 이유를 정확하게 아는 사람은 드물다. 짧게 답한다면, 미토콘드리아가 포도당 같은 당을 분해해 에너지를 추출하는 과정에 산소가 필요하기 때문이다. 물론 산소가 없어도 우리 세포는 포도당을 약간 소화할 수 있다. 하지만 포도당에서 에너지를 마지막 한 방울까지 짜내려면(그 골수까지 뽑아내려면), 미토콘드리아는 산소를 이용해 포도당을 분해해야 한다. 산소가 없다면, 우리는 배터리가 다 소모되어 얼마 버티지 못하고 죽을 것이다.

(노파심에서 덧붙이자면, 여러분이 초등학교에서 배운 내용을 기억하는지 모르겠지만, 식물도 산소를 호흡한다. 흔히 식물은 이산화탄소를 흡수하고 산소를 내뿜는 반면, 동물은 산소를 들이마시고 이산화탄소를 내뿜는다고 이야기한다. 식물은 당을 만들 때 실제로 산소를 내보내므로, 이것이 틀린 말은 아니다. 하지만 당을 만드는 것은 식물이 하는 일 중 일부에 지나지 않는다. 식물도 성장과 번식을 해야 하고, 포식 동물과 맞서 싸우기도 해야 한다. 이 모든 일을 하려면 산소가 필요한데, 산소를 빨아들이는 일은 잎이나 줄기의 겉껍질에 있는 기공氣孔을 통해 일어난다.* 심지어 식물도 우리와 똑같이 미토콘드리아를 이용해 세포 내에서 산소를 처리한다.)

산소는 생명의 나무를 변화시키는 데 그치지 않고 지구 표면도 변화시켰다. 공기 중에 산소 기체가 충분히 축적되자, 이제 산소는 메탄 같은 온실가스를 공격해 순환 과정에서 제거했다. 이 때문에 지구 자동 온도 조절 기능이 망가져 지표면 온도가 크게 떨어졌고, '눈덩이 지구' 단계로 접어들어 적도 근처에까지 빙하가 생겼다. 그와 동시에 산소는 지구를 아름답게 만들었다. 오늘날 지구에 존재하는 광물 4500여 종 중 약 3분의 2는 산소가 있는 환경에서만 생겨날 수 있다. 터키옥, 남동석, 공작석 같은 보석도 그런 광물이다. 또 마찬가지 이유로 산소가 있는 환경에서는 생겨날 수 없는 광물도 여럿 있다. 이것은 먼 옛날에 존재했던 이 광물들을 산소가 사실상 멸종으로 내몰았다는 뜻이다. 암석은 종과 마찬가지로 '호흡하는' 기체에 따라 퍼져가고 진화하고 사라질 수 있다. 동식물의 이름을 부를 때 사용하는 이명법二名法(호모 사피엔스*Homo sapiens*, 티라노사우루스 렉스*Tyrannosaurus rex* 등)을 창시한 전설적인 생물학자 칼 린네Carl Linné는 처음에 만든 자신의 체계에 광물도 포함시켰다. 후대의 생물학자들이 부적절하다는 이유로 광물을 거기서 제외시켰지만, 산소는 광물에 생명을 불어넣을 정도로 강한 힘이 있다.

오늘날 산소는 대기 중에서 약 21%를 차지하고 있다.(그중 절반은 식물이 만들어내고, 나머지 절반은 미생물이 만들어낸다.) 하지만 대기의 지배적인 기체 성분인 질소와 달리 산소는 수십억 년에 걸쳐 꾸준히 축적된 것이 아니다. 대신에 갑자기 폭발적으로 증가했다. 최초의 급증은 바다에서 철이 고갈된 후인 약 23억 년 전에 일어났다. 그 다음 수억 년 동안 대기 중의 산소 농도는 공기 분자 1조 개당 1개에서 500개당 1개 수준으로 치솟았다(거의 20억 배나). 하버가 가스전에 사용한 일부 기체는 몇 ppm 수준에서도 사람을 죽일 수 있으니, 공기 분자 500개당 1개 수준의 산소 농도는 산소를 호흡하지 않는 생물에게는 매우 유독했을 것이다.

약 18억 년 전부터 산소 농도는 증가를 멈추고 한동안 안정세를 유지했다. 육지의 광물에 산소가 흡수된 것이 중요한 이유였다. 생물 역시 이 시기에 정체 상태에 빠져 진화를 멈춘 것처럼 보이는데(지질학자들은 가끔 이 시기를 '따분한 10억 년boring billion'이라 부른다), 아마도 이것은 우연의 일치가 아니었을 것이다. 하지만 육지의 광물이 산소를 거의 다 흡수해 포화 상태가 된 약 6억 년 전에 산소 농도가 다시 증가하기 시작했고, 산소 농도 증가에 맞춰 화석 기록에 최초의 복잡한 식물과 동물—달리고 싸우고 사냥하고 짝짓기를 하고 죽일 능력이 있는—이 나타나기 시작했다.

그 후 수억 년 동안 산소 농도는 주정뱅이처럼 비틀거렸는데, 때로는 15%까지 떨어졌다가 때로는 35%까지 올라갔다. 이것은 특이한 효과를 여러 가지 낳았다. 산소 농도가 높을 때에는 작은 불꽃이나 재도 큰 불을 일으켜 주변의 모든 것을 태워버렸다. 산소 농도가 낮을 때에는 화산 분화나 벼락도 주변 물질을 태우기가 어려웠다. 실제로 숲의 흔적이 최초로 나타난 수억 년 전까지는 화석 기록에서 불이 난 증거를 전혀 발견할 수 없다. 이것은 또한 지구의 역사에서 시간 여행자가 타임머신 밖으로 걸어나가 헐떡거리지 않고 돌아다닐 수 있었던 최초의 순간이기도 했다.(산소 농도가 17% 미만인 조건에서는 우리의 생각이 흐릿해지고 움직이는 데에도 어려움이 생긴다.)

높은 산소 농도 때문에 가장 큰 혜택을 입은 동물 집단은 아마도 곤충일 것이다. 곤충은 폐가 없으며, 대부분(특히 작은 종들)은 산소를 들이마실 수 없다. 대신에 외골격에 있는 숨구멍을 통해 산소가 세포 속으로 스며든다. 이 설계에는 아무 문제가 없다—곤충의 몸이 아주 크게 성장하기 전까지는. 표면적이 부피보다 더 느리게 증가하는 것은 기하학적 사실인데, 어느 시점에 이르면 작은 숨구멍으로는 산소를 충분히 빨아들일 수 없게 된다. 오늘날 대부분의 곤충이 작은 이유는 이걸로 설명할 수 있다. 몸집이 커지면, 질식해 죽고 말기 때문이다. 하지만 산소 농도가 35%이던 시절에는 별로 문제가 되지 않았다. 시간 여행자가 3억 년 전에 웜홀을 통해 지구의 모습을 바라보았다면, 길이가 1m나 되는 노래기, 갈매기만큼 큰 잠자리, 타이어만 한 거미 등을 보았을 것이다. 곤충 세계의 거인족에 해당하는 이들은 모두 산소 덕분에 이렇게 큰 몸집을 가질 수 있었다.

현재의 산소 농도에서 사람은 4초마다 한 번씩, 하루에 약 2만 번 숨을 쉬어야 한다. 이것은 우리 각자가 24시간 동안 10^{24}(1,000,000,000,000,000,000,000,000)개나 되는 산소 분자를 들이마신다는 뜻이다. 지구에는 70억 명이 살고 있고, 게다가 살아가는 데 산소가 필요한 다른 생물도 엄청나게 많이 살고 있다는 사실을 감안하면, 우리 동물이 얼마나 탐욕스러운 존재인지 알 수 있다. 만약 지구에서 모든 식물과 산소를 만드는 세균이 내일 사라진다면, 인류와 그 밖의 동물들은 1000년이 지나지 않아 모두 질식해 죽을 것이다. 진화하는 데 걸린 시간에 비하면 100만분의 1도 안 되는 시간에 지구에서 지적 생명체가 사라지는 것이다.

다행히도 식물과 남세균은 매일 우리의 산소 예산을 다시 채워준다. 서로 다른 생명체들 사이에서 오고 가는 것들을 잘 살펴보면, 모든 것이 아주 아름답게 균형이 맞춰져 있다. 식물은 일반적으로 이산화탄소와 물을 흡수해 당과 산소를 만든다. 동물은 일반적으로 당과 산소를 흡수하고 이산화탄소와 물을 만든다. 음과 양, 정과 반이 조화롭게 작용하면서 완벽한 균형을 이루고 있다. 라부아지에처럼 화학적 회계를 까다롭게 따지는 사람조차 여기서 아무런 결함을 발견하지 못한다. 우리는 물리학자들이 자연의 깊은 내면에 존재하는 대칭과 자연의 아름다움을 언급하는 이야기를 많이 듣는다. 그것은 사실이다. 하지만 나는 O_2/CO_2 대칭에서 훨씬 큰 경외감을 느낀다. 이것이 진화하기까지는 엄청나게 오랜 시간이 걸렸을 뿐만 아니라, 훨씬 많은 부분들이 관여했고, 자칫 일이 어그러져 모든 것이 잘못될 수 있는 길이 훨씬 더 많았기 때문이다. 하지만 잘못된 일은 일어나지 않았다. 떡갈나무, 극락조, 남세균과 우리를 비롯해 모두가 이곳에서 함께 살아가고 있다.

산소 발견자들의 불행한 최후

오늘의 관점에서 보면, 조지프 프리스틀리에게 연민을 느끼지 않을 수 없다. 이미 지위와 명성 면에서 유리한 위치에 있었던 라부아지에는 프리스틀리의 실험을 베껴 산소 발견이라는 공을 가로챘다. 설상가상으로 라부아지에는 프리스틀리가 발견한 것을 들고 나와 프리스틀리를 공격했는데, 바로 산소에 대한 연구를 바탕으로 프리스틀리가 그토록 사랑하던 플로지스톤설을 무너뜨렸다. 프리스틀리에게 무엇보다 쓰라렸던 것은 이 공격이 큰 성공을 거두었다는 사실이었다. 해가 지날수록 프리스틀리를 지지하는 사람은 점점 줄어든 반면, 라부아지에를 따르는 사람은 점점 늘어났다.

하지만 얼마 후 프리스틀리는 과학적 명예보다 훨씬 심각한 일로 궁지에 몰렸다. 프리스틀리는 영국 전역에서 '플로지스톤 박사'로 알려져 있었지만, 늘 자신의 첫 번째 소임을 목사라고 여겼으며, 1780년에 버밍엄의 한 교회에서 상당히 좋은 일자리를 얻었다. 훗날 그는 그곳에서 지낸 시간을 자기 인생에서 가장 행복한 시절이었다고 말했다. 교회에는 부자 신도들이 많았다. 프리스틀리는 새로운 기체를 몇 가지 더 발견했고, 제임스 와트James Watt와 이래즈머스 다윈Erasmus Darwin과 친구가 되었으며, 그들의 유명한 살롱인 루나협회Lunar Society에 가입했다. 심지어 과학 장비를 만들어 팔아 돈도 좀 벌었다.

하지만 버밍엄의 모든 사람이 그를 환영한 것은 아니었다. 버밍엄에서는 18세기에 폭동이 여러 차례 일어났으며, 그곳 민중은 "거지 같고, 놋쇠를 만들고, 놋쇠 얼굴에 놋쇠 심장(철면피에 후안무치하다는 뜻—옮긴이)을 가졌으며, 불한당인 데다가 부산하고 얼간이 같은 버밍엄 폭도"라는 명성을 얻었다. 이들이 새로 온 목사를 표적으로 삼기까지는 오랜 시간이 걸리지 않았다. 프리스틀리는 악명 높은 책을 여러 권 썼는데, 『기독교 부패사*History of the Corruptions of Christianity*』라는 도발적인 제목을 붙인 책도 있었다. 프리스틀리는 또한 프랑스 혁명을 공개적으로 지지했는데, 버밍엄의 전형적인 얼간이 시민은 프랑스 혁명을 그들이 사랑하는 두 가지 제도인 교회와 왕의 죽음을 가져오는 것이라고 여겼다. 이것은 완전히 터무니없는 생각만은 아니었다.(프랑스 혁명을 경멸한 사람들은 그들뿐만이 아니었다. 정치가인 에드먼드 버크Edmund Burke는 멋진 비유를 찾다가 위험한 파리 군중을 "거친 가스wild gas"에 비유했다. 이것은 기체를 완전한 카오스로 생각한 헬몬트의 견해를 연상시키는 표현이었다.)

프리스틀리의 친구 90명은 버밍엄의 그런 정서를 경멸하면서 1791년 7월 14일에 바스티유 습격 2주년을 기념해 현지 호텔에서 성대한 만찬을 열기로 계획을 세웠다. 이것은 아주 나쁜 생각이었다. 연

프리스틀리 폭동 때 폭도가 프리스틀리의 집을 파괴하는 장면.

회를 열면서 그들이 생각할 수 있는 과격한 개념들—'프랑스의 애국자들', '인간의 권리', 아메리카의 자유의 투사들—을 위해 건배하고 있을 때, 연회장 밖에는 흉악범과 하층민 300여 명이 모였다. 마을에서 포고문을 큰 소리로 알리는 사람이 종을 치면서 뛰어다녔다. 만찬이 끝났을 때, 폭도는 참석자들에게 돌을 던지고 호텔 창문을 박살냈다. 그러고 나서 그들은 프리스틀리의 교회로 행진해 신도석을 뜯어내고, 건물을 불살라 재로 만들었다. 아직도 분노가 가라앉지 않은 그들은 프리스틀리를 산 채로 태워 죽이려고 그의 집으로 몰려갔다.

프리스틀리는 그답지 않게 만찬에 참석하지 않는 신중함을 보였다. 다가오는 폭도의 함성이 들려올 때, 그는 주사위 놀이를 하고 있었다. 친구들이 와서 그를 끌어내 피신시켰고, 프리스틀리는 근처 언

덕에서 자신의 집과 자신을 본떠 만든 인형이 불타는 것을 지켜보았다. 한 폭도가 내지른 "프리스틀리의 가발을 벗기자!"라는 함성이 들릴 만큼 가까운 거리였다. 폭도는 그다음 사흘 동안 집을 이십여 채 더 파괴하고, 교회 네 군데를 더 불살랐다. 버밍엄시 중 상당 부분은 그을린 목재와 낙서 천지로 변했다. 이 사건은 주요 표적의 이름을 따 프리스틀리 폭동Priestley Riot으로 역사에 기록되었다. 내가 알기로는 과학자 이름이 붙은 폭동은 이것이 유일하다.

런던으로 옮겨간 프리스틀리는 방관만 하고 폭도 진압에 노력을 전혀 기울이지 않은 정부에 보상을 요구했지만, 왕은 일말의 동정심도 보여주지 않았다. 조지 3세는 "프리스틀리가 그 자신과 그를 따르는 무리가 주입한 신조의 희생자가 된 것이 나는 무척 기분이 좋다."라고 말했다. 프리스틀리는 런던에서 왕립학회의 옛 친구들과 다시 연락하려고 시도했지만, 그들이 자신을 피하자 더 큰 상처를 받았다. 과학계의 동료애란! 법원은 결국 손해 배상금으로 약 2500파운드를 지불하라는 결정을 내렸는데, 프리스틀리가 청구한 금액보다 1500파운드가 모자랐다. 그 차액은 대부분 과학 장비 피해액이었다. 프리스틀리는 과학 장비의 가치를 높게 평가한 반면, 법원은 무가치한 것으로 여겼던 것이다.

더 이상 영국에서 할 일이 없자, 프리스틀리는 1794년 4월에 61세의 나이로 미국으로 건너갔다. 세 아들은 이미 미국으로 이민해 정착했는데, 종교의 자유가 보장된다는 소문이 사실임을 프리스틀리에게 확인해주었다. 펜실베이니아 대학교(자신의 옛 친구 벤저민 프랭클린이 세운)에서 좋은 조건으로 화학 교수직을 제안했지만, 프리스틀리는 펜실베이니아주 중부에 위치한 시골풍의 노섬벌랜드에 자리를 잡았다. 미국으로 건너오고 나서 프리스틀리는 분가루를 뿌린 가발을 다시는 쓰지 않았다. 구세계와 그 골칫거리들에서 완전히 벗어나고 싶었기 때문이다.

하지만 골칫거리는 대서양 건너까지 따라와 그를 괴롭혔다. 옛 정적이었던 동족의 국외 이주자('피터 포큐파인Peter Porcupine'이라는 이름을 쓰던 사람)가 주민들 사이에서 그의 평판을 떨어뜨리려고 펜실베이니아주에서 그를 폄훼하는 팸플릿을 뿌리기 시작했다. 집안의 추문도 견뎌내야 했는데, 아들 윌리엄이 젊은 여자 둘을 포함해 하인 여러 명을 독살했다는 혐의로 기소되었다.(이 사건은 진상이 밝혀지지 않았고 끝내 해결되지 않았다.) 이런 소란 속에서도 플로지스톤 박사는 실험을 계속했고, 마지막으로 한 가지 기체를 더 발견했는데, 그 기체는 일산화탄소였다. 1804년에 프리스틀리가 죽었을 때, (과학에 전혀 문외한이 아니었던) 토머스 제퍼슨Thomas Jefferson 대통령은 "인류의 소중한 극소수 지성 중 한 명"이었다며 그를 추모했다.

라부아지에에게는 더 비참한 최후가 기다리고 있었다. 프랑스 혁명 때 권력을 잡은 과격파인 자코뱅파는 1790년에 총괄징세청부조합을 없애버렸다. 졸지에 직장을 잃은 라부아지에는 새로운 미터법을 개발하는 것과 같은 과학 연구에 몰두했다. 하지만 징세 업무를 담당했다는 오명은 사라지지 않았고, 사람들은 복수심에 사로잡혀 비난을 쏟아내기 시작했다. 과격파 중에서 큰 영향력을 행사하던 장-폴 마라Jean-Paul Marat는 라부아지에의 과학적 재능을 오히려 그를 찌르는 칼로 사용했다. 몇 년 전에 라부아지에는 총괄징세청부조합 징세 업무의 효율을 높이기 위해 파리 주위에 벽을 설치하고 도시 출입을 통제하는 통행료 징수소를 설치하라고 권고했다. 한 현대 역사학자는 이 아이디어에 대해 "미국에서 가장 부유한 개인 40명이 뉴욕시 주위에 담을 둘러치고, 국세청의 편의를 위해 으리으리한 통행료 징수소를 납세자들의 비용으로 세우는 것"과 같다고 말했다. 물론 조합은 이 아이디어를 아주 좋아했고, 통행료를 징수하면서 모든 상퀼로트sans culotte(프랑스 혁명 당시 파리의 하층민 공화당원—옮긴이)의 증오를 샀다. 몇 년 뒤 이들 폭도는 바스티유를 습격하기 전에 먼저 증오하던 이 통행료 징수소들을 공격해 불태웠다. 마라는 한발 더 나아가 라부아지에가 파리에 '공기'가 들어오는 것을 막기 위해 통행료 징수소들을 세웠다고 비난했다—마치 사람들이 숨 쉬는 산소를 라부아지에가 통제할 수 있다는 듯이. 이 주장은 과학적으로 터무니없는 소리였다. 하지만 선전으로 써먹기에는 빛나는 한 수였다.

비록 미움을 받긴 했어도 라부아지에는 1793년까지는 자유로운 상태로 살았다. 그러나 마침내 자코뱅파가 라부아지에를 비롯해 과거에 총괄징세청부조합에서 일했던 나머지 27명의 '거머리'와 '흡혈귀'에게 체포 영장을 발부했다. 라부아지에는 며칠 동안 루브르에서 숨어 지내다가 크리스마스이브에 자진 출두했다. 처음 갇힌 감옥은 아주 편한 곳이었다. 그와 동료 수감자들은 와인과 서양배와 주사위 놀이를 즐겼다. 이때만 해도 그들은 희망을 품었다. 라부아지에는 설사 재산은 잃더라도 자신이 좋아하는 직업인 약사로 일하면서 살아갈 수 있을 것이라고 스스로 위로했다. 하지만 더 불결한 감옥으로 옮겨지자, 그제야 그들은 상황이 아주 심각하다는 사실을 깨달았다. 쥐와 벼룩에 노출된 곳에서 지내는 생활은 아마도 이들에게는 평생 처음 겪는 경험이었을 것이다. 운명을 비관적으로 본 일부 사람들은 치사량의 아편을 구했지만, 라부아지에는 그들을 설득해 자살을 막았다.

재판은 1794년 5월 8일 오전 10시에 시작되었다. 세 재판관은 검은색 법복과 흰색 넥타이 차림에 깃털 달린 모자를 썼다. 와인도 한 병 준비해 가끔 홀짝였는데, 이것은 이 재판을 마치 문명화된 절차처럼 보이게 했다. 피고들은 법정에 들어설 때 모든 소지품을 압수당했다. 라부아지에는 작은 황금 열쇠를 압수당했다. 재판관들은 먼저 이들이 기소된 내용을 심리하기 시작했다. 혐의 내용은 이자율 조작, 담배에 물을 타 희석한 범죄, 1억 3000만 리브르(오늘날의 가치로 약 5조 원에 해당) 횡령이었다. 무엇보다 꺼림칙한 것은 정부가 총괄징세청부조합을 프랑스 국민에 맞서는 내란을 모의했다는 혐의로 기소했다는 사실이었는데, 이것은 대역죄에 해당했다. 라부아지에가 볼 때 이 혐의들은 하나도 성립하지 않았다. 마치 산소와 플로지스톤이 대결하는 모의재판이 다시 벌어진 것 같았다. 하지만 합리적인 항변은 법정에서 전혀 먹혀들지 않았고, 재판관들은 28명의 피고 전원에게 단두대형을 선고했다.

죄수들은 바로 그날 수레에 실려 단두대로 끌려갔다. 조롱하는 군중 사이로 말을 탄 군인들이 길을 텄다. 오후 5시 무렵에 죄수들은 등 뒤로 손이 묶인 채 처형대 위로 올라갔고, 한 명씩 차례로 단두대의 칼날 아래에 무릎을 꿇었다. 라부아지에는 네 번째였다. 한 친구는 "그의 머리를 자르는 데에는 한순간밖에 걸리지 않았지만, 그만 한 머리를 다시 얻으려면 100년도 모자랄 것이다."라고 애통해했다. 바로 그때, 프리스틀리는 대서양을 반쯤 건너가고 있었는데, 몇 달이 지나기 전까지는 이 소식을 듣지 못했을 것이다. 하지만 마침내 그 소식을 들었을 때, 자신이 사랑하던 프랑스 혁명이 이제 자신의 삶뿐만 아니라, 자신의 가장 큰 과학적 경쟁자의 삶까지 파괴했다고 생각했을 것이다.

라부아지에가 죽고 나서 몇 년 동안 그의 마지막 순간에 대해 여러 가지 전설이 생겨났다. 한 전설에 따르면, 라부아지에는 사형 선고를 받고 나서, 하던 연구를 마무리지을 수 있게 처형을 잠깐 동안만 연기해달라고 부탁했다고 한다. 그러자 재판관은 "공화국에는 과학자가 필요하지 않다."라는 말과 함께 그 청을 일축했다고 한다. 이런 일은 실제로 일어나지 않았다.(하지만 일부 사람들은 아직도 이런 일이 있었다고 생각한다.) 카를 보슈가 유대인 과학자 몇 명을 구제해달라고 요청했을 때, 히틀러도 이와 비슷한 반응을 보였다.

라부아지에의 마지막 순간과 관련해 더 유명한 전설이 있다. 단두대를 향해 줄지어 걸어가던 도중에 라부아지에는 한 동료에게 처형대에 최대한 가까이 다가가 마지막 실험을 도와달라고 부탁했다고 한다. 사람들의 생각과 달리 단두대는 사형수를 즉각 죽이지 않는다. 머리는 잘리고 나서도 몇 초 동안 살아 있다. 당연한 일이지만, 잘린 머리가 얼마나 오랫동안 살아 있는지 시험한 사람은 그때까지 아무도 없었다. 라부아지에는 자신의 죽음을 그것을 확인할 좋은 기회로 삼길 원했다. 그래서 자기 목에 칼날이 닿는 것을 느끼는 순간부터 눈을 깜박이기 시작해 산소 공급이 끊겨 의식을 잃을 때까지 계속 눈을 깜박이겠노라고 그에게 말했다. 동료는 낭자한 유혈과 군중과 자신의 충격을 무시하고 라부아지에의 눈이 몇 번 깜박이는지 세기만 하면 되었다. 라부아지에가 눈을 열한 번 깜박였다는 이야기도 있고, 열다섯 번 깜박였다는 이야기도 있다.

머리들이 얼마나 빨리 잘려나갔는지를 감안하면(35분 동안 모두 28명이 처형되었다), 이 이야기는 진위가 의심스럽다. 하지만 전설로서는 아직도 상당한 영향력을 떨친다. 이 이야기는 자신의 죽음을 초월해 과학에 헌신하는 과학자의 모습을 보여준다. 이것은 독배를 마시면서도 철학을 한 소크라테스의 일화만큼 감동적이다. 사실, 이런 일이 정말로 일어났다면, 그것은 라부아지에의 생애에서 가장 위대한 실험이었을 것이다. 그것은 매우 독창적이고, 청중에게 보여주기에도 아주 좋고, 자신의 훌륭한 뇌와 그가 사랑했던 산소 기체 외에는 아무것도 필요 없는 실험이었을 것이다.

못다 한 이야기

자연 발화

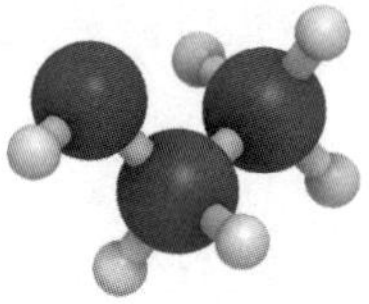

에탄올(C_2H_5OH)—현재 공기 중 농도는 0.00005ppm. 한 번 숨을 들이쉴 때마다 에탄올 분자 약 6000억 개가 폐로 들어온다.

그들이 맨 처음 알아챈 것은 냄새였는데, 마치 누가 변질된 양고기를 튀기는 것 같았다. 두 남자는 런던 중심부의 아파트에서 아래층에 사는 주정뱅이 늙은이 크룩Krook과 자정에 만나기로 한 약속에 대해 불안한 표정으로 대화를 나누고 있었다. 하지만 불길한 징후들이 잇달아 나타나 그들의 대화를 방해했다. 시커먼 검댕이 악마의 비듬처럼 방 안을 떠돌아다니면서 한 남자의 소매를 검게 물들였다. 다른 남자는 창턱에 손을 짚었다가 양손에 끈적끈적한 노란색 윤활유가 묻었다. 그리고 저 냄새! 기다리는 동안 고약한 고기 냄새는 갈수록 심해졌다.

마침내 자정이 되자, 두 사람은 계단을 내려갔다. 크룩의 가게—누더기, 병, 뼈, 그 밖의 쓰레기가 온 사방에 널린—를 지나가는 것은 낮에도 불쾌한 일이었다. 오늘 밤 두 남자는 그곳에 분명히 불길한 것이 있다는 느낌이 강하게 들었다. 가게 뒤편에 있는 크룩의 침실 밖에서 검은 고양이가 뛰어나오더니 쉿 하고 위협적인 소리를 냈다. 침실 안벽과 천장에는 마치 페인트칠을 한 것처럼 윤활유가 덕지덕지 묻어 있었다. 크룩의 외투와 모자는 의자 위에 놓여 있었다. 테이블 위에는 진이 한 병 있었다. 하지만 유일한 생명의 징후는 여전히 쉿 하는 소리를 내는 고양이뿐이었다. 두 사람은 랜턴을 이리저리 비추면서 크룩을 찾았다.

그러다가 바닥에 쌓여 있는 재 무더기를 발견했다. 두 사람은 멍한 표정으로 그것을 한동안 지켜보았다. 그러다가 몸을 돌려 황급히 달아났다. 두 사람은 거리로 뛰어나가 도와달라고 고래고래 소리쳤다. 하지만 이미 때는 늦었다. 크룩은 이미 죽은 뒤였다. 자연 발화로.

찰스 디킨스Charles Dickens가 1852년 12월에 이 이야기(이 이야기는 그의 소설 『황폐한 집*Bleak House*』에 나온다)를 출판했을 때, 독자들은 대부분 이를 분명한 사실로 여겼다. 디킨스는 매우 현실적인 이야기들을 썼고, 천연두 감염과 뇌 손상 같은 과학적 사실을 제대로 묘사하려고 많은 노력을 기울였다. 그래서 비록 크룩은 가공의 인물이었지만, 대중은 디킨스가 자연 발화를 정확하게 묘사했다고 믿었다.

하지만 크룩의 죽음에 관한 이야기를 읽은 사람들 중에는 분노를 참지 못하고 자신이 확 타오른 사람도 일부 있었다. 그 당시 과학자들은 투시, 최면, 아무 이유도 없이 사람이 불탄다는 자연 발화처럼 말도 안 되는 이야기들이 오류임을 밝히려고 노력했다. 2주일도 안 돼 회의론자들이 글

| 찰스 디킨스의 소설 『황폐한 집』에서 크룩의 죽음을 묘사한 삽화.

을 써 디킨스를 비판하기 시작하면서 문학사에서 매우 기이한 논란 중 하나에 불을 붙였다. 그것은 인간의 대사에서 산소가 담당하는 역할을 놓고 벌어진 논란이었다.

디킨스에 대한 비난을 주도한 사람은 빅토리아 시대의 리처드 도킨스Richard Dawkins라고 불릴 만한 인물인 조지 루이스George Lewes였는데, 루이스는 언제든지 미신을 공격할 준비가 되어 있었다. 루이스는 젊은 시절에 생리학을 공부해 신체에 대해 잘 알고 있었다. 문학계에도 비평가와 극작가로 발을 담그고 있었고, 조지 엘리엇George Eliot과 오랫동안 연인 관계였다. 루이스는 디킨스를 친구로 여겼다.

하지만 루이스가 『황폐한 집』에 대해 보인 반응만 놓고 본다면, 과연 그랬을까 하는 생각이 든다. 루이스는 예술가에게 때로는 사실을 왜곡할 자유가 있다는 사실을 인정했지만, 그렇다고 해서 소설가가 물리 법칙을 무시해서는 안 된다고 주장했다. 그는 "이 상황은 허용 가능한 픽션의 한계를 넘어선다."라고 썼다. 그리고 거기서 더 나아가 디킨스가 천박한 선정주의를 부추기고 "저속한 오류를 퍼뜨리는" 짓을 했다며 비난했다.

디킨스도 반격에 나섰다. 『황폐한 집』은 20회 분량으로 나눠 월간으로 출판했기 때문에, 후속편에서 1월의 에피소드에 대해 항변을 할 시간이 있었다. 크룩의 죽음에 대한 조사를 다루면서 디킨스는 자연 발화를 비판하는 사람들을 눈이 멀어서 분명한 증거도 보지 못하는 에그헤드egghead(지식인을 경멸적으로 일컫는 단어—옮긴이)라고 조롱했다. 디킨스는 이렇게 썼다. "이들 권위자(물론 가장 현명한 사람들) 중 일부는 …… 사망자가 이런 방식으로는 절대로 죽을 수가 없다고 주장한다." 하지만 결국에는 상식이 승리하며, 소설에서 검시관은 "이것은 우리가 설명할 수 없는 미스터리입니다!"라고 선언한다.

디킨스는 루이스에게 개인적으로 보낸 편지에서 역사적인 자연 발화 사건을 여러 건 언급하면서 자신의 캠페인을 계속 이어나갔다. 특히 1731년에 저절로 불타서 죽은 이탈리아의 백작 부인 사건을 부각시켰다. 백작 부인은 피부를 부드럽게 하기 위해 브랜디로 목욕을 하고 잠을 잤는데, 다음 날 아침 침실로 들어간 하녀는 부인을 찾을 수 없었다. 크룩의 경우와 마찬가지로 공중에 검댕이 여기저기 떠다니고 있었고, 그와 함께 노란색 연무 같은 오일도 허공에 감돌았다. 하녀는 침대에서 조금 떨어진 곳에 우뚝 서 있는 백작 부인의 두 다리를(오직 두 다리만) 발견했다. 두 다리 사이에는 재가 쌓여 있었고, 검게 타 숯으로 변한 머리뼈도 놓여 있었다. 그것 말고는 가까이 있던 양초 두 개가 녹은 것 외에 이상한 점은 하나도 없었다. 한 사제가 이 이야기를 기록으로 남겼는데, 그래서 디킨스는 이 이야기를 신뢰할 만하다고 여겼다.

자연 발화를 믿은 작가는 디킨스뿐만이 아니었다. 마크 트웨인Mark Twain과 허먼 멜빌Herman Melville, 워싱턴 어빙Washington Irving도 작품에서 사람이 갑자기 확 불타오르는 장면을 묘사했다. '논픽션' 일화들과 마찬가지로 이 장면에 등장하는 인물은 나이가 많고 주로 앉아서 지내는 알코올 중독자가 대부분이다. 몸통은 언제나 다 타서 재가 되지만, 손발 같은 말단 부위는 온전히 남는 경우가 많았다. 가장 기괴한 것은 가끔 바닥에 그을린 흔적이 남는 것 말고는 희생자의 몸 외에 불에 탄 것이 아무것도 없다는 점이었다.

믿기 어렵겠지만, 디킨스와 이들 작가에게는 이 이야기를 뒷받침할 과학적 근거가 약간 있었다. 디킨스가 『황폐한 집』을 쓴 시점은 나이트로글리세린—자연 발생적으로 폭발할 수 있는 폭발성 기름—이 발견된 지 10년이 채 지나지 않은 때였다. 그리고 이보다 더 중요한 사실이 있는데, 자연 발화는 의학사를 통틀어 손꼽을 만큼 중요한 발견과 연관이 있는 것처럼 보였다. 그것은 겉보기에는 아무 관련이 없어 보이는 세 가지 현상, 연소와 호흡과 혈액 순환 사이의 관계를 밝혀낸 발견이었다.

1628년, 윌리엄 하비William Harvey는 심장이 펌프처럼 작용하면서 혈액이 몸속에서 순환한다는 실제적 증거를 최초로 발견했다.(그 전에는 사람들은 간이 음식물을 혈액으로 바꾸고, 식물이 물을 흡수하듯이 기관들이 혈액을 '마신다고' 생각했다.) 이와 함께 하비는 공기 같은 다른 유체들의 순환에 대해서도 진위가 의심스러운 추측을 했다. 하비는 혈액과 공기가 폐를 지나간다는 사실을 알았지만, 두 유체가 폐에서 섞이지 않는다고 주장했다. 대신에 우리가 수프를 식히려고 저어주는 것처럼 폐는 단순히 혈액을 뒤섞음으로써 냉각시킬 뿐이라고 주장했다. 다시 말해서, 폐는 기계적 역할만 할 뿐, 혈액을 화학적으로 변화시키지 않는다고(그 일은 오직 심장만이 할 수 있다고) 생각했다.

1660년대에 로버트 훅Robert Hooke과 로버트 로어Robert Lower(둘 다 새로 생긴 과학자들의 클럽인 왕립학회 회원이었다)는 마침내 폐가 혈액을 냉각시키는 일만 한다는 하비의 이론이 틀렸음을 입증했다. 두 사람은 개를 생체 해부하는 일련의 오싹한 실험을 통해 이것을 입증했다. 아주 끔찍한 이야기는 자세히 하지 않겠지만, 두 사람은 개의 폐에 작은 구멍들을 뚫어 공기를 통하게 한 뒤, 풀무 주둥이를 개의 기관에 끼워넣었다. 풀무를 작동해 공기를 불어넣자, 강한 바람이 불 때 풍향계용 바람 자루가 불룩해지는 것처럼 폐도 계속 부풀어오른 상태를 유지했다. 그 결과로 폐는 몇 분 동안 팽창하지도 수축하지도 않은 채 정지된 상태를 유지했다.

폐가 꼼짝 않고 가만있어도 폐를 통해 공기가 계속 들어오는 한, 개의 심장과 나머지 기관들은 제대로 작동했다. 그렇다면 하비의 주장과 달리, 폐의 단순한 '움직임' 자체는 아무 의미가 없는 것이 분명했다. 두 사람은 개의 혈액이 폐를 지나가면서 피카소의 칙칙한 파란색에서 마티스의 과감한 빨간색으로 변한다는 사실도 관찰했다. 이것은 폐가 혈액에 어떤 물질을 집어넣거나 노폐물 기체를 제거함으로써 실제로 혈액에 화학적 변화를 일으킨다는 그들의 이론을 강하게 뒷받침하는 증거였다.

나중에 폐에서 이 두 가지 일이 다 일어나는 것으로 밝혀졌다. 앞에서 보았듯이, 18세기 후반에 화학자들은 폐가 산소를 흡수하고 이산화탄소를 내보낸다는 사실을 확인했다.(색의 변화가 일어나는 이유는 이렇다. 산소가 적혈구를 만나면 적혈구의 헤모글로빈 분자에 들러붙는다. 헤모글로빈에는 철 원자가 들어 있는데, 철 원자는 산소와 쉽게 결합하며, 이 때문에 헤모글로빈의 모양이 변하게 된다. 그리고 그 결과로 헤모글로빈의 색도 파르스름한 색에서 선홍색으로 변한다.) 이들 화학자는 산소와 호흡의 관계를 밝혀냈을 뿐만 아니라, 산소가 연소와 관계가 있다는 사실도 이미 밝혀냈다. 그래서 혈액이 산소를 세포로 실어나른다는 사실을 알게 되자, 이들은 호흡이 우리 내부에서 일어나는 일종의 느린 연소(우리 몸이 연료가 되어 끊임없이 일어나는 연소) 과정을 수반하는 게 틀림없다고 선언했다.

만약 우리 몸속에서 항상 불이 느리게 타고 있다면, 가끔 폭발적으로 확 타오르는 일이 일어나지 말란 법이 있는가? 내장이 진이나 럼에 절어 있는 알코올 중독자라면 특히 그런 일이 일어날 가능성이 높지 않겠는가? 이런 식의 논리를 받아들이면, 자연 발화는 전혀 터무니없는 이야기가 아니었다.(게다가 우리는 모두 매일 몸속에서 가연성 기체를 여러 차례 통과시킨다.) 불을 붙이는 원인은 열일 수도 있고, 확 달아오르는 분노일 수도 있다. 디킨스는 연기가 모락모락 피어오르는 과학 논쟁에 기름을 끼얹은 셈이었다.

하지만 루이스는 이런 주장을 전혀 받아들이지 않았다. 그는 디킨스가 인용한 역사적 사례들을 읽고는, 그 이야기들은 100년도 더 전의 것이라고 지적하면서 "유머러스하지만 설득력이 떨어지는" 주장이라고 일축했다. 디킨스가 골상학을 널리 홍보한 유명 의사의 지지를 받은 것도 역효과를 일으켰다. 루이스는 또한 '사실'을 언급한 이야기 중에서 목격자가 직접 쓴 것은 하나도 없다고 지적했다. 모두 사촌의 친구나 지주의 처남에게서 간접적으로 들은 이야기를 기록한 것이었다.

무엇보다 결정적인 것은 루이스가 현대 생리학을 훨씬 잘 알고 있었다는 점이다. 루이스는 간에서 알코올 분해 대사가 일어난다는 것을 보여주는 최신 연구를 인용했다. 간이 알코올을 분해해 제거하기 때문에, 비록 알코올 중독자의 숨에서 술 냄새가 풀풀 난다 하더라도, 그 사람의 내장은 알코올에 절어 있지 않다. 설사 내장이 알코올에 절어 있다 하더라도,

사람의 몸은 약 4분의 3이 물이기 때문에 불이 붙을 리가 없다. 그리고 그 당시 의사들은 몸에서 나는 열은 어떤 것에 불을 붙일 만큼 충분히 뜨겁지 않다는 사실을 잘 알고 있었다.

당연한 일이지만, 디킨스는 순순히 물러서지 않았다. 디킨스는 늘 과학에 대해 양면적인 태도를 보였다. 과학의 경이로운 업적은 부정할 수 없었지만, 기본적으로 낭만주의자였던 디킨스는 과학이 상상력을 죽인다고 생각했다. 예술적 측면에서도 디킨스는 크룩이 나오는 장면(당사자들 모두의 삶과 재산을 '집어삼키는' 파멸적 소송 사건을 포함하는)이 자신의 소설에서 중심 요소라고 여겼기 때문에 그것이 비난받는 것을 참을 수 없었다. 디킨스가 방어적으로 나올수록 루이스는 더 환멸을 느꼈다. 두 사람은 열 달 동안 논쟁을 계속하다가 1853년 9월에 『황폐한 집』 마지막 회가 나오자 둘 다 이 문제를 접었다.

역사는 물론 루이스의 손을 들어주었다. 선정적인 타블로이드 신문지면 밖에서는 사람이 자연 발화하는 일이 일어난 적이 전혀 없다. 하지만 그 당시만 해도 자연 발화 개념은 루이스가 주장한 것처럼 저속하고 터무니없는 것이 아니었다. 1928년까지만 해도 자연 발화 사례를 논의한 의학 교과서가 있었다. 게다가 디킨스의 자연 발화 개념을 적용할 수 있는 영역도 있다. 인간사에서는 자연 발화가 일어나 확 타오를 수 있다. 디킨스와 루이스는 결국 불화를 대충 수습했지만, 1853년의 그 열 달 동안 런던에서는 아주 뜨겁게 불이 타올랐다. 이것은 우정과 명성이 즉각 불타올라 스스로를 집어삼켜 연기와 재로 변할 수 있음을 보여준 최초의 사례였다.

2부

공기의 이용

인간과 공기의 관계

지금까지 우리는 공기에 관한 두 가지 주요 질문에 답했다. 그 두 가지는 지구의 대기는 어떻게 생겨났으며, 주요 성분은 무엇이냐 하는 것이었다. 하지만 우리가 숨을 한 번 들이마실 때마다 질소와 산소 이외에도 추가로 100여 가지 기체가 들어오는데, 이 기체들은 우리가 숨 쉬는 것에 다양한 뉘앙스를 더해준다. 그러니 이 기체들을 모른다면, 대기에 대한 이해는 수박 겉핥기 수준에 머물 것이다. 이 기체들은 또한 새로운 기회를 제공한다. 이제 우리는 단순히 각각의 기체가 어떻게 생겨났는지 시간순으로 살펴보는 것에 그치지 않고, 인간과 공기의 '관계'를 살펴볼 수 있기 때문이다. 즉, 우리의 삶을 개선하기 위해 이 기체들을 활용한 수많은 방식을 살펴볼 텐데, 우선 의학 분야부터 시작하기로 하자.

일산화이질소(N_2O)

현재 공기 중 농도는 0.33ppm.

한 번 숨을 들이쉴 때마다 일산화이질소 분자 약 4000조 개가 폐로 들어온다.

4장

웃음 가스의 경이로운 작용

1791년의 어느 날 아침, 옥스퍼드 대학교 교수 토머스 베도스Thomas Beddoes는 모르는 사람 둘이 자신에 대한 이야기를 나누는 걸 들었다. 역마차 여관에 아침 식사를 하러 갔다가 두 사람의 대화에서 자기 이름이 튀어나온 걸 들었는데, 같은 테이블에 앉은 뒤에도 그 사람들은 자신을 전혀 알아보지 못했다. 짓궂은 데가 있던 베도스는 자신에 대해 무슨 이야기를 하는지 들어보기 위해 두 사람을 부추겼다. 젊은 남자는 베도스가 얼마 전에 영국에서 새로운 화산을 3개 발견했다고 주장했다. 여자는 베도스가 훌륭한 과학자라는 건 인정했지만, 무신론과 프랑스 혁명을 지지하는 태도를 못마땅하게 여겼다. 그리고 "그는 화석과 이런저런 기이한 것들에 대해 아는 것을 제외하고는 완전히 멍청하고 구제 불능인 이교도예요. 게다가 아주 뚱뚱하고 키가 작아 기형 인간 쇼에 나가도 될 정도예요."라고 확언했다. 베도스는 빙그레 웃으면서 그 자리를 떠났다.

사실, 두 사람은 베도스를 몰라도 너무 몰랐다. 다년간 베도스는 영국 과학계에서 가장 괴상한 사람이라는 명성을 쌓아갔다. 그는 결핵 환자에게 폐를 깨끗하게 한다며 소 방귀를 들이마시게 했다. 또, 그 안에 있는 전기의 '맛'을 보려고 은과 납 주괴를 빨기도 했다. 그리고 중세 이후로 옥스퍼드 대학교의 어떤 교수도 모으지 못했을 만큼 많은 청중 앞에서 이 개념들을 설파했다. 가장 악명 높은 행동은 인간의 의식을 탐구하기 위해 일산화이질소(N_2O) 같은 향정신성 약물의 사용을 권장한 것이었다.

18세기 후반에 몇몇 기체는 이미 실험실 밖으로 빠져나가 인기 있는 약으로 쓰이고 있었는데, 대부분은 불과 몇 년 전에 발견된 것이었는데도 불구하고 그랬다. 이것은 공기화학 분야에서 일어난 새로운 전환을 대표하는 사건이었다. 이들 과학자는 이전 세대들이 그런 것처럼 단지 다양한 공기의 성질을 측정하는 데 만족하지 않고, 인류에게 도움을 주겠다는 목적을 가지고 연구했다. 불행하게도 의학에서 자주 일어나는 일이지만, 이 분야에는 사기꾼과 돌팔이도 꾀어들었다. 사람들이 신뢰하는 돌팔이가 누구냐에 따라 서로 다른 종류의 기체가 발진티푸스, 궤양, 당뇨병, 그리고 크루프, 카타르, 흉막염, 또 설사, 괴혈병, 인후통, 심지어 시각 상실과 청력 상실을 치료하는 데 쓰였다. 하지만 일산화이질소만큼 큰 흥분과 두려움을 불러일으킨 기체는 없었다. 베도스가 이 기체를 가지고 한 연구는 과학과 괴짜 행동 사이의 불안한 경계선에 걸쳐 있었다.

베도스는 의사가 되기 위한 교육을 받은 뒤 의술을 펼쳤는데, 그러면서 소크라테스가 철학을 한 것과 비슷한 방식으로 처신했다. 즉,

| 의학계의 잔소리꾼이었던 토머스 베도스.

지위나 신분을 가리지 않고 모든 사람을 비판했다. 그는 고통받는 대중을 무시한다고 신사 의사들을 맹비난했지만, 소용없는 연고와 팅크제를 팔아 대중을 등쳐 먹는 사람들도 그에 못지않게 맹비난했다. 베도스는 중도를 걷고자 했는데, 1791년의 어느 날, 질척질척한 초원을 걷던 도중에 갑자기 그렇게 할 수 있는 방법이 떠올랐다.

베도스의 공기 연구소

그 당시 의사들은 거의 다 질병의 원인이 독성을 띤 공기에 있다고 보았다.(말라리아malaria는 '나쁜 공기'란 뜻이다.) 이것은 옛 소설에서 환자가 늘 해변 휴양지나 산중 요양원으로 요양을 간 이유를 설명해주는데, 쉽고 편하게 숨 쉴 수 있는 장소였기 때문이다. 베도스는 다른 사람들과 마찬가지로 좋은 공기와 나쁜 공기의 효과를 철석같이 믿었고, 이산화탄소를 발견한 조지프 블랙 밑에서 화학을 공부한 이력이 있었다. 진흙투성이 초원을 산책하던 어느 날, 베도스에게 불현듯 이런 생각이 떠올랐다. 자신이 직접 좋은 공기를 만들어 환자에게 들이마시게 하면 어떨까?

영감을 얻은 베도스는 다양한 종류의 기체를 들이마신 사람들의 사례 보고를 모으기 시작했다. 그리고 자신을 대상으로 실험을 시작했다. 예컨대 산소를 들이마시면 추위를 타지 않고, 수 주일 만에 몸무게가 약 7kg 줄어든다는 사실을 발견했다.(안타깝게도 그와 함께 피부가 건조해졌고, 선홍색이 선명한 코피가 났다.) 그리고 이 실험 결과들과 보고들을 모아 광범위한 내용을 담은 책으로 펴냈는데, 의심스러운 주장도 여러 가지 포함돼 있었다. 예를 들면, 기체가 종양의 크기를 줄어들게 한다거나 잠잘 필요를 없애준다는 주장 등이 있었다.

한편, 베도스는 기체를 체계적으로 실험할 연구 센터를 세우기로 했다.(어차피 그는 프랑스 혁명을 지지하는 전단을 작성한 이유로 옥스퍼드 대학교에서 파면될 위기에 처해 있었다.) 그는 이 공기연구소Pneumatic Institution를 환자를 치료하는 병원이자 새로운 치료법을 시험하는 연구소로 운영하려고 구상했다.(아마도 세계 최초의 진정한 의료 연구 센터였을 것이다.) 하지만 이 계획을 실현하려면 많은 돈이 필요했으므로, 베도스는 버밍엄의 루나협회(전에 프리스틀리가 속했던 사교 클럽) 회원들 사이에서 후원자를 구하려고 했다. 도자기로 유명한 웨지우드를 비롯해 명망 있는 여러 회원이 후원을 하겠다고 나섰다. 증기 기관으로 유명한 제임스 와트는 필요한 장비를 실비로 만들어주겠다고 약속했다.

와트는 관대한 태도와는 별도로 베도스의 연구에 개인적인 이해

관계가 걸려 있었다. 여러 질병 가운데 베도스는 폐결핵을 첫 번째 표적으로 삼았다. 폐결핵 환자는 가스전의 희생자처럼 폐가 액체로 차서서히 익사한다. 오한과 발한 증상도 고통스러웠고, 죽을 날을 기다리는 동안 피를 토했다. 와트는 이 증상들을 너무나도 잘 알았는데, 딸 제시가 폐결핵에 걸렸기 때문이다. 이미 수많은 치료법—디기탈리스, 아편제, 기나피 차(기나피는 기나나무의 속껍질을 말린 것으로, 키니네의 원료로 쓰인다.—옮긴이), 물집 형성, 사혈, 심지어 "욕지기가 나도록 밧줄에 매달고 빙빙 돌리기"—을 써본 터였다. 마지막 노력으로 와트는 베도스에게 이산화탄소 기체를 사용한 치료를 시도해보게 했다. 제시는 일주일을 넘지 못하고 죽었다.

베도스는 와트가 분노할까 봐 겁을 먹었다. 명성이 높았던 와트는 문을 열기도 전에 공기연구소를 사라지게 할 수도 있었다. 하지만 와트는 친절하고 사려 깊은 사람이어서 베도스를 비난하는 대신에 오히려 자신이 약속한 것보다 더 많은 것을 해주려고 했다. 이를 위해 와트는 원하는 기체를 만드는 데 필요한 여러 가지 증류관과 반응실이 딸린 휴대용 노爐를 발명했다. 또, 기체를 모으는 기발한 방법도 개발했는데, 풀무(폐에 기체를 불어넣는 용도로)를 사용하는 방법도 있었고, 입을 대는 부분이 딸린 초록색 실크 주머니(아무 때나 숨을 내뿜는 용도로)를 사용하는 방법도 있었다. 14파운드가 든 이 전체 장비를 보고 베도스는 무척 기뻐하면서 기체를 필요한 양만큼 준비하는 일은 곧 "고기를 손질하는 것만큼 …… 손쉬운" 일이 될 것이라고 말했다.

기금과 장비를 확보한 베도스는 땅과 유능한 조수를 구하는 일에 초점을 맞추었다. 장소는 브리스틀을 선택했는데, 땅값이 비싸지 않은 데다가 천연 온천이 있어 폐결핵 환자들이 많이 찾는 도시였다. 실

화학자이자 낭만적인 시인, 원소 사냥꾼이었던 험프리 데이비.

제로 한 역사학자는 브리스톨이 "모든 치료가 실패한 사람들에게 암울한 종착지인 '최후의 휴식처'가 되었다……. 게스트하우스와 호텔 주인은 장의사를 겸한 경우가 많았다."라고 언급했다. 베도스는 브리스틀에 오는 사람들이 절박한 처지에 몰린 나머지 자신의 기체 치료에 많이 응할 것이라고 보았는데, 그 계산은 옳았다.

조수를 구하는 문제로 고민하던 베도스는 또다시 와트에게 도움을 청했다. 1790년대 후반에 와트의 아들 그레고리Gregory(역시 폐결핵 환자였던)는 영국 남서부에서 휴양을 하면서 그레이스 데이비Grace Davy라는 과부의 집에서 하숙을 했다. 과부에게는 험프리 데이비Humphry Davy라는 십대 아들이 있었는데, 현지에서 명석한 화학자인 동시에 베도스에 못지않은 괴짜로 상당한 명성을 떨치고 있었다. 험프리는 난파한 배에서 해변으로 밀려온 관장용 주사기로 공기 펌프(그 당시로서는 아주 정교한 장비)를 만든 적도 있었다. 어둠 속에서 빛을 내는 인을 가지고 여동생들의 방 벽에 악귀들을 그리기도 했다. 강렬하고 몽상적인 시도 썼으며, 콘월주 절벽을 따라 홀로 오랫동안 산책을 하다가 타박상을 입고 피를 흘리며 집으로 돌아온 적도 많았다.

그레고리 와트는 처음에는 데이비에게 거부감을 느꼈지만, 몇 개월이 지나자 따뜻하게 대했다. 둘은 함께 술(주로 브랜디)을 마시는 친구가 되었고, 그레고리는 데이비에게 베도스한테 편지를 보내보라고 권했다. 실제 과학자와 접촉할 기회에 흥분한 데이비는 열과 빛, 전기, 기체에 관해 두서없이 쓴 글을 200쪽이나 보냈다. 대부분의 글은 의학하고는 아무 관계가 없었지만 예리한 과학적 사고방식이 번뜩였으므로, 몇 달 뒤에 베도스는 데이비(한 번도 본 적도 없고, 불과 열아홉 살밖에 안 된)를 공기연구소에서 실험을 담당할 직원으로 채용했다. 데이비는 그때까지 집에서 하루 이상 걸리는 여행을 한 번도 해본 적이 없었지만, 1798년 10월에 300km나 되는 먼 거리를 여행해 브리스틀로 갔다. 돈을 아끼기 위해 가장 싼 표를 사는 바람에 역마차 지붕 위에 앉아서 가야 했다. 그가 베도스를 보고 느낀 첫인상은 키가 작고 뚱뚱하다는 것이었다.

진료소는 1799년 3월에 문을 열었는데, 4월 초에 데이비는 하마터면 자신을 죽일 뻔했다. 매일 하는 일은 대부분 기체를 준비하고 그 화학적 성질을 측정하는 것이었다. 또, 개와 고양이, 토끼, 나비 등을 기체에 노출시켜 호흡과 심장 박동이 어떻게 변하는지 관찰했다. 하지만 데이비는 직접 기체를 들이마셔보길 원했고, 최초의 본격적인 실험을 위해 일산화탄소를 몇 리터 준비했다. 그런데 일산화탄소를 세 모금째 들이마시고 나자, 맥박이 아주 빨리 뛰면서 가슴이 뻣뻣하게 굳어 제 기능을 하지 않았다. 비틀거리면서 간신히 정원으로 나가자, 화들짝 놀란 조수가 얼른 산소를 공급해 데이비를 소생시켰다. 데이비는 침대에서 토하고 끔찍한 두통으로 괴로워하면서 그날을 보냈다.

웃음 가스 실험

하지만 그 정도는 문제도 아니었다. 일주일의 휴가를 보낸 뒤 일상 업무로 복귀한 데이비는 이번에는 또 하나의 유독한 기체로 간주되던 일산화이질소에 초점을 맞추었다. 일산화이질소는 밀폐된 용기에서 질산암모늄 결정을 (폭발을 방지하기 위해 천천히) 가열해 얻었다. 이렇게 만든 증기를 풀무에 모았다. 첫인상은 단맛이 난다는 것이었다. 몇 모금 더 들이마시자 어지럼이 느껴졌지만, 청각이 아주 예민해졌다. 그러고 나서 기묘한 촉각을 느꼈는데, "뭔가가 모든 근육을 살짝 누르는" 느낌이었다. 이 경험은 데이비가 기쁨에 겨워 소리를 지르고 방 안에서 껑충껑충 뛰고 빠르게 돌아다니면서 절정에 이르렀다. 이 모든 것을 지켜본 베도스는 데이비가 "높은 수준의 오르가슴"을 느끼는 것처럼 보였다고 말했으며, 그날 밤 데이비는 머릿속에 떠오르는 온갖 망상 때문에 거의 잠을 잘 수 없었다.

몇 주일 더 실험을 한 뒤, 데이비와 베도스는 일산화이질소가 유독하지 않음을 증명했고, 그 안전성에 충분한 자신감을 얻어 두 환자에게 시험해보기로 했다. 한 사람은 몇 년 전에 고주망태가 되도록 술을 마신 뒤 한쪽 팔이 반쯤 마비된 상태였다. 일산화이질소를 몇 모금 들이마시자, 손의 마비가 풀려 그 손으로 물체를 잡을 수 있었다. 두 번째 환자는 상태가 더 나빴다. 베도스는 "일상에서 흔히 마주치는 사람처럼 온몸이 망가진" 상태였다고 회상했다. 하지만 이 환자 역시 일산화이질소에 반응을 보였고, 마치 성경에 나오는 라자로처럼 벌떡 일어나 목발을 집어던지고 걸었다.

이 놀라운 기체에 대한 소문이 도시에 퍼지기 시작했고, 얼마 지나지 않아 브리스틀에서 보헤미안 기질이 있는 사람들이 자신들도 그것을 마셔보게 해달라고 요청했다. 베도스는 이 요청을 기꺼이 받아들였는데(그는 새로운 기체의 환각 작용에 큰 매력을 느꼈다), 데이비와 알고 지내던 여러 시인에게도 일산화이질소를 마셔보라고 권했다. 시인들은 아주 황홀한 밤을 보냈고, 며칠 뒤에 다시 찾아왔다. 그리고 또 찾아왔다. 얼마 지나지 않아 공기연구소는 이중 생활을 하게 되었다. 낮에는 베도스가 환자를 치료하고 데이비가 실험을 하는 번듯한 진료소였다. 하지만 밤이 되면 작가들과 그 추종자들이 어슬렁거리며 돌아다니고 초록색 실크 주머니 속에 든 일산화이질소 기체를 킁킁 맡는 아편굴 비슷한 곳으로 변했다.

데이비는 이런 경험들에 약간의 과학 실험을 추가했다. 피험자들에게 촛불을 따라 걸어가게 하거나 종소리에 귀를 기울이게 함으로써 그들의 감각 반응을 시험했다. 암시 효과도 시험했는데, 보통 공기를 넣은 플라세보 주머니를 준비해 사람들이 여전히 황홀한 기분을 느끼는지 알아보았다.(결과는 그렇지 않았다.) 무엇보다도 데이비는 웃음 가스에 대한 사람들의 개인적 반응을 기록했다. 어떤 사람들은 소란을 피우거나 말도 안 되는 소리를 떠들어댔다. 한 여성은 밖으로 뛰어나가 큰 개를 훌쩍 뛰어넘었다(나중에 이를 알고 몹시 부끄러워했지만). 무엇보다 바닥에 털썩 주저앉아 낄낄거리고 웃는 경우가 많았다. 나중에 데이비는 이들에게 느낀 것을 단어로 표현해보라고 했다. 작가인 새뮤얼 테일러 콜리지Samuel Taylor Coleridge는 일산화이질소의 황홀감을 폭설 속에서 고생한 뒤에 난롯불로 데워진 따뜻한 방에 들어가는 것에 비교했다. 동료 시인인 로버트 사우디Robert Southey는 친구에게 보낸 편지에서 감정이 솟구쳐 이렇게 말했다. "이토록 대단한 기체를 데이비가 발견하다니! …… 이것은 사람을 강하게 만든다. 그리고 아주 행복하게 만든다! 아주 황홀할 정도로 행복하게! 오, 멋진 기체 주머니여! 나는 천국의 공기가 이 경이로운 작용을 하는 기쁨의 기체로 이루어져 있을 것이라고 확신한다!"(느낌표 남용이 일산화이질소 과다 흡입의 한 가지 증상이라는 것은 의심의 여지가 없다.) 그중에서도 가장 웅변적인 표현은 한 남자가 황홀감에 빠져 "나는 하프 소리가 된 듯한 느낌이 들어."라고 한 말이 아닐까 싶다. 데이비는 이러한 느낌을 비과학적인 것이라고 일축하는 대신 면밀히 분석해 사람의 마음에 대한 단서를 얻으려고 했다. 웃음 가스는 사람의 마음 내부에 새로운 풍경을 펼쳐 보여주는 것 같았고, 데이비는 이 모든 미묘한 세부 요소를 포착하기 위해 시인들과 그들의 언어적 재능이 필요했다.

이 연구에 흥분한 데이비는 하루 14시간씩 일에 매달렸다. 그러는 동안 제대로 된 식사도 거의 하지 않았고, 셔츠가 너무 더러워져 품위 있는 사람들과 어울리기에 적절하지 않으면 그 위에 깨끗한 옷을 껴입었다.(마찬가지로 양말도 덧신었다.) 그리고 긴 하루를 보낸 뒤에 긴장을 좀 풀고 싶으면, 일산화이질소 봉지를 6개 정도 만들어 기분 전환을 했다. 데이비는 일산화이질소 중독자가 되어 몇 달 동안 매일 일산화이질소를 들이마셨다. 어떤 날 밤에는 시골을 배회하다가 보름달 아래에서 의식을 잃기도 했다. 또 다른 날 밤에는 잠을 자지 않고 여러 가지 약물을 혼합해 복용했다. 한번은 와인 한 병을 최대한 빨리 들이켠 뒤, 일산화이질소를 여러 차례 흡입했다. 그 결과는 토하는 것으로 끝났다.

또 어느 날 밤, 데이비는 제임스 와트가 만들어준 새로운 기체 주입 장치를 시험했다. 이것은 큰 상자 안에 의자식 가마가 들어 있는 것으로, 데이비는 겨드랑이에 온도계를 꽂고 내부의 공기를 순환시키기 위해 깃털 부채를 손에 든 채 반나체로 그 안에 들어갔다. 75분 동안 조수가 일산화이질소 약 300L를 상자 안으로 집어넣었다. 데이비는 불안정한 모습으로 상자에서 나왔지만(얼굴은 붉게 변하고 체온은 41°C까지 올랐다), 실크 봉지에서 일산화이질소를 한 번 흡입하겠다고 고집했다. 그러자 평생 동안 경험한 것 중 최고조의 황홀감을 맛보았는데, 새로운 차원의 중독이었다. 그러다가 자신이 "나머지 사람들보다 우월하게 새로 탄생한 숭고한 존재"라고 선언했다. 잠시 후에는 "생각 외에는 아무것도 존재하지 않는다! 세상은 인상과 생각과 즐거움과 고통으로 이루어져 있다!"라고 횡설수설했다. 마치 조지 버클리 George Berkeley 주교가 미쳐서 횡설수설하는 말처럼 들렸다. 하지만 데이비는 그러한 증언을 심장 박동과 동공 확장만큼 중요하게 여겼다.

베도스는 대개 이런 실험들을 데이비 혼자서 하게 내버려두었다. 황홀감을 느끼는 데 그다지 큰 흥미가 없기도 했고, 자신이 몰두해야 할 괴상한 연구 계획도 있었기 때문이다. 몇 년 뒤에 베도스는 정육점 주인들이 폐결핵에 절대로 걸리지 않는 것처럼 보인다는 사실에 주목했다. 사실, 그들은 창백하고 허약한 폐결핵 환자와는 정반대로 건강하고 활기가 넘쳐 보였다. 이에 흥미를 느낀 베도스는 조사를 통해 대다수 정육점 주인들이 자신의 건강이 소와 양을 자를 때 들이마시는

베도스와 데이비의 기체 실험을 조롱하는 만화.
(사진 제공: 웰컴재단)

기체 때문이라고 생각한다는 사실을 발견했다.

지금은 이 주장이 아주 터무니없는 것으로 보이겠지만, 베도스는 그럴듯하다고 생각했다. 몇 년 전에 같은 고장에 살던 에드워드 제너 Edward Jenner는 소젖 짜는 여자들이 우두에 감염된 소의 고름에 노출됨으로써 더 치명적인 천연두에 걸리지 않는다는 사실에 주목했다. 여기서 영감을 얻은 제너는 천연두 백신을 개발했다. 그렇다면 소에서 나온 기체도 의학적 효과가 없으란 법이 있는가?

이 개념을 시험하기 위해 베도스는 소 우리에 침대를 들여놓고 몇몇 폐결핵 환자를 그곳에서 지내게 했다. 처음에는 소들을 트림을 하고 방귀를 뀌면서 마음대로 돌아다니게 했다. 그는 "소와 함께 사는 것은 상상할 수 있는 것 중에서 가장 즐거운 일입니다."라고 말하면서 환자들을 안심시켰다. 하지만 환자들은 동의하지 않았다. 자신들이 사는 소 우리에 역겨움을 느낀 그들은 베도스에게 똥을 치우고 커튼을 설치해달라고 요구했다. 그럼에도 불구하고 그들은 소가 내뿜는 기체를 마시면서 몇 달 동안 소 우리에서 사는 데 동의했다.

효과를 얻지 못한 이 '소 우리 요법'은 의학적 관점에서 볼 때 아마도 무해했을 것이다. 그러나 결국 이 소 우리 요법이 베도스의 명성을 손상시켰다.(혹은 이미 손상된 명성을 더욱 손상시켰다.) 그러지 않아도 베도스는 이미 무신론과 급진적 정치관 때문에 브리스틀 주변에서 의심의 눈초리를 받고 있었다.(데이비가 실험에 쓸 개구리를 주문한 적이 있는데, 상자가 부서지면서 개구리들이 탈출해 도시에 퍼지자, 베도스가 자기 집 지하실에 숨어 있는 프랑스인 스파이들에게 먹이려고 개구리를 들여왔다는 소문이 나돌았다.) 소 우리 요법은 베도스의 적들에게 그를 후려칠 또 하나의 회초리를 제공했다. 또 키가 작고 뚱뚱한 베도스는 이전에 프리스틀리가 그랬던 것처럼 희화화하기에 좋은 표적이 되었다. 밤중의 일산화이질소 흡입은 풍자 재료를 더 많이 제공했고, 베도스의 전체 연구 계획은 곧 유럽 전역에서 조롱의 대상이 되었다.

하지만 결국 공기연구소의 종말을 가져온 것은 정치나 풍자가 아니라 과학이었다. 일산화이질소 흡입에서 황홀감을 느끼긴 했지만, 실제로 건강이 나아진 환자는 거의 없었기 때문이다. 베도스의 요법을 제너의 치료법과 비교해보면 이해하는 데 도움이 된다. 우두에 걸린 소의 고름을 사람에게 접종한다는 제너의 개념은 의심스러워 보이고 심지어 위험해 보였으며, 타블로이드 신문들은 베도스보다 제너를 더 격렬하게 공격했다.(한 기사는 현지의 한 소년이 백신 접종을 받은 뒤 소로 변했다고 주장했다—뿔이 자라고 나머지 모든 것도 생겨나면서. 무지한 것은 마찬가지이지만, 오늘날의 백신 접종 거부자들은 옛날의 무지한 사람들보다는 훨씬 낫다.) 하지만 잘난 체하는 사람들의 조롱이 아무리 심하다 하더라도, 백신이 효과가 있다는 사실만큼은 바꿀 수 없었고, 수천 명의 사람들이 백신 접종을 받겠다고 줄을 섰다. 반면에 일산화이질소는 아무도 치료하지 못했다. 일시적으로 증상 완화를 경험한 사람들도 곧 내성이 생겨 다시 이전의 상태로 되돌아갔다. 베도스와 데이비는 또한 나쁜 반응(두통, 무기력, 권태를 느끼는 환자들)의 수가 점점 증가하는 상황에 직면했다. 한 여성은 '연속적인 히스테리 발작'이 몇 주 동안 계속 일어났다고 호소했다.

이런 실패에도 불구하고 기체가 의술에 큰 변혁을 가져올 것이라는 베도스의 신념은 조금도 흔들리지 않았고, 그는 자신의 치료법을 계속 홍보했다. 하지만 조수인 데이비가 얼마 후 적들에게 자신을 물어뜯을 정보를 제공하리라곤(게다가 데이비가 반대편으로 돌아서리라곤)

꿈에도 생각지 못했다.

연구를 통해 데이비는 기체가 분명히 생리적 변화를 초래한다는 사실을 확인했다. 하지만 실제 치료 효과가 거의 없다는 사실에 좌절을 느꼈으며, 게다가 베도스와 달리 흔들리지 않는 낙관론도 없었다. 결국 데이비는 1800년에 600쪽이나 되는 『화학적 및 철학적 연구 *Researches, Chemical and Philosophical*』라는 책을 출판해 자신의 의심을 공개적으로 밝혔다. 이 책은 제목과 달리 조금 기이한 책이었는데, 생생한 화학 실험뿐만 아니라 황홀감에 대한 콜리지의 생각까지 다양한 내용을 다루었다. 하지만 결론은 냉정하고 간결했다. 기체는 의약품으로 아무 쓸모가 없다는 것이었다.

보는 관점에 따라 이 책은 자신의 스승을 배신한 것이 될 수도 있고, 냉정하지만 꼭 필요한 정정이 될 수도 있었다. 어쨌든 이 책은 베도스에게 큰 타격을 주었고, 두 사람은 곧 갈라섰다. 『화학적 및 철학적 연구』 덕분에 데이비는 런던에서 꽤 괜찮은 일자리를 얻었는데, 거기서 새로운 주제들로 연구 범위를 넓혀갔다. 예를 들면, 전기의 힘을 이용해 새로운 화학 원소를 여섯 종(나트륨*, 칼륨, 바륨, 마그네슘, 칼슘, 스트론튬)이나 분리하는 데 성공했는데, 이것은 그 후 150년 동안 깨지지 않은 불멸의 기록이었다. 1820년대에 이르자 데이비는 영국에서 가장 유명한 과학자가 되었다. 그래서 데이비가 신분을 숨기고 역마차 여관에서 식사를 하다가 모르는 사람들이 자신에 대해 떠들어대는 헛소문을 듣는 일 같은 것은 결코 일어날 수 없었다.

한편, 베도스의 명성은 추락했다. 비판자들은 그를 조롱하길 멈추지 않았고, 1802년에 기부금이 말라붙으면서 공기연구소도 문을 닫았다. 공기연구소는 단 3년 동안만 운영되었고, 베도스는 공기연구소가 문을 닫은 후 6년이 지난 1808년 크리스마스이브에 죽었는데, 그때까지도 베도스는 여전히 자신의 실패 때문에 괴로워했다. 사실, 한 가지 사건이 없었더라면, 베도스와 그의 연구소는 역사 속에서 완전히 망각되고 말았을 것이다.

데이비는 십대 시절에 콘월주 절벽을 따라 오랫동안 거니는 버릇이 있었는데, 찰과상과 찢긴 상처를 입고 돌아올 때도 많았다. 브리스틀의 연구소에서도 무모한 짓을 서슴지 않았다. 뼈가 드러날 정도로 손가락이 베이는 상처를 입은 적이 한두 번이 아니다. 하지만 웃음 가스를 몇 모금 들이마시고 나면 상처의 통증이 멈춘다는 사실을 알아챘다. 치통도 두통도 싹 사라졌다. 다른 연구로 바빴던 데이비는 이것을 더 자세히 연구하지 않았지만, 『화학적 및 철학적 연구』 556쪽에서 이것을 언급했다. 지나가는 말로 언급한 이 구절은 결국 그가 쓴 글 중에서 가장 유명한 것이 되었다. "일산화이질소는 …… 신체적 통증을 없애는 능력이 있는 것처럼 보인다. 수술을 할 때 쓰면 큰 도움이 될지도 모른다." 그로부터 50년이라는 시간이 더 걸리긴 했지만, 이 개념—마취제—은 결국 공기연구소의 명성을 부활시켰다.

마취제로 쓰인 웃음 가스

마취제 이야기는 한 사기꾼과 그가 남긴 영향에 관한 이야기이다. 역사상 사기꾼 중에서 윌리엄 모턴William Morton만큼 인류를 위해 큰 기여를 한 사람은 없는데, 운이 지지리도 없었던 호러스 웰스Horace Wells가 없었더라면 모턴이 의학에 혁명을 일으키는 일은 절대로 일어나지 않았을 것이다.

1850년 이전만 해도 수술을 받느니 차라리 자살을 선택하는 사람이 많았는데, 그들을 무조건 비난할 수만도 없는 노릇이었다. 바닥(피와 토사물을 흡수하기 위해 모래가 뿌려진)에서부터 천장(비명 소리가 빠져나가도록 천창이 달린)까지 수술실의 모든 것은 극심한 고통을 말해주었다. 환자의 눈높이에는 끌과 톱이 든 트레이가 놓여 있었고, 말라붙은 피가 밴 수술복도 죽 늘어서 있었다. 도축과 비슷한 수술이 일단 시작되면, 주요 관심사는 친절이나 섬세한 배려가 아니라 속도였다. 방광 결석을 떼어내거나 다리를 절단하는 것보다 더 복잡한 수술은 아예 불가능했다.

의사들도 수술을 좋아하지 않았다. 찰스 다윈은 젊은 시절에 수술실에서 울부짖는 소년을 보고 나서 의학을 포기했고, 노련한 외과의도 환자가 수술을 받지 않으려고 도망가면 안도의 한숨을 내쉬었다. 환자가 날뛰고 발버둥치는 가운데 수술칼을 휘두르다 보면 외과의가 죽는 경우도 가끔 있었다. 어떤 사람은 "환자가 가끔 죽는 것은 놀랍지 않지만, 외과의가 늘 살아남는 것은 놀랍다."라고 말했다.

지금은 웃음 가스가 많은 문제를 해결할 수 있었다는 사실이 너무나도 당연하게 여겨지지만, 처음에 웃음 가스를 마취제로 사용하는 방안은 여러 가지 이유로 지지를 받지 못했다. 베도스가 기체에 대해 터무니없는 약속을 남발한 탓에 기체가 통증을 없앤다는 주장 역시 과장된 것으로 비쳤다. 그리고 일산화이질소로 사람의 의식을 잃게 하는 데에는 상당한 수준의 기술이 필요하다. 적은 양을 투여했다간 오히려 환자가 활기를 얻을 수 있는데, 이것은 외과의가 절대로 원치 않는 상황이다.

그렇다고 해서 사람들이 일산화이질소를 무시했던 것은 아니다. 오히려 그 반대였다. 일산화이질소의 신비한 효능을 찬미한 콜리지와 시인들의 이야기를 듣자 일반 대중도 그것을 강하게 원했고, 곧 웃음 가스는 유럽과 북아메리카에서 큰 인기를 끄는 약물이 되었다. 순회 판매원들은 거리 모퉁이에서 소량의 일산화이질소를 25센트에 팔았다. 부자들은 파티에서 와인 대신에 일산화이질소를 내놓았다.(화학자들은 대기 중에서도 일산화이질소를 발견했다. 그래서 숨을 한 번 들이쉴 때마다 극소량의 일산화이질소가 몸속으로 들어온다!) 사람들은 순회 극단에서 일산화이질소를 가장 흔하게 접했다. 무대로 나온 자원자들은 일산화이질소를 몇 모금 마시고는 노래를 하거나 춤을 추거나 몸으로 여러 가지 재주를 보여줌으로써 대중을 즐겁게 했다.

1844년 12월 어느 날 저녁, 소년처럼 보이는 미국의 치과 의사 호러스 웰스가 친구와 함께 코네티컷주 하트퍼드에서 벌어진 일산화이질소 쇼에 참석했다. 몇 모금을 마신 뒤 두 사람은 정신이 완전히 나간 채 무대 위에서 뛰어다니기 시작했다. 몇 분 뒤에 정신이 돌아온 웰스는 친구의 다리가 피투성이가 된 걸 보고 깜짝 놀랐다. 친구 역시 놀랐는데, 무슨 일이 일어났는지 전혀 몰랐다.(나중에 목격자들은 그 친구가 소파로 돌진해 충돌했다고 말했다.) 더 놀라운 것은 친구는 그제야 격심한 고통을 느꼈지만, 그때까지는(즉, 황홀감이 가라앉기 전까지는) 아무것도 느끼지 못했다는 점이었다.

그날 밤, 웰스는 친구가 한 말을 곰곰이 생각했다.("나는 그것이 끝날 때까지 전혀 통증을 느끼지 못했어!") 다음 날 아침, 웰스는 그 쇼의 진행자를 찾아내 다른 치과 의사와 함께 자기 사무실로 데려왔다. 진행자가 큰 봉지에 일산화이질소를 준비하자, 웰스는 그것을 마시고는

마취제를 개발한 선구자이자 불운한 사업가
호러스 웰스.

마취제를 개발한 선구자이자 성공한 사기꾼
윌리엄 모턴.

치과용 의자에 앉아 머리가 뒤로 축 처진 채 의식을 잃었다. 친구 치과 의사는 재빨리 웰스를 괴롭히던 사랑니를 펜치로 힘껏 뽑았다. 몇 분 뒤에 정신이 되돌아온 웰스는 혀로 이가 빠져나간 구멍을 더듬었다. 웰스는 놀라면서 "바늘이 찌르는 정도의 통증도 못 느꼈어."라고 말했다.

그다음 몇 주일 동안 웰스는 하트퍼드의 여러 곳에서 웃음 가스를 시험했는데, 그 효과가 아주 유망해 보였다. 하지만 웰스는 진짜로 꺾어야 할 도전 상대는 미국에서 가장 앞서가는 의료 중심지 보스턴이란 사실을 잘 알고 있었다. 그래서 보스턴의 옛 동업자 윌리엄 모턴에게 연락을 했는데, 모턴은 철두철미한 악당이었다.

모턴은 십대 시절에 학교를 그만둔 뒤 매사추세츠주 우스터의 술집에서 일했는데, 계산대에서 돈을 훔치다가 체포되었다. 그 후 몇 년 동안 위조 수표 사용, 착복, 우편 사기 등의 범죄를 저질렀다. 여러 여자와 약혼했다가 버렸고, 다니던 교회에서 파문까지 당했다. 로체스터, 신시내티, 세인트루이스, 볼티모어를 비롯해 미국의 거의 모든 대도시에서 추방당했다. 그런데도 잘생긴 외모와 매력, 근사한 양복 덕분에 어딜 가나 따뜻한 대접을 받았다.

결국 모턴은 정직한 삶을 살기로 마음먹고 웰스 밑에서 견습생으로 일했다. 모턴은 자신이 치과 일에 잘 맞는다는 사실을 발견했다. 그 당시에 치과 의사는 의학 교육이 별로 필요 없었고, 자신감과 프레젠테이션(모턴의 강점이었던) 능력이 큰 도움이 되었다. 모턴은 곧 치과 진료소를 열었고, 근사한 여성과 결혼도 했다. 하지만 웰스가 새로운 종류의 금 판금 가공법을 발명해 함께 사업을 하자고 제안하자, 부당한 방법으로 손쉽게 돈을 벌고 싶은 옛 버릇이 도졌다. 모턴은 웰스가 모은 자본을 빼돌려 개인적 용도로 써버렸다.

그런 일을 겪은 후에도 웰스가 보스턴에 있던 모턴에게 연락을 취한 것을 보면, 웰스의 사정이 그만큼 절박했던 것 같다. 한편, 모턴은 새로운 진통제 아이디어를 듣고는 흥분했다. 미국과 유럽에서 매일 수천 명의 환자들이 이를 뽑고 있었기 때문에, 모턴은 모든 치과에 일산화이질소를 팔려는 계획을 세웠다. 그래서 1845년 1월(웰스가 준비가 되었다고 생각하기도 전에), 모턴은 매사추세츠종합병원에서 공개 시범을 하기로 일정을 잡았다.

매사추세츠종합병원의 수술실은 분위기가 아늑했는데, 구경꾼들을 위한 나무 벤치까지 있는 소규모 계단식 강당이었다. 한쪽 구석에는 미라가 서 있었고, 수술실 뒤쪽 벽에는 갈고리와 고리, 도르래(환자를 꼼짝하지 못하게 밧줄로 묶기 위한 도구)가 걸려 있었다.

이 시범을 통해 웰스는 그 갈고리와 도르래를 당장 쓸모없는 것으로 만들 수도 있었지만, 운명은 다른 계획을 준비하고 있었다. 시범에 참여하기로 한 원래 환자는 웰스가 도착하기 전에 겁에 질려 달아나 버렸다. 그래서 청중 가운데에서 한 의과대학생이 앓던 이를 뽑겠다고 자원하고 나섰다.(그 당시에는 거의 모든 사람이 속 썩이는 어금니를 한두 개씩 갖고 있었을 것이다.) 모턴이 청중과 함께 지켜보는 가운데 웰스는 그 학생을 기절시킨 뒤 이를 뽑기 시작했다. 그다음에 벌어진 일에 대해서는 이야기가 엇갈린다. 아마도 웰스는 일산화이질소를 충분히 준비하지 않았는지도 모른다.(일반적으로 젊은 사람은 마취제를 더 많이 투여해야 한다. 간이 마취제를 더 빨리 대사하기 때문이다.) 혹은 학생의 입에서 봉지를 너무 빨리 떼었는지도 모른다. 혹은 어떤 잘못도 저지르지 않았을 수 있다.(그냥 마취가 깊이 되지 않는 사람도 가끔 있다.) 어쨌든 웰스가 이를 뽑았을 때, 학생은 신음 소리를 냈다. 나중에 의식이 돌아오고 나서 학생은 아무것도 느끼지 못했다고 주장했다. 일산화이질소는 효과가 있었다. 하지만 때는 이미 늦었다. 신음 소리를 듣자마자 청중은 "사기다! 사기다!" 하고 외치기 시작했다. 윌리엄 모턴조차 다른 장소에서 그처럼 빨리 쫓겨난 적은 없었다.

모턴은 이 실패를 그저 어깨만 으쓱하고 무시했다. 볼티모어의 경찰이나 버림받은 아가씨의 아버지에 비하면 시끄러운 의사들 따위야 아무것도 아니었다. 만약 일산화이질소가 마취제로서 효과가 없다면, 더 나은 것을 발견하면 될 일이었다. 그리고 놀라운 일은 모턴이 그 일을 해냈다는 것이다. 화학이나 의학을 제대로 공부한 일이 전혀 없는데도 불구하고, 모턴은 1년이 지나기 전에 에테르의 뛰어난 마취 효과를 발견했다.

모턴의 에테르 마취제

얼핏 보기에 에테르는 마취제로 전혀 유망해 보이지 않는다. 마취제는 대개 기체 상태로 들이마시지만, 끓는점이 34.6°C인 에테르는 실온에서 액체 상태로 존재한다. 이런 취약점을 지닌 에테르를 구한 것은 잘 증발하는 능력, 즉 휘발성이었다. 액체의 휘발성을 좌우하는 요소는 무게와 극성이다. 무게는 쉽게 이해할 수 있다. 증발은 액체 표면의 분자들이 공기 중으로 튀어나가 기체가 될 때 일어난다. 따라서 가벼운 분자일수록 공기 중으로 튀어나가기가 더 쉽다.(체조 선수들의 몸이 작은 것은 다 이유가 있다.) 극성은 전하를 뜻한다. 원자는 일반적으로 전기적으로 중성이지만, 전자를 교환하면서 재배열해 분자를 이루면 전하를 띠게 된다. 예를 들면, 산소는 대개 이웃 원자로부터 전자를 빼앗아 음전하를 띤다. 반면에 수소는 자신의 전자를 내놓고 양전하를 띤다. H_2O 같은 극성 분자는 음전하를 띤 부분과 양전하를 띤 부분이 있다. 그 결과로 물은 휘발성이 적고, 비극성 분자에 비해 더 오래 액체 상태로 머물러 있는데, 양전하를 띤 끝부분과 음전하를 띤 끝부분이 마치 자석처럼 서로를 끌어당기기 때문이다. 이런 인력 때문에 극성 분자는 공기 중으로 튀어나가 기체가 되기가 더 어렵다.

모든 물질은 그 무게와 극성에 따라 휘발성이 제각각 다르다. 질소와 산소 같은 비극성 기체는 휘발성이 아주 강하다. 질소와 산소의 끓는점은 각각 -195.8°C와 -183°C이다. 이와는 대조적으로 (무게는 질소 분자와 산소 분자보다 작은데도) 극성이 아주 큰 물 분자는 그보다 200°C 이상 높은 실온에서도 액체 상태로 존재한다. 에테르(C_2H_5-O-C_2H_5, 정식 명칭은 에틸에테르 또는 다이에틸에테르)는 그 중간이다. 에테르는 물보다 4배나 무겁지만 극성은 아주 약한데, 수소 원자 10개가 분자 주위에 비교적 균일하게 분포하고 있어 그 표면은 주로 양전하를 띤다. 그 결과로 에테르 분자들은 서로 끌어당기는 힘이 아주 약하다. 물이 든 컵과 에테르가 든 컵을 책상 위에 올려놓고 관찰해보면, 에테르가 물보다 수십 배 빨리 증발하는 것을 볼 수 있다. 이것은 마취제로서는 아주 유용한 성질이다.

모턴은 이런 과학적 내용을 전혀 몰랐다. 하지만 그 시대의 마리화나에 해당하는 에테르는 잘 알았다. 감각을 무디게 하는 성질이 있는 에테르는 값싸게 황홀감을 주는 물질이었다.* 그래서 소, 말, 지렁이, 스패니얼, 심지어 몇몇 물고기*를 비롯해 아버지 농장에 있는 동물들을 대상으로 에테르를 시험하기 시작했다. 실험이 잘 진행되자 모턴은 에테르를 더 구입해(자신의 계획을 숨기기 위해 다른 약제사에게서) 매복 사랑니 때문에 고생하던 친구를 마취시켰다. 이번에도 성공이었다. 친구는 깨어난 뒤에 이가 없어진 것을 보고 언제 이를 뽑았느냐며 놀라워했다. 눈앞에 달러가 어른거린 모턴은 또다시 매사추세츠 종합병원으로 달려가 1846년 10월에 시범을 보여주기로 약속을 잡았다.

모턴은 이 약속을 존 워런John Warren 박사와 했는데, 어떤 면에서는 워런도 이 이야기의 주인공이라고 할 수 있다. 워런은 비록 괴짜이긴 했지만(그는 남는 시간을 대부분 마스토돈 골격을 복원하면서 보냈다), 미국에서 가장 유명한 외과의였고, 68세였던 그는 은퇴하여 편안하게 살아갈 수도 있었다. 하지만 자신이 환자들에게 가한 고통 때문에 늘 마음이 편치 않았다. 그 당시에도 진통제가 몇 가지 있긴 했다. 환자에게 술을 마시게 해 인사불성 상태에 빠지게 하거나 아편을 피우게 할 수 있었다. 얼음으로 팔다리의 감각을 마비시키거나 정신을 잃을 때까지 피를 뽑는 방법도 있었다. 일부 의사는 '뇌진탕 마취'도 사용했는데, 가죽으로 환자의 머리를 헬멧처럼 감싼 뒤 나무망치로 머리뼈를 후려쳤다.(이 방법이 실패하면 그다음에는 턱을 강타하는 방법을 썼다.) 하지만 모든 방법은 부작용이 있었으며, 심지어 명백해 보이는 것을 넘어서는 부작용도 있었다. 예를 들면, 알코올은 혈액을 묽게 만들어 출혈 위험을 높인다. 신뢰할 수 있는 수준으로 환자의 의식을 잃게 하거나 수술 기억을 지울 수 있는 방법은 없었다.

대다수 외과의는 그저 한숨을 내쉬면서 고통을 인생의 불가피한 불행 중 하나로 받아들였다. 하지만 워런은 그런 냉소주의의 포로가 되지 않았다. 그는 일반적으로 위대한 발견을 이룰 수 있는 나이를 훌쩍 넘었지만, 효과적인 마취를 실현하는 데 기여할 길이 있으리라는 희망의 끈을 늘 놓지 않았다. 그래서 모턴이 에테르를 가지고 접근하자, 워런은 앞일에 대한 걱정 따위는 무시하고 모험을 해보기로 했다. 마침 왼쪽 턱뼈 아래에 생긴 종양을 제거하는 수술을 받아야 할 페인트공이 있었는데, 워런은 모턴에게 10월 16일 금요일 오전 10시 정각까지 병원으로 오라고 말했다.

모턴은 그날 오전을 평소와 달리 안절부절못하며 보냈다. 전 세계 사람들의 고통을 없앤다는 대의에는 이의가 없었지만, 자신이 마취제를 개발하려고 노력하는 이유는 무엇보다도 돈을 벌기 위해서였다. 그런데 에테르는 보편적인 화학 물질이어서 특허를 얻을 수 없다는 게 문제였다. 그래서 모턴은 그 정체를 숨기기로 마음먹었다. 하지만 에테르를 경쟁력 있는 마취제로 만드는 특성인 휘발성 때문에 일을 망칠 우려가 있었다. 에테르는 달콤하지만 속을 느글거리게 만드는 향이 나는데, 너무 빨리 증발하는 성질 때문에 감지하기가 어렵지 않다. 즉, 에테르는 특유의 냄새를 발산한다. 모턴은 오렌지 향을 첨가해 그 냄새를 숨기려고 했지만, 그래도 에테르는 금방 증발하면서 특유의 냄새를 내뿜었다. 그래서 모턴(그때까지는 에테르를 천에 적셔 환자에게 들이마시게 했지만)은 특허를 확보할 확률을 높이기 위해 특별한 호흡 장비를 만들었다.

이 장비에 만족하지 못한 모턴은 시범을 보이기 전날 온종일 새로운 장비를 설계하면서(혹은 이랬을 가능성이 더 높은데, 기계 설비에 능숙한 친구들을 속여 그런 장비를 설계하게 하면서) 보냈다. 그러고 나서 새벽에 기계 제작 기술자에게 달려가 그 장비를 서둘러 만들어달라고 부탁했다. 그 결과물은 유리 구, 구 내부에서 에테르를 붙드는 스펀지, 그리고 공기가 흐르는 여러 가지 밸브와 관으로 이루어져 있었다. 전체적으로는 대마초 흡연용 파이프처럼 보였다. 완성하는 데 시간이 너무 오래 걸리는 바람에(모턴이 문을 나설 때 이미 10시였다), 그 장비를 시험할 시간도 없이 매사추세츠종합병원에 도착했다.

이것이 얼마나 대담한 짓인지 생각해보라. 의학 교육이라곤 전혀 받은 적도 없는 남자가 밤을 홀딱 새우고 나서, 거의 시험한 적이 없는 약을, 한 번도 사용해본 적이 없는 장비를 사용해 환자에게 투여하려고 나선 것이다. 그것도 미국에서 가장 유명한 외과의가 지켜보는 가운데 말이다. 모턴이 평생 사랑한 아내조차 이런 그를 의심하여 종일 부엌에서 왔다 갔다 하며 안절부절못했다. 모턴이 환자를 죽이고 결국 교도소로 가는 모습이 눈앞에 선했다. 하지만 흡입기를 손에 쥐자 모턴은 사기꾼의 자신감이 솟아올랐고 입가에 미소가 돌아왔다.

한편, 워런은 속이 부글부글 끓고 있었다. 청중은 이미 수술실에 모였고, 페인트공은 작업복과 양말 차림으로 수술받을 준비를 한 채 누워 있었다. 이미 10시 10분이 되었지만, 모턴은 나타나지 않았다. 10시 20분이 되었다. 한쪽 구석에서 미라가 수술실을 말없이 응시하고 있었다. 마침내 워런이 수술칼을 집어들고 한숨을 내쉰 뒤 환자 쪽으로 향했다. 또 한 번 희망이 산산조각나고 말았다. 환자의 턱 밑에 생긴 종양은 사실상 빨갛고 얼룩덜룩하게 부어오른 정맥이었는데, 너무 커서 입 안쪽으로까지 솟아올라 환자가 혀로 그것을 느낄 수 있을 정도였다. 종양을 제거하는 수술은 빨리하기 어려웠고, 극심한 고통을 동반할 게 분명했다. 페인트공은 비명 소리로 천장을 뒤흔들 준비를 하면서 몸을 뒤로 젖히고 침대를 꽉 잡았다.

바로 그 순간, 모턴이 문을 열고 뛰어들어왔다. 그에게서는 에테르처럼 매력이 퍼져나왔다. 평생을 사기꾼으로 살아온 경험은 바로 이 순간을 위해 준비한 것이었다. 워런은 돌아서서 날카롭게 "자네 환자는 이미 준비가 되었네."라고 말했다. 모턴은 미소를 지으면서 에테르 흡입기를 들고 몸을 앞으로 숙인 뒤, 마치 전문가처럼 능숙하게 밸브를 만졌다. 몇 분 뒤, 페인트공은 잠이 들면서 의식을 잃었다. 모턴은 워런을 향해 몸을 돌리면서 말했다. "'당신' 환자가 준비되었습니다."

수술은 예상한 것보다 더 오래 걸렸지만, 그것 말고는 완벽하게 진행되었고, 페인트공은 꼼짝도 하지 않았다. 그날 그곳에 모인 청중(대부분은 의과대학생이었고, 무슨 일이 벌어질지 아무것도 모른 채 그곳에 왔다)은 나중에 가장 인상적이었던 것이 무엇인지 이야기했다. 그것은 바로 침묵이었다. 비명도 발버둥도 없었고, 수술칼이 살을 자르는 부드러운 소리만 났다. 그날 오전에 워런과 모턴은 신랄한 말을 주고받았지만, 수술이 끝난 뒤에 워런은 역사에 길이 기록될 발언을 했다.

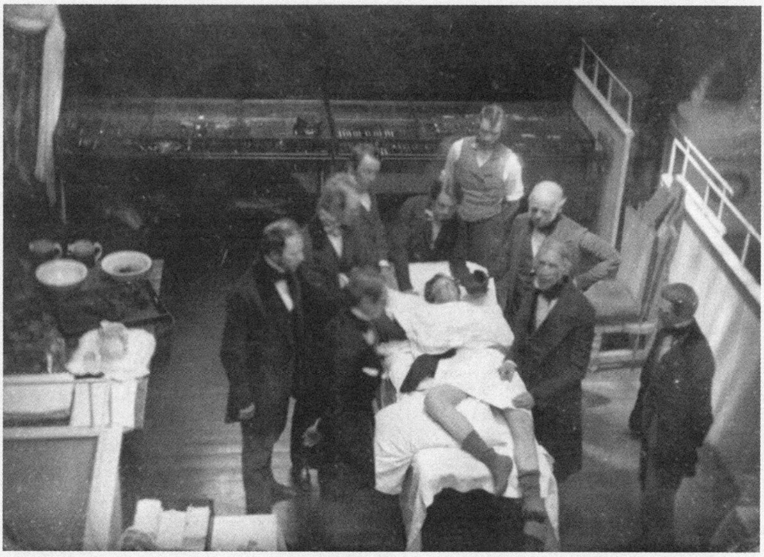

에테르 마취제를 사용한 최초의 수술을 재현하는 장면.

"여러분, 이것은 사기가 아닙니다." 청중은 환호를 보냈다.

외과의들은 곧 에테르가 일산화이질소에 비해 더 깊은 의식 상실 상태를 초래하고, 적정량을 투여하는 기술이 덜 필요하다는 점을 비롯해 여러 가지 이점이 있다는 사실을 깨달았다. 이 덕분에 몸속으로 더 깊이 들어가는 더 길고 복잡한 수술 절차를 개발할 수 있었다. 더 넓은 의미에서 보자면, 마취제는 외과 수술의 명성을 구하는 데에도 큰 도움을 주었다. 수백 년 동안 다른 의사들은 외과의를 푸주한으로 취급하며 경멸했다. 그것은 부당했지만 충분히 납득할 만한 평가였다. 그런데 마취제가 그런 평가를 뒤집어 외과 수술을 영웅적인 것으로 바꾸어놓았다.

모턴 같은 악당조차 에테르의 인도적 잠재력 덕분에 존경을 받았다. 에테르의 가치를 입증한 그날, 모턴은 4시가 되어서야 집으로 돌아왔는데, 아내는 여전히 모턴이 교도소에 갈 것이라는 걱정에 왔다 갔다 하고 있었다. 뭔가에 깊이 몰두한 듯한 모턴의 표정은 최악의 염려를 확인시켜주는 것 같았지만, 모턴은 방금 일어난 일—방금 열린 의학의 새로운 시대—을 곰곰이 생각하고 있었다. 평소의 유창한 언변은 온데간데없이 모턴은 아내를 꽉 안으면서 짧게 말했다. "여보, 내가 성공했어."

하지만 모턴은 이 발견으로 돈을 버는 데에는 성공하지 못했다. 그다음 1년 동안 모턴은 화학적 마취제라는 일반 개념으로 간신히 특허를 얻어냈지만, 아무리 형편없는 화학자라도 에테르 냄새를 쉽게 알아챌 수 있었고, 의사들과 치과 의사들 사이에 금방 그 소문이 퍼져 나갔다. 아마도 역사상 그토록 광범위하게 침해를 당하고도 아무 일이 없었던 특허는 없었을 것이다. 차라리 물에 대해 특허를 얻는 편이 더 나았을지도 모른다. 최악의 순간은 멕시코-미국 전쟁에서 미군 외과의들이 에테르를 쓰기 시작하면서 찾아왔는데, 모턴은 아무런 보상도 받지 못했다. 이것은 미국 정부가 그의 특허를 공공연히 침해했다는 뜻이다.

파산에 직면한 모턴은 상실한 수익에 대해 일시금으로 10만 달러의 포상금을 지급해달라고 의회에 요구했다. 하원과 상원에 옹호자가 여럿 있었지만, 이 노력은 아무런 결실을 맺지 못했다. 무엇보다도 모턴의 지저분한 태도와 부정직성에 많은 정치인들이 거부감을 느꼈다.(세월이 지나자 모턴은 남북 전쟁 때 개인적으로 20만 명의 병사를 에테르로 마취시켰다고 주장했는데, 터무니없는 주장이었다.)

의회가 지불을 거절한 또 하나의 이유는 모턴보다 마취제를 먼저 발견했다는 주장들이 나왔기 때문이다.* 즉, 모턴보다 몇 년 앞서 마취법을 발견했다고 주장하는 사람들이 나왔다. 조지아주에서 의사로 일하던 크로퍼드 롱Crawford Long은 1842년에 수술을 할 때 에테르를 사용했다. 수건에 적신 에테르로 남자 환자를 기절시킨 뒤, 등에서 종양 2개를 제거했다. 또, 한 노예 소년의 발가락을 절단하는 수술도 했다. 이런 사례들을 감안하여 의회는 모턴이 특별히 한 일이 없다고 결정했다. 모턴은 10만 달러를 타내기 위해 싸움을 계속했으나, 결국 뇌중풍(뇌졸중)에 걸렸고, 1868년 7월에 뉴욕시에서 마차를 타고 가다가 미쳐버리고 말았다.(그는 마부에게 센트럴파크에 내려달라고 한 뒤, '몸을 식히기 위해' 호수로 뛰어들었다.) 그리고 며칠 뒤 그의 유산을 둘러싼 논란이 계속되는 가운데 정신병원에서 사망했다.

마취제를 먼저 발견했다는 주장이 여럿 있는데도(그중 상당수는 역사적으로 입증되었다), 왜 마취제 발견의 영예를 모턴에게 돌리는 것일까? 혹시 이것은 (역사까지 기만한) 그의 마지막 거대한 사기 행각이 아닐까? 꼭 그렇지만은 않다. 모턴 이전에 마취제를 사용했다고 '주장'한 사람은 10여 명이나 된다. 그래서 무슨 진전이 있었는가? 모턴은 실제로 그것을 공개적으로 환자에게 사용했고, 만약 실패했다면 큰 곤경에 처했을 것이다.

모턴은 웰스보다 마취제 발견의 영예를 누릴 자격이 더 있는데, 운명의 장난과도 같은 행운 덕분에 모턴의 마취제 시범은 성공한 반면, 웰스의 시범은 실패했기 때문이다. 만약 크로퍼드 롱이 모턴보다 먼저 발견한 게 아니냐고 주장한다면, 그것은 충분히 일리가 있다. 하지만 과학은 개인적인 일이 아니다. 과학은 공적인 분야이며, 어떤 의미에서 과학적 발견은 공개되기 전에는 인정받지 못한다. 여러 가지 이유—소심함, 자신감 부족, 조지아주 이웃들로부터 받은, 마법을 부린다는 비난(정말이다)—로 롱은 자신의 아이디어를 숨겼으며, 수천 명의 사람들이 고통받고 있는데도 그렇게 했다. 결국 모턴은 비극적인 종말을 맞이했다. 그를 아는 사람들은 거의 다 이를 유감스럽게 생각했다. 하지만 모턴은 마취제 시험을 감행할 배짱 그리고/또는 자신감이 있었다. 그리고 비록 자신은 불행한 죽음을 맞이했지만, 공리주의(최대 다수의 최대 행복을 추구하는)의 관점에서 보면, 윌리엄 모턴은 마취제를 의학적 현실로 만듦으로써 지금까지 살았던 어느 누구보다도 인류에 큰 혜택을 가져다주었다.

마취로도 없앨 수 없는 고통

한때 모턴의 동업자였던 호러스 웰스는 아이러니하게도 19세기에 발견된 또 하나의 위대한 마취제 때문에 파멸하여 모턴보다 훨씬 더 불쌍하게 죽음을 맞이했다.

클로로포름을 마취제로 사용하는 아이디어는 트롤처럼 생긴 스코틀랜드의 산과 의사 제임스 심프슨James Simpson의 고민에서 시작되었다. 심프슨은 출산의 고통을 덜어주고 싶었지만 에테르를 쓸 수 없다는 사실에 고민을 거듭했다. 에테르는 효과가 너무 늦었고, 냄새 때문에 임산부가 구토를 했으며, 충분히 효과를 발휘하려면 많은 양을 투여해야 했다. 그래서 심프슨은 업무가 끝난 저녁 시간을 이용해 대체 물질을 찾기 시작했다. 그가 한 실험은 엄격한 과학적 방법을 따른 것은 아니었다. 무작위로 아무 화학 물질이나 뜨거운 물에 타서 정신이 몽롱해질 때까지 거기서 나오는 기체를 맡았다. 한 역사학자는 그의 접근법을 제대로 된 과학자의 방법이라기보다는 "본드를 흡입하는 십대가 우연히 발견한 것"에 가깝다고 평했다. 간밤에 심프슨이 죽지 않았는지 확인하기 위해 한 친구가 매일 아침 식사 시간에 그의 집에 들렀다. 하지만 1847년에 심프슨은 클로로포름($CHCl_3$)의 효과를 발견했다. 에테르와 마찬가지로 클로로포름은 아주 약간만 극성을 띤 분자이다.(클로로포름 분자의 표면 대부분은 음전하를 띠고 있다.) 하지만 무게가 에테르의 약 두 배나 되는 클로로포름은 에테르보다 더 느릿느릿 움직이고 더 느리게 증발하여 환자가 들이마시는 양을 조절하기가 훨씬 쉬웠다.

수술에는 아무리 유용하다 하더라도, 클로로포름은 심프슨의 전문 분야에서는 논란을 낳았다. 일부 산과 의사들은 충분한 산통을 겪지 않으면 어머니가 자신의 아이와 유대를 느낄 수 없다고 주장했다. 어떤 사람들은 마취제가 통증을 즐거움으로 바꾸어 출산의 고통이 갑자기 굉장한 오르가슴이 될 것이라고 우려했다(어떤 근거에서 그렇게 생각했는지는 명확하지 않지만). 많은 사람들은 또한 마취가, 세상에 원죄를 가져온 대가로 하와에게 출산의 고통이라는 벌을 내린 하느님의 뜻을 거스르는 일이라고 염려했다. 심프슨은 바로 「창세기」를 인용해 그런 반대 의견을 반박했다. 「창세기」에는 하와를 만들 때 "주 하느님께서는 사람 위로 깊은 잠이 쏟아지게 하시어 그를 잠들게 하신 다음" 그의 갈빗대 하나를 빼냈다고 나오는데, 이것은 바로 명백하게 마취를 한 것이라고 주장했다. 이 논란은 1853년에 빅토리아 여왕이 일곱째 아이인 레오폴드Leopold 왕자를 낳을 때 존 스노John Snow(콜레라 역학 조사 결과인 '유령 지도'로 유명한 의사)가 클로로포름을 사용하면서 마침내 가라앉았다. 그 후 의사들은 클로로포름을 칭찬하기 바빴다.

불행히도 앞서 나온 에테르와 일산화이질소와 마찬가지로 클로로포름도 중독성이 있는 것으로 드러났는데, 아마도 가장 유명한 중독자는 호러스 웰스였을 것이다. 매사추세츠종합병원에서 창피를 당한 뒤에 웰스는 치과 일을 그만두고, 샤워기 꼭지 판매에서부터 이국적인 새 밀수입, 멍청한 미국 부자들에게 위조 그림 팔기에 이르기까지 여러 가지 일을 했다. 웰스가 위조 그림을 판매하기 위해 파리에 갔을 때, 마취 분야에서 한 초기 연구 때문에 그곳 의학계 사람들이 자신을 천재로 존경하며 대접하는 것에 깜짝 놀랐다. 루이-필리프Louis-Philippe 왕은 궁정 치과 의사로 일해달라고 요청했지만, 웰스는 그 영예를 거절했다.

1847년에 미국으로 돌아온 뒤, 웰스는 아내와 아들을 두고 홀로 맨해튼으로 거처를 옮겼다. 프랑스 여행 동안 마취에 대한 관심이 되살아난 웰스는 클로로포름을 구해 자신에게 시험하기 시작했다. 애석하게도 프랑스에서 보낸 시간도 옛날에 겪었던 창피의 고통을 덜어주지 못했고, 웰스는 매일 클로로포름을 들이마셔 몽롱한 상태에 빠져 지내기 시작했다.

중독이 되어 늘 클로로포름이 필요했던 웰스는 불량배들과 어울렸는데, 이것이 결국 그를 파멸로 몰아갔다. 1848년 1월에 한 불량배가 웰스의 아파트를 찾아와 한 창녀가 자신에게 황산을 던져 외투를 망쳐놓았다고 말했다. 그리고 보복을 하게 자신에게도 황산을 한 병 만들어달라고 했다. 중독되어 심신이 쇠약한 상태에 있던 웰스는 그래야 공평하다고 생각했다. 그래서 친구와 동행하기로 결정했다. 복수는 성공했지만(그들은 그 여성의 옷을 망쳐놓았다), 친구가 무모한 장난을 확대해 다른 여성들을 공격하자고 제안하자 웰스는 반대했다.

하지만 그 생각이 그의 머릿속에 박혔고, 며칠 뒤 클로로포름에 중독되어 정신이 혼미해졌을 때, 웰스는 벽난로 선반에서 황산이 든 병을 꺼내 들고 거리로 달려갔다. 거리에서 두 창녀에게 황산을 뿌려 한 명의 옷을 태우고, 다른 한 명의 목을 지글지글 타게 했다. 웰스는 제정신이 아닌 상태에서 달아났고, 그다음에 일어난 일은 전혀 기억하지 못했다. 결국 다른 창녀 두 명이 황산 병을 빼앗으면서 그를 붙잡았다. 그리고 경찰에게 웰스가 한 젊은 여성의 얼굴에 황산을 뿌리는 걸 보았다고 말했다. 그 여성은 병원으로 실려갔고, 평생 동안 흉터를 안고 살아갔다.

판사가 거액의 보석금을 매기긴 했지만, 경찰이 동행하는 조건으로 웰스가 세면도구를 챙기러 집으로 돌아가도록 허락했다. 동행한 경찰이 잠시 한눈을 파는 사이에 웰스는 화장실로 몰래 들어가 면도칼과 마지막 남은 클로로포름 한 병을 챙겼다. 다음 날 밤, 구치소에서 일요일 미사에 참석한 뒤, 웰스는 코네티컷주에 머물던 아내에게 편지를 썼다. 아내는 웰스가 체포되었다는 사실을 전혀 모르고 있었다. 이렇게 신변 정리를 한 뒤, 웰스는 손수건에 클로로포름을 적셔 입속에 집어넣고, 또 다른 손수건으로 그것을 고정시켰다. 마취 효과가 나타나자, 면도칼로 넓적다리를 깊게 베어 대퇴동맥을 잘랐다. 다음 날 아침, 교도관들은 끈적끈적하고 시뻘건 피바다 속에서 죽어 있는 그를 발견했다.

그날 늦게 한 경찰이 웰스의 죽음으로 사건이 종결되었음을 알리기 위해 얼굴에 황산 테러를 당한 여성을 찾아가기로 했다. 가장 가까운 병원에는 인상착의가 비슷한 사람이 아무도 없어 다른 병원을 찾아갔다. 그리고 그다음 병원과 그다음 병원에도 차례로 들렀다. 경찰이 무슨 말을 하는지 제대로 알아듣는 사람이 아무도 없었다. 결국 나중에야 그 사건은 창녀들이 지어낸 이야기라는 사실이 밝혀졌다. 그것은 온갖 비열한 사실이 넘쳐나는 이야기에서 드러난 마지막 비열한 사실이었다. 웰스는 온 세상 사람들을 위해 통증을 없애는 방법을 생각해냈지만, 자신의 고통만큼은 끝내 해결하지 못했다.

마취의 불가사의

일산화이질소와 에테르, 클로로포름은 모두 단일 약품이자 단일 화합물이다. 오늘날 마취제는 대개 각각 다른 생리적 기능을 겨냥한 여러 약품을 혼합해 사용한다. 어떤 것은 호흡을 느리게 하고, 어떤 것은 근육을 마비시키며, 어떤 것은 불안을 가라앉히거나 기억 형성을 방해한다. 그래서 어떤 의미에서 우리는 이 약품들의 작용 방식에 대해 많은 것을 아는 셈인데, 이 약품들이 혈압과 체온과 그 밖의 십여 가지 신체 징후에 정확하게 얼마나 영향을 미치는지 측정할 수 있기 때문이다.

하지만 더 넓은 의미에서는 우리는 이 약품들이 어떻게 작용하는지 전혀 알지 못하는데, 이 약품들이 뇌에 어떤 영향을 미치는지 모르기 때문이다. 이것은 다소 무서운 상황이다. 우리는 마취제 성분이 지방질 뇌 조직에 우선적으로 녹아들며, 신경세포의 기능에 분명히 영향을 미친다는 사실을 알고 있다. 하지만 그 이상은 아는 게 별로 없다……. 마취제는 의식에 혼란을 초래하는데(기본적으로 의식을 일시 중지시킨다), 애초에 의식의 작용 방식에 대해 우리가 아는 지식이 어렴풋한 수준에 머물러 있다는 게 문제이다.

하지만 최근에 여러 연구를 통해 일부 수수께끼가 풀렸다. 한 가지 놀라운 사실은 뇌가 마취제의 영향으로 그냥 기능을 멈추는 게 아니라는 점이다. 마취제를 잔뜩 투여받고 수술대에 누워 있는 환자를 생각해보자. 외과의가 뭔가를 잘라내고서 "아이고!"라고 외치면, 환자의 고막에 그 소리가 부딪치고, 뇌에서 청각을 담당하는 부분은 여전히 활발하게 활동한다. 냄새도 마찬가지이다. 만약 외과의가 몸에 탈취제를 뿌리는 걸 깜빡했다면, 환자의 뇌에서 후각 중추는 그 냄새를 감지한다. 마취 상태에서도 우리는 주변 세계를 전혀 감지하지 못하는 게 아니다.

그렇지만 마취는 인지 과정의 다음 단계들을 방해한다. 완전히 깨어 있는 사람의 경우, 소리와 냄새는 뇌의 다른 부분들로 거침없이 나아가 어떤 반응("끄악!" 또는 "으으…….")을 일으킨다. 하지만 마취 상태에서는 이 신호들은 다른 부분들로 나아가지 못하고, 나머지 뇌 부분들은 신호들을 전혀 듣지 못한다.(신경과학자는 환자의 뇌가 그러한 신호를 받긴 하지만 지각하진 못한다고 표현할 것이다.) 다시 말해서, 마취제는 뇌를 완전히 정지시키진 않지만, 뇌의 각 부분들 사이의 대화를 단절시킨다.

이 연구들은 또한 마취에서 깨어나는 과정을 밝히는 데에도 도움을 주었다. 직관적으로는 마취가 그냥 서서히 '풀리면서' 환자가 깊은 마취 상태에서 정상 상태로 돌아온다고 생각하기 쉽지만, 사실은 그렇지 않다. 뇌는 약간 비정상인 단계에서 조금 더 나은 단계로 양자 도약을 하며 나아가는데, 각각 몇 분씩 지속되는 그런 단계는 모두 6개가 있는 것으로 보인다.

과학자들은 이것을 어떻게 알까? 각 단계에서 나타나는 뇌파의 차이를 감지할 수 있기 때문이다. 깊은 마취 상태에서 기본적인 감각 신호들은 짧게 지속되는 저주파 펄스(단순한 신호)로 나타난다. 환자가 의식을 회복하기 시작하면, 뇌의 각 부분들 사이에 오가는 대화가 늘어나면서 고주파 뇌파들이 나타난다. 그리고 얼마 지나지 않아 신호들은 금방 사라지는 대신에 봇물 터지듯 쏟아지면서 서로 먼 지역들 사이를 오간다. 환자가 완전히 깨어나 뇌 전체가 윙윙거릴 때까지 신호들의 복잡성은 점점 증가한다.

이 연구는 단지 의식의 작용 방식에 단서를 제공하는 데 그치지 않고, 실용적으로 이용될지도 모른다. 이 연구는 의사가 혼수상태에 빠진 환자의 정신적 마비 수준을 판단하고, 환자가 의사소통을 통해 그 사실을 알려주지 못하더라도 여전히 '정신적 마비 상태'에 있는지 여부를 결정하는 데 도움을 줄 수 있다. 이 연구는 또한 현대 외과 수술의 공포 중 하나—수술 도중에 가끔 환자가 깨어나는 일—를 사라지게 하는 데 도움을 줄지도 모른다. '마취 각성'이라 부르는 이 현상은 아주 드물게 일어나지만(아마도 외과 수술 1000건당 한 번 정도), 실제로 일어나면 아주 끔찍한 악몽이 되고 만다. 환자는 외과의가 자신의 배를 가르고, 내부 장기를 이리저리 옮기고, 피를 뽑아내는 걸 느낄 수 있다. 하지만 근육 이완제를 잔뜩 투여받은 환자는 이 고통을 누구에게 알릴 수 없다. 그저 이 끔찍한 고통을 고스란히 견뎌내지 않으면 안 된다. 때로는 몇 시간 동안이나.

대부분의 마취 각성 피해자는 나중에 그 경험을 거의 기억하지 못한다. 그 기억은 흐릿하고 비현실적인 것으로 남아 있다. 하지만 통증을 포함해 모든 것을 기억하는 사람들이 극소수 있는데, 산 채로 난도질당하는 외상 후 악몽에 시달린다. 자살을 하는 사람도 일부 있다. 개인적으로 나는 마취 각성보다 더 끔찍한 고문은 없을 것이라고 생각한다.(단테가 이것을 알았더라면, 틀림없이 『신곡』의 「지옥 편」에 집어넣었을 것이다.) 서로 다른 의식 단계들 사이를 뇌가 어떻게 옮겨다니는지 이해한다면, 미래에 이 공포를 없애는 데 도움이 될 것이다.

이에 못지않게 중요한 것이 있는데, 이 연구는 철학에서 가장 크고 오래된 수수께끼 중 하나를 푸는 데에도 도움을 줄 수 있다. 그 수수께끼는 바로 뇌에서 의식이 어떻게 나타나느냐 하는 것이다. 토머스 베도스와 험프리 데이비는 기체를 사용해 질병을 치료하진 못했지만, 궁극적으로 인간의 정신도 이해하길 원했다. 만약 마취제가 정말로 인간 의식의 깊은 내면을 묘사할 수 있다면, 경이로운 작용을 하는 이 기쁨의 화학 물질들을 환영해야 할 이유가 그 어느 때보다 크다.

못다 한 이야기

르 페토만

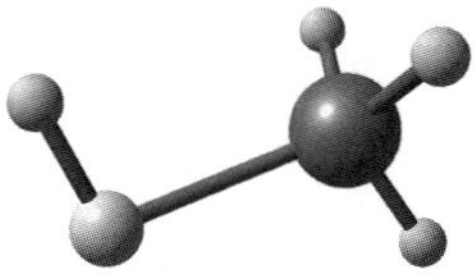

메탄티올(CH_3SH)

현재 공기 중 농도는 0.000001ppm. 한 번 숨을 들이쉴 때마다 메탄티올 분자 약 100억 개가 폐로 들어온다(옆 사람의 배에 가스가 가득 차 있지 않다면).

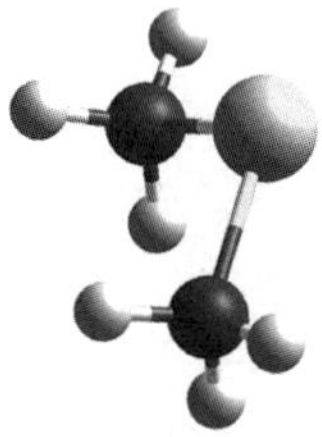

다이메틸설파이드(C_2H_6S)

현재 공기 중 농도는 0.00001ppm. 한 번 숨을 들이쉴 때마다 다이메틸설파이드 분자 약 1000억 개가 폐로 들어온다(옆 사람의 배에 가스가 가득 차 있지 않다면).

앞의 몇 장에서는 기체가 단순한 호흡에서부터 심오한 뇌의 기능에 이르기까지 우리의 모든 생물학적 기능에 어떤 영향을 미치는지 살펴보았다. 하지만 중요한 이야기가 빠진 게 아닌가 하고 생각하는 사람이 있을지 모르겠다. 그것은 바로 고창鼓脹(위창자에 공기가 가득 차는 것)에 대한 이야기이다. 나는 그런 건 본 적이 없다는 듯이 내숭 떨 필요 없다. 어차피 이 책은 온갖 종류의 기체를 다루려고 쓴 책이다. 우리 몸속을 지나가는 기체보다 우리가 더 자주 생각하는 기체가 또 있겠는가? 그러니 긴장을 풀고 우리 모두가 이 주제에 호기심을 느낀다는 사실을 인정하고서 이 이야기를 즐기는 편이 좋을 것이다. 조제프 퓌졸Joseph Pujol은 분명히 그랬다……

오래전에 프랑스 남부에서 조제프 퓌졸이라는 십대 소년이 해변에서 서핑을 즐기고 있었다. 파도 밑으로 뛰어들 준비를 하면서 몸을 숙인 채 숨을 깊이 들이쉬었다. 그 순간, 차가운 고드름이 몸속으로 푹 찌르고 들어오는 듯한 느낌이 들었다. 퓌졸은 점점 커져가는 불안감 속에서, 어떻게 그랬는지 몰라도 자신이 항문을 통해 물을 '들이켰다는' 사실을 깨달았다.

잠시 후 그 물이 곧창자(직장)를 통해 빠져나가자, 그제야 몸이 편안해졌다. 그래도 염려가 되어 가족 주치의를 찾아갔더니, 주치의는 빙그레 웃으면서 전혀 염려할 필요가 없다고 말했다. 하지만 불안감이 가시지 않았던 퓌졸은 더 이상 수영을 하지 않았다. 그리고 이십대 초에 군대에 들어갈 때까지 이 사건에 대해 단 한마디도 하지 않았다. 젊은 남자들을 모아놓으면 으레 그러는 것처럼 군대에서 온갖 지저분하고 역겨운 이야기가 난무하는 시간에 퓌졸은 그날 해변에서 경험했던 일을 털어놓았다. 동료들은 그 이야기를 아주 재미있어했고, 한 번 더 그렇게 해보라고 권했다. 호기심이 두려움을 이기자, 퓌졸은 다음번 휴가 때 해변을 찾았고, 거기서 차가운 짠물로 자기 마음대로 관장을 할 수 있다는 사실을 발견했다.

그리고 운명적인 어느 날, 퓌졸은 공기로도 같은 재주를 부릴 수 있다는 사실을 발견했다(어떻게 그럴 수 있었는지는 아무도 모르지만). 만약 이 일이 일어나지 않았더라면, 이 모든 것은 그저 기묘한 일화로 웃어넘겨졌을 것이다. 퓌졸은 먼저 상체가 다리에 닿을 정도로 몸을 구부렸는데, 이 때문에 숨 쉬기가 힘들었다. 그리고 나서 코와 입을 막고 가로막을 수축시키자 배 속의 부피가 크게 늘어났다. 기체의 부피와 압력은 밀접한 관계가 있는데, 한쪽이 커지면 다른 쪽은 작아진다. 따라서 배 속의 부피가 팽창하자 그 내부의 압력이 낮아져 부분적인 진공이 생겼다. 보통은 가로막이 이런 일을 할 때 공기가 들어와 폐를 가득 채운다. 하지만 퓌졸이 몸을 구부린 채 코와 입을 막았기 때문에, 공기가 대신에 다른 쪽 출입구로 들어왔다. 그리고 무엇보다 놀라운 것은 공기를 빨아들인 뒤에 자기 인생에서 가장 극적인 방귀를 내뿜었다는 사실이었다. 퓌졸은 큰 흥분을 느꼈고, 곧장 달려가 동료들에게 그 묘기를 보여주었다.

그 후 몇 년 동안 퓌졸은 이 '기술'을 완벽하게 연마하여 이제 10~15초 동안 멈추지 않고 계속 방귀를 뀔 수 있게 되었다. 방귀 소리의 높이와 크기도 조절할 수 있게 되어 방귀 소리로 음악 연주도 했다. 퓌졸은 이전부터 늘 무대에 서서 노래를 부르고 춤을 추는 걸 좋아했는데, 군대에서 자신의 레퍼토리를 연마한 뒤, 1880년대 중반에 코밑수염을 기르고 자신의 재주를 보여주기 위해 여행길에 나섰다. 그리고 자신의 별명을 르페토만Le Pétomane이라고 지었는데, '방귀광'이란 뜻이었다.

그러다가 1892년에 용기를 내 오디션을 보러 파리의 유명한 나이트클럽 물랭루주를 찾아갔다. 오디션에서 그는 바지를 내리고 물을 빨아들여 자신의 '악기'를 세척한 뒤(그는 평소에 매일 다섯 번씩 관장을 했다), 나이트클럽 사장을 위해 세레나데를 연주했다. 사장은 깜짝 놀라며 그 자리에서 그를 채용했다.

청중은 처음에는 르 페토만을 어떻게 받아들여야 할지 몰라 당황했지만, 2년이 지나기 전에 르 페토만은 프랑스에서 가장 많은 출연료를 받는 공연자가 되었다. 어떤 쇼에서는 2만 프랑을 받기도 했는데, 전설적인 연극배우 사라 베르나르Sarah Bernhardt가 받던 금액의 2배가 넘었다. 막이 열리면, 르 페토만은 검은색 새틴 턱시도에 흰 장갑과 빨간색 케이프를 착용하고 무대에 등장했다.(턱시도를 착용한 이유는 부조화 효과를 노린 점도 있지만, 방귀를 계속 뀌어야 한다는 부담감을 숨기려는 의도도 있었다.) 첫 번째 웃음이 잦아들고 나면, 개성적인 방귀 소리를 들려주었다. 예를 들면, 짧고 높게 뽕 하는 어린 아가씨의 방귀, 송아지 울음소리 비슷하게 굵고 힘차게 뿜어나오는 장모의 방귀, 첫날밤 신부의 방귀(수줍은 듯이 가늘게 새어나오는 뽀옹), 결혼 후 몇 달 지난 신부의 방귀(천둥소리) 등을 흉내냈다. 그밖에도 수탉, 올빼미, 오리, 벌, 두꺼비, 돼지, 꼬리가 문에 낀 개의 소리도 흉내냈다. 또, 항문으로 플루트를 연주해 사람들을 포복절도하게 만들었다. 공연이 끝나갈 무렵에 르 페토만은 무대 뒤로 갔다가 항문에 꼬리처럼 관을 꽂은 채 다시 나왔다. 반대쪽 끝에는 불붙은 담배가 끼워져 있었는데, 르 페토만은 입과 항문 양쪽으로 고리 모양의 연기를 내뿜었다. 그러고 나서 〈라 마르세예즈〉를 격정적으로 연주한 뒤, 약 1m 떨어진 촛불을 방귀로 끄는 것으로 피날레를 장식했다.

여성, 특히 코르셋을 입은 여성이 미친 듯이 웃다가 기절하는 일이 자주 일어났다. 한 남자는 심장마비를 일으켰다.(물랭루주는 이것을 홍보에 이용하기 위해 극장 주위에 간호사들을 배치하고 이 쇼가 아주 위험하다는 경고 포스터를 붙였다. 물론 그럴수록 사람들은 이 쇼를 더 보고 싶어 했다.) 혹시라도 이 화장실 유머가 재미있어 킥킥대면서 죄책감을 느끼는(혹은 너무 고리타분한 사람이어서 뭐가 웃기는지 모르겠다는) 사람은 르 페토만이 르누아르와 마티스 같은 유명한 화가와 어울렸고, 모리스 라벨Maurice Ravel(프랑스의 서양 고전 음악 작곡가)이 그를 아주 좋아했다는 이야기를 들으면 조금 마음이 가벼워질 것이다. 프로이트가 자기 방 벽에 르 페토만 사진을 붙여두었고, 항문기 고착 이론을 만들 때 그를 참고했다는 이야기도 전해진다. 심지어 벨기에 국왕도 신분을 숨긴 채 '방귀 예술가'를 보러 왔다.

르 페토만의 항문에서는 도대체 무슨 일이 일어났던 것일까? 먼저 방귀가 무엇인지부터 살펴보기로 하자. 방귀는 부분적으로는 공기이다. 우리가 음식이나 물을 삼킬 때마다 공기도 몇 밀리리터씩 삼킨다. 이 중 대부분은 트림을 통해 밖으로 나온다. 하지만 일부는 위와 창자로 새어들어가며(특히 누워 있을 경우에), 거기서 남쪽으로 이동하기 시작한다.

방귀 성분 중 약 75%는 창자에 사는 세균이 발효라는 과정을 통해 만든다. 발효라고 하면 흔히 맥주를 떠올리지만, 맥주 말고도 발효와 관련된 현상은 아주 많다. 탄수화물이 소화되어 더 작은 대사 산물로 분해되는 곳에는 으레 발효 과정이 관여한다. 창자에서는 방귀 발효 세균이 탄수화물 사슬을 삼켜 이산화탄소와 수소, 메탄으로 분해한다. 그런 다음, 미생물은 이 성분들을 토해내 우리 창자를 가스로 가득 채운다. 가스가 많이 들어 있다고 말하는 식품들은 위와 창자에서 잘 분해되지 않는 탄수화물(예컨대 우유에 들어 있는 젖당과 양배추와 브로콜리에 들어 있는 라피노즈)을

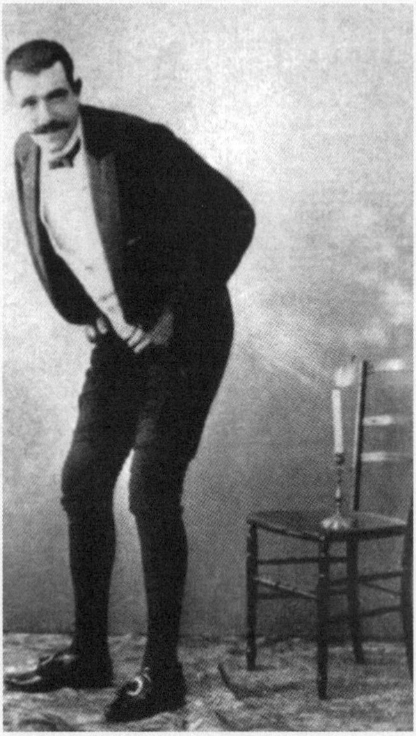

르 페토만은 항문으로 노래를 부르고 여러 가지 소리를 흉내낼 수 있었다.

포함하고 있어 창자에서 미생물에게 성대한 만찬을 제공한다.

평균적인 어른은 하루에 1.5L의 가스를 약 20회에 걸쳐 방귀로 내보낸다. 하지만 이 수치는 크게 변할 수 있다. 르 페토만은 항문으로 한 번 숨을 들이쉴 때마다 약 3L의 공기를 빨아들였으며, 의학 문헌에 나오는 한 남자는 매일 방귀를 120번씩 뀌었다. 이렇게 많은 양의 가스가 창자 속에 갇혀 빠져나가지 못하면, 창자가 파열될 수 있다. 섬뜩한 사례가 하나 있는데, 외과의들이 한 남자 환자의 잘록창자를 지지다가 가스가 가득 찬 부분에 불이 붙는 바람에 복부에 폭 15cm의 구멍이 뚫린 적이 있다.

놀랍게도 방귀를 이루는 가스 중 99% 이상은 아무 냄새가 없다. 심지어 메탄조차 그 악명에도 불구하고 냄새가 없다. 방귀의 고약한 냄새는 대부분 몇몇 미량 성분에서 나온다. 썩은 달걀 냄새가 나는 황화수소(H_2S), 썩은 채소 냄새가 나는 메탄티올(CH_3SH), 아주 역겨울 정도로 달콤한 냄새가 나는 다이메틸설파이드(C_2H_6S) 등이 그런 성분이다. 뭉뚱그려 휘발성 황 화합물이라고 부르는 이 성분들 역시 포식한 세균의 배 속에서 생겨난다. 이 성분들은 구취를 일으키는 원인이기도 하다.(여기에 대해서는 너무 깊이 생각하지 않는 게 좋다.)

자, 이제 방귀가 어떻게 만들어지는지 알았을 것이다. 그런데 이것들 중 어느 것도 르 페토만과 직접적 관계가 없다는 이야기를 들으면 놀랄지 모르겠다. 르 페토만은 창자에 가스를 채우려고 브로콜리를 게걸스럽게 먹거나 생우유를 벌컥벌컥 마시지 않았다. 그저 항문으로 보통 공기를 빨아들였다가 다시 내보냈을 뿐이다. 그 결과로 르 페토만의 방귀는 적어도 무대 위에서는 아무 냄새가 나지 않았다. 사실, 르 페토만은 저속하다고 생각하여 자신의 쇼에서 배설물과 관련된 유머를 전혀 하지 않았다. 오히려 자신을 가수와, 천의 목소리를 가진 사나이로 불리는 성대모사 달인의 중간쯤에 해당하는 공연자로 여겼다.

여기서 진지한 질문이 하나 떠오른다. 우리 몸의 양 끝에는 공기가 통과하는 관이 있다. 그런데 왜 아래쪽 관으로는 '말'을 하지 못할까?* 직관적으로는 하지 못할 이유가 전혀 없어 보인다. 물론 항문에는 성대가 없지만, 성대는 사실 그다지 특별한 것이 아니다. 음식과 물이 기도에 들어가지 않도록 막는 덮개에 지나지 않는다. 항문의 조임근(괄약근)은 트럼펫 연주자의 입처럼 윙윙거리는 소리를 낼 수 있으며, 이 점에서는 입에 비해 크게 성능이 떨어지지 않는다. 더 큰 문제는 공기의 흐름을 변형시켜 단어들로 만드는 기관인 입술과 혀가 없다는(고맙게도!) 점이다. 하지만 실제로는 훨씬 단순한 구강 구조로도 기본적인 의사소통을 할 수 있다. 그렇다면 진화는 오래전에 항문 주위에 더 근사한 구조들을 발달시킴으로써 항문으로 대화를 할 수 있도록 만들 수 있었을 것이다. 몇몇 청어 종은 방귀를 통해 의사소통을 한다고 알려졌다.

물랭루주에서 영광스러운 세월을 몇 년 보낸 뒤, 르 페토만과 물랭루주 사장 사이에 법적 분쟁이 벌어졌다. 친구의 장사를 돕기 위해 시장 거리의 가판대에서 노래를 부른 일이 있었는데, 그것을 들키고 말았다. 그러자 사장은 오로지 클럽 안에서만 방귀를 뀌어야 한다고 주장하면서 계약 위반으로 르 페토만을 상대로 소송을 제기했다.(신문들은 배꼽을 잡게 하는 이 이야기를 크게 다루었다.) 방귀 예술가는 결국 물랭루주에서 나와 자신의 클럽을 차렸는데, 이것은 다시 추가적인 법적 분쟁을 낳았다. 특히 물랭루주 사장이 그를 대체할 여성 방귀 예술가를 고용하면서 법적 분쟁이 불붙었다.(그 여성이 보여준 공연은 사기였다. 속치마 속에 풀무를 숨기고 소리를 냈다. 르 페토만은 경력 초기에 사람들이 같은 의심을 하자, 여러 의사 앞에서 옷을 다 벗고 검사를 받았다.)

비록 이제 프랑스에서 가장 수입이 좋은 공연은 아니었지만, 그래도 르 페토만은 자신의 클럽에서 공연을 하며 20년 동안 안락한 생활을 보냈다. 1914년에 유럽이 전쟁의 소용돌이에 휘말려 들어가기 전까지는. 전쟁이 일어나자, 이제 그런 경박한 쇼를 즐길 여유가 있는 사람은 아무도 없었다. 르 페토만의 가족도 예외가 아니었는데, 두 아들은 전선에서 장애인이 되었다. 게다가 제1차 세계 대전의 악명 높은 가스전이 벌어진 뒤에는 가스를 바탕으로 한 코미디는 사람들의 취향에서 멀어졌다.

전쟁이 끝난 뒤, 르 페토만은 다른 곳에 정착해 빵집을 열었는데, 그 부근에서 최고의 브랜 머핀을 만들었던 것 같다. 1945년, 유럽 전승 기념일 이후 한 달이 지났을 때 그가 죽자, 여러 의사가 르 페토만이 어떻게 항문으로 기체를 빨아들일 수 있었는지 그 구조를 자세히 조사할 수 있게 해달라고 가족에게 요청했다. 그러나 애석하게도 우리는 그 비밀을 결코 알 수 없었는데, 가족이 조사를 허락하지 않았기 때문이다. 한 아들은 "아버지의 삶 중 어떤 것들은 존중받아야 마땅합니다."라고 말했다.

물(H_2O)

현재 공기 중 농도는 0.33ppm.

공기 중 농도는 장소와 날씨에 따라 다양하다.

한 번 숨을 들이쉴 때마다 물 분자 수십억~수천조 개가 폐로 들어온다.

5장

혼돈을 제어하다

시시비비를 가리기 위해 신성로마제국 황제 앞에 출두하라는 명령을 받는 것은 일반적으로 축하할 일이 아니다. 하지만 독일 마그데부르크 시장 오토 게리케Otto Guericke는 남쪽을 향해 덜컹거리며 달리는 마차 안에서 자신감이 치솟았다. 역사상 가장 위대한 과학 실험을 온 세상 사람들에게 보여줄 기회가 마침내 찾아왔다고 여겼다.

게리케의 공기 펌프

전형적인 신사 과학자였던 게리케는 진공(아무것도 들어 있지 않고 밀폐된 공간) 연구에 몰두하고 있었다. 그 당시 사람들이 진공에 대해 아는 것이라곤 자연은 진공을 싫어해* 진공을 용납하지 않는다는 아리스토텔레스의 금언뿐이었다. 하지만 게리케는 자연은 더 열린 마음을 갖고 있을 것이라고 생각했고, 1650년대 초에 진공을 만드는 노력을 시작했다. 처음에는 소방대가 사용하던 펌프를 사용해 통 속의 물을 뽑아내 진공을 만들려고 시도했다. 통은 처음에 물이 가득 차 있었고 완벽하게 밀폐돼 있었으므로, 어떤 공기도 그 속으로 들어갈 수 없었다. 그래서 게리케는 물을 다 뽑아내고 나면, 통 속에는 텅 빈 공간만 남을 것이라고 생각했다. 하지만 펌프질을 한 지 몇 분 지나자, 통널들 사이에 틈이 벌어지면서 공기가 새어들어갔다. 그다음에는 비슷한 장치를 사용해 속이 빈 구리 공에서 공기를 뽑아내려고 했다. 구리 공은 더 오래 버텼지만, 결국 구리 공도 안쪽으로 짜부라지더니 귀를 먹먹하게 하는 쾅 소리와 함께 와르르 무너지고 말았다.

이 격렬한 내파內破를 보고서 게리케는 깜짝 놀라 심장이 두근거리기 시작했다. 잘은 모르지만, 미친한 공기의 압력(더 정확하게는 구리 공 내부와 외부 사이의 기압 차이)이 구리 공을 짜부라뜨린 게 분명했다. 정말로 기체가 금속을 짜부라뜨릴 만큼 강하단 말인가? 그것은 말도 안 되는 소리처럼 들렸다. 기체는 아주 부드럽고 푹신한 것이 아닌가? 하지만 다른 답을 찾을 수 없었던 게리케는 이 비약적인 개념에 끌렸다. 이것은 인간과 기체의 관계에 일대 전환점을 가져오는 계기가 되었다. 사람이 기체의 강력한 힘을 깨달은 것은 아마도 이 순간이 역사상 처음이었을 것이다. 그리고 개념적으로 이 깨달음에서 증기 기관과 산업 혁명 사이의 거리는 짧은 한걸음에 지나지 않았다.

하지만 이 혁명이 시작되기 전에 게리케는 기체의 힘이 얼마나 강한지 입증해야 했다. 운 좋게도 그에겐 이것을 실현할 과학적 재능이

독일 마그데부르크 시장으로 진공을 연구한 오토 폰 게리케.

있었다. 그다음 10년 동안 그가 준비하여 보여준 시범은 중앙유럽에서 입소문을 통해 널리 퍼져나갔다. 그리고 마침내 신성로마제국 황제 페르디난트 3세Ferdinand III가 자기 앞에서 직접 시범을 보이라고 게리케를 궁정으로 불렀다.

남쪽으로 350km 거리의 여행에 나선 게리케는 구리 반구 2개를 가져갔다. 이 둘을 합치면 지름 55cm의 공이 되었다. 반구 껍데기는 공기가 짓누르는 힘을 견뎌낼 만큼 두꺼웠으며, 각각의 반구에는 밧줄을 끼울 수 있는 고리가 붙어 있었다. 무엇보다 중요한 것은 한 반구에 뚫은 구멍과 거기에 붙어 있는 공기 밸브였는데, 이 밸브는 공기가 한쪽 방향으로만 지나가게 했다.

궁정에 도착하니, 말 30마리와 많은 인파가 기다리고 있었다. 그 당시는 죄수의 사지를 밧줄로 말들에 매달아 찢어 죽이던 시절이었는데, 게리케는 군중에게 자신의 구리 공도 그와 비슷한 고난을 겪을 것이라고 선언했다. 게리케는 황제의 훌륭한 말들도 자신의 두 반구를 떼어놓지 못할 것이라고 믿었다. 당연히 군중 사이에서 큰 웃음소리가 났다. 두 반구는 누가 꽉 잡고 있지 않으면 저절로 떨어졌다. 게리케는 사람들의 비웃음을 무시하고, 수레에서 핵심 장비를 내렸는데, 그것은 삼발이 위에 놓인 일종의 원통이었다. 원통에서 관이 하나 나와 있었는데, 게리케는 그것을 구리 공의 일방통행 밸브에 연결시켰다. 그러고 나서 대장장이 여러 명(그가 구할 수 있었던 가장 힘센 사람들)에게 원통 장비의 크랭크를 돌려 지렛대와 피스톤을 움직이게 했다. 그 장비에서는 몇 초마다 한 번씩 씩씩거리는 소리가 났다. 게리케는 이 장비를 '공기 펌프'라고 불렀다.

그 작동 원리는 이렇다. 공기 펌프의 원통 내부에는 특별한 기밀실氣密室(고압 실험이나 저압 실험 따위를 하기 위해 바깥 공기가 전혀 통하지 못하도록 막은 방)과 위아래로 움직이는 피스톤이 있었다. 처음에는 피스톤이 아래로 내려와 있었다. 즉, 기밀실 안에 공기가 하나도 없었다는 뜻이다.(여기서 저자는 일반적인 실린더와는 정반대로 설명하고 있다. 실린더에서는 피스톤이 위로 올라갔을 때 실린더 내부에 공기가 하나도 없는 상태가 된다. 그러니 여기서는 실린더가 거꾸로 뒤집혔다고 상상하면 된다.—옮긴이) 첫 번째 단계에서는 한 대장장이가 피스톤을 위로 밀어 올렸다. 기밀실과 구리 공은 관을 통해 연결돼 있어 구리 공 안의 공기가 기밀실로 흘러갈 수 있었다. 이야기를 간단하게 하기 위해 처음에 공 내부에 공기 분자 800개가 있었다고 하자.(이것은 실제보다 엄청나게 적은 수이지만, 그래도 우리의 이야기를 전개하기에는 편리한 어림수이다.) 피스톤이 위로 올라갔을 때에는 아마도 공 내부의 전체 공기 중 절반이 빠져나갔을 것이다. 그러면 공기 분자는 구리 공 안에 400개, 기밀실 안에 400개가 있게 된다.

핵심 단계는 바로 여기서 시작된다. 게리케는 일방통행 밸브를 닫아 공과 기밀실에 분자를 400개씩 가두었다. 그러고 나서 기밀실에 붙어 있는 또 다른 밸브를 열고 대장장이에게 피스톤을 아래로 내리게 했다. 그러자 기밀실에 있던 분자 400개가 모두 다 빠져나갔다. 결국 구리 공 안에 들어 있던 분자들 중 400개가 바깥 세계로 완전히 빠져나간 셈이다.

이에 못지않게 중요한 것은 이제 처음의 출발점 상태, 즉 피스톤이 아래로 내려온 상태로 되돌아왔다는 사실이었다. 게리케는 구리 공의 밸브를 다시 열고 이 과정을 처음부터 반복할 수 있었다. 이번에는 분자 200개(구리 공에 남아 있는 400개 중 절반)가 기밀실로 흘러가고, 구리 공에는 200개가 남았다. 일방통행 밸브를 다시 닫음으로써 분자 200개를 또다시 기밀실에 가두었다가 바깥 세계로 내보낼 수 있었다. 그 다음번에는 분자 100개를 내보냈고, 또 그 다음번에는 50개를, 이런 식으로 같은 과정을 반복했다. 과정을 반복할수록 피스톤을 위로 밀어올리기가 더 힘들어졌지만(힘센 대장장이들을 동원한 이유는 이 때문이다), 과정을 한 차례 반복할 때마다 구리 공에서 절반씩의 공기가 빠져나갔다.

공기가 더 많이 빠져나갈수록 구리 공에는 바깥쪽에서 짓누르는 압력이 점점 더 강해졌다. 매 순간 수많은 공기 분자들이 공 표면에 충돌하기 때문에 그렇다. 분자 하나는 아주 작지만, 수많은 분자들의 힘을 합하면 수천 킬로그램의 무게가 짓누르는 힘이 된다(정말로). 평소에는 공 내부의 공기가 바깥으로 미는 힘이 외부에서 짓누르는 이 압력과 균형을 이룬다. 하지만 대장장이들이 공 내부의 공기를 빼낸 지금은 압력 불균형이 생겨, 바깥쪽 공기가 두 반구를 점점 더 세게 짓눌렀다. 구리 공의 크기를 감안하면, 완전한 진공 상태에 미친 알짜 힘은 약 2540kg의 하중이 짓누르는 힘과 맞먹었을 것이다. 게리케가 이 모든 세부 사실을 알았을 리는 없으며, 또 완전한 진공 상태에 얼마나 가까이 다가갔는지도 확실치 않다. 하지만 첫 번째 구리 공 껍데기가 짜부라지는 것을 본 게리케는 공기의 힘이 아주 크다는 걸 알았다. 그리고 게리케는 그 힘이 말 30마리가 끄는 힘보다 강할 것이라고 생각해 도박에 나선 것이었다.

대장장이들이 공기를 다 빼내자, 게리케는 구리 공을 공기 펌프에서 떼어내 양쪽 끝에 있는 고리에 밧줄을 끼운 뒤, 양쪽에서 대기하고 있던 말들에 밧줄을 붙들어맸다. 군중 사이에 일순 정적이 흘렀다. 아마도 한 아가씨가 실크 손수건을 높이 쳐들었다가 떨어뜨렸을 것이다. 줄다리기가 시작되자, 밧줄이 팽팽하게 당겨지면서 구리 공이 움찔거렸다. 말들은 콧김을 내뿜으면서 발굽으로 땅을 박찼고 목에 힘줄이 불룩 솟았다. 하지만 구리 공은 요지부동이었다. 말들은 구리 공을 두 반구로 떼어내지 못했다. 말들이 실패한 뒤, 게리케가 구리 공으로 다가가 손가락으로 밸브를 돌려 열었다. 쉬이익! 공기가 공 안으로 들어가기 시작했고, 잠시 후 두 반구가 저절로 떨어졌다. 마치 오직 선택받은 자만이 뽑을 수 있다는 전설의 검 엑스칼리버가 바위에서 쑥 뽑히는 것처럼. 황제는 이 묘기에 큰 감명을 받아 평민이던 오토 게리케에게 오토 폰 게리케Otto von Guerike라는 이름을 하사하면서 공식적인 독일 귀족으로 신분을 올려주었다.

오토 폰 게리케가 사람들 앞에서 보여준 마그데부르크의 반구 실험.
(사진 제공: 웰컴재단)

훗날 폰 게리케와 그의 조수들은 이것 말고도 진공과 기압을 이용한 극적인 실험을 여러 차례 보여주었다. 이들은 공기를 빼낸 유리병 속에서 종을 울려도 소리가 나지 않는다는 것을 보여줌으로써 소리의 전파에는 공기가 필요하다는 사실을 입증했다. 또, 진공 속에서 빨갛게 달아오른 쇠 옆에 둔 버터가 녹지 않음을 보여주어, 진공에서는 열이 대류를 통해 전달되지 않는다는 사실을 증명했다. 그리고 다른 장소들에서 마그데부르크의 반구 실험을 반복해 보여줌으로써 게리케가 발견한 공기의 강한 힘을 널리 알렸다. 게리케의 발견 중 세상에 가장 큰 영향을 미친 것은 바로 이것이었다. 평소에 주변 공기의 압력이 $1cm^2$당 약 1kg이라고 하면 별로 대단한 것처럼 들리지 않지만, $1000cm^2$에 미치는 압력은 약 1톤이 된다. 더군다나 이 강한 힘이 미치는 곳은 구리 반구뿐만이 아니다. 평균적인 어른의 경우, 항상 약 20톤의 힘이 밖에서 몸 안쪽으로 짓누르고 있다. 이 압력을 느끼지 못하는 이유는 몸 안쪽에서도 같은 크기의 힘이 바깥쪽으로 밀기 때문이다. 하지만 여기서 두 힘이 균형을 이룬다는 사실을 안다 하더라도, 이 상황은 여전히 위태위태해 보인다. 이론적으로는 두 소방 호스에서 뿜어져 나오는 물줄기 사이에 놓인 금속박에 미치는 힘이 완벽하게 균형을 이룬다면, 금속박은 온전한 상태로 남을 것이다. 하지만 실제로 그런 모험을 하려는 사람이 있을까? 공기와 맞닥뜨리는 우리 피부와 장기도 안쪽과 바깥쪽으로 폭우처럼 빗발치는 힘들 사이에서 균형을 잡은 채 이와 동일한 위험에 놓여 있다.

다행히도 우리의 과학적 선구자들은 그토록 강한 힘 앞에서 떨지 않았다. 그들은 게리케의 가르침—기체의 힘이 엄청나게 강하다는—을 받아들였고, 그것을 새로운 아이디어들에 접목해 앞으로 나아갔다. 그들이 추진한 계획 중에는 증기 기관처럼 실용적인 것도 있었다. 그런가 하면 열기구처럼 약간 경박한 것도 있었다. 어떤 것은 폭발물처럼 치명적인 힘으로 우리를 벌했다. 하지만 이 모든 것은 기체의 순수한 물리적 힘에 의존해 일어났다.

불로 물을 끌어올리는 기관

산업 혁명은 망가진 장난감에서 시작되었다. 1750년대 후반에 글래스고 대학교는 제임스 와트James Watt라는 성미 까다로운 기술공을 고용해 수업의 시범에 사용할 장비를 만들고 유지하는 일을 맡겼다. 한 가지 일은 소형 뉴커먼 증기 기관을 고치는 것이었는데, 광산에서 물을 퍼내는 데 쓰던 증기 기관을 장난감처럼 만든 모형이었다. 황동으로 만든 높이 60cm의 이 증기 기관은 제대로 작동하는 법이 없었다. 담당 교수는 와트가 이 골치 아픈 증기 기관을 제대로 작동하도록 고쳐 주기만을 원했지만, 와트는 이 소형 증기 기관을 연구할수록 더 '개선할' 수 있는 방법이 자꾸 생각났다. 결국 와트는 평생 동안 이 일에 몰두하게 되었다.

인류는 오래전부터 기계를 움직이는 데 물을 사용해왔지만*, 토머스 세이버리Thomas Savery라는 영국인이 1696년에 콘월 지방의 광산주들을 위해 증기 기관을 만들기 전까지는 증기 자체가 산업에서 쓰인 적은 거의 없었다. 콘월 지방에는 주석과 그 밖의 광물이 아주 많이 매장돼 있었지만, 수직 갱도는 땅속으로 몇 미터만 파고 들어가도 물이 찼다. 물을 밖으로 퍼내기 위해 수십 마리의 말과 황소를 거대한 바퀴에 묶어 바퀴를 돌리게 했다. 그것은 느리고 지루하고 비용이 많이 드는 작업이었다. 그래서 세이버리는 이 힘든 일을 대신할 기계를 발명했다. 이 기계는 처음에 물을 끌어올리는 게리케식 진공 펌프와, 압축 증기를 사용해 물을 더 높이 밀어올리는 두 번째 펌프, 이렇게 두 부분으로 이루어져 있었다. 세이버리는 이 기계를 고객들에게 팔러 다니면서, 기계를 애완견의 이름 같은 "광부의 친구"라고 불렀다. 그러나 실제로는 애완 용에 더 가까웠는데, 높이가 수 미터나 되었고, 용의 배는 증기를 만드느라 불길이 이글거렸다. 실제로 특허를 신청할 때 세이버리는 자신의 기계에 "불로 물을 끌어올리는 기관"이라는 극적이면서 전설적인 이름을 붙였다.

광부의 친구는 황소보다는 나았지만 단점이 있었다. 첫 번째 단점은 세이버리의 진공 펌프였는데, 약 10m가 넘는 높이로는 물을 끌어올릴 수 없었다. 그 이유는 좀 미묘한데, 여기에는 진공 펌프의 작용 방식에 대한 일반적인 오해도 얽혀 있다. 그 당시 대부분의 사람들은 진공 펌프가 유체를 위로 빨아올리는 방법으로 물을 끌어올린다고 생각했다. 하지만 그렇지 않다. 엄밀히 따지면, 진공 펌프는 그 자체가 어떤 물체를 끌어올리거나 빨아들일 수 없다. 깊이 생각해보면, 이것은 명백하다. 진공은 문자 그대로 아무것도 없는 상태인데, 아무것도 없는 것이 어떻게 힘을 가하거나 어떤 일을 할 수 있겠는가? 실제로 일어나는 일은 이렇다. 진공실 내부에서 공기를 모두 다 뽑아내면, 밖에서 안으로 들어오려는 유체를 '밖으로 밀어내는' 힘이 갑자기 사라진다. 그 결과로 유체가 아무 방해도 받지 않고 텅 빈 공간으로 쏜살같이 들어올 수 있다. 따라서 전체적으로 볼 때, 진공 펌프는 스스로 유체를 끌어당기는 것이 아니다. 단지 외부의 유체가 스스로 들어

오도록 할 뿐이다.

그렇다면 물을 끌어올릴 때, 물을 '미는' 힘은 어디서 나오는 것일까? 그것은 바로 기압이다. 다음과 같은 설정을 상상해보라. 바닥에 물웅덩이가 고인 갱도가 있고, 그 위의 지상에는 진공 펌프가 있다. 그리고 펌프에서 나온 관이 물웅덩이까지 뻗어 있다. 펌프를 가동하자마자 관 속에서 물이 올라가기 시작한다. 하지만 이것은 펌프가 물을 위로 끌어당기기 때문이 아니다. 그보다는 공기의 압력이 물웅덩이 표면을 내리누르기 때문에 물이 관을 따라 위로 올라가는 것이다. 이는 사람들이 일반적으로 생각하는 것과는 정반대의 일이 일어나는 것처럼 들린다. 공기가 '아래쪽으로' 누르는 힘이 물을 '위쪽으로' 올라가게 한다고? 하지만 실제로 그렇다. 비유를 들어 설명해보자. 카운터 위에 놓여 있는 빵 반죽 덩어리를 상상해보라. 반죽에 손을 얹고 아래쪽으로 내리누르면 어떤 일이 일어나는가? 일부 반죽은 짓눌리지만, 일부 반죽은 손가락 사이의 틈을 통해 위로 솟아오를 것이다. 즉, 반죽에서 어느 한 곳을 누르면 다른 곳에서 올라가는 부분이 생긴다. 이와 똑같은 일이 물과 기압에서도 일어난다. 공기는 대부분의 표면을 내리누르지만, 아래로 누르는 이 힘은 물을 기압이 낮은 다른 곳(관 속의 진공처럼)으로 올라가게 만든다.

진공 대 기압, 미는 힘 대 끌어당기는 힘을 이렇게 구별하는 것은 언뜻 생각하기에는 현학적인 이야기처럼 들릴 수 있다. 길이가 20cm인 빨대의 작용 원리에 대해 이야기할 때에는 그럴 수 있다.(그러니 음료수를 마실 때마다 그 액체를 끌어올리는 힘이 그 사람의 폐가 아니라 기압이라고 지적하는 행동은 삼가는 게 좋다. 비록 그것이 사실이긴 하지만 말이다.) 하지만 10m 정도의 높이에서는 이 구별이 아주 중요하다. 이 높이 이상에서는 모든 것을 아래로 끌어당기는 중력이 막강한 힘을 발휘한다.

기압 대 중력의 싸움을 이해하려면, 세이버리의 진공 펌프를 사용해 물을 끌어올리려고 하는 광부를 상상해보라. 거추장스러운 계산은 생략하겠지만, 진공 펌프가 물을 관 속으로 30cm 높이까지 끌어올린다면, 이 물을 아래로 끌어당기는 중력의 세기는 0.4psi(psi는 pounds per square inch, 즉 1제곱인치당 파운드를 뜻한다. 1제곱인치는 약 6.45cm^2, 1파운드는 약 453g에 해당한다.—옮긴이)에 해당한다. 이 물기둥을 떠받치는 기압은 14.7psi인데, 14.7은 0.4보다 크므로 여기서는 기압이 이긴다. 진공 펌프가 물을 관 속으로 60cm 높이까지 끌어올리면, 여기에 미치는 중력은 두 배로 늘어나 0.8이 되지만, 여전히 14.7보다는 작다. 하지만 물을 점점 더 많이 끌어올리다 보면, 어느 시점에서 물을 아래로 끌어당기는 중력의 세기가 14.7을 넘어서게 되고, 그러면 물기둥은 더 이상 위로 올라가지 않는다. 계산을 정확하게 해보면, 물기둥의 높이가 약 10.3m에 이르렀을 때 이런 일이 일어난다.

토머스 세이버리가 부닥친 한계가 바로 이것이었다. 사실, 지구에서는 그 어떤 진공 펌프도*, 설사 완벽한 것이라 하더라도 그 자체의 힘만으로는 10.3m보다 더 높이 물을 끌어올릴 수 없다. 그러기에는 대기의 힘이 부친다. 완벽한 것에 한참 못 미친 세이버리의 진공 펌프는 이보다 성능이 떨어져 물을 9m 이상 끌어올리지 못했다.

여기서 여러분은 세이버리의 기관에서 나머지 절반, 즉 분출되는 증기로 관을 통해 물을 위로 밀어올리는 일을 하는 부분이 궁금할 것이다. 이 부분에서는 좋은 소식이 있는데, 이 방법으로 물을 밀어올리는 높이에는 본질적인 한계가 없다. 증기압을 계속 올릴 수만 있다면,

이론적으로는 이 방법으로 물을 달까지 펌프질해 보낼 수 있다. 문제는 1690년대 당시의 밸브와 조인트는 큰 압력을 견딜 수 없어서 추가로 9m 이상을 펌프질하려고 하면 모든 것이 망가지고 말았다는 것이다. 그래서 전체적으로 세이버리의 증기 기관으로는 물을 18m 이상 끌어올릴 수 없었다. 말보다는 나았지만, 월등히 나은 것은 아니었다.

토머스 뉴커먼Thomas Newcomen이라는 대장장이가 1710년대에 마침내 이보다 훨씬 나은 증기 기관을 만들었다. 이것 역시 두 부분으로 이루어져 있었다. 한쪽 절반에는 실린더 안에 피스톤이 들어 있었는데, 피스톤은 증기압의 변화에 따라 위아래로 움직였다. 작동 원리를 이해하기 위해 먼저 피스톤이 위로 올라간 상태에 있다고 상상해보자. 피스톤 아래에는 증기 구름이 있어 피스톤의 무게를 떠받치는 데 도움을 주는데, 증기가 그 상태로 머물러 있는 한 피스톤은 움직이지 않는다. 하지만 피스톤이 그렇게 느긋하게 쉬려고 할 때, 아래에 있는 밸브가 열리면서 평화를 깨뜨린다. 이 밸브를 통해 증기를 머금고 있던 실린더 안으로 찬물이 쏟아져 들어온다. 증기는 찬물에 쇼크를 받아(여러분의 옷 속으로 얼음을 붓는 것과 비슷한 상황) 수축하면서 응결하여 물로 변한다. 물은 바닥에 있는 관을 통해 빠져나간다.(밖에서는 이 단계에서 누가 코를 킁킁거리는 소리가 났다고 한다.) 더 중요한 것은 증기가 응결하고 나면 이제는 피스톤을 떠받치는 것이 아무것도 없다는 사실이다. 그래서 피스톤은 외부의 기압에 눌려 아래로 곤두박질치기 시작한다. 하지만 실린더 바닥에 충돌하기 직전에 또 다른 밸브가 열리면서 구원의 손길을 뻗는다. 증기가 실린더로 다시 쏟아져 들어오면서 피스톤을 위로 밀어올린다. 위기를 벗어난 피스톤은 또다시 증기 구름 위에서 느긋하게 휴식을 취할 수 있다. 악랄한 밸브가 다시 열리면서 찬물을 끼얹어 아까의 상황을 처음부터 반복하기 전까지는.

엄밀히 따지면, 증기 기관에서 피스톤은 물을 조금도 펌프질하지 않는다. 그저 그렇게 할 동력만 제공했을 뿐이다. 실제 펌프질은 다른 쪽에서 일어난다. 피스톤 위에는 거대한 나무 기둥이 있는데, 이것이 시추탑의 데릭 기중기처럼 위아래로 오르락내리락한다.(광산업자들은 높이가 12m나 되는 이 거대한 구조물을 캐나다 브리티시컬럼비아주나 발트해의 원시림에서 수입했다.) 기둥은 한쪽 끝이 피스톤에 연결돼 있어 피스톤이 사이클을 반복할 때마다 위아래로 움직였다. 이렇게 기둥이 오르락내리락하는 움직임이 이 시소의 반대편 끝에 연결돼 있는 펌프에 동력을 공급했다. 하지만 솔직하게 말하면, 여기에 사용된 '펌프'들은 이름값을 하지 못했다. 많은 펌프는 한 번의 사이클마다 물을 위로 겨우 수십 센티미터 끌어올리는 물통과 다를 바 없었다. 하지만 값비싼 고급 장비인 진공 펌프와 달리 이 물통은 기압 때문에 생기는 근본적 한계가 전혀 없었다. 그리고 물통은 비록 조잡해 보였지만, 뉴커먼 기관에서 주된 기능을 하는 부분—증기 피스톤—은 동력을 한곳에 아주 잘 집중시켰으므로, 광부들은 물을 약 45m 높이까지 끌어올릴 수 있었다. 이것은 18세기 초의 기술로는 경이로운 높이였다.

그럼에도 불구하고, 뉴커먼 기관을 가까운 친구로 여긴 광산업자는 거의 없었다. 뉴커먼 기관을 설치하는 데에는 무려 1000파운드라는 거금이 들었으며, 게다가 매일 엄청난 양의 석탄을 집어삼켰기 때문이다. 큰 광산들은 울며 겨자 먹기로 그것을 사용하지 않을 수 없었지만, 연료 비용만으로도 파산할 지경에 이르렀다. 뉴커먼 기관은 친구라기보다는 착취자에 가까웠지만, 쓰지 않을 수가 없었다.

와트의 증기 기관 개선

이런 상황에서 제임스 와트가 등장했다. 대학에서 망가진 장난감을 고치던 와트는 뉴커먼 기관의 설계에 비효율적인 부분(그중에서도 특히 지나친 연료 낭비)이 여러 가지 있음을 발견했다. 오늘날 우리는 이러한 비효율을 열손실과 에너지 낭비라는 개념으로 설명하지만, 그 당시에는 이런 개념들이 명확하게 정립돼 있지 않았다. 와트는 대신에 '증기 낭비'라는 표현을 썼다. 지금 생각하면 이 표현은 이색적으로 들리지만, 많은 진실을 담고 있었다. 그 당시에는 증기가 정말로 소중한 원자재였다.

과학 교육을 제대로 받지 못한 와트는 매우 난잡한 방식으로 증기 낭비 문제에 접근했다. 오전에는 찻주전자에서 증기를 모아 여러 가지 물체를 녹이고, 밤에는 플로지스톤설에 관한 책을 읽거나 화학 실험을 하는 식이었다. 그러다가 조지프 블랙(이산화탄소를 발견한 스코틀랜드의 활달한 화학 교수)과 대화를 나눈 후에 마침내 일부 진전을 이룰 수 있었다. 블랙은 물질이 고체 상태에서 액체 상태로 또는 액체 상태에서 기체 상태로 변하는 과정인 '상전이'도 연구했다. 와트는 바로 이 연구에서 마침내 필요한 통찰을 얻었다.

그 이유를 알려면, 찬물이 담긴 주전자가 난로 위에 있다고 상상해보라. 물을 가열해 0°C에서 1°C로, 그다음에는 1°C에서 2°C로 온도를 올리고, 그런 식으로 단계별로 나아가 100°C까지 온도를 올렸다고 하자. 물 1g의 온도가 1°C 오를 때마다 정확하게 똑같은 양의 에너지가 필요한데, 이것은 1cal에 해당한다. 그런데 100°C의 물을 계속 가열하면 이상한 일이 일어난다. 물은 100°C에서 끓기 때문에, 101°C의

물은 증기 상태이다. 지금까지 온도를 1°C 올릴 때마다 정확하게 똑같은 양의 열이 필요했으므로, 100°C에서 101°C로 온도를 높이는 데에는 99°C에서 100°C로 온도를 높이는 데 든 것과 정확하게 똑같은 열이 들 것이라고 생각하기 쉽다. 하지만 그렇지 않다. 액체 상태의 물과 증기 사이에는 아주 큰 간극이 존재한다. 사실, 물 한 컵의 온도를 0°C에서 100°C로 올리는 데 드는 에너지는 100°C의 물을 100°C의 증기로 만드는 데 드는 에너지보다 훨씬 적다(5분의 1밖에 안 될 정도로). 이 상황은 산에서 끝나는 마라톤과 비슷한데, 처음 40km 구간은 마지막 2.195km 구간에 비하면 아무것도 아니다. 물을 증기로 바꾸는 데에는 그만큼 많은 에너지가 필요하다.

블랙은 증기 내부에 쌓인 여분의 에너지를 '숨은열'이라고 불렀다. 와트는 이 개념을 활용해 뉴커먼 기관의 비효율성을 설명했다. 이번에도 뉴커먼 기관의 사이클은 피스톤이 위로 올라와 있는 상태에서 시작한다. 실린더 안으로 들어온 찬물 때문에 피스톤을 떠받치던 증기가 응결된다. 이 효과가 나타나려면 찬물이 증기를 100°C 이하로 냉각시켜야 한다는 것은 누가 봐도 명백하다. 이보다 덜 명백해 보이지만, 물은 피스톤과 실린더도 100°C 이하로 냉각시켜야 한다. 그러지 않으면, 응결된 물방울이 뜨거운 금속 표면에 닿아 도로 증기로 변해버리고 말기 때문이다. 따라서 증기의 응결을 위해서는 생각보다 훨씬 많은 찬물을 실린더 안으로 뿌려주어야 하는데, 이것은 시간과 에너지를 많이 소모한다. 하지만 정말로 힘든 부분은 그 반대 과정이다. 피스톤이 아래로 내려오면, 증기 기관은 더 많은 증기를 내뿜어 그것을 다시 위로 밀어올려야 한다. 그런데 불행하게도 방금 찬물로 냉각된 금속 표면은 와닿은 증기를 식혀서 응결시킨다. 다시 말해서,

| 증기 기관을 개선한 기술공 제임스 와트.

차가운 금속 표면은 뱀파이어처럼 증기의 에너지를 빨아먹어 증기를 아무 일도 할 수 없는 물방울로 변신시킨다. 이 문제를 극복하기 위해 뉴커먼 기관은 더 많은 증기를 실린더로 투입해야 했는데, 그러기 위해 더 많은 물을 끓여야 했고 더 많은 석탄을 태워야 했다. 이것은 곧 더 많은 돈의 낭비를 뜻했다. 그것은 결코 적은 액수가 아니었다. 와트가 계산해보니, 뉴커먼 기관에서 낭비되는 증기는 80%나 되었다. 와트가 뉴커먼의 설계에서 '증기 낭비'를 지적하며 탄식한 이유는 이 때문이었다. 증기는 아주 많은 숨은열을 저장하고 있기 때문에, 증기의 효율을 갉아먹는 요인은 곧 증기 기관 전체의 작동 효율을 갉아먹는다.

이 문제를 해결하려면 실린더를 반복적으로 가열했다가 냉각하는 과정을 피하는 방법을 찾아야 했다. 하지만 그 일에 매달리기 전에 생계 문제가 닥쳤다. 와트는 아내와 어린 자식들을 먹여 살리기 위해 증기 기관을 개선하는 일을 그만두고, 운하 공사에서 측량을 하는 일자리를 얻었다. 그렇다고 이 몇 년의 세월을 완전한 낭비였다고 말할 수는 없다. 운하 건설을 위해 판 구덩이도 광산 갱도와 마찬가지로 굴착 단계에서 물로 가득 찼기 때문에 물을 빼내야 하는 일이 많았다. 그래서 와트는 몇 년 동안 뉴커먼 기관을 사용하여 작업했다. 하지만 그것은 대개 크게 짜증나는 일이었는데, 날이면 날마다 낭비되는 증기가 눈에 보였기 때문이다.

이 기간에 와트는 글래스고에서 남쪽으로 400km 떨어진 버밍엄에 살던 신사 과학자 집단과 교류를 시작했다. 어떤 면에서 버밍엄은 당대의 실리콘밸리(첨단 기술이 발달한 도시)라고 부를 만한 도시였는데, 유럽 전역에서 관광객들이 몰려와 수차와 자동 직기를 경이로운 눈으로 바라보았다. 그렇지만 버밍엄은 유토피아와는 거리가 멀었다. 노동자들은 충혈된 눈으로 늘 기침을 하고 기름 냄새를 풍기며 걸어 다녔다. 구리 제련 일을 하느라 머리카락이 초록색으로 물든 사람들도 있었다.

와트는 노동자 계급 출신인데도 불구하고 버밍엄의 엘리트와 어울렸는데, 특히 유명한 지식인 클럽인 루나협회(조지프 프리스틀리, 윌리엄 허셜William Herschel, 이래즈머스 다윈도 이 협회 회원이었다) 회원들과 많이 어울렸다. 루나협회 회원들은 매달 한 번씩 저녁에 만나 문학과 철학에 관해 떠들썩하게 토론했는데, 항상 보름에서 가장 가까운 월요일에 만났다. 달의 위상을 바탕으로 회합 날짜를 정한 것은, 오늘날이라면 신비롭지는 않더라도 매력적으로 보일 수 있겠지만, 실제로는 훨씬 세속적인 이유가 숨어 있었다. 밤늦게 회원들이 집으로 돌아갈 때 밝은 달빛 아래에서 길을 잘 찾도록 하기 위해서였다.

와트는 특히 한 회원과 친해졌는데, 그는 제조업자이자 엔지니어인 매슈 볼턴Matthew Boulton이었다. 볼턴은 구두 죔쇠와 은식기, 온도계, 그리고 탐험가들이 원주민을 자기 땅에서 쫓아내려고 사기칠 때 사용한 값싼 유리 구슬 등을 생산하는 공장을 운영하면서 많은 돈을 벌었다. 그런데 겨울이 될 때마다 공장에 동력을 공급하던 하천이 얼어붙는 바람에 볼턴은 공장을 닫거나 수십 마리의 말을 빌려 수차를 돌렸다. 여름철의 가뭄도 같은 문제를 안겨주었다. 그래서 볼턴은 와트에게 버밍엄으로 와 자기 공장의 기계들을 돌릴 증기 기관을 개발해달라고 사정하기 시작했다.

와트는 이 제의에 즉답을 하지 않고 망설였다. 그러던 중 불행한 가정사(1773년에 아내가 사망한 사건)가 계기가 되어 마침내 살던 곳을 떠나 볼턴의 공장에서 일하기로 결심했다. 와트는 슬픔을 달래는 방법을 한 가지밖에 몰랐는데, 기진맥진할 정도로 일에 몰두하는 것이었다. 그래서 몇 년 뒤에 딸 제시가 죽었을 때 기체 의약품을 연구하느라 매달린 것과 거의 비슷하게 버밍엄에서 증기 연구에 몰두했다. 와트가 그 유명한 증기 기관을 만든 것은 바로 이때였다.

사실, 와트는 그 핵심 아이디어를 몇 년 전인 1765년에 생각해냈다. 이번에도 뉴커먼 기관에서 피스톤이 증기압에 따라 오르락내리락했는데, 뉴커먼의 설계에서는 두 단계가 동일한 장소인 실린더 안에서 일어났다. 하지만 반드시 그래야 할 필요가 없을 것 같았다. 어느 날, 와트는 증기를 실린더 밖으로 내보내 다른 곳에서 응축시켜도 되지 않을까 하고 생각했다. 즉, 증기를 관을 통해 별도의 냉각실로 보내 응축시키는 것이다. 이런 식으로 증기를 내보내더라도 사이클에 따라 필요할 때 피스톤은 여전히 아래로 내려갈 것이다. 또 이렇게 하면 실린더를 항상 아주 뜨거운 상태로 유지할 수 있고, 증기가 너무 일찍 응축되는 것도 피할 수 있었다.

이 '별도의 응축기' 개념은 안식일인 어느 일요일에 떠올랐는데, 와트는 당장 작업장으로 달려가는 대신에 하루 더 시간을 보내면서 깊이 생각했다. 그 당시 와트는 제대로 작동하는 별도의 응축기를 완성하기까지 몇 년이 더 걸리고, 자신과 볼턴이 완전한 증기 기관을 만들기까지는 추가로 몇 년이 더 걸릴 것이라고는 전혀 짐작하지 못했다. 이렇게 지연된 원인은 대부분 와트 자신에게 있었는데, 강박 관념에 사로잡혀 다른 부분을 이리저리 손대느라 시간을 많이 낭비했기 때문이다. 피스톤을 거꾸로 뒤집고, 그 밑에 두 번째 증기실을 설치해 피스톤을 양쪽에서 밀게 했다. 그리고 증기를 더 빨리 빼내기 위해 별도의 응축기에 공기 펌프를 추가했다. 피스톤에 자동으로 속도를 조절하는 조속기를 추가해 피스톤이 너무 빨리 움직이지 않게 했다. 톱니 안에 톱니를 추가하고, 관 속에 관을 추가했다. 효율을 조금이라도 높일 수 있다면, 와트는 무엇이든 추가하려고 했다.

마침내 1770년대 중반에 와트는 제대로 작동하는 증기 기관을 만들었다. 개인적 생각을 강하게 내비쳐 미안하지만, 나는 그 최종 결과물을 보고서 충격을 금치 못했다. 나는 기계적 단순성을 아주 좋아하는데, 게리케의 공기 펌프나 심지어 뉴커먼 기관조차 그런 속성을 지니고 있었다. 이에 비해 와트의 증기 기관은 우아함이라곤 전혀 찾아볼 수 없었다. 그저 온갖 잡동사니를 조립해놓은 괴물처럼 보였다. 하지만 그 탁월한 결과만큼은 나도 반박할 수 없다. 별도의 응축기가 아무리 온갖 잡동사니(추가된 관들, 추가된 밸브들, 추가된 펌프들)를 뒤죽박죽 합쳐놓은 것처럼 보이더라도, 증기는 아주 많은 숨은열을 품고

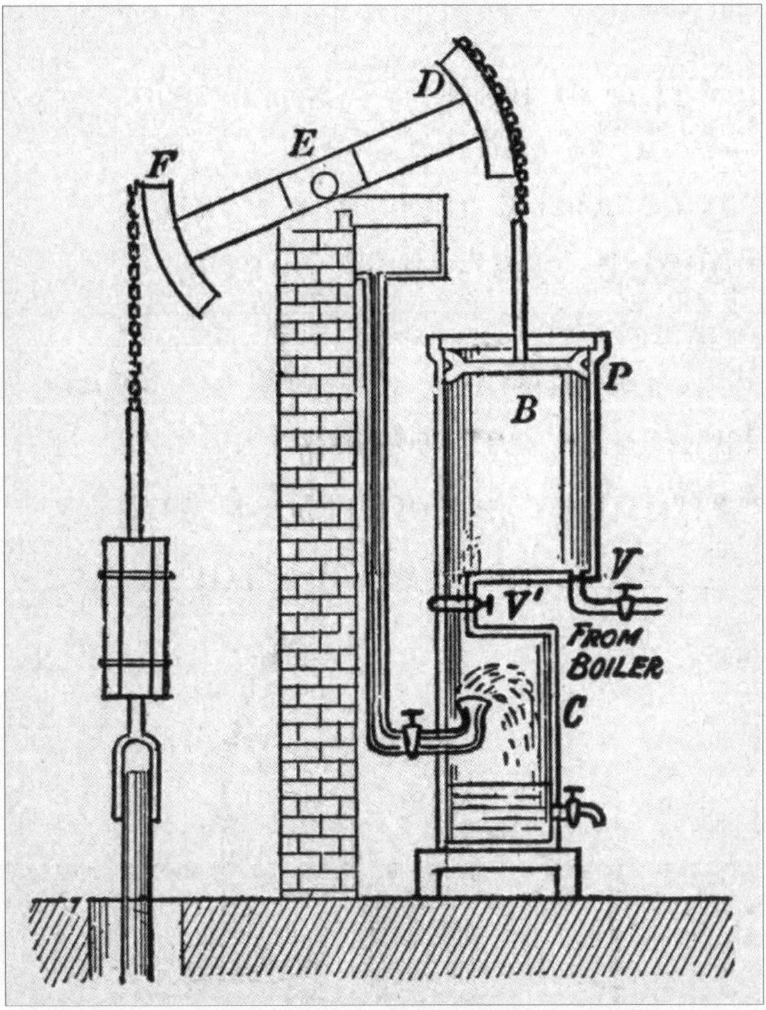

제임스 와트의 유명한 증기 기관.
(사진 제공: 웰컴재단)

있어 그런 수고를 투입할 가치가 충분히 있었다. 분명히 와트의 증기 기관은 뉴커먼 기관보다 물을 더 높이 끌어올리진 못했다. 하지만 4분의 1의 석탄만으로 같은 일을 할 수 있어 광산업자들의 일상적인 비용 부담을 크게 덜어주었다.(여러분의 자동차가 같은 양의 기름으로 갑자기 4배 더 먼 거리를 주행할 수 있다고 상상해보라.) 와트가 증기력을 발명한 것은 아니지만, 그것을 아주 경제적인 것으로 만들지 않았더라면, 산업 혁명은 순탄하게 진행되지 못했을 것이다.

와트와 볼턴은 자신들이 만든 첫 번째 증기 기관을 1775년에 팔았는데, 한 대를 조립하는 데 몇 개월이 걸렸는데도 불구하고, 이들의 설계는 광업 시장을 지배하게 되었다. 그리고 결국에는 다른 시장으로도 영역을 넓혀갔는데, 특히 공장들에서 판로를 개척했다. 이 전환은 말처럼 그렇게 순탄하게 일어난 것은 아니다. 공장들은 피스톤이 제공하는 왕복 운동이 아니라 회전 운동을 제공하는 기관이 필요한 경우가 많았기 때문이다(역사적 이유 때문에). 하지만 몇 년 동안 궁리한 끝에 와트는 이러한 요구에 부응하는 설계를 여러 가지 내놓았다.

새로운 시장으로 영역을 확장하면서 와트는 증기 기관을 더 거대한 규모로 생각하게 되었다. 대다수 사람들은 기관을 특정 과제(물을 끌어올리거나 선반을 작동시키는 등)를 수행하도록 만든 도구에 불과하다고 여겼다. 그러나 와트는 기관을 '보편적인' 에너지원, 즉 어떤 기계적 과정에도 동력을 공급할 수 있는 기계로 여겼다. (시대에 맞지 않는) 비유를 들자면, 대다수 사람들은 증기 기관을 계산기 비슷한 것으로 여겼다. 즉, 한 가지 과제를 수행하는 데에는 아주 훌륭하지만, 다른 용도로는 아무 쓸모가 없다고 여겼다. 반면에 와트는 컴퓨터(즉, 어떤 산업에서도 일할 수 있을 만큼 다재다능한 기계)에 해당하는 증기 기관을 만들려는 꿈을 품었다.

이러한 새 아이디어들을 생각한 와트는 새로운 용어들이 필요하다는 사실을 깨달았다. 공장 소유주들은 와트가 돈을 절약해준다는 사실은 알았지만, 보수적 성향이 강했던 이들은 더 분명하고 구체적인 것을 원했다. 광산에서는 이제 물을 45m 높이까지 퍼올릴 수 있다는 것은 이해하지만, 제재소나 구두 죔쇠 생산 공장에서는 어떤 성과를 보여줄 수 있을까? 투자한 대가로 얻을 수 있는 레이스는 몇 미터나 되고, 밀가루는 몇 포대나 되는가?

와트는 모든 공장의 개별적 사례를 일일이 계산하는 대신에 보편적인 비교 기준 단위를 만들었는데, 그것이 바로 마력馬力이다. 와트는 말 여러 마리가 물레방아 바퀴를 돌리는 것을 직접 지켜보면서, 일정 시간에 그 하중을 얼마나 멀리 움직이는지 계산하는 방법으로 말 한 마리가 내는 힘인 마력(와트는 이 힘을 1초당 550풋-파운드로 계산했다. 1풋-파운드는 1파운드 무게의 물체를 1피트 들어올리는 일의 양이다)을 정의했다. 이 단위는 여러 측면에서 명민한 선택이었다. 말을 언급함으로써 와트는 공장 소유주들에게 무엇을 절약할 수 있는지(그 모든 귀리 사료와 부러진 다리와 동물 병원 비용) 암시했다. 그리고 고객들은 이 단위를 직관적으로 이해할 수 있었다. 만약 이전에 물레방아 바퀴를 돌리는 데 말 10마리가 필요했다면, 대신에 10마력짜리 기관을 쓰면 되었다.

과학적으로도 이 개념은 선견지명이 있었다. 그다음 100년 동안 화학과 물리학에서는 열과 에너지를 연구하는 분야인 열역학이 크게 부상했다. 에너지는 과학에서 온갖 종류의 맥락에 등장하는 방대한 주제인데, 과학자들은 서로 다른 과정들이 얼마나 빨리 에너지를 흡수하거나 방출하는지 이해하기 위해 표준적인 비교 단위가 필요했다. 마력은 이러한 요구 조건을 완벽하게 충족시켰다. 다만 과학자들은 이 개념이 제임스 와트의 마케팅 전략에서 나온 것이라는 사실은 잘 몰랐다.

(하지만 열역학이 빛과 자기장 같은 새로운 현상들에 대한 연구로 분화해가면서 '마력'이란 이름이 부적절하다는 사실이 명백해졌다. 마치 늙은 말을 장비에 매달 수 있는 것처럼 들렸기 때문이다. 그래서 1882년에 물리학자들은 마침내 표결을 통해 일률의 단위를 새로 정했다. 이 단위는 불로 물을 끌어올리는 기관뿐만 아니라 전구와 냉장고에도 쉽게 사용할 수 있다. 그들은 그 단위의 이름을 와트watt로 정했다.)

하지만 안타깝게도 와트가 살아 있는 동안 증기는 그가 꿈꿨던 것처럼 보편적인 에너지원이 되지 못했다. 특허 소송에 휘말려 법정에서 점점 더 많은 정력을 낭비한 것이 한 가지 이유였다.(와트는 특허 침해자들을 "사탄의 새끼들"이라고 불렀으며, 소송을 통해 여러 사람을 감옥으로 보냈다.) 하지만 진실을 말하자면, 증기력이 빠르게 성장하지 못한 이유 중 상당 부분은 와트 자신에게 있었다. 같은 시대에 살았던 사람들 중에 와트의 거대한 기관을 작게 만드는 방법이나 그것을 예컨대 외륜선에 설치하는 방법을 생각한 사람들이 있었다. 그런데 와트는 이런 아이디어를 받아들이는 대신에 자신이 동원할 수 있는 모든 법적 장애물을 그들 앞에 던져놓았다. 볼턴의 공장에서 일하던 윌리엄 머독William Murdoch이라는 똑똑한 엔지니어가 1784년에 모형 증기 기관차를 만들었는데, 볼턴과 와트는 그 노력을 중단하라고 지시했다. 루나협회 회원인 유명한 의사 이래즈머스 다윈은 매년 영국의 울퉁불퉁한 도로에서 수천 킬로미터를 여행하면서 증기 자동차를 스케치했다.

와트는 결국 이 아이디어로 특허를 얻었는데, 다른 사람들이 그것을 만들지 못하게 하려는 목적이 더 컸다.

하지만 역사의 발전을 방해하려는 와트의 시도가 증기력의 발전을 영원히 억누를 수는 없었다. 증기는 너무나도 역동적이고 힘이 강해서 엔지니어들은 그것을 절대로 무시할 수 없었다. 그리고 와트의 공적이 실제로 얼마나 대단한 것인지 말해주는 특징이 있는데, 역사학자들은 그가 만든 증기 기관의 기본 설계가 그가 죽고 나서 75년이 지날 때까지 변하지 않은 채 그대로 유지되었다고 지적한다. 컴퓨터와 그 밖의 기술들이 불과 지난 25년 동안에 얼마나 많이 변했는지 생각해보면, 이것이 얼마나 대단한 일인지 감이 올 것이다.

실제로 와트의 증기 기관은 얼마나 위력이 대단했던지 영국 사회를 상전벽해처럼 완전히 변모시켰다. 공장들은 더 이상 강물의 힘에 의존할 필요가 없어져 도시들로 옮겨갔고, 그와 함께 수백만 명의 노동자들도 데려갔다.(19세기 중엽에 영국은 역사상 최초로 농촌 지역보다 도시 지역에 더 많은 사람들이 사는 나라가 되었다.) 여성과 어린이도 노동에 합류했고, 사회의 새로운 계층인 중산층이 등장했다. 영국은 프랑스의 유혈 혁명 대신에 산업 혁명을 통해 사회를 재건했는데, 제임스 와트가 아주 큰 역할을 했다.

소브레로의 당 폭탄

증기가 결국 19세기의 만능 에너지원이 되었지만, 일부 응용 분야에서는 여전히 다른 기체들이 증기를 압도했다. 한 가지 예는 폭발물이다.

수백 년 동안 인류가 알고 있던 폭발물은 딱 하나, 탄소와 황과 질산염으로 만든 화약밖에 없었다. 이 세 가지 성분은 연소할 때 다음과 같이 반응한다.

$$\underset{\text{고체}}{3C} + \underset{\text{고체}}{S} + \underset{\text{고체}}{2KNO_3} \rightarrow \underset{\text{기체}}{N_2} + \underset{\text{기체}}{3CO_2} + \underset{\text{고체}}{K_2S}$$

굳이 반응식의 세부 내용을 이해하려고 애쓰지 않아도 된다. 그저 처음에 반응이 시작될 때에는 좌변에 고체 분자 6개가 있었다가 반응이 끝난 뒤에는 우변에 분자 5개(그중 4개는 기체)가 생겼다는 점에만 주목하면 된다. 총탄과 파편을 고속으로 추진하는 원동력은 바로 이 기체에서 나온다.

하지만 분자 6개로 시작해 기체 분자 4개만 얻는 것은 그리 대단한 성과라고 할 수 없는데, 그래서 아스카니오 소브레로Ascanio Sobrero라는 이탈리아 화학자가 1846년에 화약을 대체할 수 있는 폭발물을 발견했다. 그 당시 대부분의 훌륭한 화학자와 마찬가지로 소브레로는 카우보이 기질이 약간 있어 위험한 물질을 가지고 연구하길 좋아했다. 한 실험에서 소브레로는 그저 어떤 일이 일어나는지 보려고 고무와 젖당 같은 물질을 산에 집어넣었다. 시험한 물질 중에 당의 한 종류인 글리세린이 있었는데, 이것을 질산과 황산의 혼합물에 집어넣었다. 옅은 노란색 액체가 생겼는데, 소브레로는 그것을 올리브유와 비슷하게 생겼다고 묘사했다. 전체 반응은 나이트로기(-NO_2)를 글리세린과 결합하는 과정을 포함했기 때문에, 소브레로는 이 물질을 나이트로글리세린($C_3H_5O_9N_3$)이라고 불렀다.

소브레로는 시험 삼아 밀폐된 시험관에 나이트로글리세린을 한 방울 넣고 그것을 불 위로 가져가보았다. 잠시 후, 소브레로는 얼굴과 손에서 유리 파편을 뽑아내야 했다. 그 화학 반응을 살펴보면 왜 시험관이 폭발했는지 알 수 있다.

$$\underset{\text{액체}}{4C_3H_5O_9N_3} \rightarrow \underset{\text{기체}}{6N_2} + \underset{\text{기체}}{10H_2O} + \underset{\text{기체}}{12CO} + \underset{\text{기체}}{7O_2}$$

여기서 핵심은 나이트로글리세린 분자 4개에서 기체 분자가 35개나 생겼다는 점이다. 투자한 것에 비해 다이너마이트 같은 폭발적인 수익을 얻은 셈이다. 그보다 더 중요한 것은 나이트로글리세린에서 이 기체들이 100만분의 1초도 안 되는 시간에 거의 순간적으로 방출되었다는* 사실이다.(이에 비해 화약은 수천분의 1초 만에 폭발한다. 바꿔 말하면, 화약이 폭발하는 데 걸리는 시간이 한 시간이라면, 나이트로글리세린은 4초 만에 폭발하는 셈이다.) 오늘날 과학자들이 잘 알고 있듯이, 폭발물의 치명적인 위력은 바로 속도에 있다. 단위 무게로 따질 때, 가솔린과 석탄, 심지어 버터(!)조차도 그 화학 결합에 대부분의 폭발물보다 훨씬 많은 에너지가 저장돼 있다. 폭발물은 단지 저장된 에너지를 훨씬 빨리 방출할 뿐이다. 폭발물은 또한 그 에너지를 바깥쪽으로 빠르게 내뱉는 수단(기체)을 가지고 있는데, 폭발물이 초래하는 손상은 대부분 바로 이 기체에서 비롯된다.

소브레로는 자신이 만든 당 폭탄을 이탈리아 정부에 팔려고 시도했지만, 정부는 이의를 제기했다. 시험 결과, 나이트로글리세린의 파괴력이 '너무' 강하다는 것이 그 이유였다. 그렇다고 하더라도, 또 다른 문제만 없었더라면 나이트로글리세린은 적절한 사용처를 찾았을 것이다. 다른 문제란 바로 그 변덕스러운 속성이었다. 때로는 열 때문에 저절로 폭발하는가 하면, 때로는 폭발하지 않고 그냥 불타오르기만 했다. 그런가 하면, 전혀 열을 가하지 않았는데도 폭발할 때가 있었는데, 심하게 덜그럭거리기만 해도 그랬다. 혹은 디킨스의 소설에 나온 늙은이 크룩처럼 거의 자연 발생적으로 타오르기도 했다. 이러한 예측 불가능성 때문에 나이트로글리세린은 일상적으로 사용하기에는 너무 위험했다. 그리고 이 이유 때문에 화학 분야의 카우보이들에게는 나이트로글리세린이 더 매력적으로 보였다. 그들은 계속 나이트로글리세린을 주시하고 그 주위를 맴돌면서 길들일 방법을 찾았다. 20년이라는 긴 세월이 걸리긴 했지만, 마침내 알프레드 노벨Alfred Nobel이라는 고독하고 불행한 스웨덴인이 그 방법을 찾아냈다.

노벨의 다이너마이트 발명

알프레드 노벨의 아버지 이마누엘 노벨Immanuel Nobel은 포탄과 박격포, 어뢰를 비롯해 여러 가지 전쟁 무기를 생산하는 일을 했는데, 이 때문에 전쟁이 없는 평화로운 시기에는 집안 형편이 아주 어려웠다. 그리고 노벨이 태어난 1833년에는 공장에 불이 나는 바람에 집안이 파산하고 말았다. 하지만 이마누엘은 기뢰를 제작해 공급하기로 러시아 군부를 설득하는 데 성공했고, 그래서 1842년에 아내와 네 자녀를 데리고 스톡홀름에서 상트페테르부르크로 옮겨갔다. 소화불량과 잦은 마른기침, 약한 심장으로 고생하던 어린 알프레드에게는 무척 힘든 여행이었을 것이다. 활기 넘치는 생활이 성격에 맞지 않았던 노벨은 공부에 몰두해 여러 과목에서 두각을 나타냈고, 결국 독일어, 영어, 프랑스어, 이탈리아어, 러시아어를 능숙하게 구사했다. 이렇게 뛰어난 언어 능력 때문에 노벨은 작가가 되고 싶었으나, 아버지는 과학에 몰두하라고 강력하게 권했다. 썩 내키진 않았지만 노벨은 아버지의 말을 받아들여 화학을 전공으로 선택했다. 그런데 어느 날 오후에 상트페테르부르크에서 가정교사가 보여준 실험 때문에 생각이 바뀌었다. 가정교사는 올리브유 같은 액체 한 방울을 모루 위에 떨어뜨리고는 모두에게 뒤로 물러서라고 했다. 그 장치는 별로 대단해 보이지 않았기 때문에 어쩌면 소년들은 킥킥거렸을지도 모른다. 그때 가정교사가 망치로 모루를 내리쳤다.

거기서 일어난 폭발과 섬광을 보고 노벨은 엄청난 충격을 받았다. 단 한 방울의 액체에서 그토록 강한 폭발이 일어나다니! 노벨은 그 물질에 큰 흥미를 느꼈고, 크림 전쟁 후에 아버지가 또 한 번 파산하자, 나이트로글리세린에 모든 것을 걸자고 가족들을 설득했다.

정신 나간 소리처럼 들렸지만, 노벨은 나이트로글리세린을 더 안전하게 만들려면 그것을 화약과 결합해야 한다고 생각했다. 사람들이 나이트로글리세린을 두려워한 이유는 시도 때도 없이 무작위적으로 폭발하는 그 성질 때문이었다. 노벨은 나이트로글리세린에 꼭 필요한 것은 더 믿을 만한 기폭제이며, 화약만큼 믿을 만한 기폭제는 없다고 판단했다. 그래서 설계한 시제품 폭탄은 세 부분으로 이루어져 있었다. 세 부분은 작은 유리병에 담긴 나이트로글리세린, 화약이 든 밀폐된 통(그리고 그 안에 나이트로글리세린 병을 집어넣었다), 신관이었다. 노벨은 신관을 통해 화약에 불이 붙으면 뜨거운 기체가 방출되고, 뜨거

다이너마이트의 발명가이자 노벨상을 만든 알프레드 노벨.

운 화약 기체가 나이트로글리세린에 충돌해 그것을 폭발시킬 것(역사상 최초의 2단계 폭발물)이라고 기대했다. 노벨은 형제들을 초청해 상트페테르부르크의 공장 근처에 있던 배수로에서 이 폭발물을 시험하는 장면을 보여주었다. 노벨은 신관에 불을 붙인 뒤 폭탄을 물속으로 던지고 나서 잽싸게 달아났다. 콰쾅! 하수가 그들 위로 쏟아지면서 옷을 흠뻑 적셨다. 노벨은 전율을 느꼈다.

그다음 해에 노벨 가족은 스톡홀름으로 돌아갔는데, 마침내 나이트로글리세린 연구를 재개한 노벨은 더 큰 폭발을 일으킬 수 있는 아이디어가 떠올랐다. 처음의 폭발물 장치를 거꾸로 뒤집어 화약이 든 유리병을 나이트로글리세린이 든 커다란 통 속에 집어넣은 것이다. 이번에는 아버지와 형 로베르트Robert, 동생 에밀Emil을 불러 시험 장면을 지켜보게 했다. 더 대담해진 노벨은 이번에는 물속이 아니라 그냥 공기 중에서 폭발시키기로 결정했다.

그날 오후, 노벨은 또 한 번 신관에 불을 붙이고 부리나케 달아났다. 셋, 둘, 하나, 그리고…… 아무 일도 일어나지 않았다. 폭탄은 폭발하지 않았다. 화약은 쉬이익거리다가 연기만 피우고 사라졌다. 나이트로글리세린은 흙에 처박혔다. 모두 잠시 동안 멍한 표정으로 그 광경을 지켜보았다. 그러다가 아버지와 형이 웃음을 터뜨렸다. 배를 잡고 눈물이 나올 정도로 웃어댔다. "나는 이 장치가 폭발할 거라고 생각했지 뭐냐, 엉, 알프레드? 하하하!" 하지만 노벨은 화가 나서 씩씩댔다. 등을 돌려 그곳을 총총 떠난 그는 연구실에 틀어박혀 무엇이 잘못되었는지 곰곰이 생각했다. 나이트로글리세린-화약 혼합물은 왜 물속에서는 폭발하고 공기 중에서는 폭발하지 않았을까? 그것은 단순한 변덕일 리가 없었다. 분명한 과학적 설명이 있어야 했다.

노벨은 마침내 압력이 문제였다는 사실을 알아냈다. 첫 번째 폭탄을 물속에서 폭발시킬 때에는 의도치 않게 뜨거운 화약 기체를 좁은 공간에 가두었는데, 물이 기체의 탈출을 방해했기 때문이다. 그 결과로 기체가 나이트로글리세린을 때려 폭발시킬 시간이 있었다. 하지만 공기는 그와 같은 압력을 제공하지 못했다. 그래서 화약 기체가 그냥 사방으로 흩어지면서 나이트로글리세린에 아무런 충격을 주지 못했다. 노벨은 화약 기체를 가두는 방법이 필요하다는 사실을 깨달았다. 1년 동안 궁리한 끝에 노벨은 뇌관이라는 장치를 개발했는데, 속이 빈 이 목제 마개는 화약 연기가 충분히 오랫동안 빠져나가지 못하게 막아 나이트로글리세린을 폭발시켰다. 그토록 고대하던 돌파구를 찾아냈다.

노벨은 1864년에 뇌관과 '블라스팅 오일Blasting Oil'(나이트로글리세린에 붙인 상표명. '폭발유'란 뜻임)을 본격적으로 팔러 나섰다. 그해 9월,

수에즈 운하 건설에 쓸 용도로 첫 번째 큰 주문을 막 받았을 때, 연구실 부근의 창고에 보관 중이던 나이트로글리세린 113kg이 폭발하는 사고가 일어났다. 이 폭발로 건물 여러 채가 파괴되고 다섯 명이 사망했는데, 사망자 중에는 자신을 비웃지 않았던 20세의 동생 에밀도 포함돼 있었다. 노벨은 그때 현장에서 수 킬로미터 밖에 있었고 나이트로글리세린이 폭발한 원인을 아무도 알지 못했지만, 경찰은 노벨이 도시 내에서 나이트로글리세린을 불법적으로 만들고 있었다는 사실을 알고는 살인 혐의로 기소하겠다고 위협했다.

노벨은 나이트로글리세린은 제대로 다루기만 하면 안전하다고 경찰을 설득하려 했지만, 검게 그을린 실험실 잔해는 이 주장이 거짓이라고 말해주었다. 국내외에서 비슷한 사건이 연속적으로 일어나자, 여론은 더욱 악화되었다. 솔직하게 말하면, 희생자 중 일부는 다윈상(인간의 어리석음과 멍청함을 알리기 위해 만든 상으로, 자신의 열등한 유전자를 제거함으로써 인류의 유전자 풀을 향상시키는 데 기여한 사람에게 주는 상. 어처구니없는 방식으로 죽음을 당하거나 생식 능력을 잃은 사람에게 수여된다.—옮긴이) 후보로 손색이 없어 보인다. 나이트로글리세린으로 구두를 닦거나 마차 바퀴에 윤활유 대신 쓴 철부지들도 있었다. 나이트로글리세린 통으로 축구를 한 웨일스의 광부도 후보 자격이 충분히 있다. 하지만 그렇게 간단히 무시할 수 없는 사고들도 있었다. 1866년, 한 블라스팅 오일 통이 구멍이 난 상태로 샌프란시스코에 도착했는데, 창고에서 일하던 몇몇 일꾼이 쇠지레로 그 뚜껑을 열려고 했다. 결국 그들은 그 블록 전체를 날려버렸다. 잘려나간 팔이 거리 건너편 건물 3층 창문으로 날아가 부딪쳤다. 건물 여러 채가 무너졌고, 구조대원들은 바닥에 온전히 놓여 있던 사람 뇌를 발견하기도 했다.

이런 사고들(뉴욕, 파나마, 시드니, 함부르크 등지에서 발생한)이 계속 일어나자, 노벨은 공공의 적이 되었다. 아무도 그에게 실험실 부지를 팔려고 하지 않았고, 노벨은 할 수 없이 바지선을 떠다니는 화학 실험실로 개조해 몇 년 동안 물 위에서 연구를 해야 했다. 하지만 항구에서 일어나는 폭발과 연기는 항상 그가 있는 곳을 알려주었고, 그러면 노벨은 닻을 올리고 새로운 항구를 찾아 탈주범처럼 부리나케 달아나야 했다. '노벨의 죽음의 배'를 폭도가 공격한 적도 한두 번 있었다.

1867년, 노벨은 마침내 이 문제를 해결할 방법을 찾았다. 나이트로글리세린을 무력화하지 않으면서 그 위력을 약화시키는 방법이었다. 화학적으로 나이트로글리세린은 여러 가지 기체가 액체의 형태로 약하게 결합돼 있는 것이라고 생각할 수 있다. 하지만 이 액체는 치명적인 분자들을 묶어놓을 힘이 없었다. 그래서 노벨은 이 액체를 부드러운 흰색 점토인 규조토(물속에서 규조류라는 바다 플랑크톤의 유해가 쌓여서 생긴다)에 섞는 방법으로 취약점을 보완하기로 결정했다. 여러 전설(노벨은 한결같이 부인했지만)에 따르면, 노벨은 어느 날 얼뜨기처럼 규조토 위에 나이트로글리세린을 쏟는 바람에 그 혼합물을 우연히 발견했다고 한다. 과정이야 어떠했든, 노벨은 그 결과로 생긴 퍼티 같은 물질을 빚어서 막대 모양으로 만들 수 있다는 점이 무척 마음에 들었다. 규조토는 예상한 대로 나이트로글리세린을 약하게 만들었을 뿐만 아니라, 우연한 흔들림이나 충격으로 혼합물이 폭발하는 것도 막아주었다. 그리고 이렇게 약해진 상태에서도 이 폭발물의 위력은 화약보다 5배나 강했다. 노벨은 이 폭발물에 다이너마이트Dynamite라는 이름을 붙였는데, 그리스어로 힘을 뜻하는 단어에서 딴 이름이었다.

다이너마이트는 즉각 큰 인기를 끌었는데, 그 시대의 네이팜 폭탄이나 에이전트 오렌지(고엽제)라고 부를 수 있을 만큼 세상에서 가장 큰 논란을 일으킨 상품이기도 했다. 다른 한편으로는 광업과 건설 부문의 회사들이 다이너마이트를 매우 강렬하게 원했다. 산악 지역에 통로를 내기 위해 험한 지형을 폭파시키거나 항구에서 성가신 암초를 제거하는 작업에 쓰기에 더할 수 없이 좋았다. 런던은 다이너마이트 덕분에 세계 최초의 지하철을 건설할 수 있었다. 반면에 사고가 여전히 많이 일어났으며, 다이너마이트의 강한 위력 때문에 한 번에 한두 명이 아니라 수십 명의 작업자가 죽을 수도 있었다. 특별히 잔인한 기록을 남긴 건설 프로젝트는 스위스의 터널 공사였는데, 1.6km당 25명의 인명이 희생되었다. 더욱 심각한 것은 다이너마이트가 미래의 전쟁을 훨씬 치명적으로 만들 게 확실하다는 사실이었다. 나이트로글리세린이 화약의 대체물로 쓰일 것 같지는 않았다. 그 위력이 너무나 강해서 대포와 총에 사용하면 포신이나 총신이 산산조각났기 때문이다. 하지만 지뢰나 폭탄의 위력을 가공할 수준으로 높일 수 있었다. 그 결과, 노벨은 국제적으로 따돌림받는 신세가 되었고, 분노한 신문 사설과 정치인이 표적으로 삼기에 아주 좋은 대상이었다.

노벨은 특허 분쟁으로 인심을 더 잃었다. 제임스 와트처럼 노벨도 자신의 지적 재산권을 치열하게 지키려고 했는데, 그로 인해 오히려 더 힘든 시간을 보냈다. 첫 번째 이유는 지켜야 할 것이 아주 많았기 때문이다. 노벨은 평생 동안 화학 물질과 폭파 장치에 대한 모두 355건의 특허를 얻었다. 두 번째 이유는 화학의 속성상 소송이 진흙탕 싸움으로 이어지기가 쉬웠기 때문이다. 노벨이 어떤 분자에 대한 특허를 얻으면, 다른 사람이 그것을 약간 변형한 분자에 대한 특허를 신청했다. 즉, 원자 몇 개를 덧붙이거나 일부 가지를 다른 방향으로 비틀거나 하는 식으로 변형된 분자를 만들었다. 그래도 이 분자는 사실상 동일한 기능을 발휘했는데, 법적으로는 노벨의 특허 범위에서 벗어나는 물질이었다. 또 여러 회사는 나이트로글리세린을 다른 점토와 섞어 다이너마이트 모조품을 만든 뒤, 그 제품을 '헤라클레스 가루'나 '렌드록'이라는 이름으로 판매했다. 해가 지날수록 노벨은 연구에 쓰는 시간은 줄어드는 반면, 경쟁자들과 소송을 벌이는 시간은 늘어났다.

소송과 심술궂은 언론에도 불구하고 노벨의 사업은 잘 굴러갔다. 일반적으로 사람들은 사망한 노동자보다는 편리한 열차 터널과 운하에 더 큰 관심을 보였다. 한때 배 위에서 연구를 해야 했던 남자는 얼마 안 돼 21개국에서 93개의 공장 제국을 지휘했고, 오늘날의 가치로 2억 5000만 달러에 이르는 재산을 모았다. 무엇보다도 다이너마이트는 폭발물 시장에서 압도적인 위치를 차지하여 보온병thermos과 지퍼zipper처럼 대문자가 아닌 소문자로 쓰이는 일반 명사가 되었다.

하지만 돈이 노벨에게 행복을 가져다주지는 않았다. 늘 냉담한 성격이었던 노벨은 결혼을 하지 않았고, 중년에 접어들고 나서는 가족과 점점 더 멀어졌다. 가끔 작가가 되고 싶었던 어린 시절의 꿈을 다시 찾아 시나 희곡을 썼지만, 그것을 발표할 용기는 없었다. 자신에 대한 세상 사람들의 혐오감이 커져가자 노벨 역시 자신을 미워하기 시작했다—동생을 죽게 한 것과 전쟁에서 돈을 번 것 때문에. 족보에 자신을 소개할 글을 몇 줄 써달라는 부탁을 받았을 때, 노벨은 이렇게 썼다. "알프레드 노벨—비참한 반생半生; 세상에 태어나면서 첫 울음을 울 때 동정심 많은 의사가 죽였더라면 좋았을 것이다. 최대 장점: 항상 손톱을 단정하게 다듬는다. 최대 단점: 가족이 없고, 낙천적이지 못하며, 위장이 좋지 않다. 가장 큰 소원이자 유일한 소원: 산 채로 매장되지 않는 것." 아주 우울할 때에는 클래식 음악이 연주되는 가운데 안락한 침대가 있는 개인실에서 평화롭게 세상을 떠날 수 있는, 호화로운 '자살 상점'을 세우는 계획을 이야기했다.

하지만 세상 사람들이 자신을 얼마나 미워하는지 생생하게 안 것은 1888년에 형 루드비그Ludvig가 칸에서 죽었을 때였다. 며칠 뒤, 한 프랑스 신문은 알프레드 노벨이 죽은 걸로 오인하고서 "죽음의 상인 사망하다"라는 제목의 부고 기사를 내보냈다. 그 당시 파리에 살고 있던 노벨은 이 기사를 보고서 전율했다. 자신이 건설을 도운 그 모든 터널과 항구와 지하철, 그리고 자신이 채굴을 도운 그 모든 광물 자원에도 불구하고, *자신은 그들에게 흔한 살인자에 지나지 않는구나* 하는 생각이 들었다. 땅에 떨어진 자신의 명성을 구하기 위해 노벨은 유언장을 고쳐 화학, 물리학, 의학 분야에서 훌륭한 업적을 남긴 사람에게 주는 상을 만들기로 했다. 잃어버린 어린 시절의 꿈을 보상하기 위해 문학 부문의 상도 제정했다. 그리고 평생 동안 죽음을 판 행위를 속죄하기 위해 노벨 평화상도 제정했다.

노벨의 건강은 늘 좋지 않았지만, 그 후 몇 년 동안 급격히 무너졌다. 나이트로글리세린 증기를 들이마신 것이 원인이 되어 오래전부터 두통을 앓았는데, 많은 공장 노동자들도 불평하던 질환이었다. 나이트로글리세린이 몸속에서 대사되면 일산화질소(NO)가 생긴다. 일산화질소는 혈관을 확장시키기 때문에 머리에 혈액이 많이 흘러들어 머리를 때리는 듯한 두통을 야기한다. 대부분의 사람들은 시간이 지나면 내성이 생기지만, 노벨은 그런 면역이 생기지 않은 것으로 보인다. 노동자들은 금요일 오후마다 모자에 두른 띠에 나이트로글리세린을 묻혀 주말 동안 그 냄새를 조금씩 맡았는데, 내성을 유지해 월요일 아침에 두통을 피하기 위해서였다.

노벨은 두통 외에 관상 동맥에 플라크가 축적되어 생기는 협심증도 있었다. 협심증에 걸리면 산소가 심장 근육에 도달하지 못해 심한 흉통을 겪게 된다. 아이러니하게도 노벨이 마침내 치료를 위해 병원을 찾아가자, 의사는 나이트로글리세린을 처방했다. 나이트로글리세린은 혈관을 확장시키므로, 두통을 일으키지 않을 정도로 소량만 투여하면 관상 동맥을 확장시켜 산소 부채의 고통을 덜어줄 수 있다.(노벨의 공장에서 일하던 일부 노동자는 이미 이 사실을 알고 있었다. 흉통이 있는 사람들은 월요일 아침의 두통을 두려워한 사람들과 달리 얼른 작업장에 가길 원했다. 나이트로글리세린 증기는 공짜 약이었기 때문이다.) 하지만 노벨은 처음에 나이트로글리세린 투여를 거부했다. 그러지 않아도 자신의 생각과 사업을 지배하고 있던 그 물질을 일부러 몸속으로 집어넣고 싶지 않았다. 하지만 결국 노벨도 어쩔 수 없이 이 기묘하고 치명적인 물질을 자신의 심장으로 집어넣었다.

1896년 12월 10일, 노벨은 뇌중풍이 일어나 의자에 쓰러져 죽었다. 며칠 뒤, 유언 집행자들이 친척들에게 4쪽짜리 유언장을 읽어주었다. 친척들은 '자신들의' 돈이 터무니없는 상을 만드는 기금으로 기부된다는 사실을 알고 경악했다. 그들에게는 다행스럽게도 노벨은 어떤 변호사와도 상의하지 않고 그 유언장을 작성했다.(수십 년 동안 특허 소송을 겪은 노벨은 법조계 전체를 불신했다.) 이 때문에 노벨의 유언은 법적 분쟁에 휘말렸고, 몇 년 동안 사소한 분쟁이 계속되었다. 심지어 숨어 있던 연인까지 나타나 노벨의 연애 편지를 신문에 뿌리겠다고 위협했다. 우리는 노벨상을 인간이 이룬 훌륭한 업적을 인정하기 위해 만든 고결한 상이라고 생각한다. 하지만 그것은 허영심에서(죽어가던 남자가 자신의 명성을 세탁하기 위한 시도로) 만들어졌으며, 하마터면 사람들의 탐욕 때문에 탄생하지 못할 뻔했다.

결국 유언 집행자들은 모든 당사자에게 일정액의 금액을 지불함으로써 노벨의 유언 집행을 방해하지 못하게 했다. 마지막 장애물은 노벨의 재산을 파리에서 스웨덴으로 옮기는 것이었다. 그 당시에는 상장지수 펀드 같은 것이 없었고, 그토록 많은 현금 수송에 대해 보험 계약을 해주려는 보험 회사도 없었기 때문에, 한 유언 집행자가 수백만 달러에 해당하는 현금과 증권 다발을 서류 가방에 넣어 한꺼번에 직접 운반하기 시작했다. 그는 마차와 열차를 타고 유럽을 여행하는 동안 장전된 권총을 쥐고서 스스로 호송 임무까지 맡았다. 이 모든 난관에도 불구하고, 노벨이 죽은 지 불과 5년 뒤인 1901년 12월 10일에 제1회 노벨상 시상식이 열렸다. 그 후 100년이 지나는 동안 노벨상은 과학 분야에서 가장 영예로운 상이 되었고, 죽음의 상인이라는 노벨의 악명을 거의 다 날려보냈다.

증기 기관과 폭발물은 산업 혁명의 촉매가 되어 수천 킬로그램의 하중을 손쉽게 들어올리거나 공룡 시대 이후 굳건히 버텨온 산을 몇 분 만에 허물어뜨렸다. 하지만 그 시대의 중요한 기술은 증기 기관과 폭발물만있었던 게 아니며, 심지어 기체를 기반으로 하여 개발된 기술도 이것들만이 아니었다. 또 하나의 중요한 진전은 고품질 금속, 특히 강철을 만드는 일에서 일어났다. 강철과 기체는 공통점이 별로 없는 것처럼 보이지만, 공기의 화학에 대한 중요한 통찰이 없었더라면, 오늘날 우리 세계를 지배하는 거대한 다리와 고층 건물, 초대형 유조선은 결코 만들어지지 않았을 것이다.

못다 한 이야기

테이 다리 참사

일산화탄소(CO)—현재 공기 중 농도는 0.1ppm(도시 지역은 농도가 더 높다). 한 번 숨을 들이쉴 때마다 일산화탄소 분자 약 1000조 개가 폐로 들어온다.

초서Chaucer와 밀턴Milton, 그리고 오든Auden과 예이츠Yeats의 상대적 장점이 무엇인지 토론할 수는 있다. 하지만 영문학에서 최악의 시인이라면, 윌리엄 토패즈 맥고내걸William Topaz McGonagall을 따라올 사람이 없을 것이다.

19세기의 스코틀랜드 청중은 그를 비판하기 위해 그가 시를 낭송하는 현장에 떼를 지어 모여들었는데, 어설픈 운율과 리듬, 따분하기 짝이 없는 통찰력("대부분의 위대한 사람들처럼, 나는 내 존재의 아주 이른 시기에 태어났도다."), 자신의 총명함에 대한 굳건한 믿음(맥고내걸은 자신의 첫 번째 시집 제목을 『시의 보석들*Poetic Gems*』이라고 지었다)을 비롯해 문학적으로 거슬리는 것들 중에서 어떤 것이 그들에게 가장 큰 즐거움을 주었는지는 딱 꼬집어 말하기 어렵다. 어쩌면 새된 목소리로 과장되게 시를 낭송하는 방

지금까지 살았던 시인 중 최악의 시인으로 꼽히는 윌리엄 맥고내걸.

식이나 킬트를 입고 검을 휘두르면서 무대에 오르는 행동이 가장 거슬렸을지도 모른다.(맥고내걸을 위해 변명하자면, 검은 낭송 도중에 가끔 공중으로 날아오는 생선이나 썩은 사과를 찰싹 쳐내는 데 편리했다.) 하지만 맥고내걸의 가장 훌륭한 재주는 정말로 슬픈 순간을 별것 아닌 것처럼 만드는 데 있지 않았을까 싶다. 페이소스pathos(비애)를 베이소스bathos(진지하고 중요한 주제나 어조에서 갑자기 우스꽝스럽거나 평이한 내용이나 어조로 바뀌는 것—옮긴이)로 그보다 더 빨리 바꿀 수 있는 사람은 아무도 없었다. 그의 걸작인 「테이 다리 참사*The Tay Bridge Disaster*」를 한번 읽어보라.

1879년 12월 28일 일요일 저녁, 북쪽으로 달리던 열차가 세상에서 가장 긴 다리를 건너기 시작했다. 스코틀랜드 동부의 테이만灣을 가로지르는, 길이 약 3.2km의 다리였다. 셰익스피어는 이곳 부근을 『맥베스*Macbeth*』의 배경 장소*로 설정했지만, 맥고내걸은 이곳 풍경에서 비슷한 수준의 영감을 얻지 못했던 것 같다. "열차가 에든버러를 떠났을 때/승객들의 마음은 가벼웠고 아무런 슬픔도 느끼지 못했다."라고 그는 사건의 배경을 능란하게 읊었다. 하지만 모든 것이 다 순탄했던 것은 아닌데, "비가 쏟아지기 시작했고/어두운 구름이 잔뜩 찌푸린 것처럼" 보였기 때문이다. 그리고 열차가 "은빛의 테이 다리"를 건널 때, "중앙 대들보들이 굉음과 함께 폭삭 주저앉았고," 다리가 무너져내렸다. 탑승객 전원이 사망했고, 맥고내걸은 "아주 오랫동안 기억될/1879년의 마지막 안식일"을 슬퍼했다.

맥고내걸 덕분에 사람들은 이 참사를 기억하게 되었는데, 아주 엄숙한 이유 때문에 그런 것은 아니다.

대부분의 동시대 사람들과 마찬가지로 맥고내걸은 다리의 붕괴 원인을 "세차게 불어닥친 바람" 탓으로 돌렸다. 하지만 1879년의 마지막 안식일에 바람이 세차게 분 것은 사실이지만, 오늘날의 화학자들은 또 다른 요인을 지적한다. 그것은 바로 일산화탄소이다. 더 정확하게는 다리의 철탑을 제작할 때 일산화탄소가 '부족'했던 게 그 원인이다.

우리는 철을 단단한 금속이라고 생각하지만, 순수한 철은 실제로는 연하다. 분자 차원에서 보면, 철 원자들은 아름다워 보이는 근사하고 부드러운 층들을 이루고 있지만, 압력을 가하면 서로 미끄러져 지나가는 경향이 있다. 그래서 순수한 철(흔히 연철鍊鐵이라 부르는)은 전성展性(두드리거나 압착하면 얇게 펴지는 금속의 성질)이 좋아 유연성이 필요한 공예품 제작이나 공학적 용도로 쓰기에 이상적이다. 하지만 이 때문에 연철은 무거운 하중을 떠받치기에는 부적합하다.

19세기 공학자들에게 연철의 대안은 주철鑄鐵이었다. 주철에는 불순물(대부분 탄소)이 많이 포함돼 있어 부드러운 원자 층들이 미끄러지면서 움직이는 것을 방해한다. 그래서 주철은 상당히 단단하여 다리나 큰 건물을 지지하는 용도로 쓰기에 아주 좋다. 그러나 불행하게도 높은 탄소 함량 때문에 주철은 유연성이 부족해 부러지기 쉽다. 도자기처럼 주철은 어느 한계까지는 튼튼하지만, 그 한계를 넘어서는 큰 힘을 받으면 구부러지지 않고 탁 부러져버린다.

대형 건물을 짓는 공학자에게 꼭 필요한 것은 탄소 함량이 1~2%인, 연철과 주철의 중간인 강철이었다. 강철은 충분히 단단하면서도 쉽게 부러지지 않는 성질을 갖고 있다. 불행하게도 그 당시에 강철을 만드는 데에는 아주 큰 육체적 고통이 따랐는데, 엄청나게 많은 처리 과정이 필요했기 때문이다.

그 과정은 철광석에서부터 시작된다. 수십억 년 전에 일어난 산소 재앙 이래 지구에 존재하는 철은 대부분 적철석(Fe_2O_3)과 자철석(Fe_3O_4) 같은 철광석 속에 갇혔다. 여기서 철을 빼내려면 철광석을 제련해야 한다. 즉, 철광석을 코크스(석탄, 아스팔트, 석유 등 탄소가 주성분인 물질을 가열하여 휘발 성분을 없앤 고체 탄소 연료)와 함께 약간의 공기를 섞어 가열하는 과정을 거쳐야 한다. 공기에는 산소가 포함돼 있어 코크스의 탄소와 반응해 일산화탄소(CO)*를 만든다. 그러면 일산화탄소는 철광석으로 스며들어가 팩맨처럼 그곳에 있는 산소 원자들을 집어삼켜 이산화탄소(CO_2)를 만든다. 이 과정에서는 코크스의 탄소가 철 속으로 들어가는 일도 일어난다. 그래서 철광석 제련 과정에서 맨 먼저 만들어지는 산물은 탄소 함량이 높은 주철이다.

연철을 만들려면 추가 단계가 필요하다. 먼저 연료를 많이 사용해 비용이 많이 드는 과정을 통해 주철을 녹여야 한다. 그리고 거기에 철광석을 더 많이 집어넣는다. 그러면 녹은 주철의 탄소와 녹은 철광석에서 나온 산소가 반응해 일산화탄소가 더 많이 생기는데, 일산화탄소가 빠져나가고 나면 순수한 연철이 남는다. 하지만 이 반응은 기체가 아니라 액체를 섞는 과정을 포함하기 때문에 며칠이 걸렸다. 그동안에 누가 옆에 서서 손으로 그 혼합물을 계속 저어주어야 했다.

대다수 제련업자는 여기서 그만 포기했다. 더 많은 처리 과정이 필요

강철왕 헨리 베세머. (사진 제공: 웰컴재단)

한 다음 단계, 즉 강철을 만드는 단계로 나아간 사람은 극소수였다. 의지에 불타는 제철업자는 먼저 탄소 함량을 높이기 위해 연철에 코크스를 더 섞었다. 그러고 나서 전체 혼합물을 몇 주일 동안 가열했다. 이 모든 번잡스러운 과정 때문에 제련업자들은 일반적으로 강철을 소량만 생산해 도구와 칼날을 만드는 재료로 공급했다. 건물 전체를 강철로 만들려는 꿈을 꾼 사람은 아무도 없었다. 공학자들은 그런 목적에는 철을 사용했다.

강철 제조 기술이 이 단계에 머물러 있을 때, 영국의 헨리 베세머Henry Bessemer가 등장했다. 맨숭맨숭한 턱에 양쪽 볼에만 무성하게 구레나룻을 기른 베세머는 마치 미국 남북 전쟁 시절의 장군처럼 보였는데, 평생 동안 얻은 특허(현미경, 벨벳, 니스, 설탕 제조 방법 등에 관한)가 117개나 되었다. 초기에 거둔 성공 중 하나는 1850년대에 훌륭한 공기역학 기술을 적용해 발명한 길고 가는 포탄이었다. 베세머는 이 포탄을 사용하면 영국이 크림 전쟁에서 승리할 것이라고 생각했지만, 애석하게도 이 포탄은 당시의 약한 주철 대포에 균열을 만드는 경향이 있었다. 짜증이 난 한편으로 호기심이 생긴 베세머는 철과 강철이 어떻게 만들어지는지 자세히 조사하기로 했다.

이 분야에서 베세머가 이룬 발견 이야기는 길고도 복잡한데, 여기서 그것을 다 다루기에는 지면이 부족하다.(다른 화학자와 공학자도 여럿 관여했는데, 훗날 베세머는 인색하게도 이들의 공을 인정하길 거부했다.) 그러니 여기서는 그냥 일련의 운 좋은 사고와 명민한 추론을 통해 베세머가 강철을 만드는 두 가지 지름길을 알아냈다는 것만 언급하고 넘어가기로 하자.

베세머는 대다수 제련업자들과 마찬가지로 주철을 녹이는 것에서 시작했다. 그리고 탄소를 빼내기 위해 그 혼합물에 산소를 집어넣었다. 하지만 나머지 제련업자들처럼 산소 원자를 공급하는 데 철광석을 사용하는 대신에 공기를 강하게 불어넣었는데, 이것은 더 값싸면서도 더 빠른 대체물이었다. 다음번 지름길은 훨씬 더 중요한 것이었다. 많은 산소 기체를 섞음으로써 녹은 주철에서 탄소를 다 빼내는 대신에 베세머는 도중에 공기를 불어넣는 공정을 중단했다. 그러자 탄소가 없는 연철 대신에 탄소를 약간 포함한 강철이 생겼다. 다시 말해서, 베세머는 나머지 모든 단계와 값비싼 재료를 쓸 필요 없이 강철을 직접 만들었다.

베세머는 먼저 녹은 주철에 기다란 취관으로 공기를 불어넣으면서 이 과정을 연구했다. 이 방법이 효과가 있자, 그 지역의 주조 공장에서 폭 90cm의 노에 녹은 철 315kg을 넣고서 더 큰 규모의 시험을 했다. 이번에는 자신의 폐에 의존하는 대신에 여러 대의 증기 기관을 사용해 압축 공기를 혼합물에 불어넣었다. 공기 바람으로 강철을 만들려 한다고 설명하자, 주조 공장 노동자들은 베세머를 측은하게 여기는 눈으로 바라보았다. 그리고 실제로 그날 오후 10분 동안은 아무 일도 일어나지 않았다. 훗날 베세머는 그러다가 갑자기 "가벼운 폭발이 연속적으로" 일어나면서 작업장을 흔들었다고 기억했다. 노에서 "진짜 화산처럼" 불길이 솟아오르면서 용융된 철이 쉭쉭거리며 튀어나와 금방이라도 천장을 불태울 것 같았다.

베세머는 불꽃놀이가 잦아들 때까지 기다렸다가 노 안을 들여다보았다. 불꽃 때문에 공기의 흐름을 제때 멈출 수 없었지만, 노 안에는 순수한 연철이 있었다. 베세머는 빙긋 웃었다. 자신의 과정이 효과가 있다는 증거가 거기에 있었다. 이제 남은 일은 정확하게 언제 공기의 흐름을 차단해야 하는지 알아내는 것이었다. 그러면 원하던 강철을 손에 넣을 것이다.

여기서부터 상황이 빠른 속도로 베세머에게 유리하게 전개되기 시작했다. 그다음 몇 년 동안 베세머는 많은 특허를 잇달아 얻었고, 그가 세운 주조 공장은 강철 생산 비용을 1톤당 약 40파운드에서 7파운드로 낮추는 데 성공했다. 게다가 몇 주일이 아니라 한 시간 이내에 강철을 만들 수 있었다. 이러한 진전 덕분에 마침내 대규모 공학 프로젝트에 강철을 사용할 수 있게 되었다. 일부 역사학자들은 이 사건이 3000년 동안 지속된 철기 시대를 단숨에 끝내고 인류를 강철기 시대로 진입시킨 사건이라고 평가한다.

물론 이것은 지금 와서 그 당시를 돌아보면서 내린 판단이다. 그 당시에는 상황이 그렇게 희망적인 것만은 아니었고, 사실 베세머는 자신의 강철을 믿으라고 사람들을 설득하느라 많은 애를 먹었다. 문제는 강철을 만들 때마다 품질에 큰 차이가 있다는 점이었는데, 공기의 흐름을 언제 멈춰야 할지 판단하기가 아주 어려웠기 때문이다. 게다가 영국 철광석에 많이 포함된 인 때문에, 생산된 강철은 대부분 쉽게 부러지고 추운 온도에서 균열이 일어났다.(운이 억수로 좋았던 베세머는 처음에 시험을 할 때 인이 없는 웨일스산産 철광석을 사용했다. 그러지 않았더라면 실패했을 것이다.) 다른 불순물들도 다른 구조적 문제를 야기했고, 각각의 혼란은 베세머의 강철에 대한 대중의 신뢰를 조금 더 떨어뜨렸다. 기체 의약품을 개발한 토머스 베도스의 경우처럼 동료들과 경쟁자들은 베세머가 강철을 과대 선전한다고 비난했으며, 심지어 사기 행위라고까지 주장했다.

그다음 10년 동안 베세머를 비롯해 여러 사람이 이 문제를 해결하기 위해 제임스 와트와 같은 열정으로 매달렸다. 그리고 1870년대에 이르자 강철은 객관적으로 주철에 비해 훨씬 나은(더 튼튼하고 더 가볍고 더 믿을 수 있는) 금속이 되었다. 하지만 경계심을 품은 공학자들을 비난만 해서는 안 된다. 강철의 뛰어난 성능은 도저히 믿기가 어려웠고(공기를 불어넣는 것만으로 금속이 그토록 강해진다는 것은 불가능한 이야기처럼 보였다), 여러 해 동안 강철이 보여준 문제점 때문에 강철에 대한 신뢰가 추락했기 때문이다. 베세머가 강철 빔으로 철도를 만들어보라고 제안했을 때, 철도회사의 한 중역은 "내가 살인 혐의로 법정에 서길 바랍니까?"라며 씩씩거렸다. 그리고 공공 공사를 관장하는 영국 통상부는 교량에 강철 골조를 사용하는 것을 금지했다. 그 결과, 1871년에 테이 다리 공사가 시작되었을 때, 공학자들은 철탑을 지탱하는 데에는 주철을, 가새(사각형으로 짠 뼈대의 변형을 막기 위하여 대각선 방향으로 빗댄, 쇠나 나무로 만든 막대)에는 연철을 사용하는 수밖에 선택의 여지가 없었고, 그저 각자의 약점이 상쇄되기만을 기대했다.

공학자들은 이러한 배열이 자신들의 설계를 위험에 빠뜨릴 수 있다고는 전혀 생각하지 않았다. 반대로 그들은 테이 다리를 그때까지 건설된 다리 중 가장 크고 가장 튼튼한 다리—건축 분야의 타이태닉호—라고 치켜세웠다. 불행하게도 여러 요인이 합쳐져 다리를 취약하게 만들었다. 우선 주철 주괴를 공급한 주조 공장과 주철로 철탑을 주조해 만든 건설 회사 사이의 의사소통에 문제가 있었다. 마치 『캐치-22*Catch-22*』(조지프 헬러Joseph Heller가 쓴 소설 제목. 모순된 규칙 따위에 얽매여 꼼짝할 수 없는 딜레마에 빠진 상황을 가리키는 뜻으로 흔히 쓰인다.—옮긴이)에 나오는 한 장면처럼 건설 회사는 일부 부품에 쓸 재료로 있는 것 중에서 '최고best' 품질의

| 스코틀랜드의 테이 다리가 무너진 광경.

철을 요구했다. 그들은 주조 공장이 세 가지 등급의 철 주괴를 판다는 사실을 꿈에도 몰랐다. 세 가지 등급은 'best', 'best best', 'best best best'였다. 따라서 건설 회사는 '최고' 품질을 주문한 결과로 '가장 나쁜' 품질의 철을 공급받았다. 주철을 붓고 주조하는 동안 여러 탑에서 구조물들이 부러져 나가 다시 용접을 해 붙여야 했다. 철탑들 역시 마치 부식된 것처럼 여기저기 구멍이 생겼다. 철탑을 세운 노동자들은 완공 시기를 늦추는 대신에 하중을 제대로 떠받칠 힘이 없는 여러 가지 물질(송진, 밀랍, 쇳가루, 그리고 자신들의 속임수를 감추기 위한 검댕)로 이루어진 퍼티로 구멍을 채웠다.(노동자들은 이 퍼티를 "보먼트의 달걀Beaumont's egg"이라고 불렀는데, '훌륭한 짜깁기'란 뜻의 프랑스어 '보 몽타주*beau montage*'를 변형한 이름이었다.)

다리가 완공된 뒤, 게으른 감독관이 여러 곳에 생긴 균열을 보고하지 않음으로써 위험을 더 심각하게 만들었다. 한 역사학자는 감독관이 한 검사를 다음과 같이 묘사했다. "그는 공책에서 찢은 종이 한 장에 침을 묻혀 균열 부위에 붙이고는, 다음 열차가 지나갈 때까지 기다렸다. 종이는 전혀 찢어지지 않았다. 그래서 그는 아무 문제가 없다고 결론 내렸다!" 설상가상으로 애초부터 다리의 설계가 부실했는데, 상부가 너무 무겁고 흔들림이 심하게 일어나게끔 설계되었다. 바람이 없는 날에도 열차가 지나갈 때마다 다리가 좌우로 10~15cm나 흔들렸다. 게다가 수석 공학자인 토머스 바우치Thomas Bouch는 몇 군데 계산을 엉터리로 했고, 강풍에 대비해 다리를 보강하는 조처를 취하지 않았다.

이 모든 것의 결과로 1879년 12월 28일에 강풍급 바람(시속 104km)이 불어닥치자, 테이 다리는 허리케인 앞의 야자수처럼 휘청거리기 시작했다. 오후 6시에 소형 여객 열차가 지나갔는데, 하마터면 미끄러져 탈선할 뻔했지만 다행히 가드레일에 부딪치면서 불꽃이 크게 튀었고 탈선은 면했다. 열차는 운좋게 간신히 다리를 건넜다.

한 시간 뒤에 다리를 건넌 무게 100톤의 급행 열차에는 운이 따르지 않았다. 급행 열차도 가드레일에 부딪치며 훨씬 큰 불꽃이 튀었다. 바로 그 순간에 때맞춰 바람이 세차게 몰아쳐 다리를 강타했다. 튼튼하고 유연한 강철로 만든 다리였다면 그 충격을 버텨낼 수 있었을지도 모른다(어쩌면). 하지만 빳빳하고 품질이 떨어지는 주철로 만든 다리는 버틸 재간이 없었다. 중앙 철탑 12개가 모두 우당탕 무너지면서 약 800m에 이르는 구간이 사라져버렸다. 열차는 공중으로 붕 떠서 27m 아래의 물속으로 곤두박질쳤고, 탑승객 75명 전원이 사망했다.

정부는 곧 청문회를 열었는데, 부실 공사에 관한 온갖 지저분한 사실이 드러났고, "반역적인"(그들의 표현) 주철의 정체가 밝혀졌다. 희생양이 필요했던 조사관들은 수석 공학자인 바우치를 표적으로 삼았다. 바우치가 얼마 전인 그해 여름에 기사 작위를 받았고(우연의 일치로 헨리 베세머와 함께), 그 사고로 사위를 잃었다는 사실 따위는 알 바가 아니었다. 그러지 않아도 이미 병약했던 바우치는 이 일로 완전히 무너지고 말았다. 그는 불과 몇 달 뒤에 눈을 감았다.

모든 사람들이 딴 데 정신이 팔려 있을 때, 통상부는 강철 교량을 금지한 조처를 은밀하게 철회했다. 통상부가 그 직후에 건설을 승인한 다리들 중 하나는 테이강 위를 지나가는 대체 다리였는데, 지지 철탑을 강철로 만들었다. 이 다리는 1887년에 개통되어 오늘날까지도 서 있다. 당연히 윌리엄 토패즈 맥고내걸은 이 다리의 개통을 기념하는 시의 보석을 또 한 편 썼다.

증기와 폭발물에 관한 앞 장의 이야기들은 기체의 힘을 강조했는데, 강철 생산은 그 주제를 보강하는 것처럼 보인다. 부러지기 쉬운 철을 튼튼한 강철로 변화시키는 것은 바로 일산화탄소와 산소를 불어넣는 것이기 때문이다. 하지만 여기서 얻을 수 있는 더 좋은 교훈이 있는데, 그것은 바로 기체의 우아한 속성에 관한 것이다.

윌리엄 맥고내걸보다 훨씬 훌륭한 시인인 커밍스e.e.cummings는 다른 맥락에서 이 정서를 아주 잘 표현했다. 한 유명한 시에서 커밍스는 연인이 자신의 내부에서 깨어나게 한 감정들에 경탄한다. "꽃잎을 하나씩 하나씩 열어요. …… 마치 봄이 열듯이/(능숙하고 신비로운 손길로) 자신의 첫 번째 장미를." 그리고 "어느 누구도, 심지어 비조차도, 그렇게 작은 손을 가지지는 않았을 거예요."라고 주장한다. 이것은 비를 사랑스럽게 생각하는 방법이다. 즉, 비가 어떻게 흙 속으로 스며들어 우리가 가늠하기 힘든 차원에서 작용하면서 그곳에 묻혀 있던 생명을 자극하는지 말해준다. 기체도 바로 그와 같은 일을 한다. 우리의 폐에서 일어나는 기체의 파드되pas de deux(발레에서 두 사람이 추는 춤)가 되었건, 강철 속에서 일산화탄소와 산소가 수행하는 섬세한 수술이 되었건, 기체의 연금술도 그에 못지않게 신비한 것으로 보인다. 기체 역시 작은 손을 갖고 있다.

헬륨(He)

현재 공기 중 농도는 5ppm.

한 번 숨을 들이쉴 때마다 헬륨 분자 약 7경 개가 폐로 들어온다.

아르곤(Ar)

현재 공기 중 농도는 1%(1만 ppm).

한 번 숨을 들이쉴 때마다 아르곤 분자 약 1해 개가 폐로 들어온다.

6장

하늘로 날아오르다

새로운 공기 실험들은 우리에게 큰 물질적 진전을 가져다주었을 뿐만 아니라, 인간의 정신에도 영향을 미쳤다. 우리는 주변을 둘러싼 이 신비한 마법의 기체가 무엇인지 이해하게 되었고, 지구의 작용 방식에 대해서도 깊은 통찰을 얻었다. 그리고 더욱 놀라운 사건이 일어났는데, 인류가 그동안 이루지 못했던 오랜 꿈을 18세기 후반에 기체가 실현시켜주었다. 날개도 없이 평발로 땅에 붙어 살아갈 수밖에 없었던 종이 역사상 처음으로 하늘로 날아오르는 데 기체가 결정적 도움을 준 것이다.

전설에 따르면, 인류의 비행 이야기는 란제리에서 시작되었다. 마흔둘이 될 때까지 조제프-미셸 몽골피에Joseph-Michel Montgolfier의 인생은 대체로 실패의 연속이었다. 가업인 제지 사업의 상속자였지만, 프랑스 중부의 채무자 교도소에서 복역한 뒤 그 자격을 동생에게 빼앗기는 수모를 당했다. 게다가 프리스틀리와 라부아지에가 연구한 공기화학에 쏟아부은 열정 때문에 그는 사람들의 눈에 더욱 부적격자로 보였다. 하지만 1782년 어느 날 오후, 바로 그 기체 연구가 뜻하지 않은 대박을 가져다주었다. 아내가 난로 위에서 빨래를 말리는 걸 지켜보던 그는 아내의 속옷이 계속 나풀거리는 모습에 주목했다. '거 참 기묘한데?' 게다가 난롯불이 세질 때마다 속옷이 위로 솟아올랐다. 왜 그럴까? 무엇이 속옷을 들어올릴까? 그러다가 자신을 공중으로 들어올릴 만큼 충분히 큰 '공기 자루'를 만들 수는 없을까 하는 생각이 들었다. 백일몽에 가까운 이 생각에서 몽골피에는 세계 최초의 열기구를 구상했다.*

몽골피에 형제의 열기구

몽골피에는 두 번 생각하지 않고(이것은 가끔 장점이 될 때도 있지만) 당장 나무로 직사각형 상자를 만들어 실크로 그것을 둘러쌌다. 무게 2.3kg, 높이 1.2m 정도 되는 이 상자를 집 안의 작은 난로 위에 들고 있었더니, 잠시 후 그것은 붕 떠오르면서 천장까지 올라갔다. 실외에서도 비슷한 실험을 해 그것이 21m 높이까지 올라가는 것을 지켜보았다. 대부분의 역사 기록에 따르면 몽골피에는 어설픈 화학자였다. 하지만 이 실험들은 성공했다. 그는 황홀한 기분에 휩싸였는데, 이번만큼은 실패하지 않았기 때문이다.

이 단계에서 조제프-미셸은 이 장치를 동생인 자크-에티엔 몽골피에Jacques-Étienne Montgolfier에게 보여주었다. 여기서 우리는 변변치 못한 형을 돕기 위해 자크-에티엔이 보여준 헌신을 존경하지 않을 수 없다. 모든 의심을 접어두고 자크-에티엔은 형이 무게 6.8kg의 더 큰 상자를 만드는 일을 도왔다. 그리고 그것을 공중으로 날려보내자, 줄이 끊어지면서 그것은 무려 1.6km나 날아갔다! 두 사람은 부랴부랴 그 뒤를 쫓아갔지만, 땅에 착륙했을 때 성질 나쁜 행인이 그것을 부숴버렸다. 그래도 형제는 잔뜩 흥분한 채 돌아왔다. 정말로 하늘을 나는 데 성공했기 때문이다! 그다음 몇 달 동안 두 사람은 더 큰 기구를 만드는 설계도를 스케치하기 시작했다. 그것이 큰 명성을 가져다주리라고 확신하고서.

철저하게 실험용으로 설계된 이 기구는 폭이 9m였고, 처음으로 구형으로 만들었다. 구피球皮는 뻣뻣한 종이를 덧댄 실크 조각들을 단추로 결합시켜 만들었다. 이렇게 만든 기구는 놀랍도록 훌륭했다. 하지만 새로운 기체를 사용해 기구를 띄우려고 한 실험은 어려움을 겪었다. 처음에는 영국에서 큰 흥분을 불러일으키던 증기를 사용했다. 하지만 증기는 종이를 축축하게 만들었다. 그다음에는 캐번디시의 수소 기체를 사용하려고 했는데, 그제야 수소를 한 번에 몇 리터 이상 만든 사람이 그때까지 아무도 없다는 사실을 알게 되었다. 수소 기체는 적어도 수천 리터가 필요했다. 게다가 가장 작은 분자인 수소는 실크 구피에서 쉽게 빠져나가 기구가 금방 축 처지고 말았다. 우여곡절 끝에 결국 1783년에 뜨거운 공기로 되돌아갔다. 조제프-미셸은 화학을 좋아했지만, 실제로는 기체에 대해 아는 게 거의 없었다. 한 예를 든다면, 그는 공기를 가열하고 연기를 첨가하면 마술적으로 공기의 화학적 성질이 바뀐다고 생각했다.[사실은 연기는 기체가 아니다. 흙탕물처럼 공기 속에 고체 입자들이 떠 있는 서스펜션suspension(현탁액)이다.]

게다가 조제프-미셸은 연기가, 그리고 오직 연기만이 양력을 만들어 낸다고 믿었다. 그가 기구를 "종이 봉지 속의 구름"으로 묘사한 것은 유명한데, 이 표현은 시적으로 들리긴 하지만, 그는 실제로 그것을 연기 구름으로 생각한 게 틀림없다. 그래서 1783년 6월에 자신들의 무인 기구 비행을 처음으로 대중 앞에서 선보일 때, 몽골피에 형제는 짚과 양털, 토끼 가죽, 헌 신발 등을 연료로 태워 되도록 연기가 아주 많이 나는 모닥불을 피웠다.

어쨌든 수천 명의 군중이 숨 막힐 듯한 연기에 눈과 코가 매운 것을 참고서 구피가 부풀어오르며 형태를 갖춰가는 모습을 지켜보았다. 건장한 남자 여러 명이 밧줄로 기구를 붙들고 있다가 누가 신호를 보내자 밧줄을 놓았다. 기구는 휙 튀어오르더니 소형 달처럼 두둥실 머리 위로 떠올랐다.

이 시범으로 몽골피에 형제는 유명해졌지만, 반갑지 않은 부작용을 낳았는데, 경쟁자들을 끌어들였기 때문이다. 경쟁자들은 기구 비행의 비밀을 잘 알았다. 파리 근처에 살고 있던 또 다른 형제 공학자 안-장 로베르Anne-Jean Robert와 니콜라-루이 로베르Nicolas-Louis Robert는 약간의 궁리 끝에 고무를 테레빈유에 녹여 만든 니스를 실크 위에 칠함으로써 공기가 통하지 않게 만드는 방법을 고안했다. 이것은 실제로는 기구의 모습을 망쳐놓았지만(그들은 빨간색과 흰색 줄무늬 구피를 상상했지만, 결과물은 빨간색과 얼룩덜룩한 흡연자의 이빨을 섞어놓은 것 같았다), 기구에 수소를 사용할 길을 다시 열었는데, 작은 수소 분자도 니스를 칠한 실크를 빠져나가지 못했기 때문이다. 그리고 이 형제와 알고 지내던 화학자 자크-알렉상드르-세자르 샤를Jacques-Alexandre-César Charles이 수소와 관련된 다른 문제를 해결했다. 문제란 바로 수

| 뜨거운 공기와 연기로 채운 초기의 몽골피에식 열기구.

소를 대량 생산하는 것이었다. 거대한 통에 철을 가득 담은 뒤 황산(H_2SO_4)을 약간 부음으로써 수소를 대량 생산할 수 있었다. 황산은 금속에 닿자마자 분해되면서 수소 기체가 피어올랐는데, 샤를은 두꺼운 가죽 관을 통해 수소 기체를 기구 속으로 집어넣었다. 1783년 8월에 철 500kg을 들여 나흘 동안 힘든 작업을 한 끝에 샤를은 기구에 3만 4000L의 수소를 집어넣는 데 성공했다.(작업 비용을 대기 위해 샤를은 수소를 채우는 광경을 라부아지에의 실험과 비슷하게 대중의 구경거리로 만들어 관람 표를 팔았다.) 하늘로 떠오른 기구는 무려 24km나 비행해 파리 외곽의 들판에 떨어졌다. 농부들은 즉각 쇠스랑과 큰 낫을 들고 그것을 공격했는데, 하늘에서 떨어진 괴물이라고 믿고서 벌인 소동이었다. 하지만 이번 역시 기구 파괴 행위는 기구 제작자들에게서 승리의 도취감을 앗아가지 못했다.

몽골피에 형제는 이 소식에 깜짝 놀라 얼른 기구 비행 장소를 베르사유가 있는 북쪽으로 바꿔 두 번째 비행 계획을 세웠다. 프랑스인답게 그들은 벽지 디자이너를 고용해 기구의 외관을 아주 멋지게 꾸몄다. 디자이너는 황도 12궁을 금빛으로 새긴 하늘색 구피를 고안했다. 몽골피에 형제는 이번에는 동물(양 한 마리, 수탉 한 마리, 오리 한 마리)을 태우기로 결정했는데, 기구 아래에 매달린 우리에 동물들을 실었다.(혼자서도 잘 나는 오리를 왜 태웠을까 궁금한 독자가 있겠지만, 크게 신경 쓸 문제는 아니다.) 그들은 헌 신발 등을 태우는 절차(그 무렵에는 이것이 일종의 유사과학처럼 자리잡았다)를 거친 뒤, 프랑스 국왕 루이 16세가 지켜보는 가운데 몇 분 만에 기구를 크게 부풀렸다. 그러자 기구를 날아가지 못하게 붙들고 있던 열다섯 명의 남자가 손을 놓았다. 기구가 옆으로 휘청하자 지켜보고 있던 군중은 침을 삼켰고, 기구에

탄 동물들이 꽥꽥, 매애 하며 울어댔다. 하지만 기구는 공중으로 높이 솟아오르면서 자세를 바로잡았고, 결국 약 3km를 날아가 무사히 착륙했다.

인류 최초의 유인 비행

몽골피에 형제와 로베르 형제는 이제 진정한 승자를 가리는 한판 승부를 벌였는데, 그것은 바로 최초의 유인 비행에 누가 성공하느냐 하는 승부였다. 루이 16세는 이를 위해 죄수 두 명을 제공하겠다고 제안했다. 루이 16세는 이 비행에서 누구도 살아남을 가능성이 희박하다고 보았던 것 같다. 하지만 두 팀 모두 이 제안에 질색했다. 이들은 자신들이 차지해야 할 영예를 죄수에게 빼앗기고 싶지 않았다.

과학적 지식만 놓고 본다면, 샤를-로베르 팀이 분명히 우위에 있었다. 로베르 형제는 몽골피에 형제보다 더 나은 공학자였고, 샤를은 몽골피에 형제보다 월등하게 나은 화학자였다. 하지만 결국에는 열정이 책으로 배운 지식을 이겼다. 1783년 11월 21일, 몽골피에 형제는 새로 만든 주황색 기구의 곤돌라에 두 친구—장-프랑수아 필라트르 드 로지에Jean-François Pilâtre de Rozier라는 물리학자와 현지의 후작—가 타도록 도왔다. 밧줄을 붙잡고 있던 남자들이 손을 놓자, 주황색 기구가 하늘 높이 솟아올라 느린 유성처럼 파리를 가로지르며 날아갔다. 인류의 역사에서 그때까지 수십억 명의 사람들이 머리 위로 날아가는 새들을 바라보면서 속으로 '한 번만, 딱 한 번만…….' 하고 바랐을 것이다. 필라트르 드 로지에와 후작은 마침내 이 꿈을 이루었고, 8km 떨

파리 외곽에 떨어진 기구를 공격하는 농부들.

어진 곳에 무사히 착륙함으로써 최초로 하늘을 난 사람들이 되었다.

샤를-로베르 팀은 경쟁에서 지긴 했지만, 파리 시민은 2주일 뒤인 12월 초에 이들이 시도한 유인 비행에도 열렬한 반응을 보였다. 일부 추정에 따르면, 파리 인구 중 약 절반(약 50만 명)이 자크 샤를과 안-장 로베르가 기구를 타고 하늘로 날아오르는 모습을 지켜보았다고 한다.(군중 가운데에는 일주일 뒤에 미국 독립 전쟁을 끝내는 조약에 서명하러 온 미국 대사 벤저민 프랭클린도 있었다. 그날, 냉소적인 구경꾼이 프랭클린에게 "기구가 무슨 쓸모가 있나요?"라고 묻자, 프랭클린은 "갓난아이는 무슨 쓸모가 있나요?"라고 중얼거렸다고 한다.) 수소는 뜨거운 공기보다 더 많은 양력을 제공했기 때문에, 샤를과 안-장은 공중에서 두 시간 동안 떠다니다가 일몰 후 30km쯤 떨어진 곳에 착륙했다. 샤를은 마치 유원지에 놀러간 어린이처럼 한 번 더 타겠다고 요구했고, 몇 분 뒤에 최초의 단독 기구 비행에 나섰는데, 3000m 높이까지 올라가 일몰 광경을 한 번 더 보았다. 불행하게도 기구를 타고 높이 올라갔다 내려왔다 하길 반복한 샤를은 바깥귀길(외이도)에 찌르는 듯한 통증을 느꼈다. 샤를은 그때 땅으로 내려온 뒤로는 다시는 기구 비행에 나서지 않았다. 다만, 일몰을 두 번 본 경험을 능가하는 일은 일어나지 않으리란 걸 알아서 그랬는지, 아니면 귀의 통증을 또 겪기 싫어서 그랬는지는 알 길이 없다.

기구 비행은 위험이 따르긴 했지만 곧 유럽에서 대중적인 구경거리가 되었다. 전문 '기구 비행사'들이 누가 가장 높이, 가장 멀리, 가장 빨리 나는지 경쟁하기 시작했다. 큰 성공을 거둔 사람들은 자타가 공인하는 유명 인사가 되었는데, 그 시대의 이블 크니블Evel Knievel(몬태나주 출신의 전설적인 스턴트맨) 같은 사람들이었다. 소풍 도시락까지 준비해 기구 여행 서비스를 시작한 사람들도 나왔다. 승객들은 닭고기, 크루아상, 얼음을 넣은 레모네이드로 식사를 하면서 저 아래 지상의 풍경을 넋을 잃고 바라보았다.(샴페인은 높은 고도에서 마시기에는 적당하지 않은 것으로 드러났다. 낮은 기압 때문에 병 속의 거품이 너무 빨리 팽창하면서 뿜어져 나왔다.*) 대부분의 기구 비행에서 승객들에게 유일하게 불편한 점은 높은 고도에서 맞닥뜨리는 추위였는데, 이 때문에 승객들은 모피와 담요로 몸을 둘둘 감싸야 했다. 종종 진짜 위험이 닥치기도 했다. 높은 고도에서는 날씨가 예측할 수 없게 변하는데, 이 때문에 탑승한 사람들이 우박 세례를 받거나 번개에 노출되기도 했다. 일부 사람들은 산소 부족으로 시야가 흐릿해지고 다리가 후들거리고 손가락이 검게 변하는 등의 증상이 나타났다.(심한 경우에는 에볼라 바이러스에 감염된 사람들처럼 눈에서 피가 나왔다.) 그리고 기구 비행 최초의 사망 사고가 1785년에 일어났다. 그 사람은 바로 최초로 하늘을 날았던 필라트르 드 로지에였는데, 영국 해협을 건너려고 시도하다가 노르망디 상공에서 기구에 불이 붙었다. 약혼자 수전 다이어Susan Dyer는 그가 약 800m를 추락해 바위 위로 떨어지는 모습을 현장에서 지켜보았다. 그 충격으로 수전도 8일 뒤에 죽었다.

모험가들과 소풍을 즐긴 사람 외에 여러 과학자도 기구를 타고 하늘로 올라갔다. 일부 과학자는 이슬점과 자기장을 비롯해 다양한 것들을 높은 하늘에서 측정했다. 술병을 떨어뜨려 땅에 닿기까지 시간이 얼마나 걸리는지 측정하는 것을 포함해 단순한 실험을 한 사람도 있었다. 대다수 과학자들은 그저 단순히 관찰(놀라운 것이긴 했지만)을 하는 데 만족했다. 수 킬로미터 상공에서 갑자기 나비 떼가 나타나 기구에 들러붙어 무임승차를 하는 일도 있었다. 그들은 하늘의 음향 효과에도 놀랐다. 기구는 바람과 함께 흘러갔기 때문에 기구에 탄 사람들은 바람이 윙윙거리는 소리를 듣지 못했다. 그 결과로 수탉 울음소리, 모루를 두들기는 망치 소리, 총 소리 등 지상의 소리는 놀랍도록 선명하게 들렸다. 높은 상공에서는 머리 위의 하늘도 다르게 보였다. 빛을 왜곡하는 공기가 적어 별빛이 덜 은은하게 보이고 반짝임도 덜했으며, 단단한 얼음 알갱이처럼 보였다. 낮 동안에는 하늘의 옅은 파란색이 더 어둡고 불길한 프러시안블루 색으로 보였다.

기구가 떠오르는 이유

기구 비행은 기체의 성질에 대한 관심도 자극했다. 초기의 기구 비행자들 중에 최초로 기체의 행동을 체계적인 방법으로 탐구한 사람들이 일부 있었던 것은 결코 우연의 일치가 아니다. 이들은 자신의 이론이 틀리면, 자신의 목숨을 포함해 잃을 것이 가장 많은 사람들이었다.

초기의 질문 중 하나는 기구가 공중으로 떠오르는 이유가 정확하게 무엇이냐 하는 것이었다. 이와 관련된 핵심 원리는 고대 그리스 시대에 시라쿠사에서 스트리킹을 한 것으로 유명한 아르키메데스 Archimedes에게까지 거슬러 올라간다. 기원전 3세기에 시라쿠사 왕은 금 세공인에게 금 덩어리를 주면서 왕관을 만들라고 했다. 제작된 왕관을 받은 왕은 대장장이가 금 일부를 빼돌리고 대신에 같은 무게의 은을 섞어서 왕관을 만든 게 아닐까 하는 의심이 들었다. 하지만 증거를 찾을 수 없었던 왕은 아르키메데스에게 도움을 요청했다. 아르키메데스는 몇 주일 동안 이 문제를 붙들고 씨름했는데, 그러던 어느 날 욕조에 몸을 담그는 순간 욕조의 수위가 올라간다는 사실을 알아챘다. 그 순간 눈앞에 퍼뜩 영감이 떠올랐고, 잠시 후 시라쿠사 거리에서 어머니들은 아이의 눈을 가렸다.

다양한 버전의 이야기가 전해오지만, 대부분의 버전에서는 아르키메데스가 물이 반쯤 담긴 그릇에 왕관을 집어넣고 수위가 얼마나 올라가는지 측정함으로써 이 수수께끼를 풀었다고 이야기한다. 그다음에는 똑같은 무게의 순금으로 동일한 과정을 반복했다. 만약 두 경우에 물이 올라간 높이가 서로 다르다면, 대장장이가 금 일부를 빼돌린 게 분명하다. 하지만 많은 역사학자들은 이 시나리오에 이의를 제기하는데, 전형적인 그리스 그릇을 사용했을 때 두 경우의 수위 차는 겨우 0.5mm에 불과해 맨눈으로 구별하기 어려웠을 것(실제로 한번 실험해보라)이라고 주장한다. 대신에 아르키메데스는 다음과 같은 방법을 사용했을 가능성이 높다. 아르키메데스는 물이 물속에 잠긴 물체에 위로 떠오르는 부력을 미친다는 사실을 알았다.(우리도 수영을 할 때 이 힘을 느낀다.) 물체의 부피가 클수록 부력은 더 커진다. 그래서 아르키메데스는 저울을 찾아 왕관과 순금 덩어리를 양쪽에 놓고 균형을 맞춘 뒤, 그것을 몽땅 물속에 넣었다. 왕관의 무게는 순금 덩어리와 정확하게 똑같다.(그렇지 않다면 애초에 저울이 균형을 이룰 리가 없다.) 하지만 만약 왕관에 은(금보다 밀도가 낮은 물질)이 섞였다면, 왕관의 부피는 순금 덩어리의 부피보다 더 클 것이다. 부피가 더 큰 왕관은 물속에서 부력을 더 많이 받는다. 저울에서 한쪽에 부력이 더 많이 작용하면, 저울은 더 이상 균형을 이룰 수 없다. 따라서 저울을 물속에 넣으면, 왕관이 있는 쪽이 위로 올라갔을 것이다. 유레카! 따라서 대장장이가 금을 빼돌린 게 확실하다.

이것과 같은 실험은 오늘날 아르키메데스의 원리라고 부르는 원리를 낳았다. 첫째, 물속에 잠긴 물체는 부력을 받는다. 둘째, 물체의 부피가 클수록 물체가 받는 부력은 더 크다.(더 정확하게 말하면, 부력의 크기는 그 물체가 밀어낸 액체의 무게와 똑같다.)

그런데 이 이야기가 기구와 무슨 관련이 있을까? 얼핏 보기에는 아무 관련도 없을 것 같다. 18세기에 공기도 일종의 유체이며 따라서 물체에 부력을 미친다는 사실을 과학자들이 발견하기 전까지는 그랬다. 일상생활에서 우리가 부력을 느끼지 못하고 공중으로 둥둥 떠오르지 않는 이유는 그 힘이 너무 작은 반면, 우리 몸의 밀도는 상당히 크기 때문이다. 하지만 공기 속에서도 분명히 부력이 작용한다. 실제로 공기 중에서 잰 몸무게는 진공 속에서 잰 것보다 아주 약간 덜 나간다. 기구처럼 부피가 크고 밀도가 작은 물체는 이 부력을 강하게 느낀다. 물론 기구와 거기에 매달린 화물(곤돌라 같은)의 무게가 물체를 아래로 끌어내리려는 힘으로 작용하면서 부력과 맞선다. 그리고 기체 자체의 무게도 생각해야 한다. 즉, 기구가 하늘로 날아오를 만큼 충분한 양력이 있는지 없는지 계산할 때에는 구피에 집어넣은 기체의 무게도 무시해선 안 된다.(이 기체는 양력을 제공하는 데 도움을 주지만, 그 자체는 '공짜' 화물이 아니다. 기체도 전체 무게 중 일부를 차지하기 때문이다.) 수소처럼 가벼운 기체가 기구에 유용한 이유는 이 때문이다. 수소는 무게가 아주 가벼워 중력이 큰 힘을 미칠 수 없다. 그래서 부력은 중력을 뿌리치는 데 아주 강력한 무기가 된다.

(가장 가벼운 원소인 수소가 분자 하나당 가장 큰 양력을 제공한다. 하지만 실제로는 헬륨, 증기, 암모니아 등 공기보다 가벼운 기체라면 어떤 것이라도 기구를 띄울 수 있다. 이론적으로는 진공도 아주 유력한 대안이 될 수 있

다. 하지만 이 아이디어는 진공 기구가 안쪽으로 짜부라지는 것을 막는 동시에 공기가 그것을 띄워올릴 수 있을 만큼 충분히 가벼운 물질이 지금까지 발견되지 않아 좌절되고 말았다. 구리 기구로는 어림도 없다.)

수소 기구는 초기에는 인기가 많았지만, 결국에는 비용이 너무 비싸고, 불붙기 쉬우며, 일상적인 용도로 다루기가 불편한 것으로 드러났다.(수소는 아주 큰 양력을 제공하기 때문에, 기구 옆으로 물 한 잔을 붓거나 오줌을 누기만 해도 그 반동으로 기구가 위쪽으로 휘청거렸다.) 그래서 기구 비행사들은 대부분 열기구를 애용하게 되었는데, 그 과정에서 열기구가 공중으로 떠오르는 이유가 수소 기구와는 조금 다르다는 사실이 밝혀졌다. 여기서도 아르키메데스가 중요한 역할을 하지만, 어떤 일이 일어나는지 완전히 이해하려면 그것에 더해 추가적인 도구—여러 가지 기체 법칙—가 필요하다.

이상 기체 법칙의 등장

18세기 후반에 과학자들은 기체의 온도와 압력, 부피 사이의 관계를 설명하는 기체 법칙에 대해 상당히 많은 것을 알고 있었다. 예를 들면, 아일랜드 화학자 로버트 보일Robert Boyle은 1662년에 기체의 온도를 높이면 그 압력도 커진다는 사실을 발견했다. 열기구의 경우에는 부피와 온도의 관계를 알 필요가 있다. 기본적인 기체의 법칙 한 가지는 기체를 가열하면 부피가 늘어난다는(팽창한다는) 것이다. 반대로 기체를 냉각시키면 부피가 줄어든다(수축한다). 이것은 고무 풍선을 가지고 직접 실험해보면 확인할 수 있다. 풍선은 냉장고에 넣어두면 수축했다가 밖으로 꺼내면 다시 팽창한다.

열기구의 경우에는 조금 다른 일이 일어난다. 열기구 속의 공기는 온도가 올라가면 물론 팽창한다. 하지만 고무 풍선과 달리 열기구의 구피는 대개 신축성이 없는 물질로 만든다. 그래서 구피 자체는 별로 팽창하지 않는다. 대신에 팽창한 기체는 달리 갈 곳이 없어 기구 밑부분에 있는 구멍을 통해 빠져나온다. 그러면 구피 내부의 기체가 줄어들어 기구의 무게가 덜 나간다. 들어올려야 할 무게가 줄어들었기 때문에 이제 아르키메데스의 부력이 중력을 이겨 기구를 하늘 높이 띄워올릴 수 있다.

아이러니하게도 열기구는 몽골피에 형제가 만들었고, 자크 샤를은 수소 기구를 만들었지만, 기체의 온도와 부피의 관계를 설명하는 법칙을 발견하고 그럼으로써 열기구의 작용 원리를 설명한 사람은 샤를이었다. 샤를은 이 발견을 낳은 연구를 대부분 루브르에 있는 자신의 실험실에서 했다. 하지만 무슨 이유에서인지 샤를은 이 법칙을 발표하길 망설였고, 그 결과로 오늘날 일반적으로 그 공로를 인정받지 못하고 있다. 하지만 샤를은 자신이 한 실험을 놓고 동료인 조제프-루이 게이-뤼삭Joseph-Louis Gay-Lussac과 토론을 했는데, 게이-뤼삭은 샤를의 실험을 더 확장하고 개선해 결국 1802년에 자신의 이름을 붙인 게이-뤼삭의 법칙으로 발표했다.(우리나라의 상황은 저자가 서술한 것과 좀 다르다. 게이-뤼삭의 법칙은 기체의 온도와 부피의 관계를 나타내는 두 가지 법칙으로 이루어져 있는데, 제1법칙은 '샤를의 법칙'이라 하고 제2법칙은 '기체 반응의 법칙'이라고 하여 샤를의 공적을 충분히 인정하고 있다.—옮긴이)

조제프 몽골피에와 마찬가지로 게이-뤼삭의 인생도 란제리 때문에 확 바뀌었다. 게이-뤼삭은 아내를 란제리 가게에서 만났다. 아내는 점원 중에서는 유일하게 근무 중에 화학에 관한 글을 자주 읽던 (그것도 놀랍도록 아주 많이) 사람이었다. 아내도 게이-뤼삭에게 끌렸는데, 많은 동료 화학자와 마찬가지로 게이-뤼삭도 카우보이 기질이 약간 있었기 때문이다. 한번은 게이-뤼삭이 나트륨과 칼륨을 분리하는 실험을 하다가 이 금속 물질이 폭발하면서 얼굴로 튀는 바람에 하마터면 실명할 뻔한 적이 있었다. 또 집에서 만든 배터리로 자신에게 전기 충격을 아주 강하게 주는 바람에 하루 동안 양팔을 전혀 사용하지 못한 일도 있었다. 1844년에는 플라스크가 폭발해 얼굴로 튀는 사고가 일어났다. 첫 번째 사고의 결과로 안경을 쓰고 있지 않았더라면, 이번에는 틀림없이 실명했을 것이다.

당연히 게이-뤼삭은 목숨을 걸고 기구를 타길 즐겼고 기회가 닿을 때마다 하늘로 올라갔다. 1804년 8월에 있었던 한 유명한 비행에서는 장-바티스트 비오Jean-Baptiste Biot라는 물리학자와 한 팀이 되었다. 엄밀하게는 공동 파일럿이었지만, 비오는 기구를 조종하거나 다루는 데에는 거의 아무 도움이 되지 않았고, 대부분의 시간을 다양한 고도에서 지구 자기장을 측정하면서 보냈다.(비오는 지구 자기장이 수 킬로미터 상공에서도 여전히 강하다는 사실을 발견하고 매우 기뻐했다. 온도나 기압과 달리 지구 자기장은 고도에 따른 변화가 거의 없었다.) 한편 게이-뤼삭은 상층 대기의 화학적 조성 데이터를 얻고 싶었다. 이를 위해 각각 다른 고도에서 빈 플라스크를 열어 그곳 공기를 담아와 나중에 분석하려고 했다.

하지만 하늘 높이 올라가면서 일이 틀어지기 시작했다. 체력이 그다지 튼튼하지 않았던 비오는 얼마 지나자 정신이 혼미해졌다. 그러더니 갑자기 죽은 듯이 픽 쓰러졌다. 결국에는 정신을 차렸지만, 게

이-뤼삭이 얼마나 당황했을지 상상해보라. 기구를 조종하는 한편으로 비오를 소생시키려고 동분서주하다 보니 게이-뤼삭은 착륙할 때까지 자신의 플라스크를 까맣게 잊어먹었다. 놓친 기회 때문에 분을 삭이지 못한 게이-뤼삭은 3주 후에 단독 비행에 나섰다. 이번 기구는 양력이 더 컸고, 거기다가 어느 정도 바닥짐 역할을 하던 비오까지 없어서 고도 7016m까지 솟아올랐다. 이 기록은 그 후 50년 동안 깨지지 않았다. 그토록 높은 고도에서 게이-뤼삭은 산소 부족 증상을 겪었을 게 거의 분명하지만, 혼미한 정신을 다잡고 높은 고도의 희박한 공기를 여러 플라스크에 담는 데 성공했다. 나중에 분석한 결과에 따르면, 수 킬로미터 상공에서도 대기의 조성은 해수면 고도의 대기와 동일했다. 즉, 높은 고도에서는 전반적으로 공기가 희박해지긴 하지만, 질소와 산소를 비롯한 여러 기체 성분의 비율은 동일하다.

하지만 대기화학자들이 무인 기구를 사용해 점점 더 높은 곳을 조사하자, 높이 올라갈수록 공기가 더 미묘한 방식으로 변한다는 사실이 드러났다. 그들은 결국 지구의 대기에는 뚜렷하게 구별되는 4개의 층이 양파 껍질처럼 층층이 겹쳐져 있다는 사실을 발견했다. 우리는 지표면에서 약 16km(정확한 높이는 위도와 계절에 따라 차이가 있다. 극 지역에서는 7~8km, 적도 지역에서는 약 18km) 높이까지 뻗어 있는 대류권에서 살고 있다. 기상 현상은 대부분 이곳에서 일어난다. 그 위에는 오존층을 포함한 성층권이 있는데, 약 50km까지 뻗어 있다. 그다음 층인 중간권은 유성들이 불타는 곳으로, 약 80km까지 뻗어 있다. 마지막으로 공기가 아주 희박한 층이자 오로라가 나타나는 곳인 열권이 최대 800km까지 뻗어 있다. 고도 800km는 아찔할 정도로 높아 보이는데, 외부 우주 공간의 경계와 맞닿아 있는 곳이다.(일반적으로는 열권 밖에 외기권이 있다고 이야기하는데, 외기권은 지구 대기가 우주 공간과 접하는 영역으로, 500~1000km 상공에서 시작해 약 1만 km에서 끝난다.—옮긴이) 한편으로는 이것은 단지 800km에 이르는 거리일 뿐이다. 반중력 자동차를 몰고 달리면, 약 7시간 만에 도달할 수 있는 거리이다.(이 드라이브에서 구경하는 풍경은 아주 빨리 황량하게 변할 것이다. 전체 지구 대기 중 약 절반의 무게에 해당하는 공기는 고도 6.4km 아래에 존재한다.) 그리고 약 11km 높이에서는 산소 농도가 해수면에 비해 약 4분의 1로 떨어져 생명체가 거의 존재하지 않는다. 고대 그리스 과학자들은 하늘을 향해 높이 올라갈수록 공기의 질이 좋아진다고 주장하면서, 우주 공간을 채우고 있는 그 물질을 제5원소라고 불렀다. 사실은 우리는 위태로울 정도로 얇은 공기층에서 살아가고 있다. 지구의 크기를 사과에 비교한다면, 대기층은 사과 껍질보다 훨씬 얇다.

게이-뤼삭은 대기를 탐구하는 데 그치지 않고 실험실에서도 많은 연구를 하여 또 다른 기체 법칙을 발견했다. 이 법칙은 기체의 압력이 증가하면 기체의 온도도 올라간다고 말한다. 만약 여기서 데자뷔를 느낀다면(기본적으로 이것은 부피와 온도의 관계를 나타내는 법칙과 똑같다), 여러분만 그런 것이 아니다. 게이-뤼삭과 같은 시대에 살던 화학자들은 기체의 행동에 대해 이야기할 때마다 동일한 변수들(온도, 압력, 부피)이 계속 나타난다는 사실을 알아채기 시작했다. 자연히 그들은 몇 가지 기체 법칙을 하나의 법칙으로 통합할 수 없을까 생각하기 시작했다. 그러기까지는 30년이 더 걸렸지만, 마침내 1830년대에 과학자들은 이상 기체 법칙을 발견했다. 자, 마음의 준비를 단단히 하라. 부피를 V, 온도를 T, 압력을 P, 존재하는 기체의 양을 n, 그리고 상수를 R(수식에서 양변의 균형을 맞추기 위한 수)이라고 한다면, 알려진 모든 기체의 행동은 $PV=nRT$로 나타낼 수 있다.

이 공식은 겉모습만 보면 그다지 인상적이지 않다. 하지만 이것은 나이트로글리세린이나 다름없다. 즉, 아주 좁은 공간에 엄청난 양의 힘이 압축돼 있는 것이다. 적절히 사용하기만 한다면, 이 법칙은 기체의 행동에 관해 온갖 종류의 사실을 순식간에 알려줄 수 있다. 예컨대 온도가 변하면 부피에 어떤 영향을 미치는지, 부피가 변하면 압력에 어떤 영향을 미치는지, 그리고 그 밖에도 생각할 수 있는 '특정 조건들의 조합'이 어떤 결과를 초래하는지 등을 알 수 있다. 이에 못지않게 중요한 것은, 이 방정식에 숨어 있는 지식을 얻을 수 있다는 점이다. 예를 들어 공장에서 어떤 통에 달린 압력 밸브가 아무래도 잘못된 수치를 가리키는 것 같은 의심이 들면서 그 통이 혹시라도 폭발하지 않을까 불안한 느낌이 든다고 하자. 그러면 어떻게 해야 할까? 그 통에 든 기체의 부피와 온도 등을 측정하기만 하면 된다. 그러면 이상 기체 법칙에 측정한 값을 대입해 압력을 알 수 있다. 다시 말해서 다른 변수들의 값을 알면, 압력을 자동으로 알 수 있다. 혹은 만약 온도계가 고장났다면, 역시 이상 기체 법칙을 이용해 온도를 공짜로 알아낼 수 있다. 어떤 면에서는 마치 부정행위를 하는 것처럼 보인다. 하나를 측정하면, 전혀 다른 것을 공짜로 알 수 있다. 마치 어떤 물체의 높이를 측정함으로써 그 색을 알 수 있다는 것과 비슷한 소리로 들린다. 밖에서 볼 때에는 서로 아주 이질적인 것으로 보이지만, 더 깊은 기본적인 수준에서는 기체의 압력과 부피와 온도는 서로 밀접한 관계가 있다. 그리고 이상 기체 법칙은 이것들이 서로 어떤 관계가 있는지 설명해준다.

실제로 기체 법칙은 기체를 완전히 새로운 시각으로 바라보게 해준다. 프리스틀리와 라부아지에와 데이비는 기체들 사이의 차이점에 초점을 맞추었다. 즉, 각각의 기체가 어떤 냄새가 나고, 어떤 방식으로 타며, 우리의 생리에 어떤 방식으로 영향을 미치는지 등을 중점적으로 살폈다. 하지만 이상 기체 법칙은 모든 기체에 똑같이 적용된다. 차이점에 대한 이야기를 싹 사라지게 하기 때문에 민주적인 법칙이라고 할 수 있다. 수소 기체 구름은 각다귀만 한 크기의 분자들로 이루어져 있고, 라돈 기체 구름은 훨씬 큰 호박벌만 한 크기의 분자들로 이루어져 있다. 하지만 두 기체 구름은 가열하면 정확하게 똑같은 방식으로 팽창한다. 질소 기체 구름은 조용하고 비반응성인 반면, 염소 기체 구름은 독성이 엄청나게 강하다. 하지만 두 기체의 압력을 높이면, 두 기체는 정확하게 똑같은 양만큼 수축한다. 종류가 다른 고체와 액체 물질은 대개 딱딱하거나 축축하다는 사실 말고는 공통점이 거의 없다. 하지만 기체 물질은 놀라울 정도로 서로 닮았다. 모든 기체는 화학적으로는 아니더라도 물리적으로는 똑같이 행동한다.

가치 있는 것을 추구하려는 우리의 고결한 충동 중 하나는 과학적 발견이다. 즉, 주변 세계의 쿵쾅거리고 윙윙거리는 혼란을 관찰하면서 거기서 불변의 본질을 추출하는 것이다. $PV=nRT$는 필적할 만한 과학 원리들이 거의 없을 만큼 아주 높은 수준으로 그 목적을 달성한다. 우리가 생각할 수 있는 모든 기체는 바로 이 다섯 문자로 표현할 수 있다. 나이 많은 사람들은 이상 기체 법칙을 가끔 완전 기체 법칙이라고 부르는데, 나는 이 이름이 부활했으면 좋겠다. 이 법칙은 정말로 절대적이고 이상적인 것, 영원하고 사라지지 않는 것, 세상에서 정말로 완벽하게 작용하는 것을 암시하기 때문이다.

'빠꾸기 원소'의 발견

하지만 이제 고백할 때가 되었다. 앞 단락의 마지막 문장은 거짓말이다. 선의의 거짓말, 좋은 의도로 한 거짓말, 귀엽고 매력적이고 어쩌면 고상한 거짓말이지만, 어쨌든 거짓말인 것은 분명하다. 우리가 다루는 것은 실제로 존재하는 진짜 기체—지금 당장 우리가 숨 쉬는 기체처럼—인데, 이 기체들은 완전 기체 법칙의 완전성에 딱 들어맞게 행동하지 않는다. 이것은 우리가 그리는 원들이(설사 컴퍼스를 사용해 그리더라도) 완벽하게 둥글고 대칭적이지 않아 이상적인 원과 거리가 있는 것과 같다. 물론 화학자들도 이것을 알고 있으며, 이상 기체 법칙을 사용해 계산을 할 때 현실은 거기에서 약간 벗어난다는 걸 충분히 예상한다. 그런데 어떤 기체는 다른 기체들보다 완전에 더 가깝다. 1890년대에 두 과학자가 이상 기체에 아주 가까운 기체를 몇 가지 발견했을 때, 나머지 과학계는 그것을 믿으려 하지 않았다. 그토록 흠결이 전혀 없는 표본이 실제로 존재할 리 없다고 생각했기 때문이다.

이 이야기는 아마도 과학사를 통틀어 따분한 것을 가장 잘 견딘 사람이 아닐까 싶은 남자에게서 시작되었다. 1842년에 부유한 집안에서 병약한 아기로 태어난 존 윌리엄 스트럿John William Strutt은 별 볼 일 없는 영국인 귀족들처럼 무용한 인생을 살아갈 수도 있었다. 이튼 학교를 다니다가 백일해에 걸려 그만두었는데, 학교를 다시 다니기 시작한 뒤에는 학업에서 전혀 두각을 나타내지 못했다. 하지만 스트럿에게는 야심만만한 구석이 있었다. 케임브리지 대학교에 입학한 뒤에 그곳을 학업의 종착역으로 삼는 대신에 수학과 물리학을 전공함으로써 가족을 깜짝 놀라게 했다. 이 과목들에서 뛰어난 성적을 거두자 가족은 더욱 깜짝 놀랐고, 그곳에서 물리학 교수로 일자리를 얻자 가족은 기절초풍할 지경이 되었다. 1871년에 결혼을 하고 교수 자리를 그만두고 나서야 마침내 제정신이 돌아온 것처럼 보였다. 1873년에 아버지가 죽자 스트럿은 레일리 경Lord Rayleigh이 되어 집안의 사유지를 관리했다. 하지만 결국은 좀이 쑤셔 참지 못한 레일리는 1876년에 사유지를 남동생에게 넘겨주었다. 다시 말해서, 레일리는 조제프 몽골피에가 견뎌야 했던 것과 같은 수모(동생에게 가업을 넘겨주는 것)를 스스로 감수했던 것이다. 단지 과학에 몰두하기 위해서 말이다.

레일리는 팔자수염과 무성한 구레나룻을 길렀고, 해가 지날수록 대머리가 더 훤히 드러났다. 평생의 경력 동안 400편이 넘는 논문을 발표했고, 생물학을 포함해 10여 개 분야에서 선구적인 업적을 남겼다.(여러 가지 업적 중에서 하나만 꼽자면, 공작의 깃털이 왜 섹시한 금속성 윤기가 나는지 그 이유를 알아냈다.) 하지만 레일리는 1880년대 초에 한가로운 연구 주제를 선택해 산소와 수소 같은 기체의 밀도를 측정하기 시작했다. 물론 이 연구는 한때(18세기에) 중요했다. 하지만 그로부터 100년이 지난 당시에는 레일리가 도대체 뭘 알아내기 위해 그런 연구를 하는지 분명하지 않았다. 그럼에도 불구하고 레일리는 간간이 이 연구를 하면서 10년을 보냈다. 그리고 실제로 새로운 것을 아무것도 알아내지 못했다. 기체 밀도 측정값의 정밀성을 소수점 아래 몇 자리 수준으로 확대하는 데 그쳤다. 그것은 결코 획기적인 발견이 될 수 없었다.

그러고 나서 레일리는 믿을 수 없게도 마치 마조히스트처럼 또 다른 기체의 밀도를 측정하는 데 착수했는데, 이번에는 훨씬 더 따분한 기체인 질소였다. 이 측정을 하려면 순수한 질소 시료가 필요했는데,

아르곤을 발견한 물리학자 레일리.
(사진 제공: 웰컴재단)

공기에서 다른 성분들을 하나씩 제거하는 방법으로 순수한 질소를 얻었다. 습도 높은 영국의 공기에서 수증기를 제거하기 위해 실험실의 반응실 안에 모직 담요를 집어넣었는데, 어떤 날에는 담요가 물을 900g이나 빨아들였다. 그런 다음, 그 공기를 아주 뜨겁게 달구어진 구리 시험관에 집어넣어 산소를 제거했고, 다시 탄산칼륨(칼륨 성분이 많은 광물)에 통과시켜 이산화탄소를 제거했다. 그리고 황산 용액에 공기를 통과시켜 나머지 미량 원소 불순물을 제거했다. 이렇게 얻은 순수한 질소를 둥근 유리 용기에 모아 그 밀도를 측정했다.

마치 강박 관념에 사로잡힌 듯이 레일리는 질소를 또 다른 방법으로 정제해 이 실험을 반복했다. 이번에는 뜨거운 구리로 산소를 제거하는 대신에 공기를 액체 암모니아 속으로 통과시켰다. 이것은 화학적으로 약간 정교하지 못한 방법이었다. 무엇보다도 산소(O_2)는 암모

추가로 비활성 기체를 발견한 화학자 윌리엄 램지. (사진 제공: 웰컴재단)

니아(NH_3)와 반응해 부산물로 여분의 질소 분자를 만들어냈다. 하지만 레일리가 측정하려고 한 것은 질소였기 때문에 질소가 조금 더 생긴다고 해서 문제가 될 것은 없었다.

그래서 어떤 일이 일어났을까? 암모니아로 정제한 질소 1L는 구리로 정제한 질소 1L보다 7mg(밀리그램. 1mg은 1000분의 1g)이 가볍다는 결과가 나왔다. 대학 시절에 화학 실험실에서 수많은 시간을 보낸 개인적 경험으로 말하자면, 같은 실험을 두 번 해 0.1g 이내의 오차가 나는 결과가 나왔다면 나는 기뻐서 눈물을 흘렸을 것이다. 그렇게 좋은 결과는 절대로 얻을 수 없다. 데이터를 조작한 것이 아닌가 하고 그 사람을 조사해야 한다는 생각이 들 것이다. 하지만 이 미소한 차이 때문에 레일리는 고민에 빠졌다. 그 당시 과학자들은 라부아지에 시대보다 100만 배나 더 민감한 저울로 1mg보다 아주 작은 무게까지도 정확하게 잴 수 있었다. 따라서 7mg은 실험 오차 이내의 범위에 들었고, 레일리는 실험 결과를 아주 세심하게(노이로제에 걸린 것처럼) 확인하기 시작했다. 레일리는 공기를 정제하는 방법을 여섯 가지 더 고안했는데, 그중에는 여분의 질소를 만들어내는 것도 있었고 그렇지 않은 것도 있었다. 그런데도 그 차이가 계속 나타났다. 레일리의 표현을 빌리자면 그는 이 차이에 "넌더리가 났다."

레일리는 마침내 1892년에 〈네이처〉에서 자신의 곤혹스러운 상황을 인정하면서 전 세계의 화학자들에게 조언을 구하는 편지를 발표했다. 그가 받은 조언은 대부분 효과가 없었다. 하지만 레일리는 런던에서 일하던 스코틀랜드 화학자 윌리엄 램지William Ramsay의 조언을 귀담아들었다. 램지는 곧 레일리 못지않게 질소 불일치 문제에 집착하게 되었는데, 레일리는 램지가 자신의 연구에 불쑥 끼어드는 것이 아닌가 의심하여 이런 상황 전개가 불쾌했다. 그럼에도 불구하고, 두 사람은 서로의 실험 결과를 공유하면서 논문을 함께 발표하기로 합의했다.

두 사람은 한 가지 가설을 즉각 배제했다. 그전에 레일리는 기이한 형태의 질소, 예컨대 N_3[산소의 한 형태인 오존(O_3)처럼]를 만든 것이 아닐까 의심했다. 만약 그렇다면 밀도 차이를 설명할 수 있었지만, 램지는 N_3라는 분자 구조가 불안정해 보였기 때문에 이 가설을 일축했다.

두 사람은 마침내 헨리 캐번디시가 오래전에 발표해 사람들의 기억에서 거의 사라진 논문을 보고서 해답을 찾았다. 1785년에 캐번디시는 수은을 가득 채운 관에 공기를 가두는 실험을 했다. 그러고 나서 수은에 전류를 흘려 스파크가 그 틈을 건너가게 했다. 이 스파크는 공기가 모여 있던 곳에서 질소와 산소를 반응시켜 주황색과 붉은색 연기를 만들었다. 이 연기는 수은으로 녹아들었는데, 그러자 공기가 모여 있던 부분이 점점 줄어들었다. 캐번디시는 그 부분의 부피가 결국에는 0으로 줄어들 것이라고 예상했지만, 실험을 아무리 오래(몇 시간, 며칠, 몇 주일) 계속해도 약 1%의 기체는 결코 사라지지 않았다. 결국 캐번디시는 포기했지만, 100여 년이 지난 뒤에 이 논문을 읽던 레일리와 램지는 캐번디시가 새로운 기체를 분리한 것이 아닐까 생각했다.

물론 이것은 어디까지나 확실한 근거가 없는 추측에 불과했다. 1892년까지 과학자들이 대기의 조성을 100년 이상 연구해왔는데, 그동안 무려 1%에 이르는 공기를 놓쳤다는 것은 도저히 있을 수 없는 일로 보였다. 반면에 여분의 기체가 존재한다면, 레일리가 얻은 밀도 차이를 단번에 설명할 수 있었다. 질소보다 무거운 기체가 불순물을 제거한 공기 시료 속에 정말로 숨어 있다면 말이다. 이 시료들의 밀도는 질소와 기체 X의 비율에 따라 차이가 날 것이다. 혼합 견과류의 밀도가 땅콩과 브라질너트의 상대적 비율에 따라 달라지듯이 말이다. 하지만 레일리가 자기도 모르게 질소를 추가하는 방법을 사용할 때마다 마치 혼합 견과류에 땅콩을 더 집어넣는 것처럼 그 비율이 변화해 밀도에도 약간의 변화가 일어났을 것이다. 램지와 레일리는 기체 X를 찾는 노력을 기울일 가치가 있다는 데 의견을 같이했다.

기체 X를 찾는 작업에서 두 사람은 서로 다른 전략을 사용했다. 레일리는 캐번디시의 정신을 되살려 전기 스파크를 사용해 수수께끼의 기체를 제외한 나머지 모든 것을 공기에서 제거했다. 이 작업은 너무나도 단조로운 것이어서 레일리조차도 진절머리가 났다. 자기 집의 실험실에 전화선을 설치하고는, 한 수화기는 작동할 때 윙윙거리는 소리가 나는 스파크 발생 장치 가까이에 놓아두었다. 다른 수화기는 의자에 앉아 잠깐 눈을 붙일 수 있는 자기 서재에 놓아두고는 윙윙거리는 소리가 멈출 때마다 벌떡 일어났다. 한편, 램지는 시료를 마그네슘에 노출시켜 N_2를 제거했다. 마그네슘은 반응성이 아주 높은 금속으로, 질소와 결합하면 딱딱한 껍질 같은 갈색 가루가 생겼다. 하지만 이 반응을 일어나게 하려면, 주변의 유리관이 거의 녹기 시작하는 온도까지 마그네슘을 가열해야 했다. 램지는 레일리에 못지않게 단조로움을 아주 잘 견디는 능력을 보여주었다. 뜨거운 금속 앞으로 질소를 지나가게 하는 과정을 열흘 동안이나 거뜬히 견뎌냈다. 두 가지 실험은 모두 효과가 있었다. 두 사람 다 순도 99%의 기체 X를 극소량 얻는 데 성공했다.

그다음 단계로 두 사람은 이 기체의 성질을 조사했다. 이 기체는 맛과 냄새와 색이 전혀 없었다. 하지만 이 기체의 특별한 점은 음향 효과였다. 음파는 기본적으로 에너지 펄스가 기체 분자들과의 충돌을 통해 기체 분자들 사이로 지나가는 것이다.(이것은 인파 속에서 누군가를 미는 것과 비슷하다. 그러면 그 사람은 다음 사람에게 부딪칠 것이고, 다음 사람은 또 다음 사람에게 부딪치고, 그런 과정이 계속 이어진다. 이런 식으로 처음에 한 사람을 민 에너지가 바깥쪽으로 계속 퍼져간다.) 이 움직임이 높고 낮은 패턴을 만들어내고, 우리 귀는 이것을 소리의 높낮이로 해석한다. 이렇게 분자들을 밀면서 나아가는 파동은 기체 분자의 무게와 모양에 따라 제각각 다른 속도로 나아간다.

여기서 관련 물리학은 아주 복잡해진다(정말로!). 하지만 간단하게 말하면, 램지와 레일리는 두 가지 조건에서 소리가 기체 X 속에서 전파되는 속도를 측정한 다음, 이 두 수를 비로 나타냈다. 이렇게 하면 기체 분자의 모양을 알아내는 데 도움이 된다. 왜냐하면(이것이 아주 중요한 핵심인데) 이 비가 분자의 크기와 복잡성에 따라 달라지기 때문이다. 예를 들어 이산화탄소(CO_2)나 암모니아(NH_3) 기체 구름 속에서 음파 펄스를 보낸다고 상상해보자. 이 분자들 안에서 C와 O 원자 또는 N과 H 원자가 서로에 대해 구부러지거나 용수철처럼 좌우로 왔다 갔다 할 수 있다. 이러한 추가적인 선회 운동은 소리 에너지 중 일부를 소모시킨다. 그리고 다른 복잡한 물리학적 이유로 이 에너지 낭비는 중요한 비를 약 1.3으로 낮춘다. H_2와 N_2처럼 더 단순한 기체는 원자들이 서로에 대해 움직일 수 있는 방식이 더 적어 에너지를 덜 낭비한다. 그 결과로 비의 값은 더 높은 1.4가 된다. 램지와 레일리가 발견한 수수께끼의 기체는 비의 값이 1.67이었는데, 이것은 이 기체가 두 원자보다 단순하다는 것을 뜻했다. 다시 말해서, 알려진 나머지 기체와는 달리 한 원자로만 이루어진 것이 분명했다.

하지만 더욱 놀라운 사실이 있었다. 램지와 레일리는 이 기체가 다른 물질과 어떻게 반응하는지 알아보려고 이 기체를 산소와 수소, 이산화탄소에 노출시켰다. 그런데 아무 일도 일어나지 않았다. 황이나 인, 칼륨처럼 반응성이 더 높은 화합물에도 노출시켜보았다. 하지만 아무 소용이 없었다. 염소와 산을 비롯해 반응성이 극도로 높은 물질도 사용해보았다. 하지만 이 기체는 꿈쩍도 하지 않았다. 결국은 쓸 수 있는 화학 물질을 모조리 다 시험해보았지만, 이 기체는 미동도 하지 않았다.

1894년 8월에 이르러 두 사람은 자신들이 새로운 기체를, 아니 어쩌면 새로운 원소를 발견했다는 사실을 알게 되었다. 하지만 그 가능성을 공개적으로 논의하길 꺼렸다. 물론 흥미로운 소리의 비와 무반응성은 보고했지만(실험에서 나온 순수한 결과), 거기서 더 나아가 새로운 원소를 발견했다는 주장은 하지 않았다. 일부 이유는 훌륭하고 건전한 신중함(모든 것을 확실히 하려는 태도)에 있었다. 하지만 일부 이유는 허영심에 있었다. 얼마 전에 스미스소니언협회는 공기에 관한 독창적인 발견을 다룬 논문 중 가장 우수한 논문에 1만 달러(오늘날의 가치로 약 27만 5000달러)의 상금을 내걸었다. 스미스소니언협회는 아직 발표되지 않은 결과만을 원했기 때문에, 두 사람은 상금을 받으려고 침묵을 지켰던 것이다.

하지만 언론의 엠바고가 동료 과학자들에게까지 적용되지는 않았다. 그들은 그 결과가 무엇을 의미하는지 너무나도 잘 알았고 그것을 탐탁지 않게 생각했다. 대기화학자들은 큰 모욕을 느꼈다. 어떻게 그동안 '모두'가 이 수수께끼의 기체를 간과할 수 있었단 말인가?(만약 기체 X가 두 사람의 주장대로 대기 중에서 1%를 차지한다면, 살아 있는 사람은 누구나 매일 그것을 150g씩 들이마신다는 계산이 나온다.) 게다가 만약 램지와 레일리가 정말로 새로운 원소—일부 과학자들은 이 원소를 '게으른'이란 뜻의 그리스어*에서 따서 아르곤argon이라고 부르고 있었다—를 발견했다면, 주기율표에 그것을 집어넣을 칸이 새로 필요했다. 하지만 그것을 도대체 어디에 집어넣는단 말인가? 레일리는 아르곤의 밀도를 바탕으로 그 원자량을 40이라고 계산했다. 그렇다면 주기율표에서 염소와 칼륨(반응성이 높기로 악명 높은 두 원소) 근처에 집어넣어야 하는데, 이것은 아무리 생각해도 말이 되지 않았다. 주기율표의 아버지로 불리는 드미트리 멘델레예프Dmitri Mendeleev도 마침내 이 문제에 끼어들어 아르곤이 새로운 원소라는 주장은 말도 안 된다며 일축했다. 대신에 두 사람이 N_3를 만들었을 것이라고 주장했다.

레일리와 램지는 1895년 1월에 경쟁자 218명을 물리치고 스미스소니언협회의 상을 받았다. 그것은 상처뿐인 승리가 되었다. 침묵을 지키는 동안 그들에 대한 과학자들의 견해가 부정적으로 변했기 때문이다. 한 비판자는 아르곤을 "여태껏 행복했던 원소 가족 속으로 난데없이 내던져진 뻐꾸기처럼 반갑지 않은 화학적 괴물"이라고 비난했다. 주기율표는 화학에서 아주 중요한 존재로 자리를 굳힌 터라, 주기율표의 정통성을 위협하는 것은 무엇이건 화학 자체를 위협하는 것이나 다름없었다. 레일리와 램지는 결국 이 모든 혼란을 초래한 것에 사과했다. 하지만 자신들이 발표한 것은 단 한 자도 철회하지 않았다.

주기율표에 새로운 기둥을 추가하다

그러고 나서 램지가 또 다른 발견을 하면서 상황이 더 악화되었다. 몇 년 전에 미국의 한 순진한 지질학자가 우라늄광을 가지고 연구를 하다가 거기서 아주 작은 기체 방울들이 흘러나오는 것을 발견했다. 이 기체가 어떤 물질하고도 반응하지 않았기 때문에, 그는 그것을 질소라고 여기고 더 이상 연구를 계속하지 않았다. 아르곤이 소개된 뒤에 한 친구가 램지에게 이 이야기를 해주었다. 램지는 우라늄광에서 나오는 그 기체 방울을 직접 모은 뒤, 그것이 어떤 물질하고도(심지어 평소에 질소와 결합하는 물질하고도) 반응하지 않는다는 사실을 확인했다. 그리고 거기서 더 나아가 이 기체가 아르곤보다 더 가볍다는 사실을 알아냈다. 이것은 램지가 새로운 원소를 하나 더 발견했다는 것을 의미했다. 램지는 이 원소의 이름을 '숨겨진 것'이라는 뜻의 그리스어 크립토스*kryptos*에서 따 크립톤krypton이라고 지었다. 그런데 확인을 위해 다른 과학자들에게 그 시료를 보냈을 때, 이번에는 램지가 큰 충격을 받는 일이 일어났다. 그보다 앞서 1860년대에 천문학자들은 햇빛을 그 구성 성분들로 쪼갰다. 여러 가지 색으로 이루어진 스펙트럼 사이에서 노란색과 초록색, 그리고 때로는 빨간색의 기묘한 띠들이 나타났는데, 그들은 이것이 수수께끼의 원소에 해당하는 스펙트럼선이라고 생각했다. 그런데 램지가 발견한 새로운 기체를 가열하자 그것과 정확하게 동일한 색을 가진 띠들이 나타났다. 다시 말해서 램지는 이 '태양의 원소'를 지구에서 재발견한 것이었다. 과학자들이 이미 이 원소에 이름을 붙여놓았기 때문에 램지는 마지못해 선례를 받아들여 이 기체 원소를 헬륨helium이라고 불렀다.*

헬륨은 아르곤이 던진 문제를 더 복잡하게 만들었다. 이제 화학자들은 조화로운 주기율표 둥지에서 뻐꾸기 두 마리에게 방을 내주어야 했기 때문이다. 일부 용감한 화학자들이 이 원소들을 수용하기 위해 주기율표에 기체 원소만으로 이루어진 새 기둥을 추가하자고 제안했지만, 멘델레예프와 그 밖의 화학자들은 그런 생각 자체를 비웃었다. 주기율표는 누가 뭐래도 화학사에서 가장 중요한 발견이었다. 그리고 그것을 개선하기 위해 수백 명의 과학자들이 달려들어 수백만 시간을 쏟아부었다. 그런데 이제 와서 그 망할 두 영국인 때문에 모든 것을 다시 배열하고 새로운 기둥을 억지로 끼워넣자고? 말도 안 되는 소리였다.

하지만 램지는 새로운 기둥 아이디어가 마음에 들었다. 새로운 기둥의 존재가 이러한 비활성 기체 원소가 더 있음을 암시한다는 것도 일부 이유였다. 이 직감이 옳은지 시험하기 위해 램지는 조수와 함께 1898년에 1600L의 공기에서 산소와 질소를 비롯해 나머지 모든 성분을 차례로 제거해 비반응성 기체만 남겼다. 그리고 남은 기체를 아주 낮은 온도로 냉각시켜 액체로 만들었다. 그들은 이 액체가 대부분 아르곤으로 이루어져 있다는 사실을 알았지만, 만약 다른 원소들이 그 속에 숨어 있다면, 액체를 천천히 가열해 그것들을 차례로 꺼낼 수 있을 것이라고 생각했다. 앞에서 보았듯이, 액체에 들어 있는 여러 가지 물질은 각각 다른 온도에서 끓으면서 기체가 되어 나온다. 그리고 실제로 실온으로 천천히 온도를 올리는 동안 새로운 기체가 세 가지 나왔다. 한 기체에는 앞서 지었던 크립톤이라는 이름을 재활용해 붙였다. 또 하나의 기체에는 '이상한 것'이란 뜻의 그리스어에서 따 제논xenon(크세논이라고도 함)이라는 이름을 붙였다.(이 기체들 중 여럿에는 약간 모욕적인 이름이 붙었다.) 세 번째 기체는 램지가 가족과 저녁 식사를 하면서 그 발견을 알렸다. 그 말을 듣고 열 살이던 아들 윌리Willie가 불쑥 나서 대담하게도 그 이름을 라틴어로 '새로운'이란 뜻의 '노붐*novum*'으로 하자고 제안했다. 램지는 하룻밤 동안 이 제안을 곰곰이 생각했지만, 그리스어에서 이름을 딴 다른 기체들과 일관성을 유지하기 위해 '새로운'이란 뜻의 그리스어를 바탕으로 그 기체의 이름을 네온neon으로 정했다.

빼꾸기가 다섯 마리로 늘어났으니 두 마리일 때보다 더 골치 아프게 됐을 것 같지만, 사실은 그렇지 않았다. 비활성 기체가 다섯 가지—아르곤, 헬륨, 네온, 크립톤, 제논—로 늘어나자, 화학자들은 주기율표에 기체만으로 이루어진 새로운 기둥을 추가하는 것을 훨씬 편하게 받아들일 수 있었다.(몇 년 뒤에 과학자들은 이 기둥에 들어갈 여섯 번째 원소도 발견했는데, 라돈radon이 그 주인공이다. 그때 램지는 라돈에서 나오는 빛의 스펙트럼을 분석하여 라돈의 존재를 확인했다. 따라서 램지는 알려진 여섯 가지 비활성 기체의 발견에 모두 관여한 셈인데*, 이것은 유례가 없는 업적이다.) 솔직히 말하면, 많은 화학자들은 새 기둥을 처음에는 일종의 게토처럼 취급했다. 이 '문제아' 기체 원소들을 이곳에 집어넣고는 싹 잊어버리려고 한 것이다. 하지만 시간이 지나면서 대다수 화학자들은 비활성 기체의 진가를 인정했다. 심지어 괴팍한 멘델레예프조차 미소를 지었다.* 오늘날 이 기체들은 '고귀한 기체noble gas'(비활성 기체를 영어로 일컫는 이름)로 추앙받는데, 다른 원소들과 절대로 반응하지 않기 때문이다. 비활성 기체는 홀로 지내길 좋아하는데, 다른 원자들에 대한 이러한 무관심 때문에 이들 기체에서는 완전한 이상 기체 법칙이 놀라울 정도로 잘 성립한다.

램지는 결국 1904년에 노벨 화학상을 받았고 과학계의 유명 인사가 되었다. 인터뷰에서 램지는 성공의 원인으로 두툼한 엄지를 꼽았는데, 그는 실험실에서 비활성 기체를 옮길 때 엄지를 사용해 시험관을 꽉 막았다. 또 다년간 담배를 직접 말면서 발전시킨 미세 운동 기술에도 도움을 받았다고 말했다.(그는 가게에서 파는 담배를 "실험과학자에게 어울리지 않는 것"이라며 경멸했다.) 그러나 흡연은 결국 그의 건강을 해쳤고, 1910년대 중엽에 코에 암이 생겼다. 건강이 악화되는 가운데 램지는 제1차 세계 대전과 곧 다가올 것처럼 보이는 문명의 종말에 점점 강박감이 심해졌고, 런던의 〈더 타임스〉에 독설이 넘치는 독자 의견을 보내 독일 과학자들을 비난하기 시작했다.(이 행동에 당황한 친구들은 암의 고통에서 비롯된 일시적인 정신 이상 때문이라고 설명했다.) 램지는 인간은 자신의 기체만큼 완전하게 행동하지 않는다는 사실에 비통해하면서 1916년에 눈을 감았다.

한편 레일리는 1904년에 아르곤을 발견한 공로로 노벨 물리학상을 받았다. 이 상은 램지의 화학상을 보완하는 의미가 있었지만, 램지가 발견한 그 모든 기묘한 기체들을 감안하면 레일리의 공로는 나중에 덧붙인 것처럼 보였다. 사실, 이전 10년 동안 레일리가 무엇을 하고 있었는가 하는 생각이 들 수도 있다. 램지가 주기율표를 다시 고쳐 쓰는 동안 그냥 손놓고 있었던 것은 아닐까? 그렇진 않다. 레일리는 여전히 자신이 좋아하는 것을 연구했고, 수천 년 동안 수수께끼로 남아 있던, 하늘이 왜 파란가라는 질문에 대한 답을 마침내 찾아냈다.

1900년 이전까지 철학자들과 원형과학자들(아직 정식 과학으로 인정받지 못했지만 훗날 과학으로 발전한 분야를 원형과학protoscience이라고 한다.—옮긴이)은 이 질문에 대해 온갖 종류의 설명을 내놓았다. 어떤 사람들은 밤하늘의 남색과 태양의 노란색이 섞여서 생긴 절충적인 색이라고 주장했다. 공기 중에 떠 있는 얼음 결정 때문이라고 주장한 사람도 있었다. 오존 형광이나 극도로 미세한 거품처럼 기이한 것에서 원인을 찾는 사람도 있었다. 레일리는 하늘의 파란색이 햇빛이 공기 중에 있는 미지의 입자에 산란되어 나타난다고 설명했다. 여기서 물리학은 또다시 어려워지지만, 핵심은 파장이 짧은 빛이 파장이 긴 빛보다 산란이 더 많이 일어난다는(즉, 진행 방향이 더 많이 바뀐다는) 것이다. 특히 무지개를 이루는 대부분의 색보다 파장이 더 짧은 파란색 빛은 빨간색이나 주황색보다 산란이 훨씬 쉽게 일어난다.

이 산란은 다음과 같은 과정을 통해 하늘을 파란색으로 만든다. 실외로 나가 담요 위에 누워 구름이 떠가는 모습을 바라보고 있다고 상상해보라. 태양에서 나온 백색광 중 일부가 지구에 도착한다. 이 '백색광'은 실제로는 파란색을 포함해 많은 색의 빛이 층층이 쌓여 섞인 것이다. 레일리의 이론에 따르면, 다른 색 빛보다 파란색 빛이 산란되어 방향이 바뀔 가능성이 더 높다. 산란이 일어난 이 파란색 빛은 어느 방향으로건 나아갈 수 있다. 여러분이 있는 곳에서 27km 북쪽을 향해 나아갈 수도 있고, 위쪽으로 방향을 틀어 우주로 나갈 수도 있다. 하지만 파란색 빛 중 일부는 하늘에서 지상을 향해 방향을 틀어 여러분의 눈을 향해 날아올 것이다. 물론 빨간색(혹은 노란색이나 초록색) 빛 중 일부도 산란된 뒤 여러분을 향해 날아온다. 하지만 이 모든 빛은 파란색 빛보다 훨씬 적게 날아온다. 그래서 하늘의 어느 한 점을 놓고 볼 때, 그곳에서는 파란색 빛이 나머지 색들의 빛을 압도한다. 이 점이 수조×수조 개의 점들로 늘어나면 아름다운 하늘색이 펼쳐진다.

(색 이론을 잘 아는 사람은 여기서 이의를 제기하고 싶을지 모르겠다. 사실, 보라색 빛은 파란색 빛보다 파장이 더 짧다. 따라서 위의 논리대로라면 하늘은 보라색이어야 하지 않은가! 논리적으로는 그렇지만, 고려해야 할 다른 요인들이 있다. 태양에서는 보라색 빛보다 파란색 빛이 더 많이 나오기 때문에, 산란되는 보라색 빛보다 파란색 빛이 더 많다. 게다가 우리 망막의 원뿔세포는 보라색 빛을 잘 감지하지 못한다. 따라서 하늘이 파란 이유를 제대로 설명하려면, 레일리의 산란 이론뿐만 아니라 태양의 스펙트럼과 우리 눈의 회로까지 고려해야 한다.)

레일리는 이 설명 중 대부분을 결혼을 위해 케임브리지를 떠난 1871년에 완성했다. 하지만 여기서 그는 한 가지 핵심 문제를 해결하지 못했는데, 햇빛을 실제로 산란시키는 입자의 정체가 무엇인가 하는 질문이었다. 그것은 먼지일까, 얼음일까, 공중에 떠다니는 미생물 집단일까? 레일리는 소금 결정을 그 후보로 제안했지만, 정답을 아는 사람은 아무도 없었다.

이 문제의 해결을 위한 돌파구는 물리학자 제임스 클러크 맥스웰James Clerk Maxwell이 1873년에 레일리에게 보낸 편지에서 처음 제시했다. 맥스웰은 인도 북동부에서 휴가를 보내고 있었는데, 호텔 테라스에서 히말라야 산맥을 바라보며 오후를 막 보낸 참이었다. 심지어 약 160km 거리에 있는 에베레스트산까지 볼 수 있었다. 맥스웰은 그토록 맑고 투명한 공기에 놀랐는데, 왜 자신과 에베레스트산 사이에 있는 기체 분자들이 그 모든 빛을 흡수하지 않을까 하는 의문이 들었다. 만약 맥스웰이 좀 더 깊이 생각했더라면 분명히 그 수수께끼를 풀었을 것이다. 맥스웰은 이미 열역학과 빛 이론을 모두 다시 고쳐 쓴 신계의 물리학자였다. 하지만 가까이에 참고할 만한 물리학 서적이 전혀 없었던 맥스웰은 편지에서 어차피 자신은 휴가를 즐기고 싶다면서 레일리에게 그 문제를 위임했다.

레일리는 자신에게 던져진 이 과제를 서두르지 않고 긴 시간을 두고 생각했다. 그렇게 25년이 흘렀고, 그 사이에 맥스웰은 세상을 떠났다. 하지만 1899년에 레일리는 마침내 필요한 계산을 해냈다. 그리고 이 연구의 부수 결과로 공기 분자가 가시광선을 산란시키기에 딱 알맞은 크기라는 사실을 알아냈다. 따라서 문제의 입자는 먼지나 소금이나 거품 같은 불순물이 아니었다. 레일리는 "이질적인 입자들이 없는 상태에서도 하늘은 여전히 파란색으로 나타날 수밖에 없다."라고 선언했다. 질소와 산소와 아르곤만으로도* 하늘을 파란색으로 물들이기에 충분하다. 만약 자신의 옛 친구 맥스웰이 지구에서 하늘에 가장 가까운 지점인 에베레스트산을 바라보면서 오후 시간을 게으르게 보내지 않았더라면, 레일리는 이 사실을 절대로 알아내지 못했을 것이다.

1780년대에 화학자들은 인류의 가장 오랜 꿈, 즉 중력의 밧줄을 끊고 하늘로 날아오르는 꿈을 이루었다. 그리고 100년 뒤에 한 물리학자는 인류의 가장 오래된 수수께끼 중 하나를 풀었다. 바로 하늘이 왜 파란가 하는 수수께끼였다. 그러니 1900년 무렵에 과학자들이 스스로를 고귀한 존재로 여기고, 공기의 작용 방식을 완전히 이해했다고 생각했더라도 충분히 이해해줄 수 있다. 프리스틀리에서부터 램지에 이르는 화학자들 덕분에 이제 그들은 대기의 주요 성분을 모두 알게 되었다. 이상 기체 법칙 덕분에 공기가 온도와 압력의 변화에 어떻게 반응하는지도 알게 되었다. 샤를과 게이-뤼삭 그리고 그 밖의 기구 비행자들 덕분에 우리 머리 위 수 킬로미터 상공의 공기가 어떤 상태로 존재하는지 알게 되었다. 물론 물리학과 기상학 같은 분야에는 아직 설명이 미진한 것들이 남아 있었다. 하지만 이제 과학자들은 알려진 기체 법칙들을 바탕으로 추론함으로써 모든 문제를 해결할 수 있을 것이라고 생각했다. 그들은 필시 자신이 사는 세계를 거의 완전히 이해하는 단계에 이르렀다고 느꼈을 것이다.

그러고 나서 무슨 일이 일어났을까? 과학자들은 미진한 문제들을 해결하느라 단지 어려움을 겪는 데 그치지 않고, 벌어지는 일들을 제대로 이해하지 못해 절망 상태에 내몰린 끝에, 자연의 법칙들을 완전히 새로 고쳐 써야만 했다. 원자물리학은 양자역학의 모순적 상황과 핵전쟁 공포라는 부작용을 낳았다. 그리고 믿기 어렵겠지만, 가장 따분한 과학 분야 중 하나인 기상학에서 20세기 과학의 가장 심오하고 곤혹스러운 연구 중 하나인 카오스 이론이 탄생했다.

못다 한 이야기

어둠을 환히 밝히는 빛

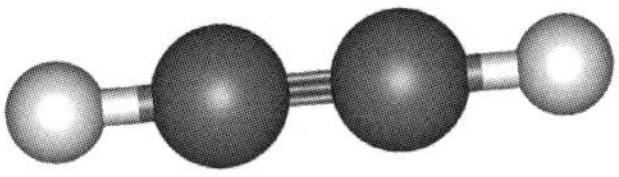

아세틸렌(C_2H_2)
현재 공기 중 농도는 0.0001~0.001ppm(도시 지역에서는 이보다 더 높을 수 있다).
한 번 숨을 들이쉴 때마다 아세틸렌 분자 약 10억~100억 개가 폐로 들어온다.

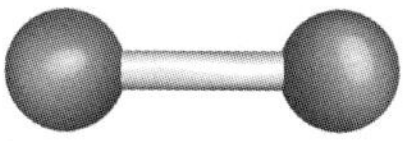

수소(H_2)
현재 공기 중 농도는 0.55ppm.
한 번 숨을 들이쉴 때마다 수소 분자 약 7000조 개가 폐로 들어온다.

비활성 기체를 다루면서 가장 유명한 응용 분야인 네온등 이야기를 하지 않고 그냥 넘어갈 수 없다. 하지만 공정하게 말하자면, 네온등은 빛과 기체 전반에 관한 훨씬 거대한 이야기의 일부이다. 증기 같은 기체가 산업 혁명의 동력을 제공한 것은 분명한 사실이지만, 메탄과 아세틸렌 같은 기체도 그에 못지않게 중요한 역할을 했기 때문이다. 이 기체들은 산업 혁명에 밝은 빛을 제공했다. 한 역사학자는 심지어 빛을 주는 이 기체들을 증기와 함께 "역사에서 두 가지 주요 원동력"이었다고 평했다.

조지프 프리스틀리의 루나협회가 늦은 밤에 무사히 귀가하기 위해 밝은 달빛이 비치는 보름에서 가장 가까운 월요일에 모였다는 사실을 떠올려보라. 하지만 프리스틀리 세대는 그런 문제로 고민한 마지막 세대였다. 18세기 후반에 과학자들이 발견한 여러 기체는 기묘한 빛을 내면서 타올랐고, 1804년에 프리스틀리가 죽고 나서 50년이 지나기 전에 가스등이 유럽 전역에서 표준적인 조명으로 사용되었다. 토머스 에디슨Thomas Edison의 전구는 거의 모든 신문에서 역사적인 헤드라인을 장식했지만, 현대 세계에서 어둠을 최초로 몰아낸 것은 석탄 가스였다.

물론 인류는 1800년 이전에도 인공조명을 사용했다. 모닥불, 촛불, 등잔불 등이 그런 것이었다. 하지만 오늘날에는 모닥불과 촛불 곁의 식사가 낭만적으로 보일지 몰라도, 이것들은 광원으로서 결격 사유가 많다. 특히 촛불은 그 밝기가 너무 미약해서 한 역사학자는 촛불이 그저 "어둠을 눈에 보이게 드러내는" 일밖에 하지 못한다고 농담했다.(같은 맥락으로 한 프랑스인은 "촛불 밑에서는 늙은 호색한도 아가씨처럼 보인다."라고 말했다.) 그리고 누구나 양초를 일상적으로 사용할 형편이 되는 것도 아니었다.(집 안의 모든 전구를 며칠에 한 번씩 갈아야 한다고 상상해보라. 큰 집과 사업장에서는 1년에 양초를 2500개나 쓰기도 했다. 게다가 양초는 실내에서 유독한 연기를 내뿜고, 쉽게 넘어져 집이나 공장에 불을 낼 수 있었다.)

지금 와서 생각해보면, 석탄 가스가 이 문제를 해결할 명백한 대안처럼 보인다. 석탄 가스는 석탄을 천천히 가열할 때 나오는 메탄과 수소를 비롯해 여러 기체의 혼합물이다. 메탄과 수소는 혼자서 탈 때에는 밝게 빛나지만, 함께 탈 때에는 촛불보다 수십 배나 더 강하고 밝은 빛이 나온다. 하지만 일산화이질소와 마찬가지로 사람들은 처음에는 석탄 가스를 그저 색다른 물질에 불과한 것으로 여겼다. 장사꾼들은 푼돈을 받고 사람들을 어두운 방 안에 넣은 뒤, 가스 불꽃으로 그들의 눈을 부시게 했다. 사람들에게 깊은 인상을 준 것은 단지 눈부시게 밝은 빛뿐만이 아니었다. 석탄 가스는 심지가 필요 없기 때문에, 그 불꽃은 중력을 무시하며 옆으로 확 뻗었다가 거꾸로 내려오기도 했다. 심지어 어떤 쇼맨은 풍선으로 동물을 만드는 것처럼 여러 불꽃들을 결합하여 꽃이나 동물 모양을 만들었다.

시간이 지나자 사람들은 석탄 가스를 훌륭한 실내조명으로 사용할 수 있다는 사실을 깨달았다. 가스 제트는 촛불처럼 깜빡이거나 연기를 내지 않으면서 일정한 페이스로 깨끗하게 탔고, 가스 설비를 벽에 고정시킬 수 있어 주변의 물체에 불이 옮겨붙을 위험을 낮추었다. 윌리엄 머독(제임스 와트의 공장에서 증기 기관차를 발명했다가 와트로부터 그 일을 그만두라는 소리를 들었던 바로 그 사람)이라는 괴짜 공학자가 1792년에 버밍엄의 자기 집에 세계 최초의 가스등 설비를 설치했다. 얼마 후 주변의 여러 사업가가 큰 관심을 보이면서 그들의 공장에도 가스등을 설치하게 되었다.

초기에 가스등을 받아들인 이들의 뒤를 이어 여러 도시의 자치 정부들도 석탄 가스를 사용해 거리와 다리를 밝히기 시작했다. 도시에서는 대개 석탄 가스를 거대한 탱크(가스탱크 gasometer라 부르는)에 저장하고, 오늘날의 수돗물과 마찬가지로 지하의 본관을 통해 필요한 곳으로 보냈다.

1823년에는 런던 거리에만 가스등이 4만 개나 설치되었고, 유럽의 다른 도시들도 그 뒤를 따랐다.(파리는 늘 못마땅하게 여기던 경쟁자 런던이 빛의 도시라는 명성을 빼앗아가는 걸 손놓고 바라보고 있을 수만은 없었다.) 역사상 처음으로 인간의 거주지가 밤중에 우주에서도 보이게 되었다.

그다음에는 기차역, 교회를 포함해 공공건물들에 가스관이 연결되었는데, 특히 극장은 어떤 곳보다도 가스등 조명에서 큰 혜택을 받았을 것이다. 더 많은 조명을 사용할 수 있게 되자, 무대 감독은 배우들을 무대에서 더 먼 곳에 배치할 수 있어 움직임에 깊이를 더할 수 있었다. 이와 관련된 기술로 석회광limelight(불타는 생석회 위로 산소와 수소를 흘려보내 빛을 내게 했다)이 있었는데, 더 밝은 빛을 내는 석회광은 최초의 스포트라이트를 탄생시켰다. 관객이 무대를 더 잘 볼 수 있게 되자, 배우들도 화장을 덜 하고, 더 현실적이고 덜 과장된 방식으로 연기를 할 수 있게 되었다.

19세기 중엽에는 영국 농촌 마을에도 기초적인 가스관이 연결되었고, 값싸고 안정적인 조명의 확산은 여러 측면에서 사회를 변화시켰다. 강도와 범죄자가 어둠 속에 몸을 숨길 수 없어 범죄가 줄어들었다. 술집과 레스토랑의 영업시간이 연장되자 야간 유흥이 폭발적으로 늘어났다. 공장들은 겨울철에 해가 져도 작업을 중단할 필요가 없어져 정규 근무 시간을 엄수하기 시작했고, 일부 공장들은 철야 작업을 하면서 제품을 생산했다.

또 다른 기체는 최초의 강력한 휴대용 조명을 제공했다. 1836년, 험프리 데이비의 사촌 에드먼드 데이비Edmund Davy가 삼중 결합의 탄소 2개에 수소 2개가 붙어 있는 아세틸렌(C_2H_2)을 발견했다. 놀랍도록 맹렬하게 타오르는 아세틸렌은 곧 가로등과 부표, 등대에 쓰이기 시작했다. 기업가들은 편리한 휴대용 아세틸렌 랜턴도 개발했는데, 특히 광산 갱도와 동굴에서 쓰기에 좋았다. 나중에 T형 포드를 포함해 자동차와 자전거도 특이한 부작용에도 불구하고 아세틸렌 헤드램프를 사용했다. 대부분의 램프와 랜턴은 칼슘카바이드(CaC_2, 탄화칼슘이라고도 함)라는 퍼석퍼석한 회색 광물에 물을 흘려서 아세틸렌을 만들었다. 보글보글 거품이 일면서 나오는 아세틸렌은 냄새가 없었지만, 이 과정에서 생기는 일부 부산물은 마늘 냄새가 났다.

촛불보다는 월등하다곤 하지만, 가스등은 완벽한 기술이 아니었다. 석탄 가스에서는 가끔 암모니아와 황 같은 불순물이 나와 사람들을 아프게 했다. 강렬한 불꽃은 방 안의 산소를 많이 집어삼켜, 극장에서 공연을 보고 난 뒤에 두통을 겪는 사람들이 많았다. 가스 설비에서 가끔 가스가 누출되어 사람들을 질식시키기도 했다. 철학자 프리드리히 실러Friedrich Schiller는 가스관의 확산을 고통 없이 빠르게 자살할 수 있는 방법으로 찬양한 것으로 유명한데, 그렇지 않아도 건강에 좋지 않다는 가스등의 악명을 더욱 부각시켰다.

20세기 초가 되자 대부분의 도시들에서 냄새가 없고 산소를 빼앗지 않으면서 더 밝은 빛을 내는 전구가 가스등을 밀어내기 시작했다. 전구는 더 현대적인 기술처럼, 즉 진행되고 있던 발전 과정에서 논리적으로 다음 단계에 해당하는 것처럼 보이기도 했다. 석탄 가스가 나무나 연기 없이 순수한 불을 제공했다면, 전구는 심지어 불 없이도 순수한 빛을 제공했다.

그래도 전구 생산업체는 그 설계에서 기체를 완전히 무시할 수 없었다. 대부분의 전구 안에 들어 있는 필라멘트는 가느다란 금속(주로 텅스텐) 선으로 이루어져 있다. 금속을 통해 전류를 흘려주면 필라멘트에서 빛이

나오지만, 그와 동시에 필라멘트가 가열된다. 그래서 전구 안에 산소가 있으면 뜨거운 금속이 타게 된다. 이 문제를 해결하기 위해 전구 생산업체는 전구에서 공기를 모두 빼내 그 안을 진공으로 만들기 시작했다. 하지만 이 문제를 해결하자 다른 문제가 생겼다. 뜨거운 금속 필라멘트가 아주 낮은 압력에서 서서히 증발하면서 전구 내부를 검게 만들었던 것이다. 그래서 오늘날 사용하는 전구는 대부분 먼저 그 안의 공기를 뽑아낸 뒤에 질소나 다른 비활성 기체로 채운다.

전구가 불꽃을 없앴다면, 오늘날의 일부 조명은 한 걸음 더 나아가 필라멘트마저 없앴다. 노란색 나트륨 가로등의 기본 원리인 증기 조명이 그런 예이다. 증기 조명은 19세기의 가스등과 기본적으로 큰 차이가 있는데, 가스등은 화학 반응을 포함하기 때문이다. 가스등의 경우, 메탄 분자와 수소 분자의 내부 결합이 끊어지면서 열과 빛이 나오고 새로운 물질이 생긴다. 증기 조명의 경우에는 결합이 끊어지지도 않고 새로운 물질이 만들어지지도 않는다. 대신에 나트륨 원자 기체에 전기를 흘려주어 나트륨 원자를 들뜬상태로 만든다. 더 구체적으로 말하면, 나트륨 원자에 있는 전자들을 들뜬상태로 만든다. 그러면 전자들은 더 높은 에너지 준위로 올라갔다가 잠시 후에 다시 원래 상태로 되돌아온다. 이렇게 전자가 높은 에너지 준위로 올라갔다 내려왔다 하는 과정에서 광자가 방출되는데, 이것이 밖으로 퍼져나와 우리 눈으로 들어오기 때문에 우리는 어두운 곳의 구덩이를 피해갈 수 있다.

네온등은 전자를 들뜬상태로 만드는 바로 이 과정을 통해 빛을 낸다. 네온등을 만들 때에는 원하는 색깔에 따라 여섯 종의 비활성 기체 중 하나를 골라서 사용할 수 있다. 유리관에 크립톤이나 제논 혹은 다른 비활성 기체를 채운 뒤 전류를 통해주기만 하면 된다. 프랑스의 저온화학자

조르주 클로드Georges Claude가 1912년에 파리의 한 이발소에 최초의 네온사인 광고 간판을 팔았고, 그 뒤를 이어 베르무트(포도주에 향료를 넣어 우려 만든 술) 옥상 광고판을 팔았다. 이것이 계기가 되어 클로드는 파리 오페라 극장의 입구 통로를 밝히는 일도 맡았고, 그곳에서 추가로 여러 가지 주문을 받았다. 하지만 네온등이 그 직후에 바로 크게 성공한 것은 아니었다. 클로드는 1920년대에 파산 직전으로 내몰렸다. 하지만 1960년에 죽을 때에는 아주 큰 부자였다. 기묘하게도 초기의 많은 컴퓨터와 계산기는 디스플레이에 네온등을 사용했는데, 네온등은 전통적인 전구보다 에너지를 덜 소비하고 쉽게 과열되지 않았기 때문이다.

어디서나 조명이 흔하게 사용되기 이전 시절에 사람들은 인공조명을 가끔 '빌린 빛'이라고 불렀다. 지금 생각하면 이상한 표현처럼 들린다. 마치 햇빛 일부를 훔쳐와 어둠 속으로 몰래 가져가는 듯한 느낌을 주는 표현이다. 물론 지금은 우리는 밤중에 빛을 좀 더 차단하려고 애쓴다. 우리는 광공해가 별들을 보지 못하게 방해하는 것에 눈살을 찌푸리고, 창문 밖의 가로등이 수면을 방해한다고 불평한다. 어둠 자체가 현대 세계의 소중한 상품이 되었는데, 이것은 우리 조상들이 경이롭게 여길 만한 반전이다.

3부

프런티어

새로운 하늘

1600년에 살던 사람이 18세기 초의 세계를 보더라도 그다지 큰 이질감을 느끼진 않았을 것이다. 심지어 19세기 초의 세계조차 전혀 다른 세상처럼 느껴지지 않았을 것이다. 하지만 거기서 100년을 훌쩍 건너뛰어 20세기 초로 오면 충격을 금치 못했을 것이다. 강철로 지은 고층 건물들이 갑자기 곳곳에서 하늘을 향해 우뚝 솟아 있었다. 증기선은 무역과 여행에 혁명을 가져왔다. 심지어 인간 생활에서 가장 기본적인 조직 원리인 밤낮의 구별조차 흐릿해졌다. 이 모든 진전에 기체가 중요한 역할을 했는데, 이것은 공기가 우리의 기본 생물학적 특징뿐만 아니라 그 밖의 많은 것을 빚어냈다는 사실을 보여준다. 그와 함께 인류 문명의 틀을 빚어내는 데에도 중요한 역할을 했다.

지난 수십 년 동안 인간과 공기의 관계는 또 한 번 크게 변했다. 1600년에 살았던 사람들이 들이마셨던 공기는 오늘날 우리가 들이마시는 공기와 똑같지 않았다. 산업 발전은 공기의 화학적 조성을 변화시켰다. 우리가 생각하는 공기 개념은 더 극적으로 변했다. 최근에 와서야 과학자들은 우리의 대기가 얼마나 복잡한지 제대로 이해하기 시작했는데, 대기는 복잡성과 취약성 면에서 우리 뇌에 뒤지지 않는다. 지금까지 이 책은 대기가 인간을 어떻게 변화시켰는가에 초점을 맞춰 이야기를 전개했다. 이번에는 그것을 뒤집어 인간이 대기를 어떻게 변화시켰는지 살펴보기로 하자.

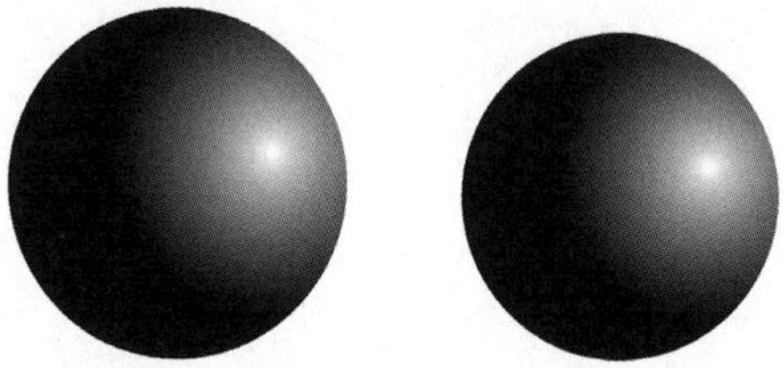

요오드-131(I-131)과 스트론튬-90(Sr-90)
현재 공기 중 농도는 0ppm(여러분이 운이 좋다면!).

7장

죽음의 재

남태평양에서 헤엄을 치는 돼지를 본 것만 해도 이미 충분히 기이한 일이었다. 초호에서 그 돼지를 발견한 수병들에게는 더욱 놀라운 일이었는데, 불과 얼마 전에 그들이 원자폭탄으로 그 초호를 파괴했기 때문이다.

크로스로드 작전과 311번 돼지

미 군부는 극비리에 진행된 맨해튼 계획과 달리 크로스로드 작전을 자랑하듯이 크게 떠벌렸다. 1억 달러(오늘날의 가치로는 12억 달러)를 들여 1946년 7월에 실행에 옮긴 크로스로드 작전은 그때까지 역사상 가장 큰 규모의 과학 실험이었다(비록 여기서 '실험'이란 단어는 이 실험에 결여된, 높은 수준의 정교함을 의미하긴 하지만). 해군은 그저 90척의 배로 이루어진 선단에 원자폭탄을 투하해 어떤 일이 일어나는지 보려고 했다. 단지 그런 목적에서였지만, 크로스로드 작전에는 전체 과정을 일사불란하게 진행하기 위한 4만 2000명의 수병이 필요했고, 데이터를 얻기 위해 방사능 측정기 2만 5000대와 45만 m 길이의 비디오테이프(그 당시 전 세계 공급량의 절반에 이르는)까지 필요했다. 그 무대는 하와이 제도에서 남서쪽으로 약 4200km 떨어진 곳에 산호섬들이 고리 모양으로 늘어선 비키니 환초였다. 낙원과 같은 곳이었다.

해군은 표적으로 삼을 배들 중 일부를 그 전해에 독일과 일본에서 구했는데, 그중에는 진주만 공격에 나선 기함 나가토호도 있었다. 표적 선단에는 중요한 전투에 참여했던 미국 배들도 포함돼 논란이 되었는데, 예컨대 미 해군 소속의 뉴욕호와 펜실베이니아호도 있었다.(장교들은 이들 배에서 정서적 가치가 높은 종과 찻잔 세트를 치웠다. 핀업 걸 사진들은 그냥 놔두었다.) 일반 대중의 격렬한 항의가 터져나오자 의회가 개입해 미국 배의 수를 33척으로 제한했지만, 비키니 환초에 모인 전함과 드레드노트(20세기 초에 사용된 거대 전함), 잠수함으로 이루어진 함대는 여전히 세계에서 다섯 번째로 규모가 큰 해군이었다.

1946년 봄에 더 큰 논란이 터져나왔다. 첫째, 미군은 비키니 환초에 살고 있던 원주민 167명 전원을 추방해 다른 곳으로 이주시켰다. 비키니 환초의 군정 장관은 후안무치하게도 그들을 속박 상태에서 해방되어 이집트에서 약속의 땅으로 인도받은 히브리인에 비교하면서 운 좋은 사람들이라고 불렀다.(그렇다면 이 땅에서 모세는 누구란 말인가…….) 둘째, 해군은 성경의 모티프를 살려 방주를 가득 채울 만큼 많은 동물을 비키니 환초로 데려와 표적 선박들에 골고루 실었다. 원자폭탄의 생물학적 효과를 알아보기 위해서였다. 이 발표가 나자, 분노에 찬 편지 수천 통이 미국 정부 관청들에 쏟아졌다. 심지어 90명이나 되는 사람들이 동물을 대신하겠다고 자원했는데, 그중에는 작가 화이트E. B. White와 샌퀜틴주립교도소에서 복역하던 재소자도 있었다. 재소자는 변화를 위해 사회에 뭔가 도움이 되는 일을 하고 싶다고 말했다.(덜 자비로운 사람들은 동물 대신에 전범들을 쓰자고 제안했다. 즉, 아이히만을 예루살렘으로 보내는 대신에 비키니 환초로 보내자는 주장이었는데, 그렇게 큰 지지를 받지는 못했다.) 해군은 개는 쓰지 않기로 동의했지만, 비키니 환초로 데려온 동물 중에는 쥐 5000마리, 염소 204마리, 돼지 200마리가 포함돼 있었다. 실험을 좀 더 현실적으로 만들기 위

크로스로드 작전 동안 낙진과 방사능에 노출된 염소와 쥐.
(사진 제공: Getty Images)

해 과학자들은 실험 전날에 큰 동물들에게 군복을 입히고, 털을 사람의 털과 같은 길이로 깎았다. 돼지가 선택된 이유는 그 장기가 사람과 비슷했기 때문이다. 한편, 염소 여러 마리는 조건 형성 과정을 통해* 신경쇠약에 가까운 상태로 만들었는데, 핵전쟁의 심리적 효과를 파악하는 데 도움이 되리라는 생각에서였다.

거대한 실험은 1946년 7월 1일 오전 9시 정각에 시작되었다. 몇 분 전에 수천 명의 해군 병사들이 비키니 환초 바깥에 머물던 지원선 갑판에 도열하기 시작했다. 장교들은 그들에게 폭발 장면을 바라보지 말라고 명령했지만, 당연히 모두가 그 장면을 바라보았다. 좀 더 영리한 병사들은 만약에 대비해 한쪽 눈을 감고 바라보았다. 그날 아침에 널리 퍼진 농담이 하나 있었는데, 만약 폭발로 비키니 환초가 사라진다면, 언제든지 그 이름을 너싱 환초Nothing Atoll(즉, '아무것도 없다'란 뜻의 'nothing at all')로 바꾸면 된다고 했다. 그래도 대다수 사람들은 불안에 떨었다. 나가사키 이후 11개월이 지나는 동안 원자폭탄은 한 번도 폭발한 적이 없었고, 그래서 이 폭탄은 대중의 상상 속에서 거의 초자연적인 기운을 내뿜었다.

B-29 폭격기 데이브스 드림Dave's Dream호가 머리 위로 그 모습을 드러내자, 병사들은 속이 울렁거렸다. 동체 아랫부분에 원자폭탄이 실려 있었는데, 공군은 이 폭탄에 '길다Gilda'라는 별명을 붙였다. 얼마 전에 개봉된 영화에서 섹시한 금발 미녀(영어로 bombshell이라고 하는데, bombshell에는 당연히 '포탄'이란 뜻도 있다.—옮긴이) 리타 헤이워스Rita Hayworth가 연기한 배역의 이름을 딴 것이었다.(이 폭탄의 공식적인 이름은 A를 뜻하는 '에이블Able'이었다.) 폭탄의 표적인 네바다호는 대여섯 척의 다른 배들 사이에 끼인 채 비키니 환초 해변에서 5.6km 떨어진 지

점에 있었다. 해군은 쉽게 눈에 띄도록 네바다호를 선명한 주황색으로 칠했다. 어쨌든 폭격수들은 표적을 정확히 맞히지 못했다. 길다는 계획한 대로 수면 위 158m 지점에서 폭발했지만, 네바다호에서 북서쪽으로 590m쯤 벗어나 한 항공모함 근처에 떨어졌다.

길다의 품에서 TNT 2250만 kg에 해당하는 폭발이 일어났다. 외눈박이처럼 한 눈만 뜬 해군 병사들은 섬광을 보았고, 뺨에 화끈거리는 열기를 느꼈다. 굉음이 그들에게 도착하기까지는 약 2분이 걸렸다. 배에 타고 있던 동물들은 사전 경고를 느낄 틈도 없었다. 폭탄은 부근에 있던 모든 것을 기화시켰고, 시속 1만 6000km에 이르는 충격파가 사방으로 퍼져나갔다. 많은 동물은 그 충격으로 죽었고, 폭탄이 떨어진 '제로 포인트'에서 1000m 안에 있던 배 다섯 척은 가라앉기 시작했다. 이 배들에 타고 있던 동물도 모두 배에 갇힌 채 익사했다. 단 한 마리만 빼고.

311번 돼지(귀에 달린 꼬리표의 숫자를 따서 붙인 이름)는 군복을 입은 채 제로 포인트에서 380m 거리에 있던 일본 순양함 사가와호의 장교용 화장실에 갇혀 있었다. 폭발이 일어난 후, 사가와호는 마치 거인의 부츠 뒤축에 밟혀 구겨진 것처럼 보였다. 폭발은 사가와호 측면에도 구멍을 뚫었고, 사가와호는 가라앉기 시작했다. 하지만 파괴가 일어나는 도중에 어떻게 하여 화장실 문이 펑 열렸다. 311번 돼지는 어떻게 된 영문인지는 몰라도 알몸이 된 채 몸이 꿰뚫리는 것을 피하면서 잔해 더미를 헤치고 나와 초호로 뛰어들었다. 다음 날 아침, 파괴 현장을 살피러 투입된 순시선이 해변을 향해 발을 버둥거리며 거품을 일으키고 있는 311번 돼지를 발견했다. 311번 돼지는 생후 6개월이었고, 몸 색깔은 흰색 바탕에 군데군데 검은색 반점이 섞여 있었으며, 무게는 23kg 정도 나갔다.

311번 돼지는 기적적으로 구조되었지만, 수의사들은 살아남을 가망이 없다고 보았다. 체중이 줄어들고 털이 빠지기 시작했다. 더 불길한 것은 혈액세포 수가 줄어들기 시작한 것인데, 혈액세포를 만드는 골수가 방사선에 파괴되었기 때문이다. 방사능에 노출된 다른 동물들에게서 관찰한 증상을 바탕으로 판단할 때, 311번 돼지는 위와 뇌도 부어오르기 시작하고 간도 위축되기 시작했을 가능성이 높았다(가장 심각한 형태의 방사선병). 하지만 몇 주일이 지나자 311번 돼지는 상태가 안정되기 시작했다. 털이 다시 자라났고, 혈액세포 수는 감소를 멈추고 다시 증가하기 시작했다. 얼마 지나지 않아 체중도 늘기 시작했고, 그 밖의 활력 징후도 회복되었다. 얼마 후 311번 돼지는 건강이 정상으로 돌아온 것처럼 보였다.

군부는 당연히 돼지의 회복을 기뻐했다. 핵무기의 위협을 축소하고 싶었던 관계자들은 311번 돼지가 다시 살이 찌고 행복하게 지내는 것처럼 보이자 이 돼지를 민중의 영웅으로(거대하고 나쁜 폭탄에 맞선 작은 새끼 돼지로) 홍보하기 시작했다. 대중은 그 이야기를 곧이곧대로 믿었다. 〈라이프〉는 이 돼지를 양면 사진으로 실었고, 한 칼럼니스트는 311번 돼지를 "물질보다 우위에 있는 마음, 그리고 이 둘보다 우위에 있는 돼지의 상징"이라고 선언했다. 311번 돼지는 얼마 후 워싱턴 D.C.의 국립동물원에 마련된 특별한 우리로 옮겨갔고, 이 돼지를 보려고 전국에서 많은 사람들이 이곳을 찾았다. 돼지치고는 정말 대단한 인기였다.

311번 돼지를 이렇게 대대적으로 선전하고 나선 데에는 아주 중요한 목적이 있었다. 바로 대중의 마음에 핵무기가 안전하다는 개념을 심어주기 위해서였다. 이것은 놀라울 정도로 큰 효과가 있었다. 오늘날 우리는 핵무기 시대를 돌아볼 때, 방사능 오염 우유와 책상 밑으로 숨는 어린이를 떠올린다. 하지만 핵무기에 대한 일반적인 공포가 처음부터 곧장 자리잡은 것은 아니었다. 1940년대와 1950년대 전반만 해도 사람들은 핵무기에 콧방귀를 뀌거나 심지어 웃어넘기기까지 했다. 그들은 히로시마와 나가사키 대신에 크로스로드 작전과 311번 돼지를 떠올렸다. 돼지가 원자폭탄 폭발에서 살아남을 수 있다면, 원자폭탄이 그렇게 무서울 리가 있겠는가?

이렇게 무사안일한 태도는 최대한의 핵무기를 최대한 빨리 시험하려는 미국 정부의 목표와 잘 부합했다. 군부는 그 후 20년에 걸쳐 200여 회의 핵실험을 재빨리 실시했고, 우리는 아직도 그 영향을 받으면서 살고 있다. 60년이 지난 지금 우리는 아직도 이들 폭탄에서 나온 방사성 원자들을 들이마시고 있다.

세상의 파괴자

맨해튼 계획은 과학의 획기적 성과라기보다는 공학의 승리*였다고 말할 수 있다. 필수적인 물리학 지식은 전쟁이 시작되기 전에 이미 완성돼 있었으므로, 진정한 영웅적 노력은 칠판과 유레카가 아니라 힘든 육체노동이었다. 우라늄 정제 과정을 생각해보자. 많은 단계들 중에서 노동자들은 9000kg이 넘는 우라늄광을 기체[육불화우라늄(UF_6)]로 바꾼 뒤, 사실상 원자 하나하나를 따로 분리하는 방법으로 분열 가능한 우라늄-235를 50kg 정도 얻었다. 이를 위해 테네시주 오크리지에 5억 달러(오늘날의 가치로는 66억 달러)를 들여 공장을 지었는데, 약 17만 m^2의 면적 위에 세워진 이 공장은 디트로이트시 전체가 사용하는 것의 세 배에 이르는 전력을 사용했다. 유례없는 이 투자가 없었더라면, 원자폭탄에 관한 그 모든 근사한 이론은 아무 쓸모가 없었을 것이다.

플루토늄 폭탄을 완성하는 것 역시 결코 쉽지 않았다. 플루토늄을 만드는 과정(플루토늄은 자연에 존재하지 않는다)은 우라늄을 정제하는 것만큼이나 어렵고 많은 비용이 들었다. 그것을 폭발시키는 것은 훨씬 번거로운 일이었다. 플루토늄은 방사능이 아주 강하지만(플루토늄을 0.1g만 들이마셔도 대부분의 어른은 죽고 만다), 로스앨러모스의 과학자들이 갖고 연구하던 소량의 플루토늄은 그 밀도를 극적으로 높이지 않는 한 연쇄 반응이 일어나지 않았고 따라서 폭발하지도 않았다. 하지만 플루토늄 금속은 이미 밀도가 상당히 높기 때문에, 폭발시킬 수 있는 유일한 방법은 플루토늄 금속을 잘게 갈아 그 주위에 폭발물을 빙 둘러싸서 배치하고 폭발시켜 압축시키는 것이었다. 안타깝게도 어떤 것을 폭발물로 날려보내기는 쉽지만, 더 작은 모양으로 일관성 있게 압축시키는 것은 불가능에 가깝다. 로스앨러모스의 과학자들은 그 세부 문제들을 해결하느라 서로에게 비명을 지르면서 많은 시간을 보냈다.

1945년 봄이 되자 마침내 그들은 폭발물에 쓸 수 있는 장치를 설계했다. 하지만 이 아이디어가 효과가 있는지 확인할 필요가 있어 1945년 7월 16일에 그 유명한 트리니티Trinity(최초의 핵실험에 사용된 핵무기인 플루토늄 폭탄—옮긴이) 핵실험을 했다. 그 장비('개짓Gadget'이라는 별명이 붙은)에 핵분열 물질과 폭발 장치를 조립해 설치하는 일은 젊은 캐나다 물리학자 루이스 슬로틴Louis Slotin이 맡았다. 슬로틴은 무모하고 저돌적인 것으로 명성이 높았는데, 원자폭탄 일을 하기에는 딱 적격인 성격이었다. 30m 높이의 트리니티탑 위로 올라가 폭탄을 조립한 뒤, 슬로틴과 그의 상사는 그 대가로 받은 20억 달러짜리 영수증(20억 달러가 투입된 맨해튼 계획을 완결했다는 상징적인 기념물로 미 육군 고위 장교가 준 것이다.—옮긴이)을 갖고서 차를 타고 부리나케 16km 떨어진 베이스캠프로 달려갔다.

오전 5시 30분, 고리 모양으로 배치된 폭발물들이 폭발하면서 그레이프프루트만 한 크기의 개짓 플루토늄 중심부를 복숭아씨만 한 크기로 짜부라뜨렸다. 그러자 가운데에 있던 작은 덩어리(베릴륨에 폴로늄을 섞은 것)에서 중성자가 몇 개 방출되었는데, 이것이 대규모 폭발을 당기는 방아쇠가 되었다. 이들 중성자는 가까이에 있던 플루토늄 원자핵에 들러붙으면서 그 원자핵을 불안정하게 만들어 결국 분열하게 했다. 이 핵분열에서 많은 에너지가 나왔다. 플루토늄 원자 하나에서 나오는 에너지는 모래 알갱이 하나를 눈에 띌 만큼 튀어오르게 만들 수 있다. 플루토늄 원자는 모래 알갱이보다 1억×1조분의 1보다 작은데도 말이다. 중요한 것은 핵분열이 한 번 일어날 때마다 중성자가 추가로 나온다는 사실이다. 이 중성자들은 다시 다른 플루토늄 원자에 가서 충돌해 연쇄적으로 핵분열 반응이 일어나게 했다.

수백만분의 1초 만에 모두 80세대에 이르는 플루토늄 원자들의 분열이 일어나면서 TNT 2250만 kg에 이르는 에너지가 방출되었다. 그다음에 일어난 일은 복잡하지만, 어쨌든 이 막대한 에너지는 폭탄에서 칩 샷 거리 안에 있던 모든 것—금속 탑, 그 아래의 모래, 모든 도마뱀과 전갈 등—을 기화시켰다. 사실은 단지 기화시키는 것에 그치지 않았다. 중심부의 온도가 수천만 도로 치솟는 바람에 증기 내부의 원자들에서 전자들이 떨어져나와 마치 반딧불이처럼 제멋대로 떠돌아다니기 시작했다. 이 폭발은 플라스마라는 새로운 물질 상태를 만들어냈는데, 플라스마는 별들의 원자로 안에서 흔하게 볼 수 있는 일종의 초超가스 상태이다.

여기서 믿기 힘들 만큼 엄청난 에너지가 방출되었기 때문에, 로버트 오펜하이머Robert Oppenheimer(맨해튼 계획을 진두지휘한 총 책임자)처럼 냉철한 과학자들도 트리니티가 대기에 불을 붙여 지표면의 모든 것을 태워버릴 가능성을 심각하게 고려했다. 물론 그런 일은 일어나지 않았지만, 그날 오전에 그 광경을 지켜본 수백 명의 사람들(그중 일부는 얼굴에 자외선 차단제를 듬뿍 바르고 선글라스로 눈을 가렸다)은 모두 자신들이 새로운 종류의 지옥을 세상에 풀어놓았다는 사실을 깨달았다. 트리니티의 폭발 여파가 가라앉은 뒤, 오펜하이머가 『바가바드 기타』에 나오는 "나는 죽음이요, 세상의 파괴자가 되었다."라는 구절을 떠올렸다는 이야기는 유명하다. 이보다 덜 알려졌지만, 오펜하이머는 다이너마이트가 전쟁을 너무나도 참혹한 것으로 만들어 인류가 전쟁을 포기할 것이라고 한 알프레드 노벨의 말도 떠올렸다. 그러나 버섯구름의 그림자 속에서 이제 그러한 소망은 너무나도 순진한 것처럼 보였다.

8월 초순에 히로시마와 나가사키에 원자폭탄이 투하된 뒤, 맨해튼 계획에 참여했던 과학자들은 대부분 승리의 기쁨을 느꼈다. 하지만 몇 달이 지나는 동안 일본에서 일어난 이야기를 들으면서 원자폭탄에 대한 반감이 점점 커져갔다. 물론 그들은 경이로운 이 폭탄이 수만 명의 인명을 앗아가리란 사실을 분명히 알았다. 하지만 미군은 드레스덴과 도쿄를 공습하면서 이미 그에 필적할 만한 수의 민간인을 죽였다.(일부 역사학자들은 여섯 시간의 도쿄 공습 동안에 죽은 사람—적어도 10만 명—은 한 번의 공격에서 죽은 사람의 수로는 역사상 전무후무한 기록이라고 평가한다.)

그 당시 과학자들이 히로시마와 나가사키 원자폭탄 투하에 경악을 금치 못했던 이유는 공격 직후의 사상자 수가 아니라 장기간 영향을 미치는 방사능 때문이었다. 그전까지만 해도 대다수 물리학자들은 방사능에 다소 무신경한 태도를 보였다. 이들이 남자다운 척하면서 관련 위험을 무시한* 이야기는 차고 넘친다. 하지만 일본에 투하된 원자폭탄은 그런 태도를 바꿔놓았다. 원자폭탄의 낙진은 몇 달 뒤까지도 사람들을 계속 중독시켰다. 세포를 죽이고, 피부에 궤양을 일으키고, 심지어 혈액 속의 염분과 치아의 충전재까지도 초소형 방사능 폭탄으로 만들었다.

일본 군정 사령관으로 임명된 더글러스 맥아더Douglas MacArthur 장군은 결국 원자폭탄의 후유증에 관한 언론 보도를 통제했다. 하지만 소문까지 막을 수는 없었으며, 특히 과학계 내부에서 퍼져나가는 이야기는 속수무책이었다. 이 이야기를 전하는 사람들은 과장할 필요조차 없었다. 현실 자체가 그토록 나빴기 때문이다.(폭탄 투하 후 몇 주 뒤에 한 의료 구호소에 들렀던 한 미국인 의사는 일본인 환자들이 왜 모두 물방울무늬 셔츠를 입고 있는지 의아했다. 그런데 물방울무늬가 꿈틀거리기 시작했다. 환자들은 자신들의 피부를 뜯어먹는 곤충들을 떨쳐낼 힘조차 없었던 것이다.) 1945년과 1946년에 로스앨러모스에서 발생한 일련의 사고들은 외부에 알려지지 않게 은폐되었지만 결국은 방사능의 위험을 더욱 강하게 부각시켰는데, 과학자들이 그 피해 상황을 직접 보았기 때문이다.

용의 꼬리를 간질이는 실험

최초의 사고 피해자는 열일곱 살에 MIT에 입학해 6년 뒤인 1944년에 로스앨러모스로 온 땅딸막한 물리학자 해리 대글리언Harry Daghlian이었다. 대글리언은 임계성에 관한 실험을 했는데, 이 실험에는 실험실에서 플루토늄 구들에 연쇄 반응을 일으키는 과정이 포함돼 있었다. 이 실험에서는 플루토늄이 폭발할 가능성이 전혀 없었는데, 플루토늄의 밀도가 충분히 높지 않았기 때문이다. 그렇긴 하지만 이 실험은 미국직업안전보건청이 승인할 수 있는 수준과는 거리가 멀었다. 로스앨러모스의 과학자들은 이 연구를 "잠자는 용의 꼬리를 간질이는 것"이라고 표현했다. 그 실험은 로스앨러모스의 주요 시설로부터 6km 거리의 외딴 계곡에 있는 오메가 사이트Omega Site에서 실시되었다.

대글리언은 트리니티와 나가사키에 투하된 원자폭탄의 중심부와 동일한, 지름 89mm의 플루토늄 구를 가지고 실험을 했다. 만약 일본의 항복으로 전쟁이 끝나지 않았더라면, '루퍼스Rufus'라는 별명이 붙은 그 구는 8월 20일경에 폭탄에 들어가 투하되었을 것이다. 이제 전쟁이 끝났으니 대글리언은 갑자기 할 일이 없어졌을 것이라고 생각하기 쉽다. 맨해튼 계획의 목적은 어디까지나 독일과 일본을 패배시키는 것이었는데, 이제 그 목적은 달성되었다. 하지만 로스앨러모스의 일부 사람들은 업무량이 전혀 줄어들지 않았다. 핵무기 개발에 이미 수십억 달러를 쏟아부은 미국 정부는 그 투자를 낭비하고 싶은 생각이 전혀 없었다. 더 중요한 문제가 있었는데, 전후에 국제 관계에서 주도권을 잡기 위한 경쟁이 이미 시작되었고, 정부 내의 여러 핵심 인사는 핵폭탄(특히 플루토늄 폭탄)이 장기적인 국가 안보를 위해 꼭 필요하다고 생각했다.

그래서 전쟁이 끝난 지 채 1주일도 지나지 않은 8월 21일, 대글리언은 오메가 사이트의 한 건물에서 용의 꼬리를 간질이는 또 하나의 실험을 시작했다. 그 실험실에서 쓰던 표현을 빌리면, 이 실험은 플루토늄 '알' 주위에 블록들을 쌓아 '둥지'를 만드는 과정을 포함했다. 블록은 중성자를 반사하는 성질이 아주 뛰어난(중성자는 많은 물질을 그냥 통과한다) 탄화텅스텐이라는 특별한 물질로 만들었다. 구 주위에 블록들을 쌓는 과정에서 대글리언은 밖으로 빠져나가는 중성자가 되도록 많이 블록에 반사돼 플루토늄으로 되돌아가게 하려고 신경을 썼다. 그래야 더 많은 중성자가 핵분열 과정에 관여할 수 있기 때문이었다. 이것은 연쇄 반응 유지에 필요한 플루토늄의 양을 줄이는 데 도움이 되었다. 그날 대글리언은 첫 번째 블록 쌓기 실험을 오전에, 그리고 두 번째 실험을 오후에 마치고 저녁에는 세미나에 참석했다. 하지만 오후 9시 무렵에 세미나가 끝난 뒤, 대글리언은 마지막으로 한 번 더 실험을 하기 위해 오메가 사이트로 다시 돌아갔다. 이런 식으로 혼자서 일하는 것은 금지돼 있었고, 대글리언은 이미 그날 많은 시간을 일했지만, 그 당시 로스앨러모스는 격식을 그다지 엄격하게 따지지 않았고 대글리언은 붙임성이 좋은 사람이어서 경비원이 그의 출입을 허가했다.

대글리언은 먼저 무게 6.3kg의 구를 받침대에 올려놓았다. 플루토늄은 방사능뿐만 아니라 독성도 있기(거의 비소만큼이나) 때문에, 장갑을 끼지 않고도 '안전하게' 다룰 수 있도록 구는 니켈로 코팅돼 있었다. 과학자들은 그 구가 껍데기 아래에 쌓인 방사능 때문에 기괴하게 따뜻했다고 기억한다. 한 과학자는 마치 살아 있는 토끼를 품은 것과 같았다고 말했다.

대글리언은 알을 제자리에 위치시킨 뒤, 탄화텅스텐 반사체 52개로 둥지를 조립하기 시작했다. 한 층씩 쌓을 때마다 더 많은 중성자가 플루토늄 알로 되돌아가 플루토늄은 임계 상태에 점점 더 다가갔다. 네 층의 조립이 끝나고 다섯 번째 층도 거의 완성되어 이제 마지막 블록 하나를 들어 구 위로 가져갔다. 그때, 작업대 위에 놓인 확성기에서 지지직거리는 소리가 나기 시작했다. 그것은 방사능 탐지기에 연결돼 있었는데, 지지직거리는 소리는 마지막 블록을 추가하면 연쇄반응이 시작된다는 것을 의미했다. 대글리언은 그 블록을 들고 장난하듯이 이리저리 흔들기 시작했다. 지지직거리는 소리에 충분히 만족한 대글리언은 뒤로 물러났다. 바로 그때 손에서 블록이 미끄러졌다. 그리고 그것은 절대로 가서는 안 될 곳에 떨어져 중성자가 빠져나가는 유일한 탈출구를 막아버렸다. 그 실험실에서 쓰던 전문 용어를 빌리면, 그 구는 '즉발 임계' 상태로 돌입했다. 더 직설적으로 표현하자면, 루퍼스 용이 눈을 뜬 것이다.

스타카토처럼 울리던 확성기 소리가 우르릉거리는 소리로 변했다. 구 주변에서 공기 중의 질소가 이온화되어 파란 빛의 오로라가 어른거리기 시작했다. 대글리언은 손으로 블록 성을 해체하려고 시도했지만 실패했고, 다시 시도하다가 결국 그것을 와르르 넘어뜨렸다. 일순에 모든 것이 조용해졌다. 오로라도 사라졌고, 스피커는 침묵을 지켰다. 분명히 어떤 경보도 울리지 않았다. 손이 따끔거리는 것만 빼고는 대글리언은 아무 이상이 없었다. 방사능은 기존의 독과 달리 처음에는 아무 통증이 없다. 하지만 대글리언은 이미 자살한 것이나 다름없었고, 자신도 그 사실을 알고 있었다.

어쨌든 대글리언은 병원으로 갔다. 의사들은 그의 호주머니에서 열쇠와 칼을 꺼내 담당 기술자에게 로스앨러모스로 가져가 분석하라고 지시했다. 기술자는 지시대로 방사능을 측정하려고 했는데, 열쇠와 칼은 가이거 계수기를 작동 불능 상태로 만들었다. 그만큼 '뜨거웠던' 것이다. 나중에 물리학자들은 대글리언의 몸이 흉부 X선 촬영을 약 5만 번 받는 것과 같은 양의 방사선에 피폭되었을 것이라고 추정했다. 오른쪽 손은 그보다 더 많이 40만 번에 해당하는 방사선에 피폭되었고, 며칠 사이에 거대한 물집으로 변했다. 오른쪽 팔도 부풀어올랐고, 피부는 빨갛게 변해 어깨까지 벗겨져나갔으며, 얼굴 피부 역시 마찬가지였다.(대글리언은 사실상 '3차원 햇볕 화상'으로 고통받고 있었는데, 방사선이 그의 몸속 아주 깊은 곳까지 침투했기 때문이다.) 한편, 구역질이 쓰나미처럼 몰려왔고, 사이사이에 경련과 딸꾹질이 났다. 머리카락이 한 움큼씩 빠져나갔고, 살도 빠르게 빠졌다. 몇 주 후 혼수상태에 빠지면서 그나마 고통을 덜 느꼈지만, 대글리언은 사고 후 25일이 지난 날에 사망했다. 군 당국은 대글리언이 "화학 약품에 의한 화상" 때문에 사망했다고 언론에 거짓말을 했다. 그리고 나서 대글리언의 어머니와 여동생의 입을 막기 위해 그들에게 1만 달러짜리 수표를 건넸다.

악마의 핵

대글리언이 이런 고통을 겪는 동안 그의 침대 옆에는 트리니티 실험에 쓰인 폭탄을 조립했던 루이스 슬로틴이 있었다. 대글리언이 죽어가는 모습을 지켜보면서 슬로틴의 마음은 크게 흔들렸다. 그리고 무기 연구를 그만두어야겠다고 얼마 전에 내린 결심이 더 강해졌다. 그러나 불행하게도 군과 맺은 계약 기간이 1년 더 남아 있었다. 더 큰 불행은 슬로틴이 대글리언의 사고로부터 더 조심해야겠다는 교훈을 전혀 얻지 못했다는 점이었다.

슬로틴은 대글리언보다 더 어린 나이인 열여섯 살에 캐나다 위니펙에 있는 매니토바 대학교에 입학했다. 그곳에서 권투를 했는데, 아마도 강한 남자로 보이기 위해 그랬던 것 같다. 옷차림도 청바지, 카우보이 부츠, 열어젖힌 셔츠 등 마초 성향이 강한 스타일을 선호했다. 대학을 졸업한 뒤에 에스파냐 여행에 나섰는데, 훗날 자신이 에스파냐 내전에 무기를 들고 참여했다고(이것은 아마도 사실이 아닐 것이다) 넌지시 내비치길 좋아했다. 슬로틴은 결국 시카고에서 사이클로트론을 제작하는 일을 하다가 플루토늄 연구에 발을 들여놓게 되었다. 1944년 12월에 로스앨러모스에 도착한 그는 즉각 용을 간질이는 일에 투입되었다. 같은 집단에 속한 사람들은 그를 환영했는데, 무모함이라면 모두 내로라하는 사람들이었지만 슬로틴을 따를 자는 없었다. 한번은 수조 속에서 진행되고 있던 핵반응을 조정할 필요가 있어 슬로틴은 운전 요원에게 해당 장비의 작동을 정지시켜 달라고 요구했다. 하지만 하필 그때가 금요일 오후여서 운전 요원은 주말이 지날 때까지 기다리라고 했다. 월요일 아침에 사람들이 그곳으로 돌아왔을 때에는 필요한 조치가 이미 취해져 있었다. 슬로틴이 운전 요원이 다루어야 할 기계를 작동해 그 장비를 직접 중지시켰던 것일까? 아니었다. 그는 그냥 청바지와 카우보이 부츠를 벗고 수조 속으로 잠수해 필요한 조치를 취했다. 핵반응이 계속 일어나고 있었는데도 말이다!

슬로틴은 히로시마와 나가사키에 투하된 원자폭탄을 만드는 과정에서 자신이 담당한 역할을 가족에게 이야기하면서 가족이 놀라워하는 모습을 보고 즐거워했다. 하지만 얼마 지나지 않아 핵무기 연구의 환상에서 깨어났고, 대글리언이 죽은 뒤에는 시카고로 돌아가게 해달라고 요구했다. 군 당국은 그전에 비키니 환초 실험에 사용할 폭탄을 만드는 일을 하라고 말했다. 슬로틴은 결국 동의했고, 로스앨러모스에서 자신을 대체할 후임을 훈련시키는 일도 하기로 동의했다. 후임으로 온 사람은 앨빈 그레이브스Alvin Graves였다.

슬로틴이 이전에 40여 차례 한 적이 있는 시범을 보여주는 이 훈련은 1946년 5월 21일에 시작했다가 바로 그날 끝났다. 슬로틴은 먼저 루퍼스(대글리언이 사용했던 것과 동일한 플로티늄 구)를 붙잡고 그 받침대에 끼워넣었다. 이제 중성자 반사체를 설치해야 했다. 하지만 슬로틴은 탄화텅스텐 블록 대신에 더 강력한 반사체인 반구 모양의 베릴륨 껍데기를 집어들었다. 베릴륨은 중성자를 너무 잘 반사해(베릴륨은 중성자와 사실상 탁구 게임을 했다), 과학자들은 베릴륨 껍데기를 사용할 때에는 추가로 예방 조치를 취했다. 특히 그 껍데기를 플루토늄 구 위에 올려놓으면 즉각 연쇄 반응이 일어난다는 사실을 알았기 때문에 안전 장치를 추가했는데, 먼저 구 가장자리에 얇은 나무 조각들을 쌓았다. 그러고 나서 베릴륨 돔을 나무 조각들 위에 올려놓고는, 실험이 진행됨에 따라 나무 조각을 하나씩 차례로 제거했다. 이런 식으로 그들은 베릴륨 껍데기를 서서히 아래로 내림으로써 임계 상태를 향해 조금씩 다가갈 수 있었다.

그러나 슬로틴은 그런 자잘한 절차에 크게 신경쓰지 않고 나무 조각들을 사용하지 않았다. 그냥 베릴륨 반구 한쪽 가장자리를 받침대에 기대 루퍼스에 대해 멋있는 각도로 균형을 잡은 뒤, 스크루드라이버를 사용해 반대쪽 가장자리를 들었다 놨다 했다. 그에 따라 핵분열 반응은 연쇄 반응 직전 단계까지 다가갔다 멀어졌다 하길 반복했다. 전에 슬로틴이 이렇게 실험하는 걸 지켜본 엔리코 페르미Enrico Fermi는 그렇게 무모한 행동을 그만두지 않으면 "1년 안에 죽을 것"이라고 슬로틴을 꾸짖었다. 슬로틴은 그저 눈만 끔벅거렸다.

5월의 그날 오후, 슬로틴은 그 시범 준비를 2분 만에 뚝딱 끝내고는 반구를 올렸다 내렸다 하기 시작했다. 가까이 있던 확성기에서 재깍거리는 소리가 났다. 슬로틴의 어깨 너머로 지켜보고 있던 그레이브스는 깊은 인상을 받았다. 하지만 잠시 후 예기치 못한 일이 일어났다. 손에서 스크루드라이버가 미끄러지는 바람에 베릴륨 껍데기가 플루토늄 위로 떨어진 것이다. 방 안에 있던 여덟 사람 모두 열기가 확 퍼지는 것을 느꼈고, 파란색 빛의 헤일로를 보았다.

슬로틴은 베릴륨 반구를 손으로 탁 쳐서 플루토늄에서 떼어냈다. 잠시 후 그 손이 따끔거리기 시작했고, 슬로틴의 입 안에서는 금속 맛이 진동했다. 하지만 숨을 돌리고 나자, 슬로틴은 대글리언이 느꼈던 것과 똑같이 기괴한 평온함을 느꼈다. 자신은 이미 죽은 목숨이라는 사실을 알았지만, 당장은 모든 게 정상으로 느껴졌다. 그는 그저 뒤로 한 걸음 물러나면서 "음, 더 이상은 못 하겠군."이라고 말했다.

그 순간 슬로틴의 주요 관심사는 방 안에 있던 다른 사람들, 특히 그레이브스였다. 그래서 병원으로 가기 전에 망치와 콜라 병을 포함해 루퍼스 근처에 있던 일부 물체들을 방사능 측정기로 측정함으로써 그들의 몸에 흡수된 방사능의 양을 추정하려고 시도했다. 불행하게도 방사능 측정기 자체가 심하게 오염되어 그 측정치는 쓸모가 없었다. 마지막 방법으로 슬로틴은 한 여성 '컴퓨터'(수치 계산 전문가)의 책상

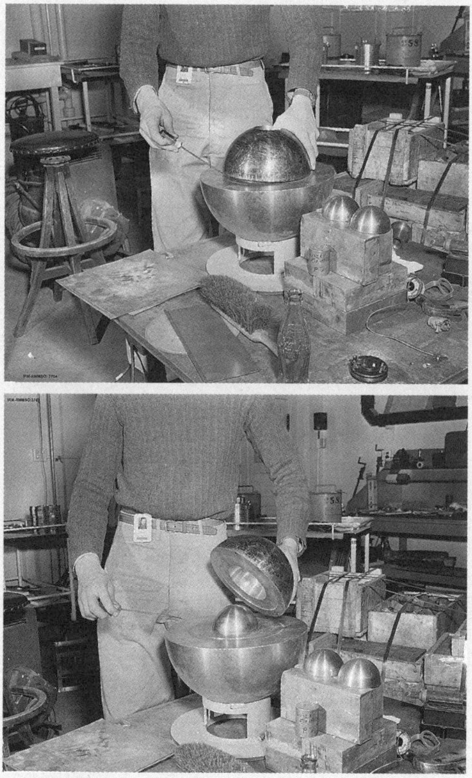

맨해튼 계획이 끝난 뒤 루이스 슬로틴의 사망을 낳은 사고를 재현하는 장면.
(사진 제공: 로스앨러모스국립연구소)

으로 다가가, 그레이브스가 서 있던 곳의 피폭량을 계산해달라고 부탁했다.(오늘날의 추정에 따르면, 슬로틴은 흉부 X선 촬영 20만 회에 해당하는 방사능에 피폭된 반면, 그레이브스는 3만 5000회에 해당하는 방사능에 피폭되었을 '뿐'인데, 슬로틴의 몸이 앞을 가로막아주었기 때문이다.) 공교롭게도 슬로틴이 계산을 부탁한 그 컴퓨터는 바로 그레이브스의 아내인 엘리자베스였는데(아마도 슬로틴이 눈이 부셨거나 그녀를 알지 못해 부탁했을 것이다), 엘리자베스는 몇 시간이 지날 때까지 그 계산을 부탁받은 이유를 알지 못했다.

슬로틴은 대글리언이 다루었던 것과 동일한 플루토늄 구를 사용했다. 실험을 한 날짜도 대글리언에게 사고가 일어났던 것과 동일한 21일이었고, 심지어 요일도 같은 화요일이었다. 그리고 슬로틴이 병원에 도착했을 때, 의사들은 그를 같은 병실의 같은 침상으로 안내했다. 그리고 대글리언과 똑같이 몸이 사실상 분해되면서 고통스럽게 죽어가는 슬로틴의 모습을 지켜보았다. 9일 뒤, 그들은 납을 덧댄 관에 슬로틴의 사체를 담아 위니펙의 집으로 보냈다.

대글리언과 특히 슬로틴—스스로 세상에서 "가장 경험 많은 폭탄 조립자"라고 자랑했던—의 죽음은 핵물리학계에 큰 충격을 주었고 물리학자들 사이에 분열을 초래했다. 일부 물리학자들은 원자폭탄 개발에 참여한 것에 이미 죄책감을 느끼고 있었다. 이제 동료들까지 죽자, 그러지 않아도 후회하고 있던 그들은 핵무기에 대해 전면적인 반대 입장으로 돌아섰다. 하지만 일부 과학자들은 생각이 달랐다. 이들은 눈앞에 다가온 냉전이 어느 한 사람의 생명보다 훨씬 중요하다고 여겼다. 문명 자체가 절체절명의 위기를 맞이했다고 본 이들은 동료의 죽음을 용감한 희생으로 간주했다. 사고 당일 슬로틴의 어깨 너머로 그 현장을 목격한 앨빈 그레이브스도 얼마 후 핵무기에 찬성하는 강경파 대열에 합류했다.

슬로틴과 대글리언이 희생된 뒤, 과학자들은 저주받은 플루토늄 구를 더 이상 루퍼스라고 부르지 않고 대신에 "악마의 핵demon core"이라고 부르기 시작했다. 오늘날의 관점에서 보면 그 악마를 그 후의 실험들에서 계속 사용한 것은, 정신 나간 짓은 아니더라도 요령 없는 짓처럼 보이지만, 그 당시 플루토늄은 지구에서 가장 비싼 물질이었고 군부는 수백만 달러의 가치가 있는 물질을 그냥 버리고 싶지 않았다. 그래서 슬로틴이 죽고 나서 얼마 후, 악마의 핵은 남태평양을 향한 비행기에 실렸고, 결국 크로스로드 작전에 사용된 폭탄 중 하나에 장착되었다.

낙진의 위협

믿기 어렵겠지만, 미군 당국은 처음에는 크로스로드 작전에 사용된 폭탄들로 갈라파고스 제도 중 일부를 날려보내려고 했다. 그러다가 결국에는 제한된 공간과 취약한 생태계, 예측하기 힘든 바람 등의 단점에도 불구하고 실험 장소를 비키니 제도로 정했다.

7월 1일의 핵실험에 사용한 길다/에이블은 역사상 네 번째로 폭발한 원자폭탄이었다. 그리고 3주일 뒤인 7월 25일에는 베이커 폭탄 실험이 일어났다.(악마의 핵이 장착된 폭탄은 여섯 번째 핵실험에 사용될 수도 있었지만, 군부는 그 실험을 취소하고 그 플루토늄을 다른 폭탄에 재활용했다.) '비키니의 헬렌Helen of Bikini'이란 별명이 붙은 베이커 폭탄은

1946년 7월 25일, 비키니 환초 부근에서 일어난 베이커 실험. (사진 제공: 미국국방부)

폭발 전의 극적인 요소가 부족했다. 이 폭탄은 비행기에서 투하하는 대신에 함대를 기습하는 상황을 모의하여 27m 깊이의 수중에서 폭발시켰다. 하지만 폭발 후에 일어난 특별한 효과는 폭발 전의 무료함을 충분히 만회했다. 100분의 1초가 지나기 전에 초호 중심이 다이아몬드처럼 광채를 내면서 환하게 밝아지더니 8만 5000m^3의 물이 기화되어 증기로 변했다.(제임스 와트가 이 장면을 보았더라면 아주 경이롭게 여겼을 것이다.) 게다가 200만 갤런의 물이 폭 600m, 높이 1800m에 이르는 역사상 세계 최대의 분수를 이루며 상공으로 치솟았다. 배 9척이 즉각 가라앉았고, 그와 함께 많은 돼지와 염소와 쥐가 죽었다. 살아남은 함대는 한 연구에서 "마녀의 혼합물"이라고 부른 방사능 오염 물을 흠뻑 뒤집어썼다.

방사능 오염 물을 뒤집어썼는데도 불구하고 해군은 살아남은 배들과 거기에 타고 있던 동물들을 구하려고 노력했다. 어떤 방법으로? 수천 명의 해군을 투입해 갑판을 물로 씻어냈다. 해군 장성들은 잿물로 박박 문질러 씻어내고 페인트를 새로 칠하면 고약한 방사능이 없어질 것이라고 생각했다. 이 계획이 실패하자(가이거 계수기는 계속 지지직거렸다), 해군 장성들은 충격을 받았다. 정말로 플루토늄이 철저한 청소에도 살아남는단 말인가? 결국 해군은 패배를 인정하고 90척의 배 중 60척을 버리거나 고철로 팔았다.(여러 척은 지금도 초호에 가라앉아 있는데, 문어와 물고기와 스쿠버다이버에게 환상적인 장소를 제공한다.) 더욱 우려스러운 일이 일어났는데, 배에서 구한 동물들 사이에 심각한 건강 문제가 점점 더 많이 발생했다. 311번 돼지와 동일한 피로와 체중 감소, 혈액세포 수 감소 등이 나타났고, 시간이 지나도 전혀 차도가 없었다.

일반 대중은 대체로 이러한 장기적 문제들을 전혀 몰랐다. 기자들은 대부분 폭탄이 폭발한 직후에 비키니 환초를 떠났고, 자신들이 작성한 긴급 보도 기사에서도 핵무기의 위험을 대체로 경시했다. 앞에서 이야기했듯이, 히로시마와 나가사키 이후 핵폭탄은 사람들의 마음속에서 거의 신화적인 힘으로 남아 있었다. 1946년 초에 군에서 일하던 과학자들은 비키니 환초 실험은 그런 신화적인 힘을 뒷받침하는 유언비어와 달리 "중력을 파괴"하거나 "해저 바닥을 날려보내 그 구멍으로 모든 바닷물을 흘러가게" 하지 않는다는 성명을 발표해야 했다. 그리고 길다와 헬렌이 종말을 초래하는 데 실패하자(그리고 여러 척의 배를 초호에 그대로 남아 있게 하자), 기자들은 조롱했다. 그들은 원자폭탄의 위력이 "분명히 과대평가되었다고" 비웃으면서 일축했다.(한 라디오 자키는 길다가 폭발하는 순간의 소리를 몰래 녹음했다고 주장하면서 병

아리들이 우스꽝스럽게 삐악거리는 소리를 방송으로 내보냈다.) 후속 보도를 하거나 눈에 보이지 않는 곳에 진짜 위험이 숨어 있을 가능성을 고려한 기자는 거의 없었다.

이런 입장을 견지하면서 기자들은 대중에게 그들이 듣고 싶어 하는 이야기를 들려주었다. 이것을 비겁한 행동이나 인간의 본성이라고 부를 수도 있지만, 두 대륙에서 수천만 명의 목숨을 앗아가면서 44개월 동안 치열하게 진행된 전쟁을 겪은(그리고 거기에 더해 원자폭탄에 관해 히스테리를 일으키기에 충분한 이야기들을 1년 동안 더 듣고 나서) 대다수 사람들은 불안과 초조 속에서 살아가는 대신에 평온한 일상적인 삶을 원했다. 비키니 환초 실험이 용두사미처럼 끝나자, 사람들은 그 상황을 희화화하는 여유까지 찾았다. 사람들은 버섯구름 모양의 에인절 케이크를 만들어 파티를 열었다. 나이트클럽들은 '무원자폭탄 anatomic bomb' 댄서들이 있다고 선전했다. 그리고 프랑스 디자이너들은, 그들로서는 '자연스러운' 반응이지만, 비키니 환초에서 실험한 무기만큼이나 작고 위험하다는 투피스 수영복을 내놓았다.

미국 정부는 이러한 무관심에 편승해 핵폭탄 실험을 계속할 수 있었고, 소련이 1949년에 최초의 핵실험을 한 뒤에 미국의 핵실험 계획은 더욱 가속되었다. 미국의 핵실험 장소는 북서쪽으로는 알류샨 열도에서부터 남동쪽으로는 미시시피주에 이르기까지 미국 영토 도처에 퍼져 있었다. 그래도 대다수 핵실험은 네바다주에서 일어났다.

초기의 실험 중 많은 것은 한 가지 질문에 초점을 맞춰 진행되었는데, 평균적인 미국 주택이 메가톤급 핵폭발에 얼마나 잘 견딜 수 있느냐 하는 질문이었다. 그 결과는 그다지 잘 견딜 수 없는 것으로 나왔다. 이런 실험을 하기 위해 과학자들은 네바다 사막에 집들과 점

| 버섯구름 케이크. (사진 제공: 미국의회도서관)

포 건물들을 짓고는 그곳에 서바이벌 시티Survival City라는 희망적인 이름을 붙였다.(현지 도로에는 데스 스트리트Death Street, 디재스터 레인Disaster Lane, 둠즈데이 드라이브Doomsday Drive처럼 음산한 이름이 붙었다.) 각 집에는 가구와 식량뿐만 아니라, 침대에서 잠을 자거나 아기와 함께 놀거나 친구들과 술을 마시고 음반을 듣는 등 일상생활을 영위하는 마네킹들도 있었다.

서바이벌 시티에서 아무것도 살아남지 못하리란 것은 처음부터 명백했다. 폭탄이 폭발할 때마다 제로 포인트에서 수백 미터 이내에 있는 건물들은 무너지면서 잿더미로 변했다. 더 먼 곳에 있는 집들은 그대로 서 있는 경우도 있었지만, 그 안에 있던 인형들은 대부분 불타거나 갈가리 쪼개졌고, 일부 어린이 마네킹은 머리가 떨어져나갔다. 하지만 낙관론에 빠져 있던 군 과학자들은 상황이 그다지 나쁘지 않다고 발표했다. 심지어 그들은 핵폭탄이 폭발한 뒤에도 사람들이 어떻게 살아갈 수 있는지 보여주기 위해 잔해에서 일부 아이스박스를 파내 거기에 들어 있던 냉동 딸기와 닭고기 파이와 프렌치프라이를 조리해 포커스 그룹에게 내놓았다. 식사를 한 사람들은 그 음식이 맛있다고 말했다.

보건 분야 전문가들도 일반 대중을 상대로 혹세무민하는 이야기를 많이 쏟아냈다. 한 의사는 방사능이 몸에 해를 끼치기는커녕 "정자를 자극하는" 효과가 있다고 주장했다. 그리고 "플루토늄은 아마도 알코올 다음으로 인생에서 좋은 것 중 하나일 것"이라고 덧붙였으며, 자신은 플루토늄을 가루 치약에 섞어 사용한다고 말했다. 하버드 대학교의 한 심리학자는 핵공격 이후에 인류가 직면하게 될 가장 큰 위협은 수백만 명의 죽음이나 문명의 붕괴가 아니라 생존자들 사이*에서 지나치게 성행할 혼전 성관계가 될 것이라고 말했다.

하지만 그러는 동안에도 장기적으로 서서히 나타나는 핵무기의 효과에 대한 불안한 소식이 퍼지고 있었다. 백혈병처럼 효과가 빠른 암들이 이미 히로시마와 나가사키에서 사람들을 죽이고 있었다. 맨해튼 계획에 참여했다가 이제 미국 전역으로 흩어져 일하던 과학자들이 실험실이나 식당에서 슬로틴과 대글리언의 죽음에 대해 속삭였다. 심지어 국립동물원에서 호화롭게 살아가고 있던 311번 돼지조차 생식 능력이 없는 것으로 밝혀졌다. 311번 돼지는 몸무게도 270kg으로 크게 불어나 1950년에 네 살 반의 나이로 죽었는데, 돼지치고는 상당히 이른 나이에 죽은 셈이었다. 어쩌면 방사능은 인생에서 좋은 것 중 하나가 아닐지도 몰랐다.

설상가상으로 1950년대 초에 영어 어휘 목록에 새로운 단어가 추가되었는데, 바로 'fallout(낙진)'이었다. 미국의 무기 실험에서 발생한 방사성 낙진은 대부분 네바다 사막에 떨어졌고, 미국 정부는 그곳에서 그것을 주의 깊게 감시했다. 하지만 정부는 처음에는 전국 규모의 낙진 탐지 계획을 세우지 않았다. 버섯구름이 낙진을 높은 상공으로 올려보내고 거기서 바람에 의해 낙진이 널리 확산된다는 사실을 과학자들이 몰랐기 때문이다. 낙진이 얼마나 멀리까지 퍼지는지 처음 안 사람들은 이스트만 코닥 직원들이었는데, 선적에 사용하던 포장재 중 일부에서 방사능이 검출되었기 때문이다. 포장재는 인디애나주 남서부에서 온 옥수수 껍질을 재활용해 만든 것이었는데, 통 속에 든 필름 전체를 못 쓰게 만들 정도로 많은 양의 방사능이 나왔다.

낙진 구름은 여러 종류의 입자로 이루어져 있다. 구름 자체는 핵폭발의 열기 속에서 만들어진 온갖 질소 산화물 기체로 인해 처음에는 가끔 빨간색 색조를 띤다. 하지만 정말로 위험한 물질은 눈에 보이지 않는다. 이것들은 플루토늄이 분열할 때 생기는 악당 방사성 원자들로, 안티몬-125에서부터 지르코늄-97에 이르기까지 종류가 아주 많다. 플루토늄 분열에서는 중성자도 나오는데, 중성자는 평소에 N_2처럼 무해한 분자들에 들러붙어 이 분자들을 방사성 물질로 변화시킨다. 이 방사성 핵종들은 높은 고도의 기류에 실려 수천 킬로미터를 이동하다가 아래로 떨어지거나 폭풍우에 휩쓸려 아무런 낌새도 채지 못한 채 무방비 상태에 있는 도시들(뉴욕주의 올버니, 노스다코타주의 마이넛 같은 곳)을 방사능 오염 지역으로 바꾼다. 직관과는 반대로 폭우는 실제로는 덜 위험한데, 많은 빗물이 땅 위에서 방사성 물질을 씻어가기 때문이다. 반면에 안개는 방사성 물질을 지면 가까이에 오래 머물게 한다.

세상 사람들은 그때까지 낙진과 비슷한 위협에 맞닥뜨린 적이 없었다. 제1차 세계 대전 때 프리츠 하버가 공기를 무기화하긴 했지만, 하버의 독가스는 바람이 조금만 불어도 사람들에게 그다지 큰 해를 입히지 못했다. 하지만 낙진은 그렇지 않았다. 낙진은 며칠, 몇 달, 몇 년 동안이고 계속 머물렀다. 그 당시 한 작가는 지나가는 구름을 볼 때마다 거기에 어떤 위험이 들어 있지나 않을까 하고 불안해한 정신적 고통에 대해 이야기했다. "노아가 들었던 일기 예보 이후로 인류에게 그토록 불길한 전조를 전하는 일기 예보는 일찍이 없었다."

사람들에게 핵무기에 대한 미온적인 태도를 바꾸게 한 데에는 어떤 위험보다도 낙진이 큰 역할을 했다. 1960년대 초에 이르자 방사성 원자들(소련과 미국의 핵실험에서 방출된)은 지구상의 모든 곳에 촘촘히 뿌려졌다. 남극 대륙의 펭귄마저 방사성 원자에 노출되었다. 사람들은 특히 자라나는 어린이가 낙진에 가장 큰 해를 입는다는 사실에 경악했다. 핵분열의 산물 중 하나인 스트론튬-90은 미국 중서부 곡창 지대에 많이 떨어졌는데, 식물들은 그것을 뿌리로 빨아들였다. 그 다음에 소가 오염된 풀을 뜯어먹자, 스트론튬-90은 먹이 사슬을 따라 이동하기 시작했다. 스트론튬은 주기율표에서 칼슘 바로 아래에 있기 때문에 화학 반응에서 칼슘과 비슷한 행동을 보인다. 그래서 스트론튬-90은 칼슘이 풍부한 우유에 농축되었고, 그다음에는 우유를 마신 어린이의 뼈와 치아에 농축되었다. 한 핵과학자는 오크리지에서 일한 뒤에 네바다주에서 바람이 불어오는 유타주로 가서 살았는데, 두 자녀가 서부에서 몇 년 동안 지내면서 흡수한 방사능이 자신이 18년 동안 핵분열을 연구하면서 흡수한 것보다 더 많다고 한탄했다.

심지어 열렬한 애국자들, 그리고 소련을 자유와 세상의 애플파이를 가장 크게 위협하는 존재로 여겼던 강경파도 어린이의 치아에 방사능을 집어넣는 것에는 찬성하지 않았다. 순전히 관성 때문에 핵실험은 잠시 계속되었지만, 1950년대 후반에 이르자 미국 시민들이 대규모 시위를 벌이기 시작했다. 운동 단체인 SANE(핵실험을 반대하고 국제 평화를 제창하는 미국의 민간 조직)은 "대표 없이 오염 없다"라는 광고를 실었고, 1957년에 설립되고 나서 1년이 지나기 전에 회원 수가 2만 5000명으로 불어났다. 곧이어 날씨 패턴에 대한 자세한 연구 결과가 나오자 이들의 주장은 더욱 힘을 얻게 되었다. 과학자들이 오염 물질이 대기를 통해 얼마나 빨리 확산되는지 밝혀냈기 때문이다. 대중문화도 거들고 나섰는데*, 스파이더맨과 헐크, 고질라(모두 핵 사고의 희생자)도 모두 이 시기에 데뷔했다. 다양한 반대 운동은 결국 미국과 소련과 영국이 1963년에 대기권에서 모든 핵실험을 중단하는 조약에 서명하는 결과를 낳았다.(중국은 1974년까지, 프랑스는 1980년까지 핵실험을 계속했다.) 이것은 아주 오래된 이야기처럼 보일지 모르지만(핵실험 금지 조약에 서명한 대통령은 바로 존 F. 케네디였다), 우리는 아직도 여러 가지 방식으로 그 낙진의 후유증을 처리하고 있다.

재로 뒤덮인 하늘

나는 방사능 자체는 본질적으로 나쁘거나 비정상적인 것이 아니라는 점을 지적하고 싶다. 만약 여러분이 음식을 먹고 물을 마시는 사람들 중 하나라면, 이미 낙진과 관련이 없는 천연 원천으로부터 방사능—적어도 매년 흉부 X선 촬영을 네 번 받는 것에 해당하는—을 섭취하고 있다.(분명히 하기 위해 덧붙이자면, 여러분이 먹는 음식에서 X선이 나오는 것은 아니다. 음식에 들어 있는 다른 종류의 방사능이 흉부 X선 촬영을 네 번 받는 것과 같은 수준의 손상을 여러분의 조직에 입힌다는 뜻이다.*) 브라질너트와 커피, 붉은 고기에도 방사성 물질이 들어 있다. 바나나에는 방사성 칼륨-40이 충분히 들어 있어 대량으로 운송하다 보면 항구에서 방사능 탐지기가 울릴 수 있다. 핵과학자들은 심지어 일상생활 속의 방사능 수준을 나타내기 위한 기발한 단위도 만들었는데, BED(banana equivalent dose, 바나나 등가 선량)가 그것이다.

(그건 그렇고, 바나나와 지각에 일반적으로 들어 있는 이 모든 칼륨-40은 서서히 아르곤으로 붕괴하여 대기 중으로 흘러 들어간다. 대기 중에 이 비활성 기체가 비교적 많이 존재하는 이유는 방사성 칼륨이 늘 아르곤을 만들기 때문이다.)

이번에는 공기를 살펴보자. 만약 여러분이 공기를 들이마시는 존재라면, 매년 흉부 X선 촬영을 스무 번 더 받는 것에 해당하는 방사능을 들이마신다(주로 라돈으로부터). 먼 우주에서 발생해 상상할 수 없을 만큼 수많이(일부 장소에서는 매초 $1m^2$당 최대 1만 개까지) 지구에 쏟아지는 아원자 입자들의 흐름인 우주선宇宙線도 위험하다. 대기가 대부분의 우주선을 차단해주지만, 높은 고도에서는 공기의 밀도가 희박하기 때문에 비행기를 타고 여행을 할 때마다 여러분은 이러한 방사성 핵종 우박에 더 많이 노출된다.

이 이야기는 얼마든지 이어갈 수 있다. 연기 탐지기에서는 알파 입자가 나오고, 구형 텔레비전에서는 X선이 나온다. 키티 리터kitty litter(고양이 화장실에 까는 점토)에서는 우라늄이 스며나오고, 고급 잡지의 광택지와 멋진 화강석 카운터 역시 그렇다. 하지만 고양이 화장실의 점토를 갈아줄 때마다 여러분이 쓰러지지 않는다는 사실을 감안하면, 일상생활 속의 방사능은 크게 염려하지 않아도 될 것 같다. 방사능 중독이 일어나려면 바나나를 2000만 개나 먹어야 하고, 확실하게 죽으려면 8000만 개를 먹어야 한다. 흉부 X선 촬영 수십 번에 해당하는 방사능 이야기는 으스스하게 들리지만, 이러한 손상이 1년에 걸쳐 서서히 일어난다는 사실을 명심하라. 이것은 세포들이 손상된 부분을 수리해 회복할 시간이 충분히 있다는 이야기이다.

그렇다면 우리는 핵실험에서 나온 방사능을 매년 얼마나 많이 들이마실까? 흉부 X선 촬영을 한 번 받는 양의 10분의 1 정도이다. 이것은 평균적인 사람의 수명을 1.2분 단축시킨다. 통계적으로는 담배 연기를 네 모금 들이마시는 것이 더 해롭다.

그게 무슨 대수냐며 콧방귀를 뀌기 전에 이 점을 한번 생각해보라. 자연적으로 날아오는 우주선은 공기 중에서 방사성 탄소-14를 자주 만든다. 탄소-14는 산소와 결합해 방사성 CO_2를 만드는데, 이것은 식물에 흡수되어 먹이 사슬을 따라 위로 올라간다. 바로 지금 우리 몸속에는 이 방사성 탄소 원자가 약 1000조 개나 들어 있으며, 끊임없이 세포에 손상을 입히고 있다. 압도적일 정도는 아니지만, 이 원자들은 DNA를 손상시키고 돌연변이를 초래하며, 그 결과로 암이 생길 수 있다.

이 점을 염두에 두고 1950년부터 1963년 사이에 일어난 대기권 핵실험이 공기 중의 탄소-14의 양을 약 두 배로 늘렸다는 사실을 생각해보라. 무게로는 4500억 kg이나 더 늘어났다. 이렇게 늘어난 농도는 아직 정상으로 돌아가지 않았으며, 앞으로 수천 년 동안은 계속 그럴 것이다. 그 결과로 우리는 이전보다 암에 걸릴 확률이 더 높아졌는데, 핵실험 금지 조약이 체결된 뒤에 태어난 사람도 그렇다. 그 확률은 얼마나 높아졌을까? 그 수치는 어떤 가정을 하느냐에 따라 달라지지만, 1990년까지도 여분의 탄소-14가 하루 동안 한 사람에게 DNA 돌연변이를 추가로 유발하는 개수는 10만~100만 개였다. 물론 우리 몸에서 정상적으로 일어나는 돌연변이는 이보다 수천 배, 수만 배 더 많고, 대부분의 손상은 금방 복구된다. 하지만 모두 다 복구되는 것은 아니다. 과학자들은 핵실험에서 발생한 탄소-14로 인한 추가적인 암 발병 사례가 전 세계적으로 수백만 건이나 되고, 거기에는 200만 명의 추가 사망자도 포함될 것이라고 추정한다. 이 사례들 중 대부분은 앞으로 일어날 일이다.(여기서 탄소-14만 언급했다는 사실을 명심하라. 다른 방사성 핵종들도 공기 중에 떠돌아다니면서 우리 세포들에 드나들고 있다.) 이 모든 것은 1.2분에 관한 통계 수치를 다시 넓은 관점에서 바라보게 한다. 이 수치는 정확한 것이지만, 어디까지나 '평균'이다. 대다수 사람들은 수명을 1초도 잃지 않을 것이다. 하지만 수백만 명은 수명이 80초보다 훨씬 많이 줄어들 것이다.

마찬가지로 같은 양의 방사능이라도 1년에 걸쳐 아주 조금씩 서서히 흡수되는 상황과 낙진에 노출되어 한꺼번에 흡수되는 상황을 함께 비교하는 것은 옳지 않다. 당연히 한 번에 많이 흡수하는 것이 훨씬 큰 손상을 초래하기 때문이다. 비키니 환초 핵실험 현장에 있었던 해군 병사들은 대조군에 비해 평균적으로 3개월 일찍 사망했는데, 이것은 사소한 것이 아니다. 1946년부터 1964년 사이의 베이비붐 시기에 태어난 사람들도 중대한 위험을 안고 있는데, 핵실험 절정기에 어린 시절을 보냈기 때문이다.

한 예로 인구통계학적으로 여러 번 불리한 사건을 겪은 내 어머니를 살펴보자. 어머니는 1950년대에 어린 시절을 보냈고, 해안의 인구 중심 지역보다 낙진 농도가 훨씬 높았던 아이오와주 시골에서 자랐다.(일반적으로 네바다주에서 불어오는 탁월풍 때문에 유타주와 몬태나주, 아이다호주에서 자란 어린이들의 환경이 가장 좋지 않았다. 미국 본토에서는 로스앤젤레스에서 자란 어린이들의 상황이 가장 좋았는데, 네바다주에서 부는 바람이 그쪽을 향하는 경우는 거의 없기 때문이다.) 어머니 몸에 흡수된 방사능은 대부분 스트론튬-90과 요오드-131(또 하나의 일반적인 핵분열 산물로 스트론튬-90보다 더 나쁜)에 오염된 우유를 통해 들어왔다. 스트론튬과 마찬가지로 요오드(아이오딘)는 식물에 흡수된 뒤에 소젖에 농축된다. 모유에도 상당량이 들어 있으며, 코티지치즈와 달걀, 잎채소에도 들어 있다. 스트론튬-90은 적어도 몸속에서 골고루 퍼지는 반면, 요오드-131은 갑상샘에 농축되어 방사성 입자들이 혀만 한 크기의 이 기관을 폭격한다. 요오드-131은 반감기가 8일밖에 안 돼 비교적 빨리 붕괴한다. 하지만 불그스름한 낙진 구름이 네바다주에서 아이오와주로 이동하는 데에는 며칠밖에 걸리지 않았다. 어머니 가족이 가게에서 우유를 사서 마시는 대신에 사촌이 뒤뜰에 키우던 암소로부터 얻은 신선한 우유를 가끔 마신 것이 문제를 더 악화시켰다. 가게에서 파는 우유는 선반 위에 며칠 놓여 있는 동안 요오드-131이 상당량 붕괴되어 사라진다. 미국 정부가 제공한 수치를 바탕으로 계산해보면, 어머니의 갑상샘은 아마도 그 당시 전형적인 미국인보다 5배, 그리고 지금뿐만 아니라 장래의 어느 시점에서 살아가는 나보다 1000배나 많은 요오드-131을 흡수한 것으로 보인다. 서부에 살던 어머니의 또래 중 일부는 평균보다 적어도 15배, 어쩌면 그보다 더 많은 요오드-131을 흡수했을 것이다.

그렇다면 이것은 의학적으로 어떤 결과를 초래했을까? 유전학자들은 1950년대에 네바다주에서 바람이 불어오는 지역에 살았던 사람들 사이에서 돌연변이 아기들이 많이 태어나지 않을까 두려워했지만, 그런 일은 일어나지 않았다. 아기가 돌연변이를 물려받으려면, 어머니의 난자 그리고/또는 아버지의 정자 DNA가 마구 뒤섞여야 하는데, 다행히도 스트론튬-90과 요오드-131은 생식샘 부근에 모이지 않는다. 정말로 염려스러운 것은 암이다. 1950년대 이전의 발병률을 바탕으로 의사들은 1950년대에 미국에서 자란 사람들 사이에서 평생 동안 나타날 갑상샘암 발병 사례가 40만 건에 이를 것이라고 계산했다. 방사성 요오드-131이 증가시킨 발병 사례는 약 5만 건으로 추정된다. 다른 암들의 발병률도 증가할 것이다.

미국 밖에 사는 사람들, 특히 불쌍한 비키니 환초 주민들도 고통을 겪었다는 사실을 잊어서는 안 된다. 미군은 몇 년 뒤에 고향으로 돌아올 수 있다는 약속과 함께 1946년에 원주민 167명 전원을 비키니 환초에서 쫓아냈다. 불행하게도 길다 그리고 특히 헬렌은 원주민의 주요 식량원인 초호의 물고기를 중독시켰다.(생물학자들이 1946년에 채집한 한 물고기는 방사능이 너무 강해서 "스스로 X선 촬영 사진을 찍을" 수 있을 정도였다. 물고기를 인화지 위에 올려놓기만 해도 몇 시간 뒤에 그 윤곽이 나타났다.) 고향에서 쫓겨난 원주민은 민물과 낚시터가 부족한 근처의 환초에서 근근이 살아갔는데, 반쯤 굶주리면서 미군의 보급품에 의존해 목숨을 이어갔다. 일부 미국인은 처음에 이 이주를 약속의 땅으로 인도받은 이스라엘 민족의 이주에 비교했지만, 유다Judah라는 이름의 추장은 자신들의 상황이 광야를 떠돌던 이스라엘 민족의 신세에 더 가깝다고 지적했다. 추장의 말이 그들이 처한 현실을 훨씬 적절하게 대변했다. 그들은 핵무기 유랑자였다.

사실, 그들은 몇 년 뒤에 비키니 환초로 돌아갈 수도 있었다. 만약 미국이 슈퍼Super라고 부른 훨씬 더 크고 고약한 핵무기 실험을 그곳에서 시작하지만 않았더라면 말이다. 알프레드 노벨의 많은 실험들처럼 슈퍼는 2단계 폭탄이었다. 먼저 플루토늄 핵분열 폭발이 일어나고, 이 폭발에서 나온 X선이 근처에 있는 수소 원자 저장고를 자극해 수소가 헬륨으로 변하는 핵융합 반응을 일으켰다. 태양에서도 기본적으로 이것과 동일한 핵융합 반응이 일어나 아주 짧은 순간마다 많은 에너지가 나온다. 1954년 3월 1일, 미군은 악명 높은 캐슬 브라보Castle Bravo 실험을 실시해 비키니 환초에 이 하늘의 지옥을 풀어놓았다.

캐슬 브라보 실험의 과학 부문 책임자는 두 번째 악마의 핵 사고가 나던 날, 루이스 슬로틴의 어깨 너머로 그 장면을 지켜봤던 앨빈 그레이브스였다. 그레이브스는 그 시련을 간신히 극복했으며, 힘겨운 회복 과정을 거쳤다. 병원에서 집으로 돌아간 뒤에 많은 날 동안 하루 16시간씩 잠을 잤으며, 한동안은 정자 수가 0으로 떨어졌다. 그럼에도 불구하고, 그레이브스와 그의 아내(태평스럽게 그의 몸에 흡수된 방사능 양을 계산했던)는 핵무기를 열렬히 지지했다. 어쩌면 자신들이 겪은 그 모든 시련을 정당화하기 위해 그럴 수밖에 없었을 것이다.

1954년에 그레이브스는 두 아이의 아버지가 되어 있었는데, 백내장 때문에 눈이 흐릿한데도 불구하고 브라보 실험*을 지휘하기 위해 비키니 환초로 날아갔다. 처음부터 일이 꼬이기 시작했다. 우선 폭탄에서 예상보다 훨씬 많은 에너지가 나왔다. TNT 13억 5000만 kg(헬렌보다 650배나 많은)에 해당하는 위력이었다. 게다가 그날 오전에 기상 상황이 좋지 않은 조짐을 보였는데도 불구하고, 그레이브스는 실험을 강행하라는 지시를 내렸다. 운 나쁘게도 때마침 불어온 바람이 낙진 구름을 싣고 가 비키니 환초 동쪽에 있는 섬들에 낙진을 뿌렸다.

이 섬들에 살고 있던 부족민들은 오전 6시 45분에 수평선 위로 거대한 붉은색 불덩어리가 폭발하는 광경을 보았는데, 그것은 엉뚱한 방향에서 솟아오른 일출처럼 보였다. 몇 시간 뒤, 흰색의 짭짤한 재가 하늘에서 떨어지기 시작했다. 하루가 지나기 전에 240km나 떨어진 섬들에 이 '비키니 눈'이 눈보라처럼 쏟아졌는데, 어린이들(진짜 눈을 한 번도 본 적이 없고, 이 괴상한 눈의 정체를 전혀 알지 못했던)은 그것을 가지고 놀고 심지어 먹기까지 했다. 게다가 운 나쁜 참치잡이 어선 다이고후쿠류마루第五福龍丸호(영어로는 Lucky Dragon 5)에 타고 있던 일본인 선원 23명도 이 눈보라에 휩싸였다. 며칠이 지나지 않아 선원들과 섬 주민들은 모두 두통과 구토, 피로, 발진을 호소했고, 머리카락도 빠지기 시작했다. 가장 가까운 환초에 살던 어린이들은 미국인 중에서 최악의 사례보다 100배 이상이나 되는 낙진—흉부 X선 촬영을 한꺼번에 약 1만 번이나 한 것에 해당하는—을 흡수했다. 한 섬에서는 19명의 어린이 중 15명에게서 21세 이전에 갑상샘 종양이 생겼다. 두 명은 갑상샘이 완전히 제 기능을 잃어 성장이 멈추었다. 한 명은 백혈병으로 사망했다. 이 모든 재앙이 심술궂은 동풍 때문에 일어났다.

그날 오전 비키니 환초 부근의 날씨에 대한 진실은 지금까지도 버섯구름 속에 싸여 있다. 어떤 사람들은 광적인 그레이브스가 바람이 낙진을 다른 섬들에 뿌릴 것이라는 사실을 알고도 실험을 강행하라는 지시를 내렸다고 주장한다. 어떤 사람들은 군 기상학자들이 일기 예보에서 실수를 저질렀다고 말하는 반면, 다른 사람들은 예상보다 큰 규모의 폭탄과 소용돌이 바람이 결합되어 정확한 일기 예보를 불가능하게 했다고 말한다. 어쩌면 이 세 가지 요인이 결합되었을 수도 있다. 하지만 나는 세 번째 설명이 진실에 가장 가깝다고 생각한다. 1950년대에는 기상 전선前線(성질이 다른 두 기단의 경계면이 지표와 만나는 선)의 행동에 관한 지식이 제한적이었는데, 이것은 처음에 과학자들이 낙진에 대해 무관심했던 한 가지 이유이기도 했다. 다음 장에서 보게 되겠지만, 지구의 대기는 가장 복잡한 물리계 중 하나이며, 슈퍼컴퓨터와 슈퍼폭탄의 시대인 지금도 일기 예보를 아주 정확하게 하기는 불가능하다. 그런데 정확하게 예측할 수 없다는 것은 말이 안 된다. 전선은 그저 지표면 위로 흘러다니는 따뜻한 공기나 찬 공기의 집단에 불과하지 않은가?

못다 한 이야기

아인슈타인과 국민 냉장고

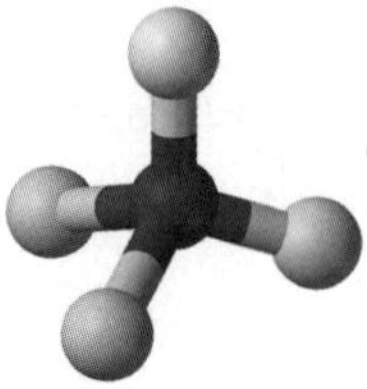

다이클로로다이플루오로메테인(CCl_2F_2)—현재 공기 중 농도는 0.00054ppm. 한 번 숨을 들이쉴 때마다 다이클로로다이플루오로메테인 분자 약 7조 개가 폐로 들어온다.

핵무기 연구가 최초의 전자 컴퓨터 개발을 낳았다는 사실은 대다수 사람들이 알고 있다. 하지만 하찮은 냉장고가 간접적으로 최초의 원자폭탄 개발에 도움을 주었다는 사실을 아는 사람은 드물다.

1926년 어느 날 아침, 알베르트 아인슈타인은 신문을 읽다가 달걀이 목에 걸려 하마터면 질식할 뻔했다.* 며칠 전 베를린에서 냉장고의 밀봉 부분이 터져 독성 가스가 새어나오는 바람에 여러 어린이를 포함해 가족 전체가 질식사했다는 기사를 읽다가 일어난 일이었다. 47세의 물리학자는 그 비극적인 사고에 괴로워하다가 발명가이자 과학자인 레오 실라르드Leo Szilard라는 젊은 친구에게 전화를 걸었다. 아인슈타인은 "뭔가 더 나은 방법이 있어야 하지 않겠나!"라고 호소했다.

28세의 건장한 청년이던 실라르드는 6년 전에 어떤 과학 문제에서 아인슈타인의 오류를 지적함으로써(물론 이런 일은 자주 일어나는 것이 아니다) 아인슈타인에게 깊은 인상을 심어주었다. 실라르드는 또한 극소수만 아는 아이디어를 유용한 장비로 바꾸는 재능도 있었다. 훗날 실라르드는 고에너지물리학 분야의 토머스 에디슨 같은 존재가 되었는데, 최초의 전자 현미경과 입자 가속기의 설계를 스케치했다. 실라르드와 아인슈타인 사이의 깊은 유대에는 기계 장비를 향한 사랑도 한몫을 했다.(아인슈타인은 이론가이고 다소 변덕스러운 기질이 있었지만, 그의 집안에는 기술자의 피가 흘렀다. 삼촌 야코프Jakob와 아버지 헤르만Hermann은 새로운 종류의 아크등과 전기 계량기를 발명했다. 그리고 아인슈타인 자신도 스위스 특허청에서 7년 동안 일했다.) 그래서 그날 오전에 아인슈타인이 실라르드에게 전화를 했을 때, 두 사람은 더 안전한 냉장고를 만들자고 합의했다.

이것은 그렇게 이상한 일은 아니었다. 그전 50년 사이에 냉장 기술은 진지한 과학이 되었다. 열역학과 열의 연구는 절대 영도(도달할 수 있는 가장 낮은 온도) 개념을 낳았고, 세계 각지의 여러 연구소는 가장 낮은 온도에 도달하기 위해 경쟁을 벌이고 있었다. 일부 첨단 과학 연구는 질소, 산소, 수소, 메탄, 일산화탄소, 일산화질소 같은 특정 기체를 액화하려는 시도를 중심으로 전개되었다. 19세기 내내 이 여섯 가지 기체(영구기체라 불린)를 액화하려고 과학자들이 온갖 시도를 해보았지만 모두 무위로 돌아갔다.(그래서 영구永久기체란 이름이 붙은 것이다.) 이러한 완강함 때문에 일부 과학자들은 이 여섯 가지 기체는 절대로 액화할 수 없으며 나머지 물질과는 별개의 존재라고 선언했다. 다른 과학자들은 이를 터무니없는 소리라고 일축하면서 더 강력한 냉각 방법을 찾으면 이들 기체도 결국 액화될 것이라고 주장했다. 특히 이들은 여러 단계에 걸쳐 물질에서 열을 제거하는 방법을 포함한 순환 냉각 과정에 희망을 걸었다.

첫 번째 단계에서는 액화하기 쉬운 기체를 방 안에 가득 채운다. 이 기체를 *A*라고 하자. 먼저 피스톤으로 *A*를 압축시킨 뒤, 찬물이 든 외부 재킷으로 압축실의 온도를 낮추었다. *A*가 냉각되자마자 압축실의 밸브가 열렸다. 그러면 *A*는 압력이 떨어지면서 더 큰 부피로 팽창했다. 여기서 중요한 사실은, 기체가 더 큰 부피로 팽창할 때 에너지와 일을 뺏긴다는 것이다.(이것은 한 무리의 강아지를 좁은 우리에 가둬놓았다가 문을 열어주면 온 사방으로 뛰어 돌아다니면서 갑자기 많은 에너지를 방출하는 것과 비슷하다.) 그리고 이 상황에서 *A*가 팽창하면서 확산되는 데 이용할 수 있는 에너지는 자신의 내부에 저장된 열에너지뿐이다. 내부에 저장된 열에너지가 크게 감소하자 *A*는 더 냉각되었고, 결국에는 -73°C 부근에서 응결되어 액체로 변했다.

여기서 기발한 방법이 등장한다. 다음 단계에서는 액화하기 더 힘든 기체 *B*가 들어 있는 방이 등장한다. 과학자들은 또다시 피스톤으로 *B*를 압축시켰다. 하지만 이번에는 냉각 재킷에 찬물 대신에 액체 *A*를 흐르게 했다. 그러자 기체 *B*의 온도가 -73°C로 떨어졌다. 그러고 나서 밸브를 열어 *B*를 팽창시켜 내부의 열에너지를 소모하게 했다. 그러자 온도가 약 -118°C로 떨어졌고, *B*가 액체로 변했다.

이제 액체 *B*를 냉각 재킷에 사용해 더 완강한 기체 *C*를, 그리고 차례로 다른 기체들도 액화할 수 있었다. 이러한 단계별 과정을 통해 '영구'기체조차 더 이상 저항할 수 없는 아주 낮은 온도(약 -251°C)에 도달할 수 있었고, 마침내 여섯 가지 기체를 모두 액화하는 데 성공했다.* 액화 산소는 특히 아름다웠는데, 액체 하늘처럼 옅은 파란색으로 빛났다.

하지만 기체 냉각은 기네스 양조회사가 1895년에 이 기술에 투자하기 전까지는 단순한 호기심거리로 남아 있었다. 그전에는 양조회사들은 대개 겨울에 맥주를 양조해 저장했다.(라거Lager는 독일어로 '저장고'란 뜻이다.) 기네스는 냉장고 덕분에 맥주를 1년 내내 만들 수 있게 되었다. 이 기술은 연쇄 효과를 일으켜 나머지 세계도 지금 여러분 집에 있는 것과 같은 상업적 냉장고를 사용하게 되었다. 현대의 모든 냉장고는 동일한 기체 냉각 원리를 바탕으로 만들어진다.

집에 있는 냉장고에서 안쪽 패널을 뜯어내면 일련의 관들이 나타날 것이다. 이 관들 안에는 끓는점이 낮은 액체(이를 *Z*라 부르자)가 들어 있다. 냉장고에 찜 요리처럼 따뜻한 음식을 넣으면 음식물에서 열이 나오는데, *Z*는 냉장고 벽을 통해 이 열을 흡수하여 따뜻해지면서 끓어오른다. 이렇게 기체로 변한 *Z*는 다른 관들을 통해 빠져나가는데, 열도 함께 데리고 간다.

그러고 나서 *Z*는 압축실로 들어가는데, 여기서는 피스톤이 기체를 압축시킨다.(냉장고의 웅웅거리는 소리는 바로 이 압축기를 돌리는 모터에서 난다.) 압축기는 따뜻한 기체 *Z*를 밀어서 냉장고 뒤편의 더 많은 관들로 보내 *Z*가 열을 바깥 세계로 내다버리게 한다. 이 단계에서 기체는 냉장고 내부에서 열을 빼앗아 밖에다 버리는 데 성공한다. 팽창 장치를 지나면서 그 압력이 낮아지고 더 냉각되는데, 이로써 전체 사이클이 완성된다. 이제 액체 *Z*는 냉장고 패널 내부의 관으로 다시 들어가 재차 끓어오르면서 열을 흡수하는 과정을 반복한다.

그런데 여기서 한 가지 의문이 들 수 있다. 액체(*Z*)를 끓이면, 나머지 모든 것도 가열되지 않을까? 꼭 그렇지는 않다. 액체가 가열되는 것은 맞다. 하지만 냉장고처럼 밀폐된 곳에서는 액체는 찜 요리 같은 것으로부터 열을 빼앗아와야만 가열될 수 있다. 하나를 가열하면, 다른 것은 냉각된다. 그리고 액체가 끓는 것은 아주 중요하다. 제임스 와트의 숨은열을 기억하는가? 액체가 기체로 변할 때 엄청난 양의 에너지를 흡수한다는 원리 말이다. 와트의 증기 기관에서는 이것이 골칫거리였지만, 냉장고에서는 큰 도움을 준다. 열을 흡수해 밖으로 빼내는 것이야말로 바로 냉장고가 목표로 하는 것인데, 기체로 변하는 액체보다 이 일을 효율적으로 할 수 있는 것은 아무것도 없다.(여름에 액체인 땀이 증발하면서 몸이 시원해지는 효과도 바로 이 과정으로 설명할 수 있다.)

1920년대가 되자 유럽과 북아메리카에서는 기체 압축 냉장고가 아이스박스를 대체했다. 다만, 한 가지 문제가 있었다. 그 당시 냉매로 널리 쓰이던 세 가지 기체(암모니아, 염화메틸, 이산화황)는 모두 독성이 있어 집 안의 가족 전체가 죽는 사고가 가끔 일어났다.(염화메틸은 가끔 폭발하기도 했다.) '더 나은 방법'을 찾겠다는 아인슈타인의 맹세는 바로 이런 맥락에서 나왔다. 아인슈타인은 가정용 냉장고의 약점이 압축기라는 사실을 잘 알았는데, 밀봉 부분이 압력을 못 이기고 터지는 경우가 많았다. 그래서 실라르드와 함께 압축기가 필요 없는 냉장고, 이른바 흡수 냉장고를 만들었다.

가장 단순한 종류의 흡수 냉장고에서는 한 용기 안에서 함께 섞인 흡수제와 냉각제(이들 이름에 주목하라)라는 두 가지 액체가 출발점이 된다. 이 설계의 핵심은 낮은 온도에서 이 물질들이 쉽게 섞인다는 사실이다. 하지만 온도를 높이면(대개 작은 메탄 불꽃으로 그 용기를 가열함으로써) 냉각제가 끓어서 기체로 변해 빠져나가고 흡수제만 남게 된다.

핵 연쇄 반응 방법을 발명한 레오 실라르드(오른쪽)는 알베르트 아인슈타인과 협력해 여러 종류의 냉장고를 발명했다. (사진 제공: 로스앨러모스국립연구소)

냉각제 기체는 이제 길고도 험난한 여행에 나선다. 먼저 냉장고 뒤편에 있는 관들로 흘러가 불꽃에서 흡수한 열을 내려놓는다. 이 단계는 동시에 냉각제를 냉각시켜 다시 액체로 돌아가게 한다. 이 액체는 중력에 의해 냉장고 내부의 패널로 흘러가 음식물에서 열을 흡수한다. 열을 흡수한 액체는 다시 끓어 기체가 되면서 숨은열을 빼앗아가므로 냉장고 내부에서 열을 제거한다.(일부 설계에서는 이 기체가 냉장고 뒤편의 더 많은 관들로 가 마지막으로 한 번 더 열을 내다버리게 되어 있었다.)

한편, 원래의 용기 안에서는 메탄 불꽃이 꺼져 흡수제를 냉각시킨다. 그리고 찬물이 든 재킷이 흡수제를 추가로 냉각시킨다. 흡수제는 아주 낮은 온도로 냉각되어 냉각제 기체가 마침내 그 방 안으로 돌아오면, 흡수제가 그것을 다시 액체로 응결시킨 뒤에 재흡수한다. 이렇게 해서 이제 우리는 처음에 출발한 장소로, 즉 두 가지 액체가 섞여 있고 불꽃으로 이 둘을 분리할 수 있는 상태로 되돌아왔다. 전체적으로는 흡수 냉장고와 일반 냉장고는 물체를 동일한 방법으로, 즉 기체를 끓어오르게 함으로써 냉각시킨다. 하지만 냉각제를 순환시키는 과정이 다르다.

이것은 속임수처럼 보일 수 있다. 불꽃이 내 맥주를 냉각시킨다고? 하지만 이것이 바로 기체의 마술이다. 실제로 여기서 불꽃은 열을 추가하기보다는 물리적인 일을 한다. 즉, 냉각제를 기체로 변하게 함으로써 흡수제로부터 냉각제를 분리시키는 일을 한다. 일단 이 시스템에서 기체를 얻으면, 많은 선택권을 쥐게 된다. 사실, 냉각의 기술은 기체를 조작해 여기서 열에너지를 흡수해 저기로 옮긴 뒤 어딘가에 그것을 버리는 것이다. 토머스 세이버리의 표현을 빌리면, 아인슈타인-실라르드 냉장고는 불로 물을 얼리는 기관이라고 부를 수 있다.

아인슈타인-실라르드 냉장고는 사실은 두 가지가 아니라 세 가지 액체와 기체를 사용했기 때문에 위에서 설명한 것보다 조금 더 복잡했다. 하지만 그 설계는 일반 냉장고에 비해 여러 가지 이점이 있었다. 모터가 없어서 소음이 나지 않았고, 고장도 잘 나지 않았다. 또 전기도 사용하지 않았고(메탄만 사용했다), 너무 자주 터져서 독가스를 내뿜는 밀봉 부분도 없었다.

이 일화를 되돌아보면서 일부 역사학자들은 아인슈타인이 특허 신청에 조언만 했거나 자신의 명성으로 투자자들을 유인하는 데 그치고, 실제 연구는 실라르드에게 맡겼을 거라고 추정했다. 그러나 사실은 아인슈타인도 이 일에 많은 노력을 기울였으며, 두 사람은 결국 다양한 냉장고 부품들에 대해 여섯 나라에서 수십 개의 특허를 얻었다.(특허 신청을 검토하는 미국의 한 특허 변리사는 아인슈타인의 서명을 발견하고는 처음에는 멍했다가 깜짝 놀랐다고 한다.) 두 사람은 여러 건의 특허를 팔아 750달러(오늘날의 가치로는 약 1만 달러)를 벌었다. 두 사람은 결혼한 부부처럼 공동 당좌 예금 계좌를 당장 만들었다. 실라르드는 거기에 더해 자문료로 연간 3000달러를 더 벌었다.

하지만 여느 부부처럼 두 사람은 가끔 다투었다. 실라르드는 복잡한 것을 좋아하는 공학자 기질이 있어 냉장고에 새로운 밸브와 냉각선을 계속 추가했다. 반면에 아인슈타인은 단순성과 우아함을 추구했다—물리학에서뿐만 아니라 가정용품에서도(만약 제임스 와트와 함께 일하라고 했다면, 아인슈타인은 끔찍하게 싫어했을 것이다). 단순하게 만들어야 할 필요성 때문에 결국 아인슈타인과 실라르드는 냉각 장치를 두 가지 더 만들었는데, 각자 서로 다른 물리학 원리를 바탕으로 한 것이었다. 한 장치에서는 표준 냉장고의 피스톤을 용융 나트륨으로 대체했는데, 자석으로 용융 나트륨을 위아래로 움직이는 방법으로 기체를 압축시켰다. 다른 장비는 수도꼭지의 수압을 이용해 소형 진공 펌프를 작동시켰다. 그러면 진공 펌프가 메탄올을 증발시킴으로써 물체를 냉각시켰다. 아인슈타인은 두 번째 장비를 데어 폴크스-퀼슈랑크Der Volks-Kühlschrank, 즉 국민 냉장고라고 불렀다.

하지만 결국에는 세 종류의 아인슈타인-실라르드 냉장고 중 어느 것도 일반 가정에서 사용되지 않았다. 당연한 일이지만, 용융 나트륨 펌프는 평균적인 주방에 쓰기에는 다소 비실용적이다(나중에 원자력 발전소에서 쓰이긴 했지만). 수도꼭지 방식의 냉장고가 실패한 이유는 독일의 아파트 건물들은 수압이 낮아서 진공 펌프를 제대로 돌릴 수 없었기 때문이다. 그리고 흡수 냉장고는 연료 소비가 너무 많아 압축 냉장고와 경쟁이 되지 않았다. 아인슈타인-실라르드 냉장고는 뉴커먼 기관과 비슷한 것이었다고 할 수 있다.

재래식 냉장고의 가장 큰 단점으로 지적된 치명적인 기체 문제도

1930년에 새로운 비독성 냉각 기체인 프레온(CF_2Cl_2)이 나오면서 쑥 들어갔다. 10년이 지나기 전에 사실상 모든 가정용 냉장고는 이 염화불화탄소를 쓰게 되었고*, 아인슈타인-실라르드 냉장고는 역사적 유물이 되고 말았다. 물론 프레온은 성가신 단점이 하나 있었다. 냉장고가 폐품 처리장에서 해체될 때, 프레온이 새어나와 성층권으로 올라갔다. 성층권에서 자외선에 분해되면 프레온에서 염소 원자가 떨어져나오는데, 이 염소 라디칼은 아주 놀라운 속도로 오존 분자를 파괴한다. 각각의 염소 라디칼은 그 형태로 존재하는 동안 오존 분자(O_3) 10만 개를 파괴할 수 있다. 이러한 파괴 활동 때문에 결국 오존층에 큰 구멍이 뚫렸는데, 설사 복구가 된다 하더라도 앞으로 수십 년 안에는 완전히 복구되지 않을 것으로 보인다. 만약 인류가 불로 물을 냉각시키는 아인슈타인-실라르드의 냉장고에 투자했더라면, 장기적으로 많은 문제를 피할 수 있었을 것이다.

(말이 난 김에 덧붙이자면, 프레온을 발명한 화학자 토머스 미즐리Thomas Midgley는 1921년에 최초의 유연 휘발유도 개발했다. 미즐리는 엔진의 노킹 현상을 줄이기 위해 유연 휘발유를 개발했지만, 휘발유에 포함된 납은 대기를 오염시켰고 자라나는 어린이의 뇌를 손상시켰다. 10년 사이에 미즐리는 20세기 최악의 산업 제품 두 가지를 발명한 셈이다. 하지만 미즐리는 자신이 어떤 짓을 저질렀는지 보지 못하고 죽었다. 미즐리는 1940년에 소아마비에 걸린 후 다리를 쓰지 못하게 되자, 밧줄과 도르래를 이용해 혼자서 침상에서 휠체어로 옮겨갈 수 있는 장치를 만들었다. 1944년의 어느 날 오전, 미즐리는 그만 이 장치에 엉켜서 질식해 사망했다.)

그렇다면 아인슈타인-실라르드 냉장고 때문에 결국 두 사람은 시간과 재능을 낭비하고 만 것일까? 꼭 그렇지만은 않다. 아인슈타인은 실패로 끝난 '모든 것의 이론'을 찾기 위한 노력에서 잠깐 다른 데로 눈을 돌려 휴식을 취할 수 있었다. 부양해야 할 가족이 둘이나 있고 독일 경제가 무너지던 상황에서 아인슈타인은 약간의 부수입도 챙길 수 있었다. 실라르드는 돈이 더 필요했는데, 1933년에 나치 독일을 떠나 런던으로 간 후에는 더욱 그랬다.(실라르드에게는 유대인 피가 약간 섞여 있었다.) 실라르드는 그 후 몇 년을 냉장고에서 얻은 수익으로 살아갔고, 갑자기 얻은 자유를 긴 산책을 하면서 물리학의 다음번 큰 문제가 무엇인지 생각하는 데 썼다. 그 답은 1933년 9월의 어느 날 오후, 대영박물관 근처의 인도에서 막 발을 떼는 순간에 떠올랐다. 그 무렵에 그는 중성자라는 아원자 입자의 방출 과정에 관한 실험 이야기를 들었다. 그래서 만약 우라늄 원자가 분열해 중성자가 여러 개 나온다면 어떤 일이 일어날까 생각하기 시작했다. 그러면 근처에 있는 다른 우라늄 원자들이 중성자를 흡수할 수 있고, 그렇게 해서 불안정해진 우라늄 원자들이 분열하면서 다시 중성자를 방출할 수 있었다. 이 2차 중성자는 다시 더 많은 원자들을 불안정하게 만들 것이고, 거기서 다시 3차 중성자가 나올 것이고, 그런 식으로 같은 과정이 계속 이어질 수 있었다. 그리고 각각의 원자가 분열할 때마다 특허 파트너의 유명한 공식 $E=mc^2$에 따라 점점 커져가는 폭포처럼 에너지가 나올 것이다…….

거리를 다 건넜을 무렵에 실라르드는 최초의 핵분열 연쇄 반응의 기본 원리를 다 알아냈다. 그리고 자신의 기발한 냉장고와 달리 이 발명은 이어진 격동의 수십 년 동안 세상에 어마어마한 영향을 미쳤다. 이 수십 년은 선한 과학에 대한 대중의 믿음뿐만 아니라, 말쑥하고 정연하고 예측 가능한 우주에 대한 과학자의 믿음까지 완전히 산산조각냈다.

요오드화은(AgI)
현재 공기 중 농도는 0ppm
(누군가 여러분의 머리 위에서 구름에 씨를 뿌리지 않는 한).

8장

기상 전쟁

어빙 랭뮤어Irving Langmuir는 이미 노벨상을 받은 화학자였지만, 실험을 하다가 기쁨에 넘쳐 소리를 지른 적은 그때까지 한 번도 없었다. 그런데 1946년 11월 13일에 그런 일이 일어났다. 그는 뉴욕주 스케넥터디 공항 관제탑에서 소형 프로펠러 비행기가 머리 위로 날아오르는 모습을 지켜보고 있었다. 4200m 상공에서 그의 조수가 비행기 창문 밖으로 손을 내밀어 드라이아이스 알갱이들을 구름에 뿌렸다. 몇 초 뒤, 구름은 "마치 고통을 이기지 못하는 듯이 몸부림치기 시작했다."라고 한 목격자는 회상했다. 5분이 지나기 전에 구름은 비로 변해 사라졌다.

이 비 중에서 실제로 지상에 떨어진 것은 하나도 없었다. 그전에 이미 공중에서 증발해버렸기 때문이다. 그럼에도 불구하고, 지상에서 랭뮤어는 사실상 원을 그리며 뛰어다니기 시작했다. 그는 "이것은 역사적인 사건이야!"라고 외쳤다. 비행기가 착륙하기도 전에 랭뮤어는 전화기로 달려가 한 기자에게 전화를 걸었다. 그리고 수화기에 대고 인류는 마침내 날씨를 조절하는 법을 알아냈다고 외쳤다.

만약 다른 사람이 그런 말을 했더라면, 그 기자는 그냥 전화를 끊고 말았을 것이다. 하지만 그 당시 랭뮤어는 아인슈타인만큼이나 유명했고, 그의 의견 역시 아인슈타인의 의견에 못지않게 높이 존중받았다. 그리고 랭뮤어는 화학자였지만, 이렇게 대담하게 기상학에 발을 들여놓은 그의 행동을 무모하게 여긴 사람은 그 당시에 아무도 없었다. 사실, 다른 분야 사람들이 기상학에 뛰어드는 일은 이전부터 죽 있었다. 공기화학자들은 공기 같은 기체의 행동 방식을 이해하기 위해 날씨를 깊이 연구했다. 천문학자들은 기상 조건이 망원경 관측에 적합한지 예측하기 위해 날씨에 큰 관심을 기울였다. 의사들 역시 나쁜 공기가 질병을 낳는다는 이론 때문에 날씨에 관심을 보였다. 로버트 훅, 존 돌턴John Dalton, 제임스 와트, 레일리 경 등을 비롯해 가끔 기상학자로 변신해 연구한 과학자 명단은 끝이 없다. 찰스 다윈은 비글호 항해 때 엘니뇨를 최초로 연구한 과학자가 되었고, 비글호 함장이던 로버트 피츠로이Robert FitzRoy*는 1861년에 런던의 〈더 타임스〉에 역사상 최초의 일기 예보를 발표했다.

하지만 기상학에 대한 기대와 야심에서 랭뮤어를 능가할 자는 없었다. 그는 날씨를 단지 이해하는 데 그치지 않고 조절하려고까지 했다. 물론 기상학에 손을 댄 과학자들은 늘 비합리적인 자신감이 넘치는 경향이 있었다. 수백 년 동안 처음에 부풀었던 기대가 무너지는 좌절을 번번이 경험했음에도 불구하고, 이들은 날씨의 작용 방식을 이해하는 목표에 '아주 바싹' 다가갔다는 신념을 결코 잃지 않았다. 새로운 기압계, 새로운 측후소, 새로운 컴퓨터만 나오면, 날씨를 완벽하게 예측할 수 있을 것이라고 믿었다. 기상학은 늘 좌절을 안겨주는 분야로, 손에 잡힐 듯 말 듯하면서 항상 딱 1년씩 앞서서 달아난다.

하지만 이들 팡글로스(볼테르가 쓴 소설 『캉디드*Candide*』에 나오는 엄청난 낙천주의자—옮긴이) 사이에서도 랭뮤어의 낙관주의는 타의 추종을 불허했다. 랭뮤어는 과학자로서 중년의 위기에 해당하는 시기에 기상학으로 눈을 돌렸는데, 넘치는 카리스마와 화려한 경력 덕분에 수백 명의 동료들이 그의 노력에 동참했다. 이 연구는 원시적인 기우祈雨 춤을 현대적인 버전으로 바꾼 것에 지나지 않아 결국 실패로 끝나고 말았지만, 연구가 지속되는 동안 그들은 사람들의 이목을 사로잡는 쇼를 보여주었다.

구름에 씨를 뿌리다

날씨를 인위적으로 조절하는 것이 가능하다고 최초로 주장한 유명 인사는 하면 된다는 불굴의 정신이 넘치는 나라 미국에서 나왔다. 켄터키주 출신의 기상학자 제임스 '더 스톰 킹' 에스피James 'the Storm King' Espy는 1830년대에 아메리카 원주민의 모닥불이 가끔 비를 만든다는 사실에 주목했다. 또, 대도시를 여행할 때 공장 굴뚝들에서 뿜어져 나오는 연기가 비구름을 끌어들이는 것처럼 보였다. 그래서 상관관계는 항상 인과관계를 의미한다는 완고한 법칙을 바탕으로 에스피는 연기가 비를 내리게 한다고 선언했고, 미국 동부 전역에서 강수를 규칙적으로 조절하는 계획을 홍보하기 시작했다. 정부는 그저 매주 일요일 오후마다 애팔래치아 산맥에 대규모 산불을 일으키기만 하면 되었다. 그러면 날씨는 밀물과 썰물처럼 규칙적으로 변할 것이라고 했다.

공정하게 말하면, 에스피는 정상적인 여러 이론에서도 선구적인 업적을 남겼는데, 그중에서 가장 중요한 것은 구름의 생성에 관한 이론이었다. 그는 따뜻한 공기가 더 차가운 상층 대기로 올라가 그 속의 수증기가 응결할 때 구름이 생긴다고 주장했다. 이 이론은 대체로 옳을 뿐만 아니라, 현대 기상학에서 중요한 법칙 중 하나, 즉 날씨에서 수증기가 대부분의 변화를 주도한다는 법칙을 예고하는 것이기도 했다. 수증기의 농도는 대기 중의 나머지 대다수 기체와 달리 국지적 조건에 따라 수백 배나 차이가 날 수 있다. 사막에서는 사실상 0에 가깝지만, 열대우림에서는 몇 퍼센트에 이르기도 한다. 게다가 공기를 이루는 주요 기체들—영하 약 200°C가 될 때까지 기체 상태로 존재하는 산소, 질소, 아르곤—과 달리 물은 지구상의 일상적인 온도 범위 내에서 액체 상태와 기체 상태를 쉽게 오간다. 그 결과로 다양한 장소에서 늘 물의 응결과 증발이 일어난다. 그리고 늘 응결과 증발이 일어나기 때문에, 주변의 공기에서 숨은열을 빨아들였다가 다시 그것을 풀어놓는 행동을 반복한다. 이러한 열의 흐름은 공기의 온도와 압력에 변화를 가져오고, 이 때문에 전선이라고 부르는 독특한 공기 지역이 생겨난다. 그리고 이러한 고기압과 저기압 전선들이 충돌하면서 바람을 불게 하거나 폭풍을 일으켜 다양한 날씨 패턴을 만들어낸다.(전선front이란 용어는 제1차 세계 대전 때 양쪽 군대가 충돌하는 양상에서 영감을 얻어 만들어졌다. 전장에서 전선은 적과 맞서는 맨 앞 지역을 가리킨다.) 이 모든 혼돈 상태는 바로 약간의 물 때문에 생겨난다.

어빙 랭뮤어도 물을 연구하다가 호기심을 느껴 날씨 연구에 발을 들여놓게 되었다. 랭뮤어는 낮에는 뉴욕주 북부에 있는 제너럴일렉트릭연구소에서 계면화학(성질이 서로 다른 두 물질이 맞닿는 경계면과 그 부근의 물질 상태와 성질을 연구하는 분야) 연구를 했다. 제너럴일렉트릭에서 랭뮤어는 여타 회사 연구소들과 달리 원하는 것을 마음대로 연구할 수 있었는데, 제2차 세계 대전 동안에는 비행기 날개에 얼음이 쌓이는 과정을 연구하기 시작했다. 이 연구 때문에 뉴햄프셔주 워싱턴산 근처로 여러 차례 현장 조사를 나가게 되었다. 워싱턴산은 바람 때문에 열성적인 날씨 연구자들 사이에서 유명했다. 1934년에 기록된 시속 372km의 바람은 1990년대까지 지구에서 측정된 것 중 최대 풍속 기록으로 남아 있었다. 하지만 랭뮤어는 이 산의 기묘한 습도에 더 흥미를 느꼈다. 이 산에서는 기온이 0°C보다 훨씬 낮게 내려갔는데, 그런 온도에도 얼지 않은 '과냉각' 물방울로 이루어진 엷은 안개가 자주 끼었다. 랭뮤어는 슈뢰딩거의 고양이 같은 이 불확정 상태(어떻게 어는점 아래에서도 물이 얼지 않을 수 있을까?)에 큰 호기심을 느꼈고, 더 자세한 것을 알고자 했다.

그리고 이 연구를 도와줄 사람으로 빈센트 섀퍼Vincent Schaefer를 조수로 고용했다. 랭뮤어는 석박사 학위를 여러 개 받았고 파리와 독일에서 과학을 공부한 반면, 섀퍼는 제너럴일렉트릭에 들어가 부모의 생계를 돕기 위해 고등학교를 중퇴했다. 처음에는 제임스 와트처럼 기계공과 모형 제작자로 일했지만, 그 일에 따분함을 느껴 방송통신교육학교를 다니면서 다른 길을 모색하기 시작했다.(한때 나무 치료 전문가가 되는 길을 심각하게 고려한 적도 있었다.) 랭뮤어를 만나고 나서 자연과학에 관심을 갖게 되었고, 얼마 지나지 않아 눈송이 자국을 보존하는 기계를 발명했다. 이에 깊은 인상을 받은 랭뮤어는 1946년에 섀퍼를 과냉각 물방울 연구를 도와줄 조수로 고용했다.

섀퍼는 뚜껑이 없는 240달러짜리(오늘날의 가치로는 약 3000달러) 제너럴일렉트릭 냉동고를 사용해 실험을 시작했다. 생성되는 얼음 결정을 쉽게 볼 수 있도록 냉동고 안쪽 벽에 검은색 벨벳을 댄 뒤, 차가운 공기에 입김을 내불어 수증기를 공급하자, 그것은 금방 과냉각 상태가 되었다. 하지만 몇 주일 동안 냉동고 내부 조건을 이리저리 변화시키면서 계속 실험을 해봐도 입김에 포함된 물은 얼음으로 변하지 않았다.

푹푹 찌는 7월의 어느 날, 냉동고가 차가운 온도를 유지하려고 애쓰는 동안 섀퍼는 옆 실험실로 가서 드라이아이스(CO_2가 언 것) 블록을 빌려와 냉동고 한쪽 구석에 집어넣었다. 그러자 모든 것이 확 변했다. 드라이아이스를 냉동고에 집어넣자마자 수백만 개의 얼음 결정이 안개 속에서 반짝이기 시작했다. 그러고 나서 검은색 벨벳 위에 내려앉아 아주 미세한 다이아몬드처럼 반짝였다. 처음에 섀퍼는 드라이아이스가 안개에 화학 변화를 초래했다고 생각했지만, 추가 실험을 통해 그 가능성은 배제되었다. 그보다는 드라이아이스의 차가운 온도가 결정적 역할을 하는 것처럼 보였다. 냉동고 내부의 최저 온도는 −23°C인 반면, 얼어붙은 CO_2의 온도는 −73°C 아래까지 내려갔다. 그렇게 비자연적일 정도로 아주 차가운 온도에 노출되자 과냉각 물방울도 그만 백기를 들고 얼음으로 변했다.

이 발견에서 랭뮤어는 기발한 가설을 생각했다. 그 당시 과학자들은 하늘에 떠 있는 구름이 기본적으로 과냉각 물방울들이 느슨하게 모여 있는 집단이라는 사실을 알고 있었다. 또, 대부분의 비는 하늘에서 얼음 결정이 떨어지다가 도중에 녹아서 생긴다는 사실도 알고 있

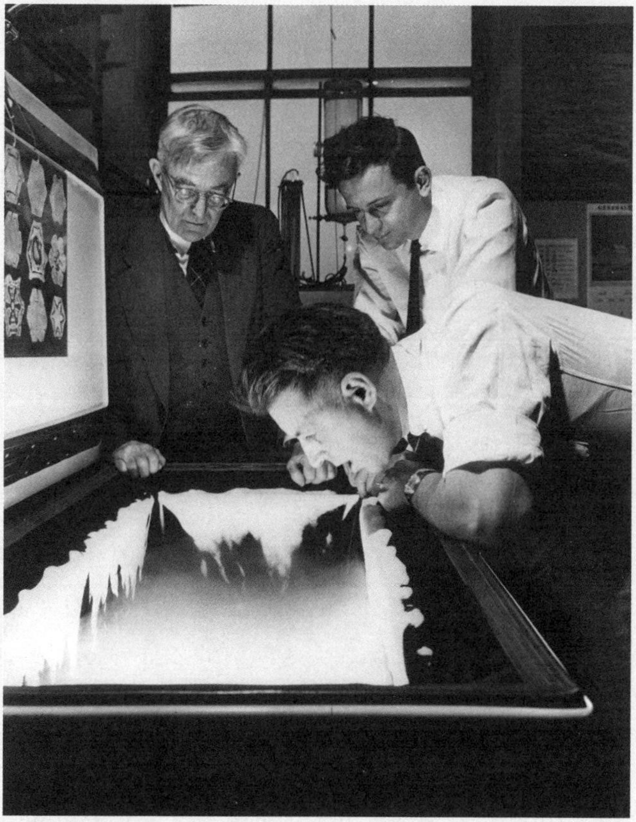

빈센트 섀퍼가 얼음 결정을 만들기 위해 냉동고를 향해 입김을 내부는 장면을 지켜보는 어빙 랭뮤어(왼쪽)와 버나드 보니것(오른쪽). 이것은 인공 비를 만드는 과정의 선행 단계였다. (사진 제공: miSci-혁신과학박물관)

었다. 랭뮤어는 구름에 드라이아이스를 뿌리면, 과냉각 물방울에 충격을 주어 인공적으로 비를 만들 수 있을 것이라고 생각했다. 그해 11월, 이 가설을 검증하기 위해 랭뮤어는 비행기를 빌린 뒤, 섀퍼에게 드라이아이스 알갱이 2.7kg을 가지고 하늘로 올라가 뿌리게 했다. 그리고 20분 뒤, 랭뮤어는 역사를 새로 썼다고 고래고래 소리를 질렀다.

머뭇거리는 성격이 아닌 랭뮤어는 12월 20일에 특별한 두 번째 실험을 하기로 계획을 잡았다.(그리고 얼마 후 제너럴일렉트릭에서 자신이 누리는 자유에도 한계가 있다는 사실을 깨닫게 된다.) 저번처럼 금요일 오후에 섀퍼는 비행기에서 구름에 씨를 뿌렸고, 그러자 이번에도 구름이 꿈틀거리기 시작했다. 하지만 당장은 아무 일도 일어나지 않았고 그들은 철수했다. 하지만 그날 밤, 뉴욕주 북부 지역에는 20cm의 눈이 쌓였다. 차들이 도로에서 미끄러졌고, 고속도로에서는 수백 킬로미터 구간에 걸쳐 심한 교통 체증이 일어났으며, 기업들은 크리스마스 직전의 대목에 매출 감소로 수백만 달러의 손실을 보았다. 랭뮤어는 이보다 더 기쁠 수가 없었다. 기상청이 폭풍을 예측한 것은 사실이라고 그도 인정했다. 게다가 그들이 씨를 뿌린 구름은 이미 '무르익은' 상태여서 가만히 내버려두어도 눈이 내렸을 것이다. 하지만 그래도 랭뮤어는 그 모든 것을 자신의 공으로 돌렸다. 인류 역사에서 의도적으로 인공 폭풍을 일으키는 데 최초로 성공했다고 주장했다.

허리케인을 무력화하는 방법

한편, 제너럴일렉트릭의 변호사들은 집단 공황 상태에 빠졌다. 법적 책임을 둘러싼 논란이 벌어질 게 자명했기 때문이다. 그들은 랭뮤어에게 구름 씨 뿌리기가 눈폭풍을 일으킨 원인이 아니라는 성명을 발표하게 했다. 그리고 더 이상 제너럴일렉트릭의 이름으로 현장 연구를 하지 못하게 했다.

당연히 랭뮤어는 이러한 금지 조처에 실망했지만, 그렇다고 기가 죽을 사람은 아니었다. 그의 팀은 실험실에서 연구를 계속했고, 랭뮤어는 곧 굉장한 아이디어를 떠올렸는데, 그것은 너무나도 혁명적인 것이어서 잡혀 있던 나머지 모든 연구 계획을 취소할 정도였다. 그것은 단순히 인공 강우 방법을 개선할 뿐만 아니라, 랭뮤어에게 허리케인을 통제하는 초자연적인 힘을 줄 것처럼 보였다.

그 아이디어는 구름 생성에 관한 제임스 에스피의 일반적인 이론에 기초한 것이었다. 에스피는 따뜻하고 밀도가 낮은 공기 덩어리가 하늘 높이 솟아오를 때 구름이 생긴다고 말했다. 어느 지점에 이르면 수증기가 냉각되어 액체 상태의 물방울로 응결된다. 이 작은 물방울들의 집단이 지상에 있는 우리에게 구름으로 보이는데, 오랫동안 기상학자들은 이 물방울들이 어떤 과정을 거쳐 아래로 떨어지는 일이 일어날 때마다 비가 자동적으로 내린다고 생각했다. 하지만 사실은 그렇게 단순하지가 않다. 구름 속에서 생기는 물방울들은 대부분 자동적으로 비가 되어 떨어지지 않는다. 그러기에는 물방울의 크기가 너무 작다. 초기의 기구 비행사들이 발견했듯이, 공기는 공기 중에 떠 있는 물체를 위로 밀어올리는 힘을 미치는데, 물방울도 예외가 아니다. 그리고 높은 고도에서 생기는 물방울은 대부분 아주 작기 때문에(1000만분의 1g 정도로), 중력도 부력을 뿌리치고 물방울을 지상으로 끌어내릴 수가 없다. 사실, 물방울이 10분의 1g 정도로 100만 배나 커지기 전까지는 중력은 이 싸움에서 이길 수 없다. 실제로 비가 내리려면, 아주 작은 물방울 100만 개가 서로 뭉쳐서 큰 물방울이 되어야만 한다. 그렇지 않으면, 작은 물방울들은 그냥 공중에 떠 있게 된다.

그렇다면 이 작은 물방울들을 뭉치게 하는 원인이 무엇일까 하는 질문이 자연히 떠오른다. 직관적으로는 물방울들이 단순히 무작위로 충돌해 서로 들러붙을 것이라고 생각하기 쉽다. 하지만 이 과정은 그다지 효율적이지 않으며, 이런 식으로 자란 물방울이 비가 되어 내릴 만큼 충분히 커지는 일은 드물다. 이보다 더 나은 과정은 '씨'를 이용하는 것이다. 여기서 씨란 물방울이 들러붙을 수 있는 고체 표면을 말한다. 일단 씨에 물방울이 몇 개 들러붙으면, 여러 가지 이유로 그 뒤를 이어 더 많은 물방울이 아주 빠르게 들러붙는다. 그 결과로 물방울은 결국 충분히 무거워져서 비나 눈이 되어 떨어진다. 만약 구름을 비로 바꾸고 싶다면, 씨가 꼭 필요하다.

가장 좋은 씨는 얼음 결정이다. 구름 속에서 작은 얼음 알갱이는 진공청소기처럼 주변의 모든 물방울을 빨아들이는 경향이 있다.(이것은 드라이아이스가 구름 속에서 왜 그렇게 요란한 소동을 빚어내는지 설명해준다. 드라이아이스가 과냉각 물방울을 얼음 결정으로 변하게 하기 때문이다.) 먼지 같은 이질적인 입자도 훌륭한 씨가 된다. 심지어 공중에 날아다니는 세균도 씨가 될 수 있다. 실제로 많은 눈송이는 세균의 얼음 무덤에서 탄생한다.(다음에 눈송이를 입속으로 집어넣어야 할 순간이 오거든, 이 사실을 생각해보도록 하라.)

먼지와 세균은 나름대로 훌륭한 씨가 될 수 있다. 하지만 랭뮤어는 인공 화학 물질이 훨씬 나은 역할을 할 수 있다는 사실을 깨달았다. 특히 그는 분자 구조가 얼음과 비슷한 화학 물질(그 모양이 얼음 결정과 비슷해 과냉각 물방울을 속여 자신에게 들러붙게 할 수 있는 물질)을 원했다. 그래서 랭뮤어는 제너럴일렉트릭에서 일하던 조수 버나드 보니것Bernard Vonnegut에게 그런 물질을 찾아보라고 지시했다. 그다음 몇 주일 동안 보니것은 도서관에서 결정학 교과서들을 샅샅이 훑으면서 흥미로운 시간을 보냈다. 그러다가 결국 세 가지 후보 물질을 찾아냈는데, 그중 하나가 요오드화은이었다. 요오드화은은 화학적으로 물과 전혀 비슷하지 않지만(요오드화은은 옅은 노란색 가루이다), 얼음처럼 육각형 모양의 결정을 만든다. 그리고 제너럴일렉트릭 냉동고에서 한 실험에서는 정말로 요오드화은이 과냉각 물방울을 속여 얼음 연쇄 생성 반응을 일으키는 것으로 드러났다. 만약 실제 구름에서도 이 과정이 그대로 일어난다면, 그것은 아주 밝은 희망을 보여줄 것이다. 그리고 랭뮤어는 마음대로 날씨를 조절할 수 있게 될 것이다.

(이 얼음 연쇄 생성 반응은 흥미로운 일화를 낳았다. 버나드 보니것의 동생이 제너럴일렉트릭 홍보부에서 일하고 있었는데, 그는 SF 작가 웰스H. G. Wells가 랭뮤어의 실험실을 방문한 이야기를 들은 적이 있었다. 그때 랭뮤어는 웰스에게 실온에서 결정으로 변하는 특별한 형태의 얼음을 발명해 전 세계의 모든 바다를 연쇄 반응으로 얼려버린 과학자 이야기를 써보라고 권했다. 웰스는 고맙지만 사양하겠다고 대답했다. 하지만 버나드의 동생인 커트 보니것Kurt Vonnegut은 이 아이디어에 큰 매력을 느꼈고, 나중에 그것을 『고양이 요람*Cat's Cradle*』이란 작품으로 썼다.)

제너럴일렉트릭이 여전히 법적 책임 문제로 전전긍긍했기 때문에, 랭뮤어는 새로운 현장 실험을 후원할 파트너를 찾아야 했다. 그러다가 마침내 미 군부와 손을 잡게 되었는데, 군은 1947년에 시러스 계획Project Cirrus(cirrus는 권운, 즉 새털구름이란 뜻이다.—옮긴이)을 랭뮤어와 함께 추진했다. 시러스 계획이 추구한 목표는 가뭄 해소를 포함해 여러 가지가 있었다. 하지만 후원자들은 무엇보다도 자연에서 가장 파괴적인 폭풍인 허리케인을 무력화하는 방법을 원했다. 이 계획을 진행하는 과정에서 랭뮤어는 최고의 순간과 최악의 순간을 다 맛보았다.

허리케인을 무력화하기 위한 계획은 일련의 관측과 추론 과정을 포함했는데, 각각의 단계는 바로 전 단계를 바탕으로 진행되었다. 관측 활동은 허리케인의 구조를 조사하는 것부터 시작됐다. 허리케인은 기본적으로 눈을 중심으로 그 주위에서 소용돌이치는 폭풍이다. 흔히 이야기하는 것처럼 허리케인의 눈은 고요하지만, 눈과 나머지 폭풍 사이의 경계 지역(눈 주위의 벽)은 가장 파괴적인 부분으로, 풍속이 시속 240km를 넘는 경우가 많다. 이것은 엄청나게 빠른 속도여서, 이토록 격렬한 소용돌이라면 금방 스스로 와해되고 말 것처럼 보인다. 실제로 회전하는 물체에는 바깥쪽으로 끌어당기는 원심력이 작용하는데, 빙빙 도는 놀이 기구에서 꽉 붙잡고 있지 않으면 여러분을 바깥쪽으로 날아가게 하는 힘이 바로 이것이다. 허리케인도 예외가 아니다. 바깥쪽으로 세게 끌어당기는 이 힘은 실제로 허리케인을 와해시키려고 한다. 하지만 허리케인에는 고려해야 할 힘이 한 가지 더 있는데, 바로 압력 차를 바탕으로 작용하는 힘이다. 눈 주위의 벽에는 고기압 공기가 자리잡고 있는 반면, 눈에는 저기압 공기가 자리잡고 있다. 공기는 항상 고기압에서 저기압으로 흘러가려고 하기 때문에, 이 두 번째 힘은 '안쪽'을 향해 작용하고 원심력과 균형을 이루어 허리케인의 형태를 단단하게 유지한다. 다시 말해서, 허리케인 내부에서는 격렬한 바람이 부는데도 불구하고 이 두 가지 힘이 균형을 이루기 때문에 허리케인은 안정한 상태를 유지하는 것이다.

그렇다면 시러스 계획이 할 일은 아주 단순했는데, 이 균형을 깨뜨리기만 하면 되었다. 랭뮤어는 가장 쉬운 방법은 허리케인의 온도를 변화시키고 나머지 일은 이상 기체 법칙의 마술*에 맡기는 것이라고 보았다. 그가 세운 계획은 이랬다. 파일럿이 튼튼한 비행기를 몰고 눈 주위의 벽으로 돌진해 그곳에 드라이아이스나 요오드화은을 뿌린다. 앞에서 설명한 것처럼 이 물질들은 씨 역할을 해 과냉각 물방울을 얼음 결정으로 변화시킨다. 물론 이 변화는 구름 속에서는 비를 내린다. 하지만 랭뮤어는 허리케인 속에서는 다른 것에 초점을 맞추었는데, 바로 얼음이 생성될 때 나타나는 부수 효과인 열 방출이었다.

실제로 물이 얼음으로 변하는 과정에서는 항상 열이 나온다. 얼음은 뜨겁지 않고 차갑기 때문에 그 반대가 되어야 옳지 않을까 하고 생각할 수 있지만, 이 과정을 자세히 들여다보면 그렇지 않다는 것을 알 수 있다. 손 위에 올려놓은 얼음이 녹는 상황을 생각해보라. 얼음은 왜 녹을까? 주변으로부터 열을 흡수하기 때문이다. 얼음이 차게 느껴지는 것도 이 때문인데, 차가운 얼음이 손에서 열을 빼앗기 때문이다. 이번에는 그 반대 과정, 즉 물이 얼음으로 변하는 과정을 생각해보자. 만약 얼음이 녹을 때 열을 흡수한다면, 물리학의 대칭 법칙에 따라 물이 얼음으로 변할 때에는 열을 내놓아야 한다. 달리 피할 방법이 없다. 이것은 사실 얼음이 생기는 이유이기도 하다. 얼음이 되기 전에 물 분자들은 먼저 운동 속도가 느려져야 하는데, 열을 주변으로 내보내지 않는 한 운동 속도가 느려질 수 없다.

이것이 허리케인과 무슨 관계가 있을까? 눈 주위의 벽에서 얼음이 생길 때, 이 과정에서 나오는 열을 주변 공기가 흡수한다. 열을 흡수한 공기는 기체 법칙에 따라 팽창한다. 공기가 팽창하면 압력이 떨어져야 하는데, 공기 분자들 사이의 거리가 멀어지기 때문이다. 이것은 눈과 눈 주위 벽 사이의 압력 '차'를 줄인다. 그 결과로 안쪽으로 향하는 힘, 즉 허리케인의 형태를 단단하게 유지하는 힘이 줄어든다. 따라서 바깥쪽으로 향하는 원심력이 이 힘보다 강해져서 허리케인의 눈이 커질 것이다.

이제 거의 다 왔다. 눈이 커진다고 해서 허리케인이 그냥 피시식 꺼지면서 사라지진 않는다. 폭풍은 엄청나게 커서 그런 일은 일어나지 않는다. 하지만 눈이 커지면 풍속이 느려진다. 회전하는 물체의 속도는 그 폭에 따라 변하기 때문이다. 잘 이해가 가지 않는다면, 피겨스케이팅 선수를 생각해보라. 선수가 팔을 몸에 붙인 채(폭이 작음) 제자리에서 빙빙 돌 때에는 회전 속도가 빠르다. 하지만 양팔을 벌린 채(폭이 큼) 빙빙 돌면 회전 속도가 느려진다. 허리케인에서도 똑같은 일이 일어난다. 눈이 커지면 풍속이 느려진다. 눈을 크게 만들어 풍속을 줄이는 것은 아주 중요한데, 허리케인의 파괴력은 풍속의 제곱에 비례하기 때문이다. 풍속이 10% 줄면, 파괴력은 약 20% 줄어든다. 풍속을 25% 줄이면, 파괴력은 40% 이상 줄어든다.

이 복잡한 과정을 요약해 랭뮤어는 허리케인에 씨를 뿌리면 얼음이 생기면서 숨은열이 방출될 것이라고 주장했다. 그러면 눈이 커져서 허리케인의 파괴력이 줄어든다고 설명했다. 이 개념은 검증을 통해 확인할 필요가 있었는데, 문제는 여기서 시작되었다.

미국의 기상 전쟁

1947년 10월 12일, 그다지 강하지 않은 허리케인 '킹'이 마이애미를 지나 북동쪽으로 대서양을 향해 나아가기 시작했다. 킹은 곧 세력이 약해져 사라질 것으로 보였기 때문에, 시러스 계획 담당자들은 다음 날에 허리케인 킹에 씨를 뿌리기로 결정했다. B-17이 이륙해 허리케인에 다가간 뒤, 눈 주위의 벽을 향해 드라이아이스 알갱이 82kg을 뿌렸다. 그리고 허리케인의 눈이 커지면서 킹이 해체되길 기다렸다. 하지만 허리케인은 오히려 세력이 더 강해졌다. 그리고 경악스럽게도 진로를 홱 틀어(135°라는 불가능한 각도로 휙 돌아서서) 해변을 향해 돌진하기 시작했다. 몇 시간 뒤, 폭주하는 허리케인은 조지아주 서배너를 훑고 지나가면서 300만 달러(오늘날의 가치로는 3200만 달러)의 재산 손실과 1명의 인명 피해를 낳았다.

시러스 계획에 참여한 과학자들은 아무도 눈치채지 않길 바랐지만, 마이애미의 한 기상학자가 퍼즐 조각들을 끼워맞춰 의혹을 제기하기 시작했다. 신문들은 곧 이 "비열한 양키 속임수"를 비난하면서 랭뮤어의 목을 요구했다. 이 때문에 랭뮤어는 또 한 번 궁지에 몰리게 되었다. 랭뮤어는 한편으로는 허리케인에 영향을 미칠 수 있음을 증명하고 싶었다. 그러나 다른 한편으로는 이 허리케인이 자신 때문에 일어났다는 것을 인정하면, 엄청난 법적 책임 문제에 휘말릴 것이 분명했다. 게다가 자신이 무슨 일을 했는지 모른다고 인정해야만 했는데, 허리케인은 자신의 손아귀에서 벗어나 제멋대로 행동했기 때문이다. 신처럼 행동하려고 했던 것이 자신의 발목을 잡는 큰 골칫거리가 되었다.

허리케인 연구가 갑자기 집중 감시를 받게 되자, 랭뮤어는 파괴될 것이 별로 없고 단순한 인공 강우 실험에 집중할 수 있는 뉴멕시코주 사막으로 시러스 계획 실험 장소를 옮겼다. 이것은 도망치는 것처럼 보일 수도 있었지만, 랭뮤어는 자기 연민에 빠지거나 자신을 의심하는 성격이 아니었다. 오히려 뉴멕시코주에서 나오기 시작한 결과들은 허리케인을 마음대로 조종할 수 있다는 주장보다 훨씬 환상적이었다.

한 실험에서 랭뮤어는 요오드화은 60g(겨우 1달러에 불과한)만으로 일부 구름에서 2000억 갤런의 비를 내리게 했다고 주장했다. 어떻게 그럴 수 있었느냐는(그토록 적은 물질로 어떻게 그렇게 엄청난 비를 내리게 할 수 있었느냐는) 질문에 랭뮤어는 구름 속에서 화학적 연쇄 반응을 일으켰다고 주장하면서, 자신의 연구가 뉴멕시코주에서 일어난 또 하나의 기적 같은 실험인 맨해튼 계획의 핵실험에 필적하는 것이라고 말했다. 심지어 자신의 연쇄 반응은 어쩌면 더 강력한 것일지도 모른다고 했다. 미국에 새로운 '스톰 킹Storm King(폭풍의 왕)'이 탄생한 것처럼 보였는데, 몇 달이 지나는 동안 랭뮤어는 뉴멕시코주뿐만 아니라 미국 전역에서 일어난 폭풍, 거기다가 유럽에서 일어난 일부 폭풍까지도 자신이 일으킨 것이라고 주장하기 시작했다. 랭뮤어는 일기에서 이것을 자신의 전 경력을 통틀어 가장 중요한 연구라고 불렀다.(노벨상을 수상한 사람이 이렇게 말했다.) 랭뮤어는 이 '실험 기상학'에 전념하기 위해 결국 제너럴일렉트릭을 떠났다.

한편, 진짜 기상학자들은 랭뮤어가 얻은 결과를 면밀히 검토했다. 그리고 랭뮤어의 주장에 의심을 품었다. 무엇보다도 랭뮤어가 자신이 일으켰다고 주장한 모든 폭풍우는 다른 원인으로 충분히 설명할 수 있었다. 예를 들어 뉴멕시코주에서 2000억 갤런의 비를 뿌린 폭풍우는 멕시코만에서 다가오던 한 전선과 일치했다. 더욱 의심스러운 것은 랭뮤어의 실험에서는 대조군을 전혀 쓰지 않았고, 이미 충분히 무르익어 가만 내버려두어도 비가 내릴 가능성이 높은 구름들을 선택한 것처럼 보인다는 점이었다. 기상학자들이 적절한 대조군과 무작위적 구름 씨 뿌리기를 사용해 독자적으로 실험한 결과, 추가로 비가 더 내린 경우는 사실상 전무했다.

동일한 비판은 허리케인 사냥에도 적용되었다. 허리케인은 늘 세력이 끊임없이 커졌다 작아졌다 하면서 크기와 방향이 변했다. 따라서 씨 뿌리기가 랭뮤어가 일으켰다고 주장한 변화를 실제로 '일으켰는지' 혹은 순전히 우연의 일치였는지 판단하기가 불가능했다. 사실, 시러스 계획이 서배너 재난에 대한 기소를 면할 수 있었던 이유는 기억력이 비상한 한 기상학자가 1906년에 발생해 대서양에서 정확하게 동일한 급커브 경로를 따랐던 허리케인의 기록을 찾아냈기 때문이다.

시러스 계획의 타당성을 둘러싼 논란은 그다음 10년 동안 계속 이어졌다. 기상학자들은 랭뮤어의 실험을 계속 조목조목 비판했지만, 랭뮤어는 어떤 비판 앞에서도 항상 변명할 말이 있었고, 게다가 국외자들 사이에서는 노벨상 수상 경력이 그에게 유리하게 작용했다. 랭뮤어는 공개 강연에서도 날씨 조절 문제에서 자신을 변호했으며, 사람들의 말에 따르면 그는 친척 아저씨 같은 매력과 과학적 권위를 겸비하여 청중의 마음을 사로잡는 강연자였다. 시러스 계획은 1952년에 종료되고 랭뮤어는 1957년에 사망했지만, 그가 사람들 사이에 불러일으킨 날씨 조절이라는 주제에 대한 관심이 너무나 컸기 때문에, 미국 정부는 1962년에 시러스 계획을 확대 연장한 새 계획을 시작했다. 이 계획에는 스톰퓨리 계획Project Stormfury(스톰퓨리는 폭풍의 분노란 뜻이다.—옮긴이)이라는 이름이 붙었다.

스톰퓨리 계획에는 수백만 달러의 예산과 비행기 여러 대가 투입되었고, 강렬한 새 이름에 걸맞게 이 계획에 참여한 과학자들은 구름을 공격하는 데 새로운 방법을 사용했다. 손으로 씨를 뿌리는 대신에 요오드화은을 알루미늄 통에 담아 개틀링 기관총으로 발사했다. 타타타타……. 그리고 한 대의 비행기에서 기관총을 쏘는 대신에 열 대의 비행기가 대형을 이루어 허리케인 주위를 한 시간 동안 돌면서 요오드화은을 잔뜩 뿌렸다.

미군 당국은 이 연구에 편승해 별도의 날씨 조절 계획을 추진하기로(그리고 이 연구를 신무기로 전환하기로) 결정했다. '기상 전쟁' 개념은 실제로는 베트남에서 실시했던 다른 군사 계획에서 나온 것이다. 1966년까지 미군은 폭격에 도움을 주기 위한 시정視程 개선 목적으로 인도차이나 지역에 고엽제를 뿌리느라 수백만 달러를 썼다. 일부 장군들은 이 목적으로 에이전트 오렌지를 선호했지만, 다른 장군들은 전통적인 방법인 불이 가장 효과적이라고 생각했다. 하지만 무성한 숲에 화재가 일어나면 많은 연기가 발생했다. 그리고 제임스 에스피라면 충분히 예측했겠지만, 불이 나고 나서 하루 이틀 뒤에는 비가 내리는 경우가 많았다. 물론 베트남은 비가 드문 곳이 아니다. 양자 사이에 어떤 상관관계가 있는지 알아보기 위해 귀찮게 통계 분석을 하려는 사람은 아무도 없었지만, 주기적인 강우 현상에 주목한 일부 장교가 묘책을 떠올렸다. 베트남은 매년 5월부터 9월까지는 우기여서 많은 비가 내리는데, 때로는 한 달에 500mm까지 내린다. 이 많은 비는 베트남의 흙길들을 진흙탕 수렁으로 바꾸어놓는데, 여러 나라를 지나다니는 베트콩에게 소중한 물자 공급로로 쓰이던 호찌민 통로도 예외가 아니었다. 미군 장교들은 만약 우기를 더 악화시킬 수 있다면, 매년 몇 달 동안 적의 활동을 마비시킬 수 있을 것이라고 생각했다. 이 작전에는 포파이 계획Project Popeye이라는 이름이 붙었다.

이 계획을 보고받은 린든 존슨Lyndon Johnson 대통령은 기쁜 나머지 "와!" 하고 함성을 질렀고, 포파이 계획은 1967년에 북베트남과 라오스에 구름 씨 뿌리기를 하면서 실행에 옮겨졌다. 새로 선출된 리처드 닉슨Richard Nixon 대통령은 1969년에 이 계획을 초당적 정책으로 추진하면서 더 확대했다.

불분명한 이유로 공군은 구름 씨 뿌리기 작전에 쓰레기 운반용으로 설계된 비행기를 투입했다. 포파이 계획에 투입된 비행기들은 모두 합쳐 2602회 출격했고, 요오드화은 4만 7409통을 뿌렸다. 공정하게 말하면, 군부는 랭뮤어보다 훨씬 작은 목표를 세웠다. 랭뮤어는 허리케인을 영원히 소멸시킬 수 있고, 뉴멕시코주의 사막 전체를 비옥한 땅으로 만들 수 있다고 믿었다. 군부는 그저 매년 우기를 몇 주일 더 연장하고, 폭우가 쏟아질 때 비를 좀 더 많이 내리게 하려고 했다. 그러면 길을 진흙탕으로 만들고, 일부 다리를 무너지게 하고, 어쩌면 전략적 산사태도 일부 일으킬 수 있을 것이라고 기대했다. 장교들은 더 인도적인 형태의 전쟁을 치르게 되었다며 만족했는데, 적에게 네이팜 폭탄을 쏟아붓는 것보다는 물을 쏟아붓는 것이 분명히 훨씬 나았기 때문이다.(포파이 계획이 내건 구호는 "전쟁을 하지 말고, 진흙을 만들라."였다.) 게다가 구름 씨 뿌리기는 은밀하게 진행되었다. 베트콩이 빗물 시료를 채취해 요오드화은을 검출하지 않는 한, 그들이 이 작전을 알 길은 전혀 없었다.

하지만 포파이 계획을 에워싸고 있던 비밀의 벽은 1971년에 〈워싱턴 포스트〉가 그 계획을 언급한 기밀 메모를 입수하면서 무너지기 시작했다. 같은 해에 유출된 국방부 비밀 보고서에도 그 계획이 넌지시 언급돼 있었고, 1972년 7월에 〈뉴욕 타임스〉는 기상 전쟁 폭로 기사를 실었다. 이틀 뒤, 공군은 동남아시아 지역에서 모든 인공 강우 작전을 중단했다. 그 후 몇 년 동안 반복된 의회와 언론의 조사에도 불구하고, 국방부 관리들은 포파이 계획에 대해 더 이상 언급하기를 거부했다.(한 익살꾼의 말대로 이것은 이전의 일처리 방식을 완전히 거꾸로 뒤집어놓았다. 즉, 마침내 누가 날씨를 바꾸는 일을 뭔가 하지만, 그것에 대해 말하는 사람은 아무도 없는 상황이 된 것이다.)

끈질긴 로드아일랜드주 상원 의원 클레이본 펠Claiborne Pell이 1974년에 마침내 국방부 관리 여러 명을 청문회장으로 끌어냈다. 펠은 사람들에게 폭탄을 쏟아붓는 것보다 비를 퍼붓는 것이 더 인도적이라는 데 동의했다. 하지만 구름 씨 뿌리기는 아주 불완전한 도구여서 홍수나 산사태가 군인뿐만 아니라 민간인에게도 피해를 줄 수 있다고 주장했다. 펠은 국방부 관리들에게 1971년에 북베트남에 큰 피해를 초래한 일련의 홍수에 대해 추궁했다. 구름 씨 뿌리기가 그것을 악화시킨 것은 아닌가? 국방부 관리들은 그렇지 않다고 부인하면서 홍수를 초래할 만큼 충분히 많은 비를 내리게 한 적이 전혀 없다고 대답했다. 하지만 이 대답은 더 불편한 질문을 낳았을 뿐이다. 그렇다면 포파이 계획은 추가로 얼마나 더 많은 비를 만들어냈는가? 국방부 관리들은 기껏해야 한 달에 수십 밀리미터 정도였다고 대답했다. 사실, 그들은 베트콩이 자신들의 이런 노력을 알아채기는 했는지 의심했는데, 월 500mm와 550mm의 강수량 차이를 알아채는 매우 어렵기 때문이다. 그러자 그 계획이 실제로 효과가 없었다면, 군은 왜 2160만 달러(오늘날의 가치로는 1억 3000만 달러)를 쏟아부었느냐고 펠은 추궁했다. 국방부 관리는 이렇게 대답했다. "뭐든 노력은 해보아야 했으니까요, 의원님."

아마도 우연의 일치는 아니었겠지만, 이런 정보가 공개된 후에 날씨 조절 연구에 대한 정부의 지원이 끊겼다.(금방 끊긴 건 아니었다. 나중에 국방부의 일부 자문 위원들이 이미 기상 전쟁을 '환경 전쟁'이라는 더 광범위하고 비정상적인 영역으로 확대하려고 시도했다는 사실이 드러났다. 제안된 아이디어 중에는 적대국 상공의 오존층에 구멍을 뚫는 것과 멀리서 지진을 유발하는 것도 포함돼 있었다.) 엄밀히 말하면, 포파이 계획을 둘러싼 논란은 군사적 목적이 전혀 없었던 스톰퓨리 계획에 영향을 미칠 이유가 전혀 없었다. 스톰퓨리 계획을 추진한 과학자들은 그저 가뭄을 해소하고 허리케인을 와해시키려는, 훨씬 더 숭고한 목적을 추구했다. 하지만 스톰퓨리 계획은 포파이 계획의 오명 때문에 평판이 크게 나빠졌다. 1970년대에 막 싹트던 환경 운동의 여파로 날씨에 간섭하려는 시도가 비도덕적인 것은 아니더라도 오만한 행동으로 보이게 된 것도 악재였다. 환경 운동가들은 '어머니 자연'은 수십억 년 동안의 실험 끝에 자신이 하는 일을 우리보다 훨씬 잘 안다고 생각했다.

정치적 이유 말고도 별로 효과가 없다는 이유 때문에 날씨 조절에 대한 지지가 줄어들었다. 물론 과학자들은 공항의 안개를 걷히게 하거나 특정 종류의 구름을 자극해 비를 조금 더 내리게 하는 것처럼 작은 규모의 영향은 미칠 수 있다고 믿는다. 그리고 과학적으로 그 연구는 낭비가 아니었다. 기상학자들은 수집한 데이터에서 아주 많은 것을 배웠다. 불행하게도 그들이 새로 얻은 지식 중 많은 것은 자신들이 하는 실험의 근거를 무너뜨렸다. 예를 들어 허리케인의 경우, 과학자들은 요오드화은이 과냉각 물방울과 상호 작용해 열을 방출시킬 것이라고 기대했다. 하지만 그들이 얻은 데이터에 따르면, 허리케인에는 과냉각 물방울이 아주 조금 들어 있는 것으로 드러났다. 이것은 (구름과 달리) 허리케인에는 요오드화은이 화학적 연쇄 반응을 일으킬 만한 원재료가 없다는 것을 뜻한다. 요오드화은을 뿌린 뒤에 허리케인이 가끔 보인 극적인 행동은 아마 그저 우연의 일치에 불과했을 것이다.

포파이 계획과 스톰퓨리 계획 이후에도 날씨 조절의 꿈은 완전히 사라지지 않았다. 1986년, 소련은 체르노빌 상공을 지나온 구름에 모조리 구름 씨를 뿌렸는데, 그 구름이 모스크바로 날아와 사람들에게 방사성 비를 뿌리는 사태를 방지하기 위해서였다. 이와 비슷하게 중국 기상청도 2008년 여름에 베이징 주변을 지나는 모든 구름에 구름 씨를 뿌렸다고 하는데, 올림픽 기간에 청명한 날씨를 유지하기 위해서였다. 하지만 대다수 기상학자들은 여전히 그런 노력에 대해 비판적이다. 특히 허리케인이나 그 밖의 격렬한 폭풍을 멈추기 위해 우리가 할 수 있는 일은 거의 없다고 단호하게 말한다. 이것은 받아들이기 어려운 실존적 진실인데, 우리가 얼마나 취약하고 무능하고 무력한지 인정하는 것이기 때문이다. 하지만 어쨌든 우리는 자연을 속일 수 없다. 대기는 우리가 이해할 수 있는 것보다 훨씬 거대하고 강력하다.

어빙 랭뮤어는 평생 동안 날씨를 조절하는 것이 우리의 임무라고 아주 유창하게 열변을 토했고, 강한 카리스마로 수천 명이 자신의 대의를 지지하도록 만들었다. 하지만 나는 수십 년 동안의 날씨 조절 연구에서 나온 가장 심오한 진실은 스톰퓨리 계획에 참여했던 한 파일럿의 입에서 나온 말이 아닐까 한다. 세월이 좀 지난 뒤에 그는 "우리가 실제로 그것을 해낼 수 없다고 인정하는 것은 매우 실망스러웠

습니다. 하지만 폭풍은 아주 거대했고, 우리는 아주 작았지요."라고 말했다.

리처드슨의 일기 예보 센터 아이디어

날씨 조절의 희망이 사라지자, 기상학자들은 그래도 날씨를 예측하는 능력은 상당히 좋아졌다는 사실에서 위안을 얻었다. 사실, 20세기 중엽에 최초의 컴퓨터와 기상 위성이 등장하고 난 후 그들은 그렇게 낙관할 근거가 더 생겼다. 매일 모든 면에서 일기 예보는 점점 더 나아지고 있었다. 하지만 기상학자들이 몰랐던(알 수 없었던) 게 있었다. 그런 기대를 심어주었던 컴퓨터가 곧 정확한 일기 예보는 불가능하다는 것을 증명함으로써 그들을 배신하리란 사실이었다.

기상학자들이 컴퓨터를 처음 사용한 것은 20세기 초로, 그 당시 '컴퓨터computer'란 단어는 '계산자를 가지고 하루 종일 계산만 하는 얼간이'를 뜻했다. 문자 그대로 해석하면, '계산을 하는compute' 사람이란 뜻이었다. 일기 예보에 컴퓨터를 사용하는 아이디어를 맨 처음 생각한 사람은 영국 수학자 루이스 프라이 리처드슨Lewis Fry Richardson이었는데, 궁극적인 일기 예보 센터를 짓기 위해 웅대한 설계 초안을 작성했다. 여러 층으로 이루어진 구형 돔 구조의 일기 예보 센터 각 층에 인간 컴퓨터들을 빽빽이 배치할 계획이었다. 돔의 안쪽 면에는 지구의地球儀처럼 북극을 꼭대기에, 남극을 바닥에 배치하고, 나머지 전 세계의 지도를 그려넣기로 했다. 리처드슨의 컴퓨터들은 매일 주어진 수치 목록을 보면서 데이터를 계산한다. 그 계산은 리처드슨이 대기 모형을 만드는 데 사용한 7개의 방정식을 바탕으로 하고, 각각의 컴퓨터는 세상에서 어느 특정 지역의 날씨 중 한 가지 측면(예컨대 내몽골 지역의 습도 변동을 계속 반복해서 추적하는 일)에만 초점을 맞춰 계산을 진행한다. 마침내 각각의 컴퓨터가 계산 결과를 공기 수송관을 통해 최종 관리자에게 보내면, 파놉티콘의 기둥 위에 서 있는 최종 관리자는 그것들을 취합해 전 세계의 전지적 일기 예보를 만든다.

리처드슨은 실시간 일기 예보를 제공하려면 컴퓨터가 6만 4000명이나 필요할 것이라고 추정했다. NFL(내셔널 풋볼 리그) 경기장을 가득 메운 사람들이 숫자를 가지고 계산하면서 중얼거리는 장면을 상상해 보라. 이 아이디어가 적어도 이론적으로 효과가 있다는 것을 입증하기 위해 리처드슨은 1916년에 시험용 계산을 진행했다. 그는 이 실험을

루이스 프라이 리처드슨의 일기 예보 센터는 축구 경기장만 한 크기였고, 이곳에서 인간 '컴퓨터'를 사용해 날씨를 예측하려고 했다.

가장 불리한 상황에서 했는데, 제1차 세계 대전 당시 프랑스에서 구급차 운전자로 일하는 와중에 진행했다. 45명으로 이루어진 그의 구급대는 오전과 오후, 저녁 시간 대부분을 큰 부상을 입고 진흙탕에 쓰러진 병사들을 끌어내 병원으로 수송하는 일을 하면서 보냈다—병원에 도착하고 나서 대부분은 죽었지만. 전쟁 동안에 그들은 모두 합쳐 약 7만 5000명의 환자를 실어날랐다. 리처드슨은 제정신을 유지하기 위해 날씨 계산을 했다. 건초 더미가 널린 장소에서 책상 위에 종이들을 펼쳐놓고 정신이 멍해질 때까지 계산을 했다. 다른 운전자들은 그를 교수라고 불렀다.

리처드슨의 시험용 계산은 6년 전의 어느 날인 1910년 5월 20일을 표적으로 택했다. 그날은 유럽에서 '기구의 날'로 불렸는데, 유럽 대륙 각지에서 수백 명의 기상학자들이 기상 데이터를 얻기 위해 기구와 연을 하늘로 올려보냈다. 이들의 노력 덕분에 리처드슨은 그날 하루 동안의 날씨 상태에 관해 정확한 정보를 얻을 수 있었고, 그래서 자신의 이론적 계산을 실제 날씨 상태와 비교할 수 있었다.(5월 20일은 때마침 핼리 혜성이 돌아온 날이기도 했다. 이 모든 것이 합쳐져 그날은 과학과 국제적 동지애가 넘치는 영광스럽고 근심 걱정이 없는 날처럼 보였고, 프랑스의 참혹한 참호로부터 몇 세대나 멀리 떨어진 시간에 있는 것 같았다.) 하지만 단 하루에만 한정한 계산조차 매우 버거운 작업이었다. 그래서 리처드슨은 범위를 더 좁혀 7개의 방정식에서 한 가지 변수에만 초점을 맞추기로 했다. 그것은 바로 오전 4시부터 10시까지 독일 바이에른주의 한 좁은 지역에 나타난 기압이었다. 이 작업조차 몇 개월까지는 아니더라도 몇 주일이나 걸렸고, 게다가 샹파뉴 전투 때 공책을 잃어버리는 바람에 계산을 처음부터 다시 해야 할 뻔했다.(나중에 누가 석탄 더미 밑에서 그것을 발견했다.) 이 모든 노고는 교수에게 어떤 보람을 가져다주었을까? 사실상 아무것도 가져다주지 않았다. 6년이나 늦었다는 것 외에도 그의 '일기 예보'는 실제 날씨와 비슷하지조차 않았다. 그의 계산에 따르면, 그날 오전에 바이에른주의 기압은 크게 떨어졌어야 했다. 그러나 실제로는 별다른 변동이 없었다. 그래도 리처드슨은 자신의 노력을 인정받기 위해 실패한 이 연구 결과를 1922년에 발표했다.

리처드슨의 연구는 헛된 것처럼 보였지만, 다음 세대의 기상학자들은 그의 이야기가 주는 교훈을 금방 잊고는 각자 나름의 일기 예보 계획을 추진했다. 그들은 특히 1940년대에 디지털 컴퓨터(정말로 혁신적인 전자 장비)가 나오자 열광했다. 다른 사람도 아니고 최초의 전자 컴퓨터를 설계한 존 폰 노이만John von Neumann 같은 권위자가 에니악ENIAC과 그 밖의 비슷한 전자 장비들이 일기 예보에 아주 이상적인 도구라고 선언했다. 드디어 우리의 시대가 온 것이다!

나비의 날갯짓

에드워드 로렌즈Edward Lorenz는 얼리 어답터 중 한 명이었다. 로렌즈는 1938년에 수학을 전공해 학위를 받았으나, 제1차 세계 대전 때 육군을 위해 잠깐 동안 일기 예보 일을 한 뒤에 날씨 연구에 푹 빠졌다. 그래서 그 후에도 날씨 연구를 계속하다가 1960년대 초에 MIT 기상학과에 자리를 얻었다. 그곳에 있는 동안 설거지통 실험이라 부르는 것을 포함해 대기의 물리적 모형을 연구했다. 설거지통 실험은 얕은 접시에 담긴 물을 연필로 휘저으면서 진행했다. 그러면 잠시 후 유체에 갑자기 소용돌이가 나타나는데, 이 현상을 난류라고 부른다.* 놀랍게도 설거지통 실험은 기상 전선의 난류 운동에 일부 통찰을 제공했다. 하지만 그 실험 장치는 아주 조잡한 것이어서, 로렌즈는 컴퓨터를 사용하면 더 정교한 결과를 얻을 수 있으리라고 기대했다.

초기의 구형 컴퓨터가 얼마나 거대하고 느렸는지는 누구나 알고 있다. 오늘날에 우리가 쓰는 웬만한 가전 제품도 닐 암스트롱Neil Armstrong을 달에 보냈던 메인프레임 컴퓨터보다 메모리가 더 많다. 하지만 여러분은 초기의 컴퓨터가 얼마나 시끄럽고 얼마나 믿을 수 없었는지에 대한 이야기는 별로 많이 들어보지 못했을 것이다. 로렌즈는 로열 맥비 LGP-30이라는 컴퓨터로 작업을 했는데, 이 컴퓨터는 엔진처럼 윙윙거리는 소리가 났고, 일주일에 적어도 한 번은 고장이 났다. 거대한 금속 프레임은 사무실 공간의 대부분을 차지했고(마치 대형 장식장을 그곳에 갖다놓은 것 같았다), 진공관들은 엄청난 양의 열을 뿜어냈다. 맥비가 가동 중일 때 그곳의 국지적 일기 예보는 늘 무덥고 끈적끈적했다.

로렌즈는 맥비를 사용해 루이스 프라이 리처드슨이 제안한 것과 비슷하게 전 세계의 날씨 패턴을 연구하려고 했는데, 다만 방정식은 7개가 아니라 12개나 되었다. 하지만 리처드슨은 계산 결과를 실제 기상 데이터에 맞추려고 한 반면, 로렌즈는 상상력을 마음껏 펼쳤다. 그래서 마치 반신반인이 되기라도 한 것처럼 온도와 기압, 풍속을 마음대로 바꿀 수 있는 자신만의 작은 세계를 만들어냈다. 그러고 나서 모든 것을 저절로 굴러가게 하면서 몇 개월 혹은 몇 년 동안 매일 날씨가 어떻게 펼쳐지는지 관찰했다. 여러분이나 나나 이 시뮬레이션의 결과들을 이해하기는 힘들었을 것이다. 우리는 텔레비전 화면에 빨간색이나 파란색 지역들이 구름 사진과 함께 표시된 일기도에 익숙하다. 그런데 로렌즈가 얻은 것은 프린트된 숫자들뿐이었다. 하지만 그는 이 숫자들을 읽으면서 머릿속에서 그것을 비나 화창한 날씨로 번역할 수 있었다. 마치 음악가가 악보에 적힌 점과 선들을 보면서 교향곡을 들을 수 있는 것처럼 말이다.

1961년의 어느 겨울날 오전, 로렌즈는 얼마 전에 돌렸던 시뮬레이션을 다시 살펴보았다. 그것은 흥미로운 행동을 약간 보여주었는데, 로렌즈는 이번에는 시간을 좀 더 장기간으로 확장해 어떤 일이 일어나는지 보고 싶었다. 전체 과정을 처음부터 다시 돌리다가 맥비의 작동이 멈추는 위험을 감수하기가 싫어 중간 지점부터 다시 돌리기로 했다. 프린트된 숫자열을 보다가 0.506으로 시작하는 줄이 유망해 보여 그 줄을 선택한 뒤, 그 숫자들을 타자로 입력하고는 윙윙거리며 작업을 하는 맥비를 내버려두고 커피를 마시러 자리를 떠났다.

한 시간 뒤에 돌아온 로렌즈는 자리에 앉아 날씨 데이터를 살펴보았다. 그런데 뭔가 이상했다. 로렌즈는 앞서 돌린 시뮬레이션 중 일부를 반복했기 때문에, 당연히 처음부터 저번과 동일한 숫자열들이 나타날 것이라고 예상했다. 그런데 첫 번째 시뮬레이션과 두 번째 시뮬레이션을 비교해보았더니 수치들이 서로에게서 점점 벗어나고 있었다. 처음에는 느린 속도로 일어났지만, 한 단계가 지날 때마다 그 차이는 점점 더 크게 벌어졌다. 얼마 지나지 않아 차이는 더 이상 무시할 수 없는 수준으로 확대되었다. 그것은 마치 3월의 어느 날 정오에 기온이 24°C까지 올라가고 날씨가 화창했는데, 오후 두 시가 되자 갑자기 진눈깨비가 쏟아지는 형국과 같았다. 그만큼 두 시뮬레이션은 차이가 컸다.

제기랄 소리가 저절로 나왔다. 입력값도 똑같고 방정식도 똑같은데, 다른 결과가 나오다니! 그렇다면 생각할 수 있는 원인은 합선밖에 없었다. 크리스마스에 불이 들어오지 않는 전구 하나 때문에 크리스마스트리를 친친 감은 전선 전체를 살펴보며 투덜거리는 아빠처럼 로렌즈는 한 기술자와 함께 맥비의 모든 계전기와 스위치를 샅샅이 확인하면서 몇 시간을 보내야 할 판이었다.

하지만 그렇게 오후 시간을 낭비하기 전에 로렌즈는 잠시 다시 생각해보기로 했다. 그러다가 뭔가가 떠올랐다. 구형 컴퓨터들은 메모리를 절약하기 위해 수치들을 원래의 값 그대로 쓰는 대신에 일정 자릿수에서 잘라 처리하는 경우가 많았다. 맥비의 내부 메모리는 소수 여섯째 자리까지의 값을 처리했지만, 그 수치들을 프린트할 때에는 소수 셋째 자리까지만 줄여서 출력했다. 그래서 로렌즈가 시뮬레이션을 다시 돌릴 때 처음에 0.506을 입력했지만, 그 지점에서의 실제 값은 0.506127이었다. 이것 때문에 그렇게 큰 차이가 발생했단 말인가?

로렌즈는 이 생각을 의심했다. 두 수의 차이는 겨우 5000분의 1, 그러니까 0.02% 정도에 지나지 않았다. 이토록 작은 차이가 어떻게 시뮬레이션 전체를 망칠 만큼 큰 영향을 미칠 수 있단 말인가? 하지만 수들을 다시 훑어본 로렌즈는 처음에 자신이 한 의심을 의심하기 시작했다. 처음의 이 작은 차이가 정말로 최종 결과를 크게 뒤흔들어 놓은 것처럼 보였다.

전통적인 사고에 따르면, 이것은 터무니없는 이야기처럼 보였다. 정상적인 계에서는 거의 동일한 입력은 거의 동일한 출력을 낳아야 한다. 사과를 떨어뜨려 그것이 땅에 떨어지는 장면을 바라본다고 상상해보라. 그것을 다시 들어올려 칼로 전체 무게 중 0.02%를 깎아낸 다음 다시 사과를 떨어뜨려도, 사과가 곧장 땅으로 떨어지지 않고 갑자기 공중에 머무는 일은 절대로 일어나지 않는다. 이번 사과도 저번 사과와 거의 동일한 사과이기 때문에 먼젓번과 똑같이 행동할 것이다. 하지만 로렌즈의 우주에서는 자신이 잘라낸 0.000127이 모든 것을 뒤바꿔놓았다. 왜 그런지는 몰라도 그 값을 12개의 방정식에 집어넣자, 0.02%에 해당하는 그 작은 차이가 갑자기 급팽창하여 날씨를 완전히 뒤바꿔놓았다. 방정식들의 상호 작용이 모든 것을 카오스적으로 만든 것이다.

큰 호기심을 느끼긴 했지만, 로렌즈는 이것은 그저 시뮬레이션에 불과하다고 스스로를 진정시켰다. 실제 날씨하고는 아무 상관이 없는 일이겠거니 하고 여겼다. 하지만 이 작은 문제를 생각하면 할수록 거기에 더 심오한 의미가 담겨 있는 것처럼 보였다. 그 당시 기상학자들은 늘 다음 해의 맥비나 다음 해의 기상 위성이 정확한 일기 예보를 가능케 할 것이라고 떠벌리고 있었다. 하지만 어쩌면 그것은 헛소리일지도 몰랐다. 어쩌면 더 많은 데이터를 처리할 수 있다고 하더라도 정확한 일기 예보를 하는 데 도움이 되지 않을지도 몰랐다. 어쩌면 고려해야 할 변수가 너무 많이 존재할지도 몰랐다. 어쩌면 난류와 예측 불가는 대기의 고유한 특징일지도 몰랐다.

로렌즈는 처음에는 이런 의심들을 대단치 않게 여겼다. 이제 6시 뉴스의 일기 예보에서 실수를 하더라도 적어도 우리에겐 변명할 말이 생겼다고 동료들에게 농담을 건넬 소재 정도로만 여겼다. 하지만 속으로는 큰 흥분을 느꼈고, 이 생각을 더 깊이 파고들기로 마음먹었다. 그 연구는 아주 기묘한 장소로 그를 데려갔다. 몇 달이 지나자, 로렌즈는 자신이 수학이나 과학을 하고 있기나 한 것인지 알 수가 없었다. 그는 수학자처럼 정리를 증명하는 일 같은 것은 하지 않았다. 그저 수많은 데이터에서 경향을 추적하고 있을 뿐이었다. 그것은 진짜 과학 실험에서 나온 실제 데이터도 아니었다. 단지 맥비에서 일어나는 시뮬레이션일 뿐이었다. 그리고 너무나도 이상한 연구였기 때문에, 로렌즈는 그것을 발표하는 데 어려움을 겪었다. 진짜로 관심이 있는 문제가 그 바탕에 있는 수학이라면, 실제 논문에서는 일기 예보에 관한 내용을 무의미한 단락들로 채우는 식으로 가끔 속임수도 썼다. 그러고 나서도 스웨덴의 기상학 학술지처럼 잘 알려지지 않은 곳에 논문을 발표할 때가 많았다. MIT의 교수가 논문을 발표하리라고는 아무도 생각하지 않는 그런 곳에 말이다.

하지만 1960년대에 점점 더 많은 일기 예보 모형들이 좌초하면서 에드워드 로렌즈를 지지하는 사람들이 점차 늘어나게 되었다. 로렌즈는 스톰퓨리 계획에 자문 위원으로 참여했는데, 날씨 예측(날씨 조절은 말할 것도 없고)에 대해 점점 커져간 그의 의심이 그 계획을 중단시키는 데 일조했던 게 분명하다. 1970년대에 접어들자 마침내 큰 변화가 일어나 날씨의 카오스적 본질에 대한 로렌즈의 개념이 주류가 되었다. 로렌즈는 자신의 직관을 20세기의 가장 매력적인 은유 중 하나로 표현함으로써 이름을 널리 떨쳤다. 이 은유는 1972년에 로렌즈가 쓴 논문 제목에 처음 나타났다. 그 제목은 「예측 가능성: 브라질에서 나비 한 마리가 퍼덕인 날갯짓이 텍사스주에 토네이도를 일으킬까?」였다. 작고 하찮은 차이가 복잡성으로 폭발해 정말로 아주 중요한 것으로 변하는 경향을 지금은 나비 효과butterfly effect라고 부른다.

1980년대에 다른 과학자들과 수학자들이 로렌즈의 연구를 더 확대 발전시켰고, 오늘날 우리는 로렌즈를 날씨를 넘어 훨씬 광범위한 영역까지 다루는 카오스 이론의 선구자로 간주한다. 카오스 이론을 사용하면 산과 삼각주의 모양을 추적할 수 있고, 왜 관 속을 흐르는 하수가 갑자기 난류로 변하는지 설명할 수 있다. 또 상품 가격이 톱니처럼 상승과 하락을 반복하는 현상을 분석할 수 있으며, 심지어 테마파크에서 유전공학으로 만든 공룡들이 언제 광란을 벌일지 예측할 수도 있다. 얼핏 보기에 이것들은 서로 아무 관계가 없는 별개의 일들인 것 같지만, 모두 그 바탕에 비슷한 특징을 공유하고 있다. 순탄하던 행동이 눈 깜짝할 사이에 갑자기 혼란스러운 행동으로 급변하는 경향도 그중 하나이다. 카오스 이론은 믿을 수 없을 만큼 광범위한 영역에 영향을 미쳤기 때문에, 일부 역사학자들은 카오스 이론을 상대성 이론, 양자역학과 함께 20세기 과학에서 일어난 진정한 세 가지 혁신 중 하나로 꼽았다. 만약 이 판단이 계속 유지된다면, 언젠가 우리 후손들은 아인슈타인이라는 특허청 직원과 로렌즈라는 기상학자를 동급으로 이야기할 날이 올 것이다.

역사적 평가와 상관없이, 카오스 이론은 날씨를 정확하게 예측하려는 인간의 노력이 헛된 것임을 보여주었다. 이것은 기상학자들의 노력을 깎아내리려는 것이 아니다. 최신 인공위성과 슈퍼컴퓨터 덕분에 오늘날의 기상학자들은 며칠—소풍 계획을 세우는 데뿐만 아니라 치명적인 폭풍을 경고하는 데 아주 중요한 시간의 창—뒤의 일기 예보를 (대개) 정확하게 할 수 있다.(오늘날 허리케인으로 인한 사망자 수가 1900년에 비해 1%로 줄어든 것은 모두 기상학자들 덕분이다.) 하지만 일주일 뒤의 일기 예보는 개략적인 수준에 머물며, 몇 개월 뒤의 일기 예보는 주술사의 예언보다 별로 나을 것이 없다. 우리는 수십 년 뒤에 일어날 일식은 정확하게 예측할 수 있지만, 날씨의 경우에는 너무나도 많은 공기 덩어리가 너무나도 많은 지표면의 요철과 충돌하기 때문에 그것들을 모두 일일이 추적할 수가 없다. 너무나도 많은 나비가 날갯짓을 하면서 토네이도를 일으키고 있는 형국인 셈이다.

따라서 우리가 신뢰하는 기체 법칙은 이 책에서 처음으로 씁쓸한 실패를 맛본다. 기체 법칙은 뜨거운 열기구를 날리는 것에서부터 아이스박스를 냉동시키는 것에 이르기까지 모든 것에 훌륭하고 확고한 틀을 제공했다. 그리고 수증기의 역할처럼 날씨의 많은 기본적 특징도 꽤 훌륭하게 설명할 수 있다. 하지만 회전하는 행성 전체에서 떠돌아다니는 그 모든 기체들은 결국 광란에 가까운 행동을 보이기 때문에, 근사하고 깔끔하고 단순한 부피-온도-압력 관계로는 더 이상 설명할 수 없는 지경에 이르고 만다. 우리가 미처 알아채기도 전에 여름날의 미풍은 으르렁거리며 난류로 변하고, 우리 머리 위에 떠 있던 솜털 같은 흰 구름은 불길하게 어두운 색으로 변해간다. 언제나 승자는 카오스이다.

날씨가 얼마나 복잡한지 최초로 알아챈 사람은 물론 로렌즈가 아니다. 그것은 루이스 프라이 리처드슨이 로렌즈에게 말해줄 수도 있었을 것이다. 하지만 로렌즈는 우리가 무지의 베일을 결코 걷어낼 수 없을지도 모른다는 사실을(즉, 허리케인의 눈을 아무리 열심히 들여다보더라도, 우리는 그 영혼을 결코 이해하지 못하리란 것을) 깨닫게 해주었다. 장기적으로 본다면, 이것은 우리가 폭풍을 와해시킬 수 없다는 사실보다 받아들이기가 더 힘들지도 모른다. 약 300년 전에 우리는 자신을 호모 사피엔스*Homo sapiens*, 즉 지혜로운 유인원이라고 명명했다. 우리는 생각하고 지식을 얻는 우리의 능력에 우쭐했고, 날씨도 우리가 이해할 수 있는 범위 안에 있다고 생각했다—날씨는 기껏해야 뜨겁고 차가운 기체 덩어리들의 상호 작용에 불과하니까. 하지만 우리는 우리가 붙인 이름의 어원을 기억할 필요가 있다. 기체를 뜻하는 가스gas란 단어는 카오스chaos에서 유래했다. 고대 신화에서 카오스는 심지어 신조차 마음대로 통제할 수 없는 존재였다.

못다 한 이야기

로스웰 대소동

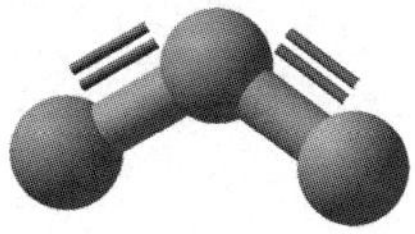

오존(O_3)—현재 지표면 부근에서의 공기 중 농도는 0.1ppm. 한 번 숨을 들이쉴 때마다 오존 분자 약 1000조 개가 폐로 들어온다. 성층권에서의 농도는 1ppm 이상이다(하지만 이곳에서 여러분이 숨을 쉴 일은 없을 것이다!).

20세기에 기상학자들은 대기의 작용, 특히 높은 고도에서 대기의 작용을 탐구하기 위해 컴퓨터를 사용하는 것 말고도 새로 개발된 기상 관측 기구를 활용했다. 그리고 컴퓨터와 마찬가지로 기상 관측 기구도 공기의 작용 방식에 대해 몇 가지 중요한 통찰을 낳았다. 게다가 기억에 남을 만한 한 사건은 지상의 과학자들을 난처한 상황으로 몰아넣었다.

그것은 1947년 6월의 어느 날 아침, 맥 브래절Mac Brazel이라는 목장 감독이 폭풍우가 몰아친 후 땅 위에 널려 있는 금속과 플라스틱 부스러기를 발견하면서 시작되었다. 그때 브래절은 그 후 50년 동안 이어질 히스테리 반응과 음모론을 촉발할 생각이 전혀 없었다. 그저 그 부스러기들을 그냥 내버려두었다가 양이 그것을 씹어먹는 불상사를 막기 위해 그것들을 모

맥 브래절(사진 속의 인물이 아님)이 목장에서 발견한 부스러기 중 일부.
(사진 제공: 텍사스 대학교 알링턴 도서관의 특별 컬렉션인 포트워스 스타텔레그램 컬렉션)

아 헛간에 처박아두고는 잊어버리려고 했다.

다만, 그것에 대해 생각하면 할수록 자꾸 신경이 쓰였다. 그가 일하는 목장은 뉴멕시코주의 일부 군사 기지들에서 가까운 곳에 있었고, 그곳 과학자들은 늘 미사일과 기상 관측 기구를 날려보내 그 잔해가 민간인 거주 지역에 떨어지는 일이 종종 있었다. 사실, 브래절은 전에도 기상 관측 기구 잔해를 두 번이나 발견한 적이 있었다. 하지만 이번에는 뭔가 달랐다. 추락한 물체가 충돌하면서 땅 위에 깊은 구덩이가 파였는데, 연약한 기구가 충돌해 그런 구덩이가 생긴다는 것은 아무래도 불가능해 보였다. 그리고 금속과 플라스틱 부스러기는 아무리 봐도 기구에서 나온 것 같지 않았다. 가장 신경이 쓰이는 것은 잔해 중에 짧은 나무 기둥이 몇 개 있었는데, 거기에 자주색으로 뭔가 갈겨 쓴 자국이 있다는 사실이었다. 그것은 글자처럼 보였지만, 브래절이 알고 있는 지구상의 문자가 아니었다.

며칠 뒤, 브래절은 그 잔해를 이웃들에게 보여주었다. 그들은 얼마 전에 그 주변에서 미확인 비행 물체가 나타났다는 소문을 들었다고 말했다. 이 이야기에 두려운 마음이 든 브래절은 7월 7일에 120km 떨어진 로스웰의 보안관을 찾아갔다. 그러자 보안관은 근처의 공군 기지에서 근무하던 장교들을 불렀다.

장교들은 헛간에 가서 부스러기들을 조사하고는, 그것들을 조립해 원래의 형태로 복원하려고 시도했다. 하지만 얼마 지나지 않아 그들은 머리를 긁적이며 포기하고 말았다. 그들은 또 브래절의 칼을 빌려 금속 부스러기를 자르려 했고, 부스러기 일부를 성냥으로 태우려고 했지만, 둘 다 실패했다. 마지막으로 자주색 낙서를 조사했는데, 그러면서 그것을 '상형문자'라고 부르기 시작했다. 그리고 나서 그들은 이 모든 것을 압수하기로 결정했다.

브래절 때문에 현지에서는 그때까지 며칠 동안 갖가지 소문이 걷잡을 수 없이 퍼져나가고 있었다. 하지만 공군 당국은 비밀을 지키는 대신에 "'비행접시'에 관한 소문은 어제 사실로 확인되었다."라는 아주 멍청한 보도 자료를 발표했다. 물론 그 당시에 '비행접시'나 '미확인 비행 물체'라는 표현은 지금보다 훨씬 불분명한 의미로 쓰인 것이 사실이지만, 사람들의 상상력이 그것에 아주 구체적인 의미를 부여하기까지는 오랜 시간이 걸리지 않았다.

그래도 아직은 온갖 소문이 곧 잠잠하게 가라앉을 여지가 충분했다. 그런데 공군의 고위 장교들이 나서서 앞서 배포한 보도 자료를 철회하라고 요구했다. 실제로 한 장교는 신문사들과 방송국들을 방문해 배포된 보도 자료를 도로 회수했다. 이 조치는 의심을 품은 사람들에게 모종의 음모가 있는 게 아닐까 하는 생각을 더 부추겼다. 공군은 무엇을 두려워하는 걸까? 그들은 무엇을 숨기고 있을까? 공군이 모든 부스러기가 기상 관측 기구의 잔해라고 주장하자, 사람들의 의심은 더욱 커졌다. 말도 안 되는 억지로 보였기 때문이다. 실제로 오늘날 우리는 공군의 주장은 거짓이었다고 확실히 말할 수 있다. 맥 브래절이 발견한 것은 기상 관측 기구가 아니었다. 하지만 공군이 거짓말을 하면서 숨기려고 한 것은 여러분이 기대하는 그런 것도 아니었다.

로스웰 사건은 군 당국과 계약을 맺고 연구를 하던 컬럼비아 대학교 지구물리학자 모리스 유잉Maurice Ewing으로부터 시작되었다. 그 당시의 여느 미국인과 마찬가지로 유잉은 소련이 원자폭탄을 손에 넣는 상황을 매우 두

Leased Wire
Associated Press

Roswell Daily Record

RECORD PHONES
Business Office 2288
News Department
2287

Movies as Usual

Claims Army Is Stacking Courts Martial

Indiana Senator Lays Protest Before Patterson

RAAF Captures Flying Saucer On Ranch in Roswell Region

House Passes Tax Slash by Large Margin

Defeat Amendment By Demos to Remove Many From Rolls

Security Council Paves Way to Talks On Arms Reductions

No Details of Flying Disk Are Revealed

Roswell Hardware Man and Wife Report Disk Seen

Ex-King Carol Weds Mme. Lupescu

Some of Soviet Satellites May Attend Paris Meeting

Roswellians Have Differing Opinions On Flying Saucers

American League Wins All-Star Game

Miners and Operators Sign Highest Wage Pact in History

1946년 7월 6일 자 〈로스웰 데일리 레코드〉의 머리기사로 실려 유명해진 '비행접시' 헤드라인.

려워했다. 하지만 인공위성과 낙진 탐지기가 아직 등장하기 전이었기 때문에, 그 당시에는 소련이 무슨 일을 하고 있는지 제대로 알 수가 없었다. 그래서 유잉은 소련을 정찰할 수 있는 방법을 생각하기 시작했다. 그러다가 마침내 대기 중의 음파 통로라는 지역(약 14km 상공에 위치한)에 마이크로폰을 띄워 올려놓고 멀리서 핵폭발을 도청하는 방법을 생각해냈다.

유잉의 아이디어를 이해하려면, 소리에 대해 세 가지 사실을 알 필요가 있다. 첫째, 음파는 찬 공기보다 따뜻한 공기 속에서 더 빨리 나아간다. 그 이유는 소리가 서로 충돌하는 분자들에 의존해 전달되기 때문이다. 그것은 도미노와 비슷하다. 누가 말을 하면, 입을 떠난 공기 분자들이 가까이 있던 공기 분자들에 충돌한다. 그러면 이 분자들이 움직이면서 두 번째 층의 분자들과 충돌하고, 다시 이 분자들이 세 번째 층의 분자들과 충돌하는 일이 계속 이어지다가, 결국 그 소리가 우리 귀로 들어오는 것이다.* 여기서 핵심은 공기 분자들이 낮은 온도에서보다 높은 온도에서 더 빠른 속도로 움직인다는 것이다. 소리는 본질적으로 공기 분자들의 릴레이 경주이기 때문에, 따뜻한 공기 속에서 더 빨리 움직이는 분자들이 소리를 더 빨리 전달할 수 있다. 소리의 속도는 -18°C의 공기 속에서는 시속 1155km인 반면, 22°C의 공기 속에서는 시속 1242km로 껑충 뛴다.

둘째, 소리가 항상 직선으로만 나아가는 것은 아니다. 어떤 환경에서는 구부러지면서 나아가기도 한다. 특히 따뜻한 공기층과 찬 공기층이 있을 경우, 음파는 항상 더 느린 층(더 차가운 층) 쪽으로 구부러진다. 이렇게 소리가 구부러지는 현상을 굴절이라고 한다.

굴절이 어떻게 일어나는지 이해하려면, 트럼펫 연주자가 돔 구장의 엔드 존(미식 축구에서 골 라인과 엔드 라인 사이의 터치다운 구역—옮긴이)에서 있다고 상상해보라. 또, 여름이어서 경기장의 온도를 시원하게 유지하려고 에어컨들이 풀가동되고 있다고 상상하라. 그래서 천장 가까이에는 찬 공기층이 있지만, 아래쪽의 지면 부근은 따뜻한 공기로 뒤덮여 있다. 굴절 현상 때문에 트럼펫에서 나온 소리는 더 차가운 공기가 있는 위쪽을 향해 구부러질 것이다. 그래서 반대편 엔드 존에 서 있는 사람에게는 트럼펫 소리가 잘 들리지 않는데, 소리가 머리 위로 솟아오르기 때문이다. 반대로 겨울철에 경기가 열렸다고 상상해보자. 이번에는 경기장의 히터들이 풀가동되어 천장 부근에는 따뜻한 공기층이, 아래쪽에는 찬 공기층이 형성된다. 그래서 트럼펫 소리는 처음에는 위로 솟아오르다가 곧 지면을 향해 아래쪽으로 구부러지며 내려오기 때문에, 멀리 있는 사람에게도 소리가 잘 들린다. 다시 말하지만, 소리는 항상 더 차가운 공기가 있는 쪽으로 구부러진다.

소리에 대해 알아야 할 세 번째 사실은 대기의 온도 분포와 관련이 있다. 위로 높이 올라갈수록 기온이 낮아진다는 사실은 모두가 알고 있다. 적도 부근의 산꼭대기가 눈으로 덮여 있는 이유도 이 때문이다. 약 1만 3500m 고도에서는 기온이 -50°C로 떨어져 소리의 속도가 시속 약 1080km로 떨어진다. 그리고 앞에서 설명한 것처럼 실외의 소음은 이 차가운 공기 쪽을 향해 위쪽으로 구부러지는 경향이 있다. 이것은 초기의 기구 비행사들이 저 아래에서 개가 짖는 소리나 수탉이 우는 소리를 아주 선명하게 들을 수 있었던 이유를 설명해준다. 대기는 실제로 깔때기처럼 소음을 위쪽으로 보낸다.

하지만 위로 올라갈수록 기온이 내려가는 경향은 어느 지점에 이르면 끝난다. 그 지점은 고도 1만 8000m 부근인데, 여기서 오존층이 나타나기 시작한다. 오존은 우리의 DNA를 파괴하는 유해한 자외선을 흡수한다. 오존층이 없었더라면, 생명은 바다에서 나와 육상으로 진출할 수 없었을 것이다. 자외선을 흡수한 오존은 뜨거워진다. 만약 대기권에 있는 모든 오존을 모아 짓누르면, 그것은 지구를 둘러싼 두께 3mm의 껍질층을 이룰 것이다. 하지만 오존은 자외선을 아주 잘 흡수하기 때문에, 이 적은 양만으로도 4만 5000m 상공의 공기를 아늑한 0°C까지 끌어올릴 수 있다. 따라서 전체적으로 지구를 둘러싼 공기는 일종의 온도 샌드위치 형태를 하고 있다. 즉, 따뜻한 공기층 둘(하나는 지면 근처에, 또 하나는 4만 5000m 상공에)과 그 사이에 낀 차가운 공기층 하나로 이루어져 있다는 것이다.

이것은 다음과 같은 결과를 낳는다. 이러한 온도 분포는 소리를 크게 증폭시킨다. 지상에 엽총을 쏘는 사냥꾼이 있다고 하자. 위에서 이야기한 대로 그 소리는 더 차가운 상층 대기를 향해 구부러져 올라갈 것이다. 그런데 소리는 이 층에 도달한 뒤에 그냥 그대로 멈추지 않는다. 힘을 얻어 계속 나아간다. 그래서 1만 3500m에서 차가운 층을 지난 뒤에는 당연히 그 위에 있는 따뜻한 오존층으로 들어간다. 그리고 소리는 따뜻한 공기

쪽에서 차가운 공기 쪽으로 구부러지기 때문에, 엽총 소리는 이 지점에서 부드럽게 유턴을 해 화살처럼 아래로 떨어지기 시작한다. 다시 말해서, 오존층은 소리를 오던 방향으로 되돌려보낸다.

그다음에는 더욱 기묘한 일이 일어난다. 아래로 떨어지기 시작한 뒤에도 소리는 여전히 상당히 많은 힘을 지니고 있다. 그래서 1만 3500m 지점에서 차가운 층을 곧장 통과해 지상을 향해 나아간다. 그런데 지면에 가까워지면 어떤 일이 일어날까? 따뜻한 공기층을 만나게 된다. 그리고 소리는 항상 따뜻한 공기 쪽에서 차가운 공기 쪽으로 구부러지기 때문에, 음파 에너지 중 대부분은 다시 방향을 돌려 위로 솟아오르기 시작한다. 물론 이렇게 재상승한 소리는 오존으로 따뜻해진 위쪽의 공기층과 다시 충돌하게 된다. 거기서 소리는 세 번째로 방향을 돌려 다시 지상을 향해 내려오기 시작한다. 그렇게 계속 내려오다가 다시 지면 가까이에서 따뜻한 공기를 만나 또다시 방향을 바꾸어 높이 솟구치기 시작한다. 다시 말해서, 엽총 소리는 순환 고리에 갇힌다. 소리는 올라갔다가 내려오고, 다시 올라갔다가 내려오면서 그 차가운 공기층 주변에서 진동한다. 그래서 이 차가운 공기층을 음파 통로라고 부르는데, 이곳으로 휩쓸려간 소리가 거기서 탈출하기가 어렵기 때문이다.

음파 통로에 대해 짚고 넘어가야 할 주의 사항이 몇 가지 있다. 첫째, 매우 강한 소리만이 그 정도 높이까지 올라가 그곳의 순환 고리에 갇힐 만큼 충분한 에너지가 있다. 다행히도 여러분이 어젯밤에 달콤하게 속삭인 하찮은 말이 아직도 성층권 주변에서 오르락내리락하고 있을 가능성은 없다. 게다가 아주 강한 소리*는 처음에 하늘에서 유턴을 한 뒤에 가끔 충분한 에너지와 운동량을 갖고 있어 지면 근처의 따뜻한 공기층을 통과해 지상에 있는 사람들의 귀에 도달할 수 있다. 우리는 세인트헬렌스 화

산이 폭발할 때 이미 이것을 경험했다. 분화 현장 가까이 있던 사람들은 아무것도 듣지 못한 반면, 멀리 떨어진 곳에 있던 사람들은 큰 소리에 귀가 먹먹했다고 한 이야기를 기억하는가? 그 이유는 처음에는 폭발 소리가 더 차가운 공기를 향해 구부러져 올라가면서 가까이 있던 사람들의 머리 위로 지나가 약 100km 이내 지역에 '소리 그늘'을 만들어냈기 때문이다. 하지만 그 소리는 높은 곳의 따뜻한 공기층에 부딪치자 급강하하여 멀리 있는 사람들에게는 잘 들렸다. 히로시마에 원자폭탄을 투하했을 때에도 비슷한 일이 일어났다. 투하 장소 가까이에 있던 생존자들은 '피카ピカ'를 보았다고 이야기한 반면, 더 먼 곳에 있었던 사람들은 '피카 돈ピカドン'을 경험했다고 말했다. 일본어로 피카는 '번쩍', 돈은 '쾅'이란 뜻이므로, 피카는 폭발의 섬광을 가리키고, 피카 돈은 섬광과 폭발음을 가리킨다.

모리스 유잉은 1944년에 처음 음파 통로 물리학 개념을 생각해냈다.* 하지만 유잉이 또 다른 것을 깨닫기 전까지 그것은 그냥 신기한 것에 지나지 않았다. 이제 유잉은 그 통로 위나 아래에서 생겨난 소리에 무슨 일이 일어나는지 이해했다. 그 소리는 음파 통로를 향해 이동한다. 그렇다면 그 통로 '내부'에서 생겨난 소리는 어떻게 될까? 그 소리는 어떤 행동을 보일까?

엽총 소리를 다시 한번 생각해보자. 하지만 이번에는 온도가 아주 낮은 고도 1만 3500m에서 그 소리가 났다고 하자. 모든 소리와 마찬가지로 생겨난 장소가 어딘가에 상관없이 엽총 소리는 처음에는 사방으로 퍼져나가기 시작한다. 그리고 이렇게 퍼져가면서 소리는 대개 약해진다. 하지만 이 특별한 고도 주변에서는 특이한 일이 일어난다. 위로건 아래로건 어느 방향으로 나아가든지 상관없이 음파는 더 따뜻한 공기를 만나 다시 중심 쪽으로 밀려나게 된다. 그 결과로 음파 통로 내부에서 생긴 소리는 밖으로 많이 퍼져나가지 못한다. 이것은 소리가 약해지지 않는다는 걸 뜻한다. 그래서 이 소리는 정상적인 상황에 비해 훨씬 먼 거리에서도 들을 수 있다. 사실상 소리가 증폭되는 셈이다.

1947년에 유잉은 이러한 실질적인 소리의 증폭을 이용해 소련을 정찰할 수 있다는 사실을 깨달았다. 물론 소련이 핵무기를 14km 상공에서 폭발시키지는 않을 것이다. 그것은 아주 높은 고도이다. 하지만 유잉은 버섯구름이 흔히 그 정도 높이까지 솟아오른다는 사실을 알고 있었다. 버섯구름은 뜨거운 기체 덩어리로, 주변의 공기 분자들과 충돌한다. 주변의 공기 분자들과 충돌하는 것은 기본적으로 소리가 난다는 뜻이므로, 유잉은 소련의 버섯구름이 14km 상공까지 솟아올라 지구 반대편에서 자신이 그 소리를 들을 수 있길 바랐다. 그저 마이크로폰이 탑재된 기구를 음파 통로까지 올려보내기만 하면, 공군은 그 소리를 엿들을 수 있을 것이다. 공군은 이 계획을 모굴 계획Project Mogul이라고 불렀다.

유잉은 처음에는 모굴 계획에 대해 아주 낙관적인 견해를 가졌지만, 1947년 초에 뉴멕시코주의 앨라모고도 공군 비행장에서 시험을 시작하면서 여러 가지 난관에 부닥쳤다. 기구를 일정한 고도에 머물도록 하는 게 한 가지 문제였는데, 햇빛이 구피를 가열했기 때문이다. 구피가 가열되면 내부의 기체가 따뜻해져 기구가 음파 통로 위로 솟아오르는 문제가 발생했다. 유잉 팀은 기구를 투명하게 만들어 햇빛을 그냥 통과하게 함으로써 이 문제에 대처했다.(유잉은 매년 뉴욕에서 메이시스 백화점 주최로 열리는 메이시스 추수감사절 퍼레이드에 사용된 최초의 풍선 인형을 만든 회사에 투명

기구를 주문했다. 투명 기구를 처음 본 조수들의 머릿속에는 즉각 다른 것이 떠올랐는데, 바로 거대한 콘돔이었다.)

또 다른 문제는 기구를 추적하는 것이었는데, 기구가 바람에 따라 제멋대로 날아갔기 때문이다. 유잉은 레이더로 추적하자고 제안했지만, 앨라마고도의 레이더 장비로는 높은 고도를 나는 이 작은 표적을 포착하기가 어려웠다. 그래서 과학자들은 하나가 아니라 30개의 기구를 한꺼번에 올려보내기로 했다. 서로 줄줄이 묶인 기구들은 65층 높이의 기둥이 되어 날아올랐는데, 이것은 자유의 여신상보다 두 배 이상 높은 것이었다. 이 기둥 모양의 기구에 레이더 반사체도 추가했는데, 이 금속 표면은 레이더 전파를 반사해 지상으로 되돌려보내는 데 도움을 주었다. 각각의 반사체는 금속제 방패연처럼 생겼는데, 모굴 계획 담당자들은 이것을 장난감 회사에 의뢰해 만들었다. 과학자들은 미학적인 것에는 신경을 쓰지 않았기 때문에, 장난감 회사는 반사체들을 접착제와 테이프로 기구에 붙였다. 전시의 물자 부족 상황이 계속 이어지던 시절이라 테이프가 귀했기 때문에, 장난감 회사는 보유하고 있던 익살스러운 신제품 테이프를 사용했는데, 이 테이프에는 자주색으로 구불구불한 상형 문자가 새겨져 있었다.

아마 여러분도 짐작했겠지만, 1947년에 로스웰 하늘에 나타난 '미확인 비행 물체' 목격 사례 중 상당수는 바로 금속과 플라스틱, 고무로 만든 이 볼품사나운 기둥을 본 것이었다. 하늘에 떠다닐 때 이 기둥은 각 부분들이 각각 다른 시각에 바람에 따라 좌우로 구불거리면서 아주 신비로운 방식으로 움직였다. 레이더 반사체는 달빛을 받아 기괴하게 번득였고, 기둥이 추락할 때에는 금속이 땅에 충돌해 구덩이를 만들었으며, 다른 기상 관측 위성보다 훨씬 많은 잔해 부스러기를 남겼다.

이렇게 잔해를 널리 뿌리는 경향은 모리스 유잉에게 골칫거리를 안겨주었다. 말도 안 되는 소리처럼 들릴지 모르지만, 모굴 계획은 맨해튼 계획과 동일한 초특급 기밀로 분류되었다. 140km 밖의 로스웰 비행장에서 일하던 사람들도 모굴 계획을 전혀 몰랐고, 이 때문에 유잉 팀은 모두 합쳐 110회의 기구 비행에서 생긴 잔해를 모두 회수하기 위해 재빨리 움직여야 했다. 추락한 기구는 대개 아주 쉽게 발견되었다. 기구를 회수하지 못했을 때, 그들은 실마리를 얻기 위해 라디오에서 내보낸 UFO 목격담에 귀를 기울인 적도 있었다. 하지만 회수하지 못한 기구들도 있었는데, 맥브래절의 목장에 추락한 것도 그중 하나였다.

훗날 브래절은 그 때문에 일어난 대소동을 돌아보면서 자신의 헛간을 잠가두고 입을 다물지 않은 걸 후회했다. 하지만 이유야 무엇이었건, 전 세계 각지에서 많은 사람들은 그의 이야기를 증폭시켰고, 그가 발견한 잔해는 딴 세계에서 온 것이라는 명성을 얻게 되었다. 군 당국의 반응은 사람들의 의심에 기름을 부었고, 로스웰 사건은 오늘날 우리가 아는 것과 같은 현상(로스웰 UFO 추락 사건)으로 금방 변질되었다.

한편, 모굴 계획은 비밀리에 몇 년 더 계속되었다. 일부 보고에 따르면, 모굴 계획의 기구들이 1949년 8월에 일어난 소련의 첫 번째 핵무기(조-1Joe-1) 실험을 탐지하는 데 성공했다고 한다. 하지만 그것은 더 값싸고 더 신뢰할 수 있는 다른 방법들을 통해서도 탐지되었다. 예를 들어 비행기를 하늘 높이 날려보내 공중에서 방사성 낙진을 수집하는 방법도 있었다. 이렇게 미미한 성과를 거두며 몇 년을 보낸 뒤, 공군은 1950년에 마침내 모굴 계획을 종료했다.

모굴 계획이 역사의 쓰레기통으로 들어간 이 시점에서 군 당국은 사실을 털어놓을 수도 있었다. 하지만 군 당국은 끝까지 피해망상에 사로잡혀 완강한 태도를 유지하면서 유치한 기상 관측 기구 이야기를 계속 고집했다. 아마도 그들의 상상 속에서는 소련의 위협이 너무나도 크게 자리잡고 있었던 나머지, 비록 실패로 끝난 것이라도 그들을 정찰하려던 시도가 있었다는 정보를 소련 측에 알려주느니 차라리 외계인 침공 소문이 퍼지는 쪽을 선택했던 것으로 보인다. 1990년대에 마침내 공군은 모굴 계획의 진상을 자세히 밝혔지만, 이미 늦은 뒤였다. 로스웰 UFO 추락 사건 소문은 그 자체로 하나의 진실처럼 자리를 잡고 난 뒤였다.

모굴 계획의 기구 실험을 재연하는 장면. (사진 제공: 〈스켑티컬 인콰이어러*Skeptical Inquirer*〉의 조 니켈Joe Nickell)

하지만 여기에는 반전이 있는데, 역사는 음모론을 제기한 자들이 옳았다는 것을 보여주었다. 공군은 실제로 그 당시 거짓말을 했는데, 1947년에 로스웰 상공의 하늘을 자세히 조사한 것은 사실이다. 다만, 외계인 비행선을 찾기 위해서 그런 게 아니라, 음파 통로에서 불길한 소리를 찾기 위해서 그랬다. 곡절이 많은 이 이야기는 우리 대기의 음향학적 변덕 때문에 시작되었는데, 이 변덕은 에너지를 흡수하는 오존의 뛰어난 능력 때문에 일어난다. 오존은 땅 위에서 살아가는 동물들의 DNA를 보호함으로써 지구에서 생물의 진화를 가속하는 데 어떤 기체보다도 큰 역할을 했다. 그리고 오존은 모굴 계획을 추진하게 함으로써 더 많은 사람들에게 다음 장의 주제인 다른 행성의 생명에 대한 확신을 심어주었다.

9장

외계 행성의 공기

이 책에서 지금까지 우리는 우리의 공기 바다가 얼마나 광대하고 인간의 삶에 얼마나 큰 영향을 미쳤는지(그리고 계속 미치고 있는지) 보여주는 예들을 보았다. 이제 우리의 지평을 더 넓혀 다른 행성들의 대기를 탐구할 때가 되었다. 왜냐하면 아무리 풍부하고 연구할 보람이 있다고 하더라도, 지구의 대기는 그저 하나의 사례에 불과하기 때문이다. 그렇다면 무한한 우주에는 또 어떤 종류의 공기들이 존재할까? 외계 생명체는 어떤 공기를 호흡할까? 그리고 만약 인간이 그 공기를 호흡하려고 하면 어떤 일이 일어날까?

다른 대기들을 살펴보는 과정에서 우리의 공기에 대해서도, 그것이 얼마나 소중하고 취약한지를 포함해 새로운 사실들을 발견하게 될 것이다. 앞 장은 인간이 제한된 범위 내에서만 날씨를 조절할 수 있다는 결론으로 끝났다. 하지만 대기가 압도적으로 크고 우리 인간은 하찮을 정도로 작아서 우리가 어떤 방식으로건 공기에 영향을 미칠 수 없다는 뜻으로 말한 것은 아니다. 오히려 그 반대다. 우리는 날씨를 우리가 원하는 대로는 결코 변화시킬 수 없을 테지만, 그렇다고 해서 원하는 대로는 아니더라도 더 중요한 방식으로 기후를 변화시킬 수 없다는 뜻은 아니다.

외계 생명체의 존재 가능성

로스웰 사건 이후에 은박지 모자와 항문 검사에 집착하는(일부 흐리멍덩한 사람들은 은박지 모자가 외계인이 뇌를 읽기 위해 사용하는 전자기파를 차단하며, 외계인이 사람을 납치해 항문에 이식물을 집어넣는다고 믿었다.—옮긴이) 군중이 논의의 주도권을 장악한 것은 부끄러운 일이지만, 외계 생명체 연구는 사실 화려한 혈통을 자랑한다. 요하네스 케플러Johannes Kepler는 달에서 선진 문명의 증거를 발견했다고 장담했으며, 윌리엄 허셜도 태양에서 외계 문명의 증거를 발견했다고 주장했다. 이마누엘 칸트Immanuel Kant와 크리스티안 하위헌스Christaan Huygens는 외계 생명체에 대해 긴 글을 썼으며, 카를 프리드리히 가우스Carl Friedrich Gauss와 벤저민 프랭클린 역시 그랬다. 일부 사상가는 심지어 지적 수준이 비슷한 외계인에게 신호를 보내는 방법을 제안하기도 했다. 이들은 시베리아에 거대한 직각삼각형 모양의 밀밭을 만들거나, 사하라 사막에 거대한 운하를 건설한 뒤 기름을 채우고 불태우자고 제안했다.

아마도 외계 생명체 지지자 중에서 가장 유명한 사람은 부유한 미국 대사이자 저자로 말년에 천문학에 푹 빠졌던 퍼시벌 로웰Percival

Lowell일 것이다. 로웰은 1870년대에 화성 표면에서 가로세로로 교차하면서 지나가는 검은색의 카날리*canali*를 보았는데, 일부 선은 길이가 5000km나 되었다고 주장한 이탈리아 천문학자에게서 큰 자극을 받았다. 로웰은 카날리를 언급한 그 글을 읽은 즉시 당시에 역사상 가장 경이로운 공학 기술의 산물이었던 수에즈 운하를 떠올렸다. 그리고 화성의 운하는 이보다 훨씬 더 거대한 규모라고 확신하고서 이것을 조사하기 위해 애리조나주에 개인 천문대를 세웠는데, 망원경 하나에만 2만 달러(오늘날의 가치로는 약 50만 달러)를 썼다. 차라리 이탈리아어 선생에게 20달러를 쓰는 편이 더 나았을 것이다. 그랬더라면 이탈리아어 '*canali*'가 영어의 'canal(운하)'이 아니라, '수로'라는 더 중립적인 뜻을 지닌 단어임을 알았을 텐데 말이다. 어쨌거나 로웰은 화성인이 건설한 운하를 열심히 찾기 시작했다. 그는 또한 봄가을의 계절 변화에 따라 화성에서 '식물'이 무성했다가 줄어드는 증거를 발견했다고 주장했다. 대다수 천문학자들은 처음에는 로웰의 주장을 지지했다. 로웰이 순전히 추측을 바탕으로 화성인의 기술을 과대평가한 내용을 잔뜩 실은 책을 출판하기 전까지는 그랬다. 그리고 로웰이 금성에서도 문명의 흔적을 보았다고 주장하자, 천문학자들도 더는 그를 지지할 수 없었다. 금성은 늘 두꺼운 구름으로 뒤덮여 있어 문명은커녕 생명체가 존재할 가능성조차 희박했기 때문이다. 나중에 성능 좋은 망원경들을 통해 마침내 화성의 '운하'는 광학적 착시 현상임이 드러났다. 죽 늘어선 검은색 점들을 멀리서 보면 선처럼 보이는 것과 같은 착시 현상이었다. 생물학자 앨프리드 러셀 월리스Alfred Russel Wallace는 공학적 관점에서 로웰의 주장은 이치에 맞지 않는다고 지적했다. 운하를 통해 물을 수천 킬로미터나 운반하면, 도중에 한 방울도 남지 않고 모두 증발하고 말 것이라고 했다. 게다가 월리스는 이 운하들에서는 자연 지형의 특징에 따라 방향을 바꾸거나 구부러지거나 하는 모습이 전혀 보이지 않는다고 지적했다. 월리스는 만약 이것들이 정말로 운하라면 "지적 존재보다는 미치광이의 …… 작품"일 것이라고 결론 내렸다.

하지만 천문학자들은 이 에피소드에서 교훈을 얻지 못하고 다음 세기가 된 뒤에도 뛰어난 상상력을 계속 펼쳤다. 1970년대에 NASA는 화성에서 생명의 흔적을 찾기 위해 바이킹 무인 탐사선 두 대를 보냈는데, 발사하기 전에 칼 세이건Carl Sagan은 기자들을 모형 바이킹 착륙선이 있는 곳으로 데려갔다. 그리고 기자들의 카메라 앞으로 뱀과 카멜레온, 거북을 지나가게 했다. 붉은 행성에서 그런 것을 발견하길 기대한다는 것을 모두에게 보여주기 위해서였다. 그리고 "화성에 존재하는 생명체의 크기가 개미만 한 것에서부터 북극곰만 한 것에 이르기까지 다양하지 말아야 할 이유가 없습니다."라고 말했다. 하지만 붉은색을 띤 북극곰은 전혀 발견되지 않았다.

태양계에 생명체가 존재할 가능성에 대해 현재 우리가 알고 있는 사실은 다음과 같다. 일부 장소는 즉각 배제할 수 있다. 윌리엄 허셜에게는 합당한 존경을 표해야겠지만, 태양에 생물이 산다는 그의 가설은 어리석은 것이었다. 태양은 불보다 훨씬 뜨거운데, 원자조차 분해되어 플라스마 상태로 존재할 정도로 뜨겁다. 이런 환경에서는 생명체는 말할 것도 없고 DNA 같은 복잡한 생체 분자조차 만들어질 가망이 없다. 하늘을 압도하는 또 하나의 천체인 달은 너무 춥고 건조한 곳이어서 생명체가 살기 힘들다. 어쩌면 이것은 생명체에 대한 우리의 편견일 수도 있지만, 화학 반응을 위한 매개체를 제공하고 유기 분자를 갈기갈기 분해하는 자유 라디칼을 집어삼키려면 물 같은 액체가 꼭 필요하다. 달에는 숨 쉴 공기도 없다.

화성과 금성은 한때 유력한 후보였지만, 각각 다른 이유로 탈락하고 말았다. 운하 논쟁이라는 오명에도 불구하고, 오늘날 과학자들은 화성 표면에 한때 물이 흘렀다고 믿는다. 다만 비교적 가까운 시기에는 그런 적이 없다. 화성은 또한 수십억 년 전에 대기를 대부분 잃었다. 지구와 마찬가지로 화성의 대기도 화산 분화에서 생겨났는데, 역시 지구와 마찬가지로 초기의 대기는 소행성이 충돌할 때 그 충격으로 우주 공간으로 밀려나갔을 것이다. 하지만 지구와 달리 화성은 크기가 너무 작아서 내부 열을 많이 간직할 수 없었다. 그 결과로 내부가 식어서 굳었고, 화산들도 말라붙었다. 그래서 화성은 새 출발을 통해 대기를 다시 공급할 능력을 잃고 말았다. 핵이 고체로 변하는 바람에 화성은 자기장도 잃었다. 이것은 아주 중요한데, 자기장은 본질적으로 행성 주위를 에워싼 역장力場으로 작용해 태양풍을 비껴가게 하기 때문이다. 태양풍은 태양에서 뿜어져 나오는 입자들의 흐름으로, 행성의 소중한 기체를 우주 공간으로 날려보내는 경향이 있다. 오늘날 화성에 남아 있는 대기는 약간의 이산화탄소뿐이며, 기압은 지구에 비하면 200분의 1도 안 된다.

(말이 난 김에 덧붙이자면, 화성이나 더 일반적으로는 외부 우주 공간처럼 압력이 낮은 환경에서 헬멧을 벗으면 머리가 폭발한다는 이야기는 미신에 불과하다. 우리 머리뼈는 그런 저압 환경을 견뎌낼 만큼 충분히 튼튼하다. 그렇지만 그런 곳에서 오래 살아남지는 못한다. 압력이 아주 낮기 때문에 입과 눈의 모든 수분이 즉각 끓어서 날아가기 시작한다. 또, 극저온의 온도는 뇌를 얼음 덩어리로 만들어 신체 기능도 즉각 정지될 것이다. 몸이 끓어오르는 경

험과 꽁꽁 얼어붙는 경험을 동시에 할 수 있는 우주에 온 것을 환영한다.)

한편 금성은 제2의 지구로 시작했는데, 사실상 지구와 거의 같은 행성으로 태어났지만 태양에 좀 더 가까운 궤도를 돈다. 하지만 바로 이 한 가지 차이점이 금성을 죽음의 땅으로 만들었다. 어떤 의미에서 금성은 화성과 정반대되는 문제점을 지니고 있는데, 바로 공기가 너무 많다는 점이다. 먼 옛날에 금성의 화산들은 초기 지구에서와 거의 비슷한 양의 수증기와 이산화탄소를 뿜어낸 것으로 보인다. 하지만 금성은 태양에 더 가까운 탓에 증기가 응결해 호수와 바다를 만들 만큼 온도가 충분히 내려간 적이 없었다. 고여 있는 물이 없자, CO_2는 물에 녹아 고체 광물질이 될 기회를 전혀 얻지 못하고 그냥 공중에 머물게 되었다. 전체적으로 볼 때 금성이나 지구나 탄소 원자의 수는 대략 비슷하다. 하지만 금성에는 탄소를 기반으로 한 '기체'가 약 20만 배나 많다. 이 때문에 금성의 대기압은 수심 800m의 압력과 비슷하다. 설상가상으로 이산화탄소는 온실가스여서 열을 가두기 때문에, 현재 금성 표면의 온도는 무려 460°C나 되어 납을 녹일 만큼 뜨겁다. 그러니 저주의 말을 퍼부을 때 지옥에나 가라고* 하지 말고, 금성에나 가라고 말하라.

오늘날 천문학자들은 태양계에서 생명체가 존재하는 곳이 있다면, 그곳은 목성이나 토성의 위성일 것이라는 데 대체로 의견을 같이한다. 태양과의 거리 때문에 이 위성들은 빛이나 열을 많이 얻지 못하지만, 모행성 주위를 도는 동안 강한 기조력을 받는다. 조석 효과는 기본적으로 중력 에너지를 마찰로 전환시키는데, 아마도 이 마찰이 (적어도 위성의 표면 아래에서는) 화산과 액체 상태의 물을 만들기에 충분한 열을 제공할 것이다. NASA는 목성의 위성인 유로파에 생명체가 존재할 가능성이 높다고 본다. 그래서 2003년에 탐사선 갈릴레오호가 목성 주위의 궤도를 도는 임무를 끝내자, 언젠가 유로파에 추락해 지구에서 실려간 미생물이 유로파를 오염시키는 일을 방지하기 위해 일부러 갈릴레오호를 목성에 충돌시켰다.

태양계 밖에 생명체가 존재할 가능성에 대해 과학자들은 수십 년 동안 설왕설래를 거듭해왔다. 어떤 사람들은 불가능하다고 생각하는 반면, 어떤 사람들은 반드시 존재한다고 믿는다.(아서 클라크Arthur C. Clarke는 "두 가지 가능성이 있다. 우주에 우리만 존재하거나 그렇지 않거나. 둘 다 똑같이 무서운 일이다."라고 말했다.) 여러 가지 이유로 지난 수십 년 사이에 과학계의 의견은 후자 쪽으로, 즉 우주에 생명이 가득하다는 쪽으로 크게 기울었다.

무엇보다도 이제 우리는 다른 별들 주위에도 행성이 존재한다는 확실한 증거를 얻었다. 이 연구는 1990년대까지는 별다른 진전이 없었지만, 지금까지 천문학자들은 외계 행성을 3200여 개나 확인했다. 대개는 별빛에 나타나는 주기적인 변화를 관찰함으로써 외계 행성의 존재를 확인한다.(특히 주위를 도는 행성 때문에 별이 이리저리 흔들리면서 별빛의 색에 미소한 변화가 나타나는 현상인 '도플러 이동'을 이용한다.) 또, 별과 행성이 시선 방향과 일직선으로 늘어서는 일이 일어날 경우, 행성이 별 앞을 지나가면서 별빛을 아주 약간 가릴 때(부분 일식) 별빛의 밝기에 일어나는 주기적 변화를 관찰할 수 있다. 이 작업에는 고도의 정밀성이 필요하다. 이것은 마치 메인주(미국 동북부 끝에 있는 주)에서 샌디에이고(캘리포니아주 남쪽 끝에 있는 항구 도시)의 전구에 붙어 있는 벼룩을 찾는 것에 비교할 수 있다. 하지만 과학자들은 이것을 해낼 수 있는 능력을 개발했다. 그러나 생명의 징후는 아직 찾지 못했다. 그것은 그 벼룩의 세포 혹은 심지어는 분자 하나하나를 발견하는 것에 해당한다. 하지만 과학자들은 외계 행성의 크기와 질량, 공전 거리 등은 대개 알아낼 수 있는데, 이것만 해도 중요한 첫걸음이라고 할 수 있다.

외계 생명체의 존재 가능성이 더 커진 이유 중 하나는 생명의 기본 구성 요소 중 여러 가지(물, 메탄, 암모니아, 탄소를 포함한 기체)가 우주에 보편적으로 존재한다는 사실이 알려졌기 때문이다. 천문학자들은 먼 우주에서 DNA 염기와 단순한 아미노산도 발견했다. 이에 못지않게 중요한 사실이 있는데, 지구에서도 아주 혹독한 환경(해저 화산의 열수 분출공, 사해, 남극 대륙 얼음 아래 800m 깊이의 지하 등)에서 살아가는 생명체가 발견되었다. 데이노코쿠스 라디오두란스*Deinococcus radiodurans*라는 세균은 방사능 수치가 사람의 목숨을 앗아가는 치사량보다 3000배나 높은 핵폐기물 처리장에서도 살아남을 수 있다.(어떻게 그럴 수 있느냐고? 손상된 DNA를 아주 빨리 복구함으로써 그럴 수 있다. 물론 데이노코쿠스 라디오두란스가 핵폐기물이 있는 곳에서 살아가도록 진화한 것은 아닌데, 핵폐기물 처리장은 자연에 존재하지 않기 때문이다. 이 세균은 아주 건조한 장소에서 살아가도록 진화했고, 방사능이 초래하는 DNA 손상은 우연히도 극단적인 탈수가 초래하는 손상과 비슷하다. 그러니 핵전쟁으로 세상이 멸망한 뒤에 어떤 종이 살아남을지 알고 싶다면, 사막에서 그 후보를 찾는 게 좋을 것이다.) 종합하면, 생체 분자에 대한 연구 결과는 생명의 원재료가 풍부하게 존재함을 시사하며, 극한 환경에 대한 연구 결과는 생명이 어떤 곳에서나 살아갈 수 있음을 시사한다.

대기의 성분을 알려주는 빛

하지만 외계 행성의 생명에 관한 이 모든 이야기는 구체적인 증거가 나타나기 전까지는 추측 수준에 머물러 있다.(우리는 천사에 대해 논쟁을 벌이던 중세의 스콜라 철학자들과 비슷한 처지에 있다.) 외계 행성에 탐사선을 보낼 가망이 없는 지금으로서는 최선의 증거는 대기의 기체에서 찾을 수밖에 없다.

이 증거를 얻으려면 먼저 적절한 표적을 찾아야 한다. 자신의 태양에서 너무 가깝거나 너무 먼 궤도를 돌지 않는 암석질 행성이 유력한 후보이다. 그런 다음, 이 행성이 그 태양 앞을 지나갈 때까지 기다린다. 이런 일면 통과가 일어날 때 별빛 중 대부분은 그대로 지나오는데, 별이 행성에 비해 아주 크기 때문이다. 하지만 일부는 행성에 가로막혀 지나오지 못한다.(예를 들면, 먼 우주에서 바라볼 때 지구는 태양의 별빛 중 0.008%를 차단할 것이다.) 하지만 천문학자들이 정말로 큰 관심을 가진 것은 이것보다 훨씬 작은 비율의 별빛(설사 0.00005%에 불과하더라도)이다. 이 별빛은 행성에 가로막힌 빛도 아니고, 행성 바깥쪽으로 그냥 통과하는 빛도 아니다. 이 빛은 행성 대기의 바깥쪽 기체층을 지나오는 빛이다.

빛과 기체는 특별한 방식으로 상호 작용한다. 기체가 에너지를 받아 그 원자의 전자가 들뜬상태가 되면 빛을 방출한다. 우리는 나트륨등과 네온등에서 이 현상을 이미 보았다. 하지만 이 빛에는 눈에 보이는 것보다 더 많은 것이 들어 있다. 나트륨등과 네온등에서 방출되는 빛은 균일한 한 가지 색으로 보이지만, 사실은 그렇지 않다. 이 빛에는 여러 가지 색의 빛이 섞여 있다.

먼 외계 행성의 대기를 지나온 별빛을 화가가 상상해서 그린 그림.
(사진 제공: NASA)

이 빛을 프리즘에 통과시키면, 구성 성분의 색들이 갈라져나오는 것을 볼 수 있다. 이 색들은 가느다란 선이나 띠 모양으로 나타난다. 예를 들어 수소 기체에서 나오는 빛을 프리즘에 통과시키면, 선홍색 색 띠 하나와 청록색 띠 하나, 옅은 자주색 띠 몇 개가 나타난다. 반면에 헬륨 기체에서는 여러 가지 선과 함께 화려한 노란색 선을 볼 수 있다.(윌리엄 램지가 지구에서 헬륨을 발견하기 수십 년 전에 천문학자들이 1868년에 태양에서 헬륨을 발견한 것도* 바로 이 선명한 노란색 선 덕분이었다.) 주기율표의 나머지 모든 원소들도 각자 고유한 색들의 띠를 방출한다. 과학자들은 이것을 그 원소의 방출 스펙트럼이라 부른다.

흡수 스펙트럼이라 부르는 것도 있다. 이것은 본질적으로 방출 스펙트럼과 정반대 개념이다. 방출 스펙트럼은 뜨거운 기체가 특정 색의 빛을 방출해 생기는 반면, 흡수 스펙트럼은 차가운 기체가 특정 색의 빛을 '차단'하여 생긴다. 백색광을 프리즘에 통과시켰을 때 얻는 것과 같은 무지개를 상상해보라. 이번에는 누가 잉크와 섬세한 붓을 갖고 와서 무지개에 있는 선 중 하나를 검게 칠했다고 상상해보자. 흡수 스펙트럼은 바로 이런 모습으로 나타난다.

천문학자들이 외계 행성의 바깥층 대기를 지나온 별빛을 볼 때 큰 관심을 갖고 살펴보는 것이 바로 흡수 스펙트럼이다. 염소나 수증기, 암모니아 같은 기체 화합물은 각각 그 종류에 따라 별빛 중에서 흡수하는 색의 띠가 다르기 때문이다. 따라서 별빛 스펙트럼에서 빠져 있는 띠는 그 기체 성분이 행성의 대기에 포함돼 있음을 알려주는 '지문' 역할을 한다. 이렇게 빠진 색들의 패턴을 조사함으로써 천문학자들은 외계 행성의 대기에 어떤 기체 성분들이 있는지 알 수 있다. 이 조사 과정에는 아주 큰 기술적 어려움이 따르지만, 우주 망원경들은 이미 수 광년(약 수십조 킬로미터) 거리에 있는 외계 행성들의 대기에서 수증기를 포착했다. 미래의 망원경들은 이산화탄소, 황화수소, 암모니아, 메탄을 비롯해 그 밖의 보편적인 기체들도 발견할 것이다.(지구를 자세히 조사한 결과에 따르면, 지구의 생명체들이 만들어낼 수 있는 기체 성분은 모두 합쳐 600가지 이상이나 된다.)

물론 외계 생명체를 찾을 때 어떤 기체 성분은 다른 기체 성분들보다 더 큰 도움이 된다. 물과 이산화탄소는 화산의 존재를 암시하지만, 그 밖의 다른 것은 별로 알려주지 않는다. 아르곤은 단지 칼륨-40이 많이 존재하고, 그것이 붕괴하고 있다는 것만 알려준다. 수소나 헬륨은 아마도 그 행성이 생명이 탄생하기에는 너무 어린 아기 행성일 가능성을 시사한다. 생명체의 존재 가능성을 뒷받침하는 긍정적 징후로 천문학자들은 한때 산소를 결정적 증거라고 생각했다. 지구에서는 살아 있는 생물이 O_2를 많이 만들어내기 때문이다. 오존 역시 강한 긍정적 징후로 보였는데, O_3가 만들어지려면 O_2가 원재료로 필요하기 때문이다. 하지만 그 후에 천문학자들은 행성마다 지질학적 특징이 다르고, 그에 따라 비생물학적 과정을 통해서도 산소가 만들어질 수 있다는 사실을 깨달았다.(예를 들면, 강한 자외선은 수증기를 분해해 H_2와 O_2를 만들 수 있다.) 이와 비슷한 이유로 과거에 많은 천체생물학자들은 지구에서 미생물의 활동으로 많이 생기는 노폐물인 메탄을 찾아보라고 제안했다. 하지만 오늘날의 모형들은 해저에서 분출되는 마그마가 바닷물과 반응해도 그 부산물로 메탄이 만들어질 수 있음을 시사한다. 심지어 명왕성도 태양에 접근할 때 메탄(그리고 질소)을 약간 얻지만, 명왕성에 생명체가 존재할 가능성은 0에 가깝다.

결국 어떤 기체도 단독으로는 "이곳에 생명체가 살고 있음!"을 알리는 네온사인이 될 수 없다. 그렇지만 특정 기체 성분들의 '조합'은 강한 증거가 될 수 있다. 메탄과 산소는 대기 중에서 섞이면 서로를 공격하는 경향이 있는데, 이에 따라 그 농도가 함께 줄어든다. 그렇다면 생명체가 없는 행성에서는 둘 중 하나가 많이 발견될 수는 있어도 둘 다 많이 발견되지는 않을 것이다. 반대로 두 가지 성분이 모두 많이 발견된다면, 이 성분들을 계속 공급하는 뭔가가 있는 게 분명한데, 생명체를 제외하고는 그 '무엇'이 어떤 것일지 쉽게 떠오르지 않는다. 따라서 강한 메탄-산소 스펙트럼은 화석, 즉 기체로 만들어진 화석을 찾는 것과 비슷하다.

여기서 탐사의 수준을 높여 한 걸음 더 나아갈 수도 있다. 산소 같은 기체는 외계 '식물'과 '동물'과 미생물을 찾는 데 도움을 줄 수 있지만, 결국 우리가 원하는 것은 외계 지능 생명체를 찾는 것이다. SETISearch for Extra-Terrestrial Intelligence(외계 지능 생명체 탐사)는 지금까지 주로 먼 행성에서 날아오는 전자기파(외계인의 무전 신호)를 탐지하는 데에만 초점을 맞춰 진행되었다. 하지만 이 접근법은 신호를 우주로 쏘아보낼 수 있는 문명만 발견할 수 있다는 단점이 있다. 다시 말해서, 이 접근법으로는 1905년 이전의 인류는 전혀 발견할 수가 없고, 따라서 주민이 전신 비슷한 기술을 사용하지 않는 행성은 완전히 놓치게 된다. 게다가 현재의 추세가 계속되어 무선 방송의 비중이 점점 줄어들면, 지구 자체도 100~200년 안에 대체로 '전파 침묵' 상태가 될 가능성이 있으며, 따라서 먼 곳에서는 지구에 문명이 존재한다는 사실을 전혀 알아채지 못할 것이다. 다른 행성의 문명도 이와 비슷한 패턴을 따를 가능성이 있으므로, 우리가 그 문명을 도청할 기회의 창은 아주 좁을 것이다.

그렇다면 더 나은 방법으로 외계 문명의 오염을 찾는 방법을 생각해봐야 한다. 지구를 예로 들면, 외계인 천문학자들은 지구의 대기에서 염화불화탄소(CFCs)를 발견하고서 흥분하여 펄쩍펄쩍 뛸지도 모른다. 왜냐하면 이 기체는 자연적 과정에서는 만들어지지 않기 때문이다. 천문학자들은 또한 오염 수준을 바탕으로 외계 문명의 안녕에 대한 정보도 일부 얻을 수 있다. 어떤 오염 물질은 약 10년 만에 분해되는 반면, 어떤 오염 물질은 수십만 년이 지나야 분해된다. 따라서 먼 행성의 대기에서 수명이 짧은 오염 물질과 수명이 긴 오염 물질이 함께 발견된다면, 우리는 그곳에서 산업 활동이 활발하게 일어나고 있구나 하고 추측할 수 있다. 대신에 수명이 긴 오염 물질만 발견된다면, 더 비관적인 결론을 내릴 수 있다. 그곳의 '작은 녹색 인간'(외계인을 가리키는 별명)은 환경 파괴를 통해 멸망했을 가능성이 있다.(그렇다면 작은 '녹색' 인간이라는 명칭은 이들에게 적절치 않을 것이다.) 외계 문명의 오염을 찾는 것은 얼토당토않은 이야기로 들릴 수 있지만, 2021년 11월에 제임스 웨브 우주망원경이 발사되면, 몇 광년 밖의 행성들에서 지구보다 10배 이상 높은 염화불화탄소 농도를 탐지할 수 있게 될 것이다. 그리고 그다음 세대에서는 성능이 더 개선될 것이다.

어쩌면 염화불화탄소가 아닌 다른 것이 소중한 정보를 제공할지도 모른다. 외계 행성에서 기이한 기체가 소량 탐지될지도 모른다. 어쩌면 그 기체는 오염 물질이 아니라, 지구에서 우리가 편의를 위해 사용하고 있는 것일지도 모른다. 주기율표를 빙 돌리다가 무작위로 아무 원소에나 손가락을 갖다 대보라. 어쩌면 그 기체 원소는 과거에 다른 기체들이 그랬듯이 우리가 아직 짐작할 수 없는 방식으로 의학이나 운송, 야금학에 혁명을 가져올지도 모른다. 그리고 그런 것이 존재한다는 징후는 지구의 연구개발실이 아니라, 수십조 킬로미터 밖의 행성에서 날아온 빛에서 발견될지 모른다.

기후 변화와 기후공학

다른 행성에서 생명체를 찾는 노력은 우주 속에서 우리의 위치와 인류에 관해 온갖 종류의 복잡한 종교적 질문을 제기한다.* 불행하게도 이곳 지구에서 점점 증가하는 온실가스 농도 때문에 다른 행성으로의 생명체 거주 가능성 문제가 실질적으로 중요한 관심사로 떠오르게 되었다. 언젠가 우리는 그곳을 피난처로 삼아야 할지도 모르기 때문이다.

방사능과 마찬가지로 온실가스도 그 자체로는 나쁜 것이 아니라는 사실을 알 필요가 있다. 그러니까 콜레스테롤과 비슷한 것이라고 생각할 수 있다. 우리 몸은 뇌세포를 감싸 보호하고 특정 비타민과 호르몬을 만들기 위해 콜레스테롤이 필요하다. 문제가 되는 것은 콜레스테롤 수치가 너무 높아질 때이다. 온실가스도 마찬가지이다.

온실가스라는 이름은 이 기체들이 지구로 들어오는 햇빛을 직접적으로는 아니지만 온실처럼 붙들어두는 성질에서 유래했다. 지구로 들어오는 햇빛은 대부분 먼저 지면에 부딪쳐 지면을 따뜻하게 데운다. 그러면 지면은 그 열 중 일부를 적외선의 형태로 다시 우주 공간으로 내보낸다.(적외선은 가시광선보다 파장이 더 긴 빛이다. 기본적으로 열과 같은 것이라고 봐도 무방하다.) 만약 대기가 질소와 산소만으로 이루어져 있다면, 적외선은 우주 공간으로 다 빠져나갈 것이다. N_2와 O_2

같은 이원자 분자는 적외선을 흡수할 수 없기 때문이다. 반면에 2개 이상의 원자로 이루어진 이산화탄소와 메탄 같은 기체는 적외선을 흡수할 수 있고 실제로 흡수한다. 이런 다원자 분자가 대기 중에 많을수록 더 많은 열이 대기에 흡수된다. 그래서 과학자들은 이들 기체를 온실가스라고 부르는데, 오직 이들 기체만이 공기 중에서 이런 식으로 열을 붙들기 때문이다.

과학자들은 온실 효과를 행성의 실제 온도와 이들 기체가 없었을 경우의 온도 차이로 정의한다. 화성의 경우, 희박한 CO_2가 온도를 올리는 효과는 5°C 미만이다. 금성에서는 온실가스가 온도를 무려 500°C나 끌어올린다.* 지구는 이 양극단의 중간에 위치한다. 만약 온실가스가 없다면, 지구의 평균 기온은 물의 어는점보다 낮은 -18°C가 될 것이다. 하지만 실제로는 온실가스 덕분에 지구의 평균 기온은 아늑한 15°C를 유지한다. 천문학자들은 지구가 태양으로부터 완벽한 거리에서, 즉 물이 얼지도 끓지도 않는 '골디락스 영역'에서 궤도를 돌고 있다고 자주 이야기한다. 하지만 이러한 통념과는 반대로, 지구에 액체 상태의 물이 존재하는 것은 실제로는 거리와 온실가스가 결합되어 나타나는 효과이다. 태양과의 거리만 고려한다면, 지구는 꽁꽁 얼어붙은 행성이 되어야 한다.

지금까지 지구에서 가장 중요한 온실가스는 믿기 어렵겠지만 수증기이다. 수증기는 혼자서만 지구의 기온을 약 22°C나 끌어올린다. 이산화탄소와 그 밖의 미량 기체들이 나머지 11°C를 끌어올린다. 그렇다면 실제로는 물이 더 큰 역할을 하는데, 왜 이산화탄소가 모든 오명을 다 뒤집어쓸까? 가장 큰 이유는 이산화탄소가 아주 빠르게 증가했기 때문이다. 과학자들은 남극 대륙의 거대한 얼음 빙하 아래에 갇힌 작은 거품들을 파내 지난 수천 년 동안 대기 성분이 어떻게 변해왔는지 분석할 수 있다. 이 연구를 통해 인류의 역사 중 대부분의 시기에 공기 중 이산화탄소 농도는 공기 분자 100만 개당 280개 수준이었음을 알아냈다. 그러다가 산업 혁명과 함께 사람들이 탄화수소를 엄청나게 많이 태우기 시작했고, 그 결과로 부산물인 이산화탄소가 대기 중으로 많이 흘러들게 되었다. 얼마나 많은 양을 태웠는지 감을 잡는 데 도움을 주기 위해 강철왕 헨리 베세머가 1882년에 손자들을 위해 쓴 글을 소개한다. 이 글에서 그는 영국 한 나라에서만 매년 기자의 피라미드 55개에 해당하는 양의 석탄을 태운다고 자랑했다. 바꿔 말하면, 이 석탄은 "런던 주위에 높이 30m, 두께 12.8m의 벽을 320km 길이로 쌓을 수 있다. 이것은 중국의 만리장성을 쌓는 데 들어간 재료의 부피와 맞먹을 뿐만 아니라, 거기에 더해 그 길이를 557km 더 연장할 수 있는 양이다."라고 덧붙였다. 그리고 이것은 자동차와 현대적인 해상 운송과 석유 산업이 등장하기 수십 년 '전'의 상황이라는 점을 기억하라. 1950년에는 이산화탄소 농도가 공기 분자 100만 개당 312개로 증가했고, 그 이후에 400개를 넘어섰다.

기후 변화 이야기를 비웃는 사람들은 인류가 나타나기 오래전인 지난 수백만 년 동안 이산화탄소 농도가 등락을 거듭해왔으며 때로는 오늘날의 농도보다 10배 이상 높은 적도 있었다고 지적한다. 이것은 옳은 말이다. 지구에 여분의 이산화탄소를 자연적으로 제거하는 메커니즘—바닷물이 여분의 CO_2를 흡수해 광물질로 만들어 지하에 저장하는 음성 피드백 고리—이 있다는 주장도 옳다. 하지만 더 넓은 관점에서 보면, 이러한 사실들은 반쪽 진실로 전락하고 만다. 과거에 CO_2 농도가 변한 것은 사실이다. 하지만 지난 200년 동안에 증가한 것만큼 빠른 속도로 증가한 적은 없었다. 그리고 지질학적 과정이 CO_2를 지하에 격리할 수는 있지만, 그런 일이 일어나기까지는 수백만 년이 걸린다. 반면에 지난 50년 동안에만 사람들은 1134조 kg이나 되는 여분의 CO_2를 대기 중으로 내보냈다.(이것은 1초당 72만 kg이 넘는 양이다. 기체의 무게가 얼마나 적게 나가는지 감안하면, 이것이 얼마나 엄청난 양인지 감이 올 것이다.) 바다와 숲이 그중 약 절반을 흡수할 테지만, 자연은 여분의 CO_2를 충분히 빨리 제거할 수 없다.

다른 온실가스까지 고려하면 상황은 더욱 암울해 보인다. 분자 하나당으로 따질 때, 메탄은 이산화탄소보다 25배나 많은 열을 흡수한다. 오늘날 지구에서 메탄의 주요 방출원은 소이다. 소 한 마리는 매일 평균적으로 트림을 통해 메탄 570L, 방귀를 통해 30L를 내뿜는다. 전 세계의 모든 소들이 1년 동안 내뿜는 메탄의 양은 8000만 톤이나 된다. 그중 일부는 자연 과정을 통해 분해되지만, 대부분은 그렇지 않다. 이보다 더 심각한 기체들도 있다. 일산화이질소(웃음 가스)는 이산화탄소보다 300배나 더 효율적으로 열을 흡수한다. 염화불화탄소는 더욱 심각한데, 오존을 분해할 뿐만 아니라, 이산화탄소보다 수천 배나 더 효율적으로 열을 흡수한다. 염화불화탄소의 공기 중 농도는 몇 ppm에 불과하지만, 인간이 유발한 지구 온난화 효과 중 약 4분의 1이 염화불화탄소 때문에 일어난다.

하지만 최악의 문제는 염화불화탄소가 아니다. 최악의 문제는 물이 포함된 양성 피드백 고리이다. 양성 피드백 고리는 (마이크로폰 두 개를 가까이 가져갈 때 나는 끼이익 하는 소리처럼) 자기 영속적 사이클이 통제에서 벗어나면서 생긴다. 이 경우에는 온실가스가 가둔 여분의 열이 바닷물을 정상보다 빠른 속도로 증발시킨다. 물이 최선의(곧 최악의) 온실가스라고 했던 말을 기억하라. 따라서 이렇게 해서 생겨난 수증기는 추가로 열을 붙든다. 그러면 기온이 조금 더 올라가게 되고, 이것은 다시 증발을 촉진한다. 증발한 수증기는 다시 열을 붙들고, 그러면 다시 증발이 더 일어나고, 이런 식으로 악순환이 이어진다.* 그러다 보면 얼마 지나지 않아 금성과 같은 상황에 놓이게 될 것이다. 이렇게 폭주 피드백 고리가 생겨날 가능성은 왜 우리가 염화불화탄소 농도의 소폭 증가 같은 문제에 신경을 써야 하는지 보여준다. 몇 ppm 정도야 증가해도 별다른 차이를 만들어낼 것 같지 않지만, 카오스 이론의 교훈에 따르면, 아주 작은 변화도 엄청나게 큰 차이를 빚어낼 수 있다.

물론 기후 변화가 일어난 뒤에도 생명은 계속될 것이다. 다만, '인류'가 과연 살아남을지 보장할 수 없을 뿐이다. 만약 우리가 멸종을 원치 않는다면, 어떻게 해야 할까? 나는 우리가 자발적으로 오염을 멈추고 더 단순한 생활 방식으로 돌아갈 수 있을 것이라고는 생각하지 않는다. 우리는 고기와 휴대 전화와 빠른 운송을 너무 좋아한다. 반면에 벌금이나 세금은 소비를 억제할 수 있다. 일부 경제학자들은 태양 에너지처럼 더 깨끗한 기술을 사용하는 사람들이 '탄소 배출권'을 벌어 현금으로 바꿀 수 있는 배출권 거래제를 실시하자고 주장한다. 이들은 이 방안을 옹호하면서 1980년대에 배출권 거래제가 산성비를 줄이는 데 도움이 되었다고 지적한다. 하지만 온실가스는 산성비보다 조절하기가 더 복잡하다. 산성비를 줄이는 데에는 몇 가지 기체(주로 이산화황과 일부 질소 산화물)만 감시하는 것으로 충분했다. 온실가스의 경우에는 이산화탄소를 포함해 수십 가지 기체를 통제해야 하는데, 이것은 문제를 아주 복잡하게 만든다. 그리고 더 큰 관점에서 보면, 설령 우리가 온실가스의 배출을 줄인다 하더라도, 이미 일어나고 있는 피해를 통제하는 데에는 어려움을 겪을 것이다. 증발과 수증기에 일어나는 양성 피드백 고리 때문에 지구 온난화는 이미 불길한 탄력을 얻었다. 이것은 단지 지구를 조금 따뜻하게 하는 데 그치지 않을 것이다.

나는 기후공학(대기를 식히기 위해 의도적인 조치를 취하는 것)이 현실적으로 유일한 해결책이라고 생각한다. 어떤 종류의 객관적 틀에서 보더라도 분명히 기후공학은 절박한 심정에서 저지르는 정신 나간 짓처럼 보인다. 이 개념은 행성 규모보다 작은 것을 대상으로는 제대로 된 실험을 해볼 수 없으며, 오히려 일을 엉망으로 만들어 사태를 더 악화시킬 가능성도 크다. 하지만 나는 의도하지 않은 결과의 법칙을 믿는 것에 못지않게, 시간이 지나도 인간의 본성이 변하지 않는다는 것을 더 강하게 믿는다. 과거에 게으름과 단견이 우리의 행동을 지배해왔다는 사실을 감안하면, 미래에도 이것들이 우리의 행동을 지배하지 않을 것이라고 단언할 수 없다. 내가 인간에 대해 비관적인 견해를 가진 것은 아니다. 나의 가장 좋은 친구들 중 일부도 사람이다. 하지만 우리는 단점이 있으며, 기후 변화 문제를 다루려고 시도하는 과정에서 최악의 단점이 노출될 수 있다. 이와는 대조적으로, 쉽지는 않지만 이 문제에 기술적 해결책으로 대처하면, 인간이 잘하는 것을 활용할 수 있다. 그것은 바로 절박한 상황에 몰렸을 때 대의를 위해 뭉치고 뭔가를 하기 시작하는 것이다.

기후공학을 위한 한 가지 접근법은 이산화탄소 기체를 붙들어 고체 탄소로 바꾸는 것이다. 예를 들면, 개미는 땅속에 굴을 파고 개미집을 지을 때 부산물로 칼슘을 만든다. 그리고 이 칼슘은 빗물에 섞인 CO_2와 반응하여 석회암을 만든다. 이렇게 석회암에 갇힌 탄소는 공중으로 떠올라 열을 붙들지 않는다. 따라서 시베리아에 거대한 개미 농장을 만들고 개미들에게 그 작업을 맡기면 된다. 또 한 가지 방법은 식물 플랑크톤이라는 수생 단세포 생물을 이용하는 것이다. 바다의 많은 지역에는 필수 영양소인 철분이 부족하므로, 이런 바다 지역에 철가루를 뿌리면 거대한 규모로 식물 플랑크톤의 증식을 촉진할 수 있다. 식물 플랑크톤은 탄소로 외골격을 만드는데, 탄소는 공기 중의 CO_2에서 얻는다. 식물 플랑크톤이 죽어서 가라앉으면, 그 탄소는 해저 바닥에 침전물로 쌓인다. 개미와 식물 플랑크톤은 기후 변화 문제에 대처하기에는 너무나도 작은 존재로 보일 수 있지만, 우리는 이들이 얼마나 많이 존재하고 얼마나 많은 일을 할 수 있는지를 과소평가하는 경향이 있다. 살아 있는 생물인 이들은 각자 알아서 잘 번식하면서 살아가기 때문에, 이들을 유지하기 위해 크게 신경 쓰지 않아도 된다.

기후공학을 위한 또 한 가지 접근법은 햇빛이 지면에 도달해 열로 바뀌기 전에 햇빛을 차단하는 것이다. 이를 위해 과학자들은 지구 주위의 궤도에 거대한 거울을 쏘아올리거나 바닷물을 구름에 살포해 구름을 더 하얗고 보풀이 많이 일게 만들어 반사 능력을 높이는 방법을 제안한다. 가장 많이 거론된 아이디어는 성층권에 이산화황을 수백만 톤 살포하는 것인데, SO_2도 햇빛을 반사해 우주 공간으로 내보내기 때문이다.(따라서 이산화황은 일종의 반反온실가스라고 할 수 있다.) 이산화황은 한때 산성비를 만드는 주범이었지만, 이렇게 살포한 이산화황은 하늘에서 쉽게 씻겨 내려오지 않는다. 비구름이 생기는 고도보다 더 높은 곳에 살포할 것이기 때문이다. 이산화황의 또 한 가지 큰 장점은 기후공학의 다른 접근법들과 달리 거친 방식이긴 하지만, 자연이 우리 대신에 이산화황의 효과를 이미 실험한 적이 있다는 것이다. 화산이 분화할 때 이산화황 기체가 분출되는 경우가 많은데, 탐보라 화산과 크라카토아 화산처럼 대규모 분화가 일어났을 때 지구 전체의 기온이 몇 년 동안 내려간 적이 있었다. 부정적인 면은 우리가 미처 예상치 못한 문제들이 발생할 수 있다는 것이다. SO_2는 우리의 파란 하늘을 칙칙하게 만들고, 밤하늘의 별빛을 흐릿하게 만들 것이다. 한편, 저녁노을은 아주 새빨갛게 보일 것이다.

물론 거대한 개미 농장, 바다에 철가루를 뿌리는 초대형 유조선, 킬리만자로산 꼭대기에서 이산화황을 채운 포탄을 발사하는 대포 등 여러 가지 전술을 결합해 사용할 수도 있다. 불행하게도 우리가 일단 이 기술들에 의존하기 시작하면, 거기서 벗어나기가 매우 어렵다. 그 방법들에 영원히 의존하지 않으면 안 된다. 그렇긴 하지만, 인류의 역사를 통해 모든 것이 무너지기 전에 소비를 줄이는 데 실패를 거듭해 온 전력을 감안하면, 기후공학을 통해 위기에서 벗어나려는 시도는 가장 실용적인 선택처럼 보인다. 이 노력에는 많은 비용이 들 테지만 (연간 수천억 달러), 우리 종 전체의 멸종을 피하기 위해 치러야 할 비용치고는 아주 싼 것이다.

지구 바깥의 피난처

하지만 기후공학이 실패해 지구가 정말로 지옥과 비슷한 곳으로 변한다고 가정해보자. 그때가 되면, 다른 행성에서 새로운 삶을 시작하는 것밖에 다른 대안이 없을지도 모른다.

만약 은하 간 우주선 개발에 큰 진전이 없다면, 우리는 가까운 곳에 머물 수밖에 없다. 그러려면 테라포밍terraforming('지구화'라고도 함)이라는 과정을 통해 화성이나 달의 환경을 개조해야 한다.* 테라포밍 중 일부 측면은 이미 그곳에 있는 것을 단순히 변경하는 수준에 그친다. 예를 들면, 화성의 흙은 그 특징적인 빨간색이 암시하는 것과는 달리 지구의 흙과 비슷하다. 영양분이 아주 풍부하며, 알칼리성 토양을 좋아하는 농작물은 아마도 화성의 흙에서 아주 잘 자랄 것이다(물론 공기를 얻을 수 있고, 얼지 않는다는 가정하에). 하지만 달의 흙은 일정 기준을 충족시키려면 도움이 필요할 것이다. 그리고 두 세계 모두 물과 공기가 필요하다. 다행히도 혜성의 형태로 원재료를 수입함으로써 이 두 가지 요소를 충족시킬 수 있다. 과학자들은 이미 혜성에 탐사선을 착륙시키는 데 성공했다. 만약 착륙선에 핵폭탄을 싣고 가 폭발시킨다면, 혜성을 원래 경로에서 벗어나게 해 표적 행성으로 보낼 수 있을 것이다. 그리고 혜성이 행성에 충돌하기 전에 또다시 핵폭탄을 사용해 혜성을 산산조각낸다. 그러면 행성에 큰 해를 끼치지 않고 혜성의 얼음과 기체와 광물질 영양분이 행성 표면에 뿌려질 것이다(적어도 이론적으로는).

일부 추정에 따르면, 핼리 혜성만 한 혜성 100개만 사용하면, 토양을 기름지게 만들고 고요의 바다 같은 '바다'들을 진짜 물로 채우면서 달을 완전히 탈바꿈시킬 수 있다고 한다.(화성은 달보다 크기 때문에 더 많은 혜성이 필요할 것이다.) 일단 물이 있으면, 숨 쉴 수 있는 대기를 얻는 것은 간단하다. 산소를 만드는 조류藻類를 데려가 자기 할 일을 하도록 내버려두면 된다.(일부 연구에 따르면, 이 과정으로 숨 쉴 수 있는 대기를 만드는 데에는 수만 년이 걸린다고 한다. 하지만 이보다 훨씬 적은 시간이 걸린다는 연구 결과도 있다. 어쨌든 최소한의 특정 기압에 도달하고 나면, 식물을 가져가 테라포밍 과정에 속도를 낼 수 있다.) 여기에 더해 강력한 온실가스인 염화불화탄소를 화성이나 달로 실어갈 수 있는데, 이것은 얼어붙은 이 천체들을 해동시키는 데 큰 도움을 줄 것이다.

화성의 대기가 점점 짙어지면, 기체 분자들이 햇빛을 산란하여 화성의 하늘(현재는 먼지 때문에 뿌연 분홍색과 노란색으로 보이는)은 점점 더 파랗게 변해갈 것이다. 지금은 검은색인 달의 하늘에도 비슷한 일이 일어날 것이다. 그리고 지구에서 바라보는 달도 지금과 다르게 보일 것이다. 일부 계산에 따르면, 테라포밍이 일어난 달은 기온이 플로리다주만큼 아늑해져 밤하늘에서 5배나 더 밝게 빛날 것이라고 한다. 그렇게 아늑한 기후에 더해 작은 중력 때문에 관절에 무리가 덜 간다는 사실까지 감안하면, 장차 달이 은퇴 장소로 큰 인기를 끄는 장면을 상상해볼 수 있다.

하지만 행성 전체를 변화시키는 데 얼마나 많은 노력이 필요한지를 감안한다면, 달이나 화성은 장기적으로 최선의 선택이 아닐 수도 있다. 정말로 아주 긴 시간을 놓고 본다면, 우리가 태양계 내의 어떤 장소로 옮겨가 사는 것은 선택지에 포함될 수 없다. 태양이 결국에는 우리 주변의 모든 것을 파괴할 것이기 때문이다. 45억 년 전에 막 태어났을 때 태양은 지금보다 30% 정도 더 희미했다. 그 후 태양의 밝기와 온도는 점점 더 높아져왔는데, 20억 년 뒤에는 지구의 모든 바닷물이 끓어서 증발할 정도로 뜨거워질 것이다. 일부 용맹한 바퀴벌레 종들이 이 살육에서 살아남는다 하더라도, 약 50억 년 뒤에 수소 연료가 바닥나 태양 자체가 죽고 나면 아무것도 살아남지 못할 것이다. 그

때에는 여러 가지 일이 일어나지만, 결국은 태양 중심부의 온도가 아주 크게 올라간다. 그 결과로 우주에서 이곳 부근에 사는 생물은 기체는 뜨거워지면 팽창한다는 교훈을 마지막으로 또 한 번 배울 것이다. 태양은 금방 지름이 지금보다 150배 이상으로 불어나면서 적색거성으로 변한다. 그러면 태양은 지구를 통째로 집어삼키면서 기화시키든가, 아니면 우리에게 뜨거운 키스를 할 만큼 아주 가까이까지 다가와 지구 전체를 숯덩이로 만들 것이다. 어느 쪽이건 로버트 프로스트 Robert Frost가 한 추측이 옳았음을 확인시켜줄 것이다. 즉, 우리 세계는 불 속에서 종말을 맞이할 것이다.

그러니 그때가 오기 전까지 우리는 살아남기 위해 외계 행성을 식민지로 만들 필요가 있다. 우선 우리가 숨 쉴 수 있는 공기를 가진 외계 행성이 어떤 것인지 찾아내야 하는데, 망원경과 흡수 스펙트럼의 도움을 받아 확인할 수 있을 것이다. 그다음에는 사람들을 새로운 정착지로 데려갈 거대한 우주선을 만들어야 한다. 다행히도 항성 간 우주선에 필요한 원재료 중 많은 것은 이미 금속질 소행성의 형태로 우주에 존재하므로, 그것을 채굴해 쓰면 된다. 우주 암석을 채굴한다는 이야기는 터무니없는 소리처럼 들릴 수 있지만, 이미 여러 우주 광업 회사가 설립돼 있으며(그중 일부는 구글과 마이크로소프트 같은 부자 기업들이 지원하고 있다), 이들은 지구에서 가까운 소행성 수만 개 중에서 유력한 후보를 물색하고 있다. 간단한 탐사선이 노새 역할을 해서 소행성을 지구 쪽으로 끌어와 우주 공간에서 중력적으로 안정한 지점에 정지시키면, 우리가 그곳에 가서 채굴 작업을 할 수 있다.

우주 광업 회사들은 최초의 수익을 귀금속에서 얻으려고 계획한다. 지름이 500m밖에 안 되는 소행성(공룡을 멸종시킨 소행성에 비하면

20분의 1 크기에 불과한)에서도 지금까지 전 역사를 통해 지구에서 채굴된 것보다 더 많은 백금을 채굴할 수 있다. 그리고 그 소행성에 남은 철은 나중에 우리가 우주에서 훌륭한 우주선을 만드는 데 사용할 수 있다. 그 우주선은 원하는 만큼 크게 만들 수 있는데, 막대한 지구의 중력을 뿌리치면서 발사해야 할 필요가 없기 때문이다.

하지만 소행성에서 얻을 진짜 보물은 백금이나 철이 아니라, 그 표면에 들러붙어 있는 얼음이다. 소행성대에서 가장 큰 천체인 케레스에는 지구의 모든 호수와 강을 다 합친 것보다 더 많은 민물이 있는 것으로 보인다. 대부분의 소행성들은 케레스보다 작지만, 그래도 무료로 사용할 수 있는 상당량의 물이 있다. 우주를 여행하는 인간은 물이 식수로도 필요하지만, H_2O를 분해해 얻은 수소와 산소를 연료로 사용할 수 있다. 마찰력을 이용해 달리는 자동차와 달리 우주선은 꽁무니로 가스를 분사해 움직이고 추진력을 얻는다. 우주 공간은 진공이어서 이 추진력은 공기 저항 때문에 소모되지 않는다.(아주 작은 기체 입자가 우주선을 추진할 만큼 강한 힘을 낼 수 있느냐고 의심한다면, 그 사람은 지금까지 이 책을 제대로 읽지 않은 것이다…….) 무엇보다 좋은 것은, 이 우주선은 여행하는 도중에 만나는 다른 소행성과 혜성에서 더 많은 얼음을 얻을 수 있어 이 천체들을 성간 주유소처럼 활용할 수 있다는 점이다.

물 분자를 분해하면, 우주선 내부에서 생활하는 사람들에게 숨 쉴 산소도 추가로 공급할 수 있다. 하지만 이들이 숨 쉬는 산소 중 대부분은 훨씬 오래된 기체 생산 기술에서 얻을 가능성이 높다. 바로 선실에서 재배하는 식물에서 얻는 방법이다. 우주 여행자들은 또한 선실 내부의 공기를 완성하기 위해 질소를 더해야 할 것이다. 이것은 지구와 같은 수준의 기압을 유지하기 위해서뿐만 아니라(그러지 않으면 여러분의 고막이 터질 것이다), 화재 위험을 줄이기 위해서도 필요하다(순수한 산소 속에서는 불이 아주 잘 타므로). 이 질소를 얻기 위해 우주 여행자들은 출발하기 전에 지구에서 일부 공기를 가져갈 수도 있다. 그 과정에서 지구의 대기를 이루는 아르곤과 암모니아를 비롯해 그 밖의 미량 기체 성분도 함께 딸려와 모두 새로운 고향으로 옮겨갈 것이다. 이들 기체가 우리 종을 이렇게 진화시키는 데 얼마나 크게 기여했는지를 생각하면, 이것은 아주 적절한 행동으로 보인다.

마지막 숨이 경험할 새로운 이야기

그렇다면 어떤 행성으로 가야 할까? 우주에 존재하는 별이 3000해($=3\times10^{23}$) 개나 된다는 사실을 감안하면, 그 선택지는 아주 많다.(달리 표현하면, 깊은 숨을 여러 차례 들이마셔야 우주에 존재하는 별의 수와 비슷한 수의 공기 분자를 빨아들일 수 있다. 한 번 숨을 들이마실 때마다 폐로 들어오는 공기 분자의 수가 어마어마하게 많다는 것은 두말할 필요도 없다.) 통계적으로 말하자면, 거주 가능한 행성 중에서 가장 가까이 있는 것은 12광년 거리에 있을지도 모른다. 12광년이라면, 인간의 수명이 계속 늘어나고 있으니 이론적으로는 한 사람의 생애 동안에 도달할 수 있는 거리일 수 있다. 우주선에 탄 사람들은 여행하는 동안 골밀도와 근육량을 유지하기 위해 늘 운동을 할 필요가 있다.(우주선 일부를 느린 원심분리기처럼 회전시켜 인공 중력을 만드는 방법이 큰 도움을 줄 수 있다.) 이 일 말고는 게임을 하거나 홀로그래피 영화를 보거나 아기를 가지거나 논쟁을 벌이거나 그 밖의 일상적인 일을 하면서 하루하루를 보낼 것이다. 우주선에 탄 천문학자는 별들에 대한 우리의 위치가 변함에 따라 별자리들의 모양이 변하는(적어도 아주 조금씩) 것을 보는 데에서 재미를 느낄 수도 있다. 그리고 우주선은 성간 가스가 모여 있는 지역(장차 새로운 태양계를 탄생시킬 원재료가 모여 있는 곳)을 가끔 지나갈지도 모른다.

결국 새로운 고향이 될 행성이 눈앞에 나타날 것이다. 처음에는 작은 점 하나로, 그다음에는 작은 얼룩으로. 그러면 우주선에 탄 과학자들은 예상했던 대기 성분들이 정말로 이 행성에 그대로 있는지 재확인할 것이다. 산소와 오존은 충분한가? 이산화황과 염소가 너무 많진 않은가? 혹시라도 일산화이질소가 너무 많이 있는 것은 아닐까? 그래서 우주선 밖으로 발을 내딛는 순간, 모두가 미친 듯이 웃음을 터뜨리는 상황이 벌어지지는 않을까? 이 행성에 위성이 있는지도 살펴볼 필요가 있다. 행성과 그 위성은 각자 독특한 성분으로 이루어진 대기를 가질 수 있다. 우리에게는 아직 이렇게 작은 천체들을 분리해서 관찰할 능력이 없으므로, 멀리서 볼 때에는 이 모든 기체 성분이 섞여서 단일 흡수 스펙트럼으로 나타날 수 있다. 하지만 막상 가까이 다가가서 봤더니, 중요한 기체 중 일부는 행성에만 있고 일부는 위성에만 있는 것으로 밝혀진다면, 우주 여행자들은 낭패를 맛볼 것이다.

모든 것이 예상과 똑같이 확인된다면, 점점 더 가까이 다가감에 따라 행성의 색이 선명하게 드러나기 시작할 것이다. 파란색 바다와 황갈색 사막처럼 우리에게 익숙한 색조들도 있을 것이다. 그런가 하면, 새로운 태양에서 나오는 최대 열에너지에 따라 '식물들'의 숲은 초록색이 아니라 빨간색이나 노란색을 띨 수도 있다. 마침내 우주선이 행성 주위의 궤도에 진입하자, 저 아래에 있는 낯선 대륙들의 윤곽이 보인다. 이 시점에서는 인내심을 발휘해야 한다. 새 고향이라고 부를 만한 행성은 충분히 짙은 대기를 갖고 있기 때문에, 무턱대고 대기권에 진입해 착륙을 시도하다가는 우주선이 금방 불타 재로 변하고 말 것이다. 하지만 일부 용감한 사람들이 착륙선을 타고 하강을 시도할 것이다. 몇 시간 뒤, 이들은 새로운 행성에 첫발을 내딛는 데 성공한다.

하지만 우리 종의 장기적 생존을 위해서는 다음에 일어나는 일들이 훨씬 중요하다. 착륙한 사람들은 대기압의 정도에 따라 이 행성에서 이상한 것들을 발견할 수도 있다. 만약 이 행성의 대기압이 지구보다 크다면, 식물이나 식물 비슷한 생물들은 더 강한 바람에 쓰러지지 않도록 키가 더 작고 땅에 더 단단히 고정된 채 살아갈 것이다. 이 경우에는 산꼭대기 지역이 지구에서보다 따뜻하고 공기도 많아 정착하기에 좋은 장소가 될 것이다. 그리고 하늘을 날아다니는 동물들은 지구에 비해 몸집이 더 클 텐데, 이곳에서는 양력을 얻기가 더 쉽기 때문이다. 선발대는 처음에는 포식 동물이 없는지 하늘을 살피느라 긴장된 순간을 보낼 것이다. 그러다가 마침내 수백조 킬로미터의 먼 여행을 감행한 이유를 확인하는 순간이 올 것이다. 일행 중 한 명이 동료들에게 고개를 끄덕이면서 헬멧을 벗기 시작한다.

외계 행성의 공기를 한 모금 들이마시는 것은 죽음을 가져올 수도 있다. 일부 미량 기체(염려를 해야 하는 것인지도 알 수 없는)가 그의 폐를 태우거나 신경세포들을 마비시킬지도 모른다. 그보다는 이 낯선 공기가 그의 목을 화끈거리게 할 가능성이 더 높다. 갓 태어난 아기가 첫 숨을 들이쉴 때와 비슷하게 말이다. 눅눅하거나 썩은 냄새처럼 괴상한 냄새가 날 수도 있다. 하지만 공포에 질리거나 놀라서 숨이 막힐 일은 없을 것이다. 아마도 그는 안도하여 약간 웃거나 깊은 숨을 몇 번 들이쉴 것이다.

그렇게 하는 순간, 놀라운 일이 일어날 것이다. 그의 폐 속에 있던 질소와 그 밖의 기체, 즉 고향에서 가져온 공기가 천천히 흘러나와 몸 밖으로 빠져나갈 것이다. 그 먼 거리를 여행한 끝에 지구에서 가져온 이 아주 적은 공기가 새로운 고향의 공기와 섞일 것이다. 지구의 대기와 새로운 행성의 대기가 이제 영원히 떨어질 수 없게 뒤엉킨다. 다른 우주 여행자들이 헬멧을 벗고 폐 속의 공기를 내뿜을 때에도 똑같은 일이 일어나 각자 지구에서 가져온 분자들을 이곳의 공기에 더할 것이다. 그리고 평균적인 사람은 항상 자신의 폐 속에 율리우스 카이사르가 마지막 순간에 내뱉었던 공기 분자 한두 개가 들어 있기 때문에, 이제 카이사르의 분자 몇 개가 위로 선회하면서 자신의 이야기를 이 새로운 행성으로 옮겨갈 것이다.

물론 이 이야기를 카이사르에 국한해야 할 이유는 없다. 모선에서 점점 더 많은 사람들이 내려와 폐 속의 공기를 내뿜음에 따라 세인트 헬렌스산에서 해리 트루먼이 내뱉었던 분자들, 히로시마와 비키니 환초에서 핵폭발을 목격했던 분자들, 험프리 데이비의 폐에서 일산화이질소와 섞였던 분자들, 제임스 클러크 맥스웰이 무엇이 하늘을 파랗게 만들까 하는 문제를 생각할 때 에베레스트산 주위를 맴돌던 분자들, 이 모든 분자들 역시 새로운 행성에 합류할 것이다. 그리고 여러분이 분만실에서 첫 울음을 울 때 폐 속을 지나간 공기, 첫 키스를 할 때 들어왔다 나간 공기, 훗날 임종 때 마지막으로 내뱉은 공기를 비롯해 여러분 자신의 생애에서 유래한 분자들도 약간 있을 것이다.

끝에 대해 이야기할 때 우리는 흔히 "먼지는 먼지로, 재는 재로"라는 표현을 사용하지만, 이것은 완전히 옳은 말은 아니다. 우리 몸을 이루는 모든 분자는 기체로 생애를 시작했고, 우리가 죽고 나서 한참 지난 뒤, 빨간색으로 아주 크게 부풀어오른 태양이 우리 주변의 모든 것을 집어삼킬 때 이 모든 원자들은 기체 상태로 되돌아갈 것이다. 운 좋은 일부 분자는 다른 곳에서 두 번째 기회를 얻을 수도 있다. 여러분 중 아주 적은 일부(여러분 몸속에서 돌아다니는 분자들 혹은 어쩌면 몸을 이루는 분자들)는 먼 세계에서 계속 살아갈 수 있다. 내가 죽고 난 뒤에도 나의 일부가 계속 살아남는다는 생각은 어릴 때 들었던 천국 이야기처럼 들린다. 다만, 여기서는 이것이 정말로 옳고, 그런 일이 정말로 일어난다는 점이 다르다. 이 책 전체를 걸쳐 우리는 매초 우리 폐 속을 드나들면서 주변에 떠도는 수백만, 수십억, 수십해 가지의 이야기들을 살펴보았다. 우리가 단 한 번 들이쉬는 숨 속에도 세계의 모든 역사가 들어 있을 수 있다. 따라서 다른 행성으로의 여행은 아주 작은 규모에서이긴 하지만, 그 이야기들을 조금 더 오래 살아남게 할 것이다. 먼지는 먼지로, 기체는 기체로.

감사의 말

숨을 쉴 때 폐로 들어오는 공기 분자들처럼 이 책도 많은 개인들의 노력이 합쳐진 결과로 탄생할 수 있었다. 나는 관대한 도움을 아끼지 않은 사람들에게 또 한 번 감격했다. 여기에 적힌 몇 마디 말로는 고마움을 다 표현할 수 없을 것이다. 만약 여기서 누락된 사람이 있다면, 나는 부끄러움을 느끼겠지만 그 사람에 대한 고마움을 여전히 잊지 않을 것이다.

먼저 사랑하는 가족에게 감사의 마음을 전한다. 아버지에게는 과학과 훌륭한 구절을 사랑하신 것에, 어머니에게는 이야기를 잘하는 능력과 쾌활한 성격을 가지신 것에 감사드린다.(생각해보니 나는 지금까지 모든 책에서 어머니를 짓궂게 놀린 것 같다.) 매년 나는 내 형제인 벤Ben과 베카Becca를 만난 것이 행운이라고 생각하고, 어린 조카인 페니Penny와 해리Harry가 진짜 사람으로 커가는 것을 보는 게 즐겁다. 워싱턴 D.C.와 사우스다코타주를 비롯해 여러 곳에 사는 내 친구들에게는 많은 변화가 생겼지만, 결혼과 이사와 그 밖의 일들에도 불구하고 우리는 여전히 함께 좋은 시간을 보내고 있다.

내 에이전트인 릭 브로드헤드Rick Broadhead와 담당 편집자 존 파슬리John Parsley는 이 책의 기획 아이디어에서 큰 잠재력을 감지하고는 내가 책을 완성하고 개선하는 데 도움을 주었다. 이들이 없었더라면 이 책은 빛을 보지 못했을 것이다. 이 책을 비롯해 나의 다른 책들을 출판하는 과정에서 나와 함께 일한 리틀브라운 출판사의 모든 사람들, 특히 맬린 폰 오일러-호건Malin von Euler-Hogan, 크리스 제롬Chris Jerome, 마이클 눈Michael Noon, 줄리 어틀Julie Ertl에게도 고마움을 전하고 싶다.

마지막으로, 이 책의 각 장들과 구절들에 기여한 수많은 과학자들과 역사학자들에게 특별한 감사를 전한다. 이들은 각각의 이야기에 대한 구체적인 정보를 제공하거나, 필요한 정보를 찾는 데 도움을 주거나, 뭔가를 설명하기 위해 기꺼이 시간을 내줌으로써 책의 출간에 기여했다. 그런 사람들이 너무나 많아서 여기에 일일이 거명할 수는 없지만, 나는 그들의 도움을 절대로 잊지 않을 것이다…….

노트

이곳에 온 것을 환영한다! 본문에서 별표(*)를 볼 때마다 이곳으로 와서 해당 주제에 관한 보너스 정보를 얻을 수 있다. 즉시 노트를 보고 싶다면, 언제든지 그렇게 하라. 혹은 원한다면, 각 장이 끝난 뒤에 모든 노트를 에필로그처럼 읽어도 된다. 하지만 이곳을 반드시 확인하도록 하라. 여기저기에 귀중한 보석들이 숨어 있으니까…….

1부 공기의 탄생: 최초의 네 가지 대기

1장 | 지구의 초기 공기

59쪽 **약 7만 5000kcal** 이것은 다소 사소한 질문을 제기한다. 우리 몸속에 있는 화학 에너지는 대부분 어디에 저장돼 있을까? 많은 사람들은 지방 또는 근육이라고 대답하겠지만, 실제로는 물 분자 내부에 저장돼 있다. 구체적으로는 H_2O 분자를 유지시키는 O-H 결합에 들어 있다. 해리 트루먼의 몸속에서 모든 O-H 결합을 끊어 그의 몸을 개개 원자들로 완전히 분해하려면 추가로 55만 kcal가 더 필요하다.(그리고 나이가 많은 사람은 어린 사람보다 몸속의 수분 함량이 적다. 나와 비슷한 나이의 사람이라면, 필요한 열에너지는 약 67만 kcal로 올라간다.) 이 책에 나오는 나머지 칼로리 수치와 마찬가지로 이것은 추정치일 뿐이다. 다른 가정을 적용하면 다른 수치가 나올 수 있다. 하지만 이 수치는 물 분자에 얼마나 많은 에너지가 들어 있는지 대략 감을 잡을 수 있게 해준다.

못다 한 이야기 | 폭발하는 호수

69쪽 **뭔가 사악한 것을 불러내지 않도록** 지질학자들은 때때로 이산화탄소 구름이 솟아오르는 장소를 몇 군데 알고 있다. 옐로스톤 국립공원에는 많은 새와 설치류, 그리고 심지어 몇몇 회색 곰까지 죽인 데스걸치Death Gulch(죽음의 협곡)가 있다. 이탈리아에는 그로타델카네Grotta del Cane(개들의 동굴)가 있는데, 19세기에 관광객이 많이 찾은 장소였다. 공기보다 무거운 이산화탄소 기체는 동굴 바닥에 깔렸는데, 그 당시 관광객들은 키 작은 개들을 풀어놓고는 개들이 돌아다니다가 기절하는 것을 보고 즐거워했다. 마지막으로 매우 불행한 사건이 일어난 카메룬의 모노

| 한때 사람들이 재미로 작은 개들을 풀어놓아 기절시켰던 이탈리아의 그로타델카네 동굴.

운호가 있다. 니오스호에서 불과 100km 거리에 있는 이 호수에서는 1984년 8월에 기묘하게도 니오스호와 비슷한 상황에서 37명이 사망하는 일이 일어났다. 희생자들은 밤새 기체 구름이 이 지역을 뒤덮고 난 뒤에 질식해 사망했다. 사건이 일어나고 나서 그해에 모노운호를 방문한 한 지질학자는 호수 바닥에서 시료를 채취하다가 병뚜껑이 계속 들썩거리는 걸 발견했는데, 물에서 거품이 많이 나왔기 때문이다. 그는 이 화구호의 위험을 경고하는 급보를 몇몇 과학 학술지에 보냈지만, 담당자들은 이를 터무니없는 주장으로 일축했다.

역사상 가장 치명적인 가스 분출은 1783년에 아이슬란드에서 일어났다. 화산 지역의 틈을 통해 8개월 동안 독가스가 분출되면서 염산 630만 톤, 플루오린화수소산 1350만 톤, 이산화황 1억 1000만 톤이 쏟아져 나왔다. 현지 주민은 이 사건을 아이슬란드어로 모두하르드딘딘Móðuharðindin('엷은 안개 고통'이란 뜻)이라고 불렀는데, 이때 발생한 기묘하고 유독한 증기에서 딴 이름이었다. 한 목격자는 "공기가 해초처럼 쓰고, 썩은 내가 났다."라고 기억한다. 이 안개 때문에 아이슬란드에 살던 양 중 80%가 죽었고, 소와 말도 절반이 죽었다. 사람도 1만 명(전체 인구의 20%)이 죽었는데, 대부분 굶주림으로 죽었다. 이 안개는 영국으로도 흘러가 수증기와 섞여 황산이 되었으며, 이곳에서 2만 명을 더 죽였다. 이 안개는 유럽의 광범위한 지역에서 농작물도 죽여 장기간의 식량 부족 사태를 초래했다. 이 상황은 6년 뒤에 프랑스 혁명을 촉발하는 한 요인이 되었다.

2장 | 공기 중의 악마

76쪽 화산들이 뿜어낸 나머지 모든 기체 성분보다 더 오래 지속되기 때문이다

분명하게 다시 밝히자면, 수십억 년 전에 대기 중에 축적되기 시작한 질소는 대부분 화산에서 나왔다(직접적으로건 암모니아의 분해를 통해서건). 그리고 그렇게 해서 생긴 N_2 중 상당량이 지금의 대기에 그대로 머물러 있다. 하지만 어떤 세균들은 질소를 흡수하고 대사해 생물학적으로 유용한 산물로 만든다. 그리고 또 다른 세균들은 이 과정을 거꾸로 진행시켜 질소를 N_2의 형태로 공기 중으로 되돌아가게 한다. 따라서 우리가 지금 들이마시고 있는 질소 중 대부분은 화산에서 직접 나온 것이긴 하지만, 그중 일부는 도중에 생명체의 몸속을 거치며 몇 차례 환생했을 수도 있다.

79쪽 **페루 앞바다에 있는 친차 제도** 여러 가지 기상학적 요인 때문에 친차 제도에는 비가 전혀 내리지 않는다.(플로리다주나 캘리포니아주에서 자란 사람들 중에는 평생 동안 눈을 본 적이 없다고 말하는 사람들이 있다. 친차 제도 근처—특히 칠레 해안을 따라 죽 뻗어 있는 아타카마 사막—에 사는 사람들은 평생 동안 비를 보지 못하고 살아갈 수 있다.) 이러한 습기 부족 때문에 이곳의 구아노는 질이 아주 좋다. 빗물이 구아노 퇴

페루 앞바다에 있는 친차 제도의 구아노 더미. 중간에 보이는 사람들은 이 구아노 더미의 규모가 얼마나 어마어마한지 말해준다.

적물 사이로 스며들어 지면으로 흘러가면서 귀중한 영양분을 씻어가는 일이 일어나지 않기 때문이다.

1850년대에 친차 제도에서 수출하는 구아노의 양은 연간 수백만 톤에 이르렀는데, 이곳 노동자들은 여태껏 인류가 겪은 것 중 손꼽을 만큼 열악한 노동 조건에서 일했다. 노동자들은 대부분 중국, 폴리네시아, 뉴기니 등지에서 납치돼 왔다. 하지만 섬에 도착하고 나서 며칠이 지나면 인종을 구별할 수 없었는데, 모두 구아노 먼지를 뒤집어써 하얗게 변했기 때문이다. 이들은 습기 부족 때문에 입술과 혀와 코가 갈라졌다. 심지어 눈에서 암모니아 증기를 씻어낼 눈물조차 나오지 않는 사람들도 있었다. 이들은 돌처럼 딱딱하게 굳은 새똥을 곡괭이로 파고 삽으로 뜨면서 하루 스무 시간씩 일했다. 손이 너무 갈라져 더 이상 도구를 손에 쥘 수 없게 되면, 주인은 그들의 팔뚝을 손수레에 묶어 구아노를 실은 손수레를 섬 가장자리에 있는 절벽으로 끌고 가는 일을 시켰다. 그곳에서 그들은 활송 장치를 통해 구아노를 수백 미터 아래에서 기다리고 있던 바지선으로 내려보냈다. 섬에 오고 나서 몇 달이 지나면, 힘겨운 노동의 날을 더 보내느니 차라리 절벽 아래로 몸을 던져 목숨을 포기하는 노동자들이 많았다.

79쪽 **100여 년 전에 구아노를 얻기 위한 미국의 탐욕** 구아노 제도법을 이용해 실제로 존재하지 않는 섬—선원들이 본 신기루, 즉 옛날 지도에 그럴싸하게 표시되었지만 실제로는 존재하지 않는 이런저런 섬들—에 대한 권리를 주장한 사람들도 여럿 있다. 흥미롭게도 어니스트 헤밍웨이Ernest Hemingway의 동생인 레스터 헤밍웨이Leicester Hemingway는 1964년에 이 법을 적용해 뉴아틀란티스 공화국을 세웠다. 이름이 거창한 이 주권 국가는 사실은 자메이카 앞바다에 닻으로 고정한 2.4×9m 크기의 대나무 뗏목에 지나지 않았다. 레스터는 해양 생태계를 보호하기 위해 주변 바다에 대한 영유권을 확보하려고 노력했고, 이 계획을 위한 기금을 마련하기 위해 우표를 여러 차례 발행했다.

95쪽 교착 상태를 더 악화시켰다 기묘한 사실이 한 가지 있다. 현재 국제적으로 전쟁에 사용이 금지된 여러 종류의 가스를 미국 경찰은 폭동이나 그 밖의 치안 불안 사태에 사용할 수 있다. 물론 머스터드 가스나 포스젠을 사용하는 것은 아니고, 대부분 최루 가스이다. 하지만 미국 정부는 전쟁에서 외국인 병사에게 이러한 가스를 사용하는 것은 비인도적이고 잔인한 짓인 반면, 자국민에게 사용하는 것은 괜찮다고 믿는 것 같다.

103쪽 하버의 측은한 최후에 관한 소식 하버 이야기를 마치기 전에 그의 이야기에서 한 가지 측면을 더 살펴보기로 하자. 그의 화학전은 왜 그토록 야만적인 것으로 비춰졌고, 지금도 많은 사람들이 그렇게 생각할까? 오늘날 우리는 훨씬 많은 사람을 훨씬 신속하게 죽일 수 있는 칼라시니코프 자동소총(AK-47)과 대륙간탄도유도탄(ICBM) 시대에 살고 있다. 그런데도 독가스 공격은 여전히 공포의 무기로 간주되고 있다. 왜 그럴까?

첫째, 맨해튼 계획에 참여한 대다수 과학자들과 달리 하버는 가스전에서 자신이 수행한 역할에 대해 공개적으로 양심의 가책이나 괴로움, 후회를 전혀 내비치지 않았다. 게다가 하버가 살아 있을 때 초래했던 큰 문제들은 죽은 뒤에도 그를 괴롭혔다. 앞에서 언급했듯이, 하버는 나중에 가스전 연구를 '살충제' 연구로 위장해 진행했다. 그런 살충제 중 하나인 치클론 A를 바탕으로 치클론 B가 개발되었는데, 나치는 치클론 B를 아우슈비츠와 다하우를 비롯해 강제 수용소에서 유대인(하버의 친척도 일부 포함해)을 죽이는 독가스로 사용했다.

독가스 공격이 큰 공포를 조장한 또 한 가지 이유는 독가스가 기관총이나 핵탄두가 할 수 없는 방식으로 우리의 생물학적 기본 바탕을 위협하기 때문이다. 이 사실을 분명히 이해하는 데 도움을 주기 위해 잠깐 딴 이야기를 살펴보자. 나는 신경과학을 다룬 전작 『뇌과학자들』에서 S.M.이란 이름의 여성을 소개했다. 뇌에 손상을 입은 이 여성은 두려움을 느끼지 못하는 것처럼 보였다. 과학자들은 이 여성을 이국적인 애완동물 가게로 데려가 뱀과 타란툴라를 만지게 했지만, 그녀는 눈 하나 깜짝하지 않았다. 유령의 집에도 데려가고 공포 영화도 보여주었지만, S.M.은 전혀 두려움을 느끼지 않았다. S.M.은 심지어 죽을 뻔한 적도 여러 번 있었지만(한 번은 공원에서 강도가 목에 칼을 들이댄 적도 있었다), 그런 순간에도 전혀 동요하지 않았다. 심장이 심하게 고동치는 일도, 극심한 공포에 사로잡히는 일도, 그 밖의 어떤 일도 일어나지 않았다. 과학자들은 결국 S.M.이 그 어떤 것에도 두려움을 느끼지 않는다는 결론을 내렸다.

하지만 꼭 그렇지만은 않은 것으로 드러났다. 하루는 의사들이 탱크에 이산화탄소 농도가 높은 공기를 가득 채우고 나서 S.M.에게 그 속에서 마스크를 쓴 채 공기를 들이마시라고 했다. 여러분이 물속에 들어갔을 때 공포에 사로잡히는 이유는 산소 부족이 아니라 이산화탄소 축적이다. 하지만 어떤 상황에서도 전혀 두려움을 내비치지 않은 전력을 감안할 때, 의사들은 S.M.이 이번에도 평온함을 유지할 것이라고 생각했다. 하지만 놀랍게도 S.M.은 공기를 몇 번 들이마시고 나서 소리를 지르고 마스크를 할퀴면서 떼어내려고 했다. 이 가스에는 S.M.도 두려움을 느꼈다. 과학자들은 이 실험과 관련 연구를 통해 사람의 뇌에는 우리의 공기 공급을 면밀히 감시하는 독립적인 두 번째 두려움 체계가 있다고 결론을 내렸다.

나는 우리가 하버의 연구에 공포를 느끼는 이유는 이 때문이라고 생각한다. 숨을 쉬지 못하면 우리는 정신이 나가 마구 몸부림치기 시작한다. 이것은 완전히 뿌리 깊게 박혀 있는 생물학적 두려움으로, 공기 공급을 차단하면 총탄과 그 밖의 현대 무기로는 할 수 없는 방식으로 뇌 속의 인계 철선을 건드리게 된다. 이것은 실제로는 우리가 자동차 사고로 죽을 가능성이 훨씬 높지만 뱀과 상어가 자동차와는 다른 방식으로 우리에게 극심한 공포를 불러일으키는 것과 비슷하다. 독가스는 원초적인 두려움 만신전에 모셔진 신 중 하나이다.

전체적으로 볼 때 나는 하버가 과학사에서 가장 흥미로운 인물 가운데 한 명이라고 생각한다. 약속과 위험을 동시에 지닌 과학의 파우스트적 성격을 그만큼 잘 구현해 보여준 사람은 아무도 없다. 한 동료는 하버에 대해 이렇게 말했다. "그는 당신의 절친인 동시에 신이 되길 원했다." 하버는 두 가지 모두에 실패했고, 이전의 품위 있던 그의 모습을 생각할 때 우리가 느끼는 실망은 더욱 크다.

못다 한 이야기 | 산소로 금속을 녹이다

110쪽 **화학적으로 대략 비슷한 현상이다** 물론 녹이 스는 상황과 연소가 정확하게 동일한 것은 아니다. 무엇보다도 녹은 대개 물이 필요한 반면, 물은 불을 끄는 경향이 있다. 그리고 녹이 생기는 과정과 연소에서 생기는 산화철의 종류는 상황에 따라 서로 다를 수 있다. 하지만 두 과정은 화학적으로 공통점이 많다. 둘 다 산소 원자가 철을 공격하여 새로운 화합물을 만들어낸다.

3장 | 산소의 저주와 축복

123쪽 **일상적인 장비를 가지고 해야 했다** 프리스틀리의 아마추어적 기질은 조야한 장비뿐만 아니라 다른 측면들에서도 표출되었다. 한 예를 들면, 과학 논문에서도 자신의 실험 결과에 얼마나 놀랐는지 자주 고백했다. 이런 글을 보면, 평소에도 그가 뭔가에 놀라 입을 벌린 채 알 수 없는 말을 중얼거리고 고개를 흔들면서 걸어다닌 일이 많지 않았을까 하는 느낌을 받는다. 나는 이런 종류의 고백을 좋아하는데, 대부분의 사람들을 과학으로 끌어당기는 요소—자연계에 대한 지식을 발견하는 즐거움—가 잘 드러나기 때문이다. 그리고 나는 오늘날의 과학 담론을 지배하는, 냉담할 정도로 담백한 스타일보다는 각 단계마다 느낀 것을 솔직하게 기록한 프리스틀리의 스타일에서 학생들이 배울 게 더 많으리라고 생각한다.

127쪽 **라부아지에에게 조사를 의뢰했다** 프랑스 해군과 일한 지 3년이 지난 뒤, 라부아지에는 화약을 제조하던 화약공사에 들어갔다. 그전까지 화약공사는 낭비와 태만이 넘쳐나는 전형적인 정부 조직이었지만, 라부아지에는 자신이 새로 맡은 임무를 충실히 수행했고, 얼마 지나지 않아 프랑스는 처음으로 화약을 자급자족할 수 있게 되었다. 심지어 아메리카에 화약을 수출하기까지 했다. 프랑스에서 수입한 화약의 도움이 없었더라면 미국은 독립을 쟁취할 수 없었을 텐데, 영국이 다른 식민지들과의 교역을 차단했기 때문이다.

135쪽 **혐기성 세균** 누가 죽으면, 세균이 그 몸을 분해하기 시작한다. 이 과정에는 호기성 세균과 혐기성 세균이 모두 관여하지만, 썩은 고기를 연상시키는 악취 기체를 만들어내는 것은 혐기성 세균이다. 이러한 기체 물질에는 아주 적절한 이름이 붙은 푸트레신putrescine과 카다베린cadaverine이라는 분자들도 포함돼 있다. 푸트레신과 카다베린의 분자식은 각각 $NH_2(CH_2)_4NH_2$와 $NH_2(CH_2)_5NH_2$이다.

139쪽 **산소를 빨아들이는 일은 잎이나 줄기의 겉껍질에 있는 기공을 통해 일어난다** 열매, 꽃, 줄기처럼 지상의 식물 구조가 산소를 '빨아들이는' 과정은 쉽게 이해할 수 있다. 그리고 물론 식물에서 녹색 부분들은 광합성을 통해 만든 산소를 이용할 수 있다. 그렇다면 식물 뿌리는 어떻게 숨을 쉴까? 다행히도 공기는 땅속으로 쉽게 스며들 수 있다. 흙 사이에는 여기저기 구멍이 많은데, 늘 흙을 씹으면서 분해하는 지렁이가 이런 구멍을 만드는 데 중요한 역할을 한다.(일련의 실험을 통해 이 사실을 처음 발견한 사람은 찰스 다윈이다.) 이것은 또한 대부분의 식물이 왜 고인 물에서 살지 못하는지 설명해준다. 그런 물에는 산소가 너무 적어 식물 뿌리가 숨을 제대로 쉴 수 없다. 다시 말해 물속에서 식물이 죽는 이유는 사람이 물속에서 죽는 이유와 똑같다.

2부 공기의 이용: 인간과 공기의 관계

4장 | 웃음 가스의 경이로운 작용

177쪽 **나트륨** 여기서, 이 원소들 중 하나를 발견한 일 때문에 데이비가 후회했을 상황을 묘사한 인물 풍자 4행시를 언급하지 않을 수 없다.(영어로 읽어보면, 각운의 묘미를 느낄 수 있음. — 옮긴이)

험프리 데이비 경은	*Sir Humphry Davy*
뜻밖에 발견한 것을 몹시 싫어했지.	*detested gravy.*
그는 나트륨sodium을 발견했다는	*He lived in the odium*
비난odium 속에서 살아야 했거든.	*of having discovered sodium.*

이 책에는 나중에 기체를 이용한 냉동법도 나오는데, 이것은 저온 유지법의 개척자인 제임스 듀어James Dewar에 관한 또 하나의 훌륭한 인물 풍자 4행시에 영감을 주었다.

듀어 교수는	*Professor Dewar*
너희들보다 훨씬 나아.	*Is better than you are.*
멍청한 너희들 중 누가	*None of you asses*
기체를 응축시킬 수 있겠어?	*Can condense gases.*

185쪽 **에테르는 값싸게 황홀감을 주는 물질이었다** 아일랜드의 한 도시는 에테르 중독 비율이 얼마나 높았던지 1km쯤 떨어진 곳에서도 그 냄새를 맡을 수 있었다고 한다. 사람들은 에테르를 코로 들이마시는 데 그치지 않고, 우유와 함께 마시기도 했다. 그것을 마신 뒤에 담배를 피다가 입속에 불이 나기도 했다.

185쪽 **심지어 몇몇 물고기** 동물들의 폐와 신경계가 비슷하다는 점을 감안하면, 마취제가 다른 동물에도 효과가 있다는 사실은 전혀 놀랍지 않다. 하지만 일부 식물에도 마취제가 효과가 있다는 이야기는 나도 선뜻 믿기 어려웠다. 예를 들면, 파리지옥에 마취제를 투여하면, 파리지옥은 벌레가 내려앉아도 아가리를 확 닫지 않는다. 이 사실 때문에 식물에 어떤 종류의 느린 의식이나 지능이 있느냐 없느냐를 놓고 식물학자들 사이에 온갖 종류의 철학적 논쟁이 벌어졌다.

191쪽 **마취제를 먼저 발견했다는 주장들이 나왔기 때문이다** 모턴의 가장 큰 경쟁자는 뉴잉글랜드에서 의사로 일하던 찰스 토머스 잭슨Charles Thomas Jackson이었다. 잭슨은 모턴과 함께 있는 자리에서 에테르를 마취제로 사용할 수 있다고 처음 제안했을 수도 있고 그러지 않았을 수도 있다. 잭슨이 이 싸움에서 크게 유리한 점이 하나 있었는데, 자신의 매형인 랠프 왈도 에머슨Ralph Waldo Emerson이 수십 년 동안 잭슨을 공개적으로 옹호했기 때문이다.(참고로 말하자면, 에머슨과 헨리 데이비드 소로Henry David Thoreau를 소개해준 사람이 잭슨의 여형제 중 한 명이었다.) 잭슨은 또한

새뮤얼 모스Samuel Morse와도 전신의 발명을 놓고 분쟁에 휘말렸다. 잭슨은 혁명적인 아이디어가 많았던 것으로 보이지만, 그런 아이디어를 이야기하는 것에 그치지 않고 본격적으로 추진할 적극성이나 용기가 부족했다.

똑똑했지만 진취적 기상이 부족했던
발명가 찰스 토머스 잭슨.

못다 한 이야기 | 르 페토만

208쪽 **왜 아래쪽 관으로는 '말'을 하지 못할까?** 항문으로 (적어도 항상) 말을 하지 못하는 이유를 완전하게 알고 싶다면, 신체 기능을 재미있게 다룬 로버트 프로바인Robert Provine의 책 『흥미로운 행동*Curious Behavior*』을 보라.

5장 | 혼돈을 제어하다

212쪽 **자연은 진공을 싫어해** 기묘하게도 양자물리학자들은 아리스토텔레스의 생각이 옳았는지도 모른다고 말하는데, 진공도 사실은 완전히 텅 비어 있는 것이 아니기 때문이다. 진공 속에서도 끊임없이 아원자 입자들이 생겨났다가 사라진다. 진공은 또한 고유 에너지 밀도를 가지는데, 이것은 곧 진공도 질량을 포함하고 있다는 뜻이다($E=mc^2$에 따라). 이 에너지 밀도가 우주론자들이 우주를 팽창시키는 원인이라고 생각하는 그 불가사의한 '암흑 에너지'일지도 모른다.

219쪽 **인류는 오래전부터 기계를 움직이는 데 물을 사용해왔지만** 고대 그리스인은 여러 가지 목적 중에서도 시간을 재고 곡물을 분쇄하기 위한 수력 기계들을 발명했다. 1세기에 알렉산드리아의 헤론Heron은 증기의 힘으로 노래하고 춤추는 로봇을 만들었다.(정말이다!) 사제들도 사원에서 손대지 않고 문을 닫고 제단 주변의 물체들을 움직이는 데 헤론의 기계를 사용했다. 이런 요술 같은 장치는 재미있었을 뿐만 아니라, 보통 사람들은 이에 경외감을 느꼈는데, 사제가 신과 그 밖의 정령을 마음대로 부를 수 있다고 생각했기 때문이다. 헤론과 와트의 차이점은 헤론이 장난감을 만드는 데 몰두한 반면, 와트는 육체노동을 대신할 수 있는 증기 기관을 만들었다는 점이다. 물론 장난감을 폄하하는 것은 아니다. 많은 기술은 그런 식으로 시작되었다. 하지만 옛날에 헤론의 연구를 바탕으로 그 기술을 더 발전시킨 사람은 아무도 없었다.

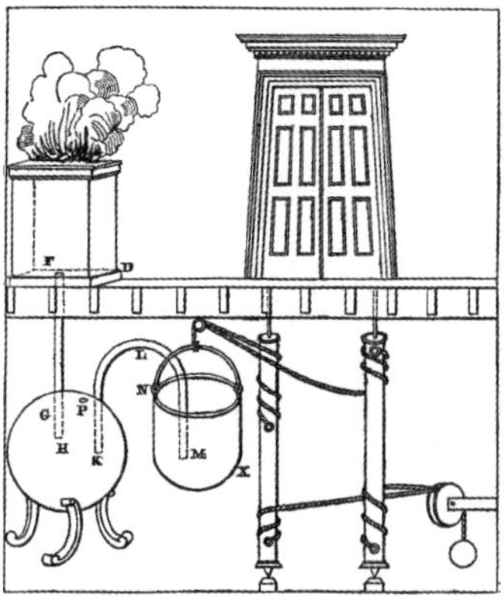

1세기에 알렉산드리아의 헤론이 발명한, 증기의 힘을 이용해 자동으로 사원의 문을 여는 장치.

222쪽 **지구에서는 그 어떤 진공 펌프도** 지구에서는 그 어떤 진공 펌프도 물을 10.3m 이상 끌어올리지 못하기 때문에, 빨대도 그보다 더 높은 높이로는 음료수를 빨아올릴 수 없다. 그래서 만약 4층 높이에서 빨대로 음료수를 빨아올리려고 한다면, 단 한 방울도 마실 수 없을 것이다.

하지만 금성에서라면 어떨까? 금성의 대기압은 지구보다 90배나 크기 때문에, 공기가 짓누르는 힘이 90배 더 강하다. 거기다가 유리한 조건이 하나 더 있다. 금성은 지구보다 약간 작기 때문에, 빨대를 올라가는 액체에 미치는 중력이 더 약하다(10% 정도). 이 모든 효과를 합치면, 금성에서는 빨대로 물을 1000m 이상 빨아올릴 수 있다. 반면에 기압이 아주 낮은 화성에서는(지구의 0.6% 정도) 빨대로 물을 겨우 17.5cm 정도만 빨아올릴 수 있다. 사실상 대기가 없는 것이나 다름없는 달에서는 빨대로 물을 겨우 2500억분의 1cm 정도만 빨아올릴 수 있다.

237쪽 **거의 순간적으로 방출되었다는** 나이트로글리세린이 폭발하는 속도는 에어백보다도 수천 배나 빠르다. 대부분의 에어백은 아지드화나트륨(NaN_3) 같은 물질에 전기 펄스를 쏘아 순수한 나트륨과 질소 기체(N_2)로 분해시킴으로써 기체를 만들어낸다. 표준 온도와 압력에서 아지드화나트륨 단 100g으로 0.04초 만에 50L의 기체를 만들 수 있다. 아주 대단한 것처럼 보이지만, 동일한 조건에서 나이트로글리세린 100g은 1만분의 1초 만에 70L의 기체를 만들 수 있다.

못다 한 이야기 | 테이 다리 참사

251쪽 **『맥베스』의 배경 장소** 스코틀랜드의 연극 이야기를 좀 하자면, 맥고내걸은 서투른 시인이 되기 전에 서투른 배우로 생계를 꾸려나가려고 시도했다.(사실, 맥고내걸은 52세 이전에는 시를 한 편도 쓴 적이 없었다.) 안타깝게도 맥고내걸은 연기에도 시만큼이나 재능이 없었다. 그는 맥베스 역으로 무대에 올랐을 때 가장 큰 악명을 떨쳤다. 극장 관리자는 맥고내걸이 큰 참사를 빚으리란 걸 알고는, 그 역을 맡는 영예를 얻는 대가로 맥고내걸에게 돈을 내라고 요구했다. 맥고내걸은 기대를 저버리지 않았다. 맥더프가 맥베스를 죽이고 비극을 끝낼 순간이 왔을 때, 맥고내걸은 그냥 죽으려 하지 않았다. 그는 다른 배우를 검으로 공격해 하마터면 그 사람의 귀를 자를 뻔했다. 결국 맥더프가 달려들어 맥고내걸을 무대에서 끌고 내려가야 했다.

253쪽 **일산화탄소(CO)** 일산화탄소가 사람을 죽이는 이유는 산소보다 훨씬 더 쉽게 철과 결합하기 때문이다. 적혈구에는 헤모글로빈이라는 분자가 있다. 헤모글로빈 중심에는 철 원자가 여러 개 있는데, 이 철 원자들이 산소를 붙들어 세포들로 옮겨준다. 하지만 혈액에 일산화탄소(호흡을 통해 들어온)가 있으면, 일산화탄소는 산소를 밀어내고 헤모글로빈과 결합한다. 그러면 적혈구가 세포에 산소를 운반할 수 없게 된다. 설상가상으로 일산화탄소는 쉽게 분해되지 않는다. CO는 자연에서 가장 강한 삼중 결합으로 결합돼 있는데, 이것은 심지어 질소 분자(N_2)의 삼중 결합보다 더 강하다.

6장 | 하늘로 날아오르다

264쪽 **몽골피에는 세계 최초의 열기구를 구상했다** 일부 자료에 따르면, 열기구에 영감을 제공한 것은 다른 사건들이었다고 한다. 그 이야기에서는 몽골피에가 장기간 지속된 프랑스군의 지브롤터 포위전에 관한 신문 기사 스크랩을 놓고 곰곰이 생각에 잠겨 있었다고 한다. 지브롤터는 바다로나 육지로나 공격이 불가능한 요새였다. 그러다가 고개를 들어 위를 보았더니 신문지 조각과 재가 난로 위에서 떠돌고 있었다. 그것들은 날고 있는 것처럼 보였는데, 그 순간 몽골피에는 공중에서 지브롤터를 공격하는 방법이 떠올랐다고 한다.

272쪽 **병 속의 거품이 너무 빨리 팽창하면서 뿜어져 나왔다** 청량음료 캔이나 맥주 캔을 떨어뜨려본 사람은 거품이 왈칵 쏟아져 나오는 걸 막기 위해 캔을 따기 전에 윗면이나 옆면을 톡톡 두드리라는 충고를 들은 적이 있을 것이다. 그 이유는 이렇다. 탄산음료를 흔들면, 이산화탄소 거품이 금속 안쪽 표면에 모인다. 이 상태에서 캔을 톡톡 두드리면, 거품이 표면에서 떨어져나와 용기 속에서 위로 떠올라 꼭

대기 부근에 모인다. 그래서 잠시 후에 캔을 따면, 거품이 밖으로 나올 때 액체를 함께 끌고 나오지 않는다(거품이 더 이상 액체 속에 잠겨 있지 않기 때문에). 조금 김빠진 맛이 날 수는 있지만, 그래도 손과 바닥은 깨끗하게 지킬 수 있다.

291쪽 **'게으른'이란 뜻의 그리스어** '아르곤'이라는 단어는 그리스어로 쓰인 원본 『신약 성경』에 나온다. 포도밭에서 일하는 일꾼들에 관한 우화(「마태오 복음서」 20장 3절)에서 예수는 "그가 또 9시쯤에 나가보니 다른 이들이 하는 일 없이(*argon*) 장터에 서 있었다."라고 말한다.

여담이지만 말이 난 김에 이야기하자면, 성경에서 언급된 그 밖의 화학 원소 일곱 가지는 금, 은, 납, 철, 구리, 주석, 황이다.

293쪽 **이 기체 원소를 헬륨이라고 불렀다** 신체 장애가 있던 프랑스 천문학자 피에르 쥘 세자르 장센Pierre Jules César Janssen이 태양에서 헬륨을 발견한 이야기는 아주 흥미롭다. 장센은 기구의 역사에도 등장하는데, 1870년에 프로이센군이 파리를 포위했을 때, 아프리카에서 일식을 관측하기 위해 용감하게도 위태위태한 기구를 타고 탈출했기 때문이다.(탈출에 실패하면 간첩으로 몰려 총살당할 위험이 컸다.) 이 일련의 모험을 여기에서 다 이야기하기에는 지면이 부족하다. 대신에 내 웹사이트에 이와 관련된 이야기를 써놓았으니 참고하길 바란다: http://samkean.com/extras/clb-notes.html

여기에는 다른 주제들에 관한 추가 노트도 있다. 원한다면 내게 개인적으로 메시지를 보내도 좋다. 나는 독자들의 의견을 듣길 좋아한다: http://samkean.com/samkean.php#contact

294쪽 **알려진 여섯 가지 비활성 기체의 발견에 모두 관여한 셈인데** 나는 램지가 알려진 여섯 가지 비활성 기체의 발견에 모두 관여했다는 것을 약간 얼버무리는 투로 서술했는데, 지금은 주기율표의 이 기둥에 2006년에 발견된 118번 원소(오가네손oganesson)가 추가되었기 때문이다. 그런데 118번 원소는 아주 무거운 원소여서 그 전자 구조가 변형되어 비활성 기체처럼 행동하지 않을지도 모른다. 확실한 것은 아직 아무도 모른다.

295쪽 **괴팍한 멘델레예프조차 미소를 지었다** 사실은 멘델레예프는 이 교훈을 너무 적극적으로 받아들여 실제로 존재하지 않는 곳에서 비활성 기체를 보기 시작했다. 그 무렵에 물리학은 광파 때문에 위기를 맞이하고 있었다. 그 당시 과학자들이 아는 바에 따르면, 모든 파동은 전파하는 데 매질이 필요했다. 조석파는 물이 필요하고, 음파는 공기가 필요하고, 파도타기 응원 파동은 열광적인 축구 팬들이 필요하다. 그래서 그 당시 과학자들은 광파는 에테르라는 매질이 필요하다고 생각했다. 문제는 에테르를 실제로 본 사람이 아무도 없다는 사실이었다. 수십 년 동안의 노력에도 불구하고 실험에서 그것을 검출한 사람조차 없었다. 그래서 열정이 발동한 멘델레예프는 물리학을 구하기 위해 주기율표에 의지했다. 그리고 에테르는 모든 물질에 스며 있는 아주 작고 매우 섬세한 비활성 기체인데, 그 이름을 뉴토늄newtonium으로 부르자고 제안했다. 멘델레예프가 말한 '아주 작은'은 기본적으로 무한히 작은 것을 의미했다. 그는 뉴토늄의 질량이 수소 원자의 100억분의 1이라고 추정했다. 에테르의 존재를 놓고 1905년까지 열띤 논쟁이 계속 이어졌는데, 마침내 아인슈타인이 상대성 이론을 들고 나와 에테르가 필요 없음을 증명했다. 하지만 적어도 몇 년 동안은 비활성 기체가 빛의 본질 자체를 설명하는 것처럼 보이던 시절이 있었다.

298쪽 **질소와 산소와 아르곤만으로도** 아, 물론 반드시 이것들만으로 충분한 것은 아니다. 레일리는 자신의 이론을 죽일 수도 있는(혹은 죽일 수밖에 없는) 요인을 간과했다. 문제는 간섭이라는 파동의 성질이다. 두 광선이 충돌하는 장면을 상상해 보라. 두 광파의 위상이 서로 완전히 반대일 경우(즉, 한 광파의 마루가 다른 광파의 골과 일치하고, 또 한 광파의 골이 다른 광파의 마루와 일치하는 상황), 두 광선은 만나면 상쇄된다. 즉, 두 광선은 서로를 파괴해 충돌 뒤에는 아무것도 남지 않는다. 따라서 공기가 균일하게 분포된 대기에서는 산란된 파란색 빛은 지상을 향해 날아오는 동안 이러한 상쇄를 통해 거의 틀림없이 사라지게 된다. 그 결과, 파란색 빛은 우리 눈에 닿기 전에 모두 사라지고 말 것이다.

하지만 우리의 대기가 매우 균일한 편이긴 하지만 완전히 균일하지 않다는 사실 때문에 레일리의 설명은 구사일생으로 살아남을 수 있었다. 대기의 밀도에는 아주 작은 요동이 존재하는데, 이 요동은 레일리의 설명을 구원하기에 충분하다. 이 사실을 발견해 레일리를 구한 사람이 누구인지 궁금한가? 바로 알베르트 아인슈타인이다.

3부 프런티어: 새로운 하늘

7장 | 죽음의 재

314쪽 **염소 여러 마리는 조건 형성 과정을 통해** 그들은 한 가지 이유 때문에 염소를 선택했다. 제1차 세계 대전 때 포탄 쇼크에 흥미를 느낀 심리학자들은 연구할 동물 모형이 필요했다. 그래서 이반 파블로프Ivan Pavlov 밑에서 배운 적이 있는 사람이 코넬 대학교에 연구소를 열고는, 그곳에서 포탄 쇼크 효과를 일으키기 위해 가축을 극도의 불안 상태로 몰아넣으며 여러 해를 보냈다.(기자들은 그곳을 '히비지비스 농장heebie-jeebies farm'이라고 불렀는데, 히비지비스는 '불안 초조한 상태'를 뜻하는 말이다.) 토끼는 너무 단순해서 그 연구에 적합하지 않은 것으로 드러났다. 큰 소음에 노출되어도 콤플렉스가 생기는 경우가 드물었기 때문이다. 돼지와 개는 너무 똑똑해 행동이 너무 복잡하고 반응도 너무 다양했다. 염소가 딱 안성맞춤이었다. 그리고 책임 심리학자는 포탄 쇼크에 대한 중요한 진실을 알게 되었다. 사람들을 불안 속으로 몰아넣는 것은 폭발 자체도 아니고 폭발이 초래하는 부상도 아니었다. 사람의 마음을 갈기갈기 찢는 원인은 바로 그런 사건에 대한 '예상'(매일 밤, 매 시간 그것에 대해 생각하는 데에서 받는 스트레스)이었다.

어쨌든 비키니 환초에서 신경쇠약에 걸린 염소를 대상으로 한 실험은 실패했다. 나중에 비디오테이프가 보여주었듯이, 원자폭탄이 폭발하는 순간에 염소들은 거의 눈도 깜박이지 않았다. 염소들은 원자폭탄이 폭발하기 전에 건초를 먹었고, 폭발한 후에도 아무 일 없다는 듯이 계속 건초를 씹었다.(그건 그렇고, 비디오테이프에는 폭발 순간에 새끼를 낳은 쥐의 모습도 찍혀 있었다. 과학자들은 새끼 쥐 세 마리에게 각각 알파, 베타, 감마라는 이름을 붙여주었다.)

317쪽 **맨해튼 계획은 과학의 획기적 성과라기보다는 공학의 승리** 내 말을 액면 그대로 믿지는 마라. 맨해튼 계획에 참여했던 리처드 파인먼Richard Feynman도 "전쟁 동안에는 로스앨러모스에서 일어난 약간의 연구를 제외하고는 모든 과학이 멈추었다. 그것은 엄밀하게는 과학이라고 할 수도 없었다. 대부분은 공학이었다."라고 말했다. 그렇다면 왜 맨해튼 계획에 참여한 물리학자들이 여전히 대부분의 공을 차지하고 화학자들과 공학자들은 익명으로 남아 있을까 하고 흥미로운 질문을 던질 수 있다. 나는 여기에는 몇 가지 요인이 있다고 생각한다. 첫째, 물리학자들 중에는 궁정 어릿광대 역할을 한 파인먼을 비롯해 '미국의 프로메테우스'라 불린 로버트 오펜하이머, 외국에서 온 위대한 천재 물리학자 엔리코 페르미, 소련을 위해 스파이로 활동한 클라우스 푹스Klaus Fuchs 등 화려한 능력과 개성을 가진 사람들이 많았다. 화학자는 글렌 시보그Glenn Seaborg를 제외하고는 유명한 사람이 별로 없었는데, 시보그도 카리스마가 넘치는 사람은 아니었다. 게다가 물리학자들은 자신의 영역을 배타적으로 지키려는 의식이 강했고, 원자폭탄에 관한 최초의 공식 보고서를 준비한 사람도 물리학자였다. 이 보고서는 화학자들의 역할을 깎아내렸고, 그럼으로써 후대의 역사학자들이 그대로 베껴쓴 이야기를 확립했다. 마지막으로, 물리학자들은 핵분열에 관한 연구 중 대부분을 전쟁 이전에 발표했다. 그래서 그것은 세간에 널리 알려진 사실이 되었고, 사람들은 신문 기사에서 그 이야기를 자유롭게 인용할 수 있었다. 우라늄과 플루토늄의 정제에 관한 화학적 지식은 비밀로 유지되었다.

321쪽 **남자다운 척하면서 관련 위험을 무시한** 1930년대에 있었던 한 사례를 소개한다. 훗날 노벨상을 수상한 어니스트 로런스Ernest Lawrence는 방사능의 경이로운 작용에 대해 대중 강연을 하는 자리에서 방사성 나트륨이 든 병을 소도구로 쓰려고 꺼냈다. 불행하게도 그것은 방사능이 너무 강해서 가까이에 있던 가이거 계수기로 측정할 수 있는 범위를 넘어섰다. 그래서 로런스는 소금물을 약간 준비해 거기에 방사성 나트륨을 넣고는 동료인 오펜하이머를 무대로 불러냈다. 오펜하이머는 그것을 꿀꺽 삼켰고, 1분 뒤에 손으로 방사능 측정기를 감쌌다. 가이거 계수기는 다람쥐처럼 시끄럽게 재깍거렸고, 그곳에 있던 사람들은 모두 재미있다는 듯이 크게 웃었다.

336쪽 **생존자들 사이** 정부는 건물들이 핵폭발에 얼마나 잘 견디는지뿐만 아니라, 사람들이 몇 주일 동안 방사성 낙진 지하 대피소에 갇혀서 지내는 생활을 얼마나 잘 견디는지도 시험했다. 일부 사람들은 갇혀 지내는 생활을 즐겁게 받아들였

1950년대의 전형적인 방사성 낙진 지하 대피소.
(사진 제공: 미국 국립문서기록관리청)

지만(한 부부는 그곳에서 허니문을 보냈다), 대다수 사람들은 우울한 상태에 빠졌다. 한 가족은 술에 빠졌다. 심지어 그들은 조용히 시키려고 세 살짜리 아기에게도 술을 먹였다. 어떤 가족은 건물에 설치된 환기 장치를 아이들에게 제공하는 보상으로 사용했다. 갇힌 공간에서 화장실을 사용하면 당연히 고약한 냄새가 난다. 아이들이 몇 시간 동안 얌전하게 굴면, 부모는 아이들에게 악취를 바깥 세계로 내보내는 크랭크를 돌리게 해주었다. 전반적으로 대다수 사람들은 처음에는 방사성 낙진 지하 대피소를 흥미로운 모험으로 받아들였지만, 나흘이 지난 뒤에는 불안과 초조함을 감추지 못했다.

339쪽 **대중문화도 거들고 나섰는데** 모든 대중문화가 핵무기를 조롱한 것은 아니다. 훗날 전 세계에서 2000만 부 이상 팔린 『괴물들이 사는 나라*Where the Wild Things are*』의 저자 모리스 센댁Maurice Sendak이 그림을 그린 첫 번째 책의 제목은 『만인을 위한 원자학*Atomics for the Millions*』이었는데, 대체로 핵무기를 긍정적으로 평가한 내용이었다. 센댁이 그것을 제대로 이해하고 그 작업에 참여했던 것은 아니다. 센댁이 이 책의 출간 작업에 참여한 이유는 고등학교 시절에 모든 과학 과목에서 낙제를 했던 탓에 최소한 한 과목에서만큼은 합격 점수를 얻어야 했기 때문이다. 그래서 그 책의 저자인 과학 교사가 핵분열이 일어나는 원자를 의인화한 그림을 그려주면 그 대가로 100달러와 함께 여분의 점수를 듬뿍 주겠다고 제안하자, 샌댁은 그것을 받아들였다. 센댁은 훗날 당시의 자신을 "그 선생님의 수업을 들었던 학생들 중에서 가장 멍청한 아이였다……. 선생님은 모든 그림을 일일이 설명해야 했다."라고 평했다.

340쪽 같은 수준의 손상을 여러분의 조직에 입힌다는 뜻이다 방사성 입자의 생물학적 효과를 판단하는 일은 무척 까다롭다. 원소마다 방출하는 입자의 종류와 방출하는 속도가 다르며, 어떤 입자는 다른 입자보다 더 큰 손상을 입힌다.(게다가 어떤 입자는 몸 밖에서는 비교적 무해하지만, 몸속으로 삼키거나 들이마시면 조직에 큰 손상을 입힌다.) 문제를 더 복잡하게 만드는 요소가 또 있는데, 조직마다 잘 흡수하는 방사성 입자의 종류와 흡수하는 속도가 다르며, 우리가 흡수하는 방사성 입자가 모두 다 생물학적 손상을 입히는 것도 아니라는 점이다. 이 장에서 나는 모든 것을 '흉부 X선 촬영'으로 환원함으로써 이야기를 지나치게 단순화시켰다. 하지만 그러지 않고 스무 가지 단위를 그것을 설명하는 주와 함께 사용한다면, 그것 또한 여러분에게 큰 불편을 안겨줄 것이다. 내가 택한 접근법이 불완전하다는 점은 인정하지만, 그래도 비교를 위한 기준을 제공하는 장점이 있다.

345쪽 브라보 실험 1946년부터 1958년까지 미국은 비키니 환초와 부근의 에네웨타크 환초에서 모두 67개의 핵폭탄을 폭발시켰는데, 그 폭탄들의 전체 위력은 히로시마에 투하한 폭탄 7200개에 해당하는 것이었다. 이를 12년이라는 시간으로 나누면, 매일 히로시마 투하 원자폭탄 1.6개에 해당하는 폭탄을 폭발시킨 것이나 다름없다. 믿기 힘들겠지만, 이런 집중적인 핵실험 이후에도 미군은 원주민에게 이제 곧 고향으로 돌아갈 수 있을 것이라고 거듭 약속했다. 미군은 원주민 재이주 계획을 하디 계획Project Hardy이라고 불렀다. 그들은 이 계획을 실행에 옮기지 않았다.

그건 그렇고, 브라보 실험에 사용된 원자폭탄은 지금까지 폭발시킨 원자폭탄 중 가장 위력이 큰 것은 아니었다. 그 영예는 소련의 차르 봄바Tsar Bomba에게 돌아간다. 1961년 10월 30일에 시베리아의 외딴 섬인 노바야제믈랴 제도에서 실시된 이 실험에서는 히로시마 투하 원자폭탄 3000개에 해당하는 에너지가 나왔다. 이 폭탄은 오늘날의 날렵한 핵무기와 달리 무게가 2만 7000kg이나 나갔고, 그 폭발의 여파로 900km 떨어진 곳에서도 유리창이 깨졌다.

못다 한 이야기 | 아인슈타인과 국민 냉장고

348쪽 달걀이 목에 걸려 하마터면 질식할 뻔했다 필시 여러분이 궁금해할 것이기 때문에 설명하자면, 아인슈타인은 아침 식사 때 주로 달걀 프라이나 스크램블드에그를 토스트나 롤과 함께 먹었다. 그의 식습관을 소개하자면, 꿀을 하도 많이 먹어 집안일을 돌보던 사람이 꿀을 양동이 단위로 구입했다고 한다. 아인슈타인이 좋아한 그 밖의 음식으로는 달걀 수프, 연어, 마요네즈, 콜드컷, 아스파라거스, 단밤을 곁들인 돼지고기, 딸기 머랭이 있다. 고기는 푹 익힌 것을 좋아했는데, 자신의 요리사에게 "나는 호랑이가 아니라네."라고 말한 적도 있다.

351쪽 마침내 여섯 가지 기체를 모두 액화하는 데 성공했다 이 기체들을 액화한 것이 대단한 업적이긴 하지만, 일부 사람들은 이를 축하하면서 다소 지나치다 싶을 정도로 열광적인 반응을 보였다. 스위스 과학자 라울 픽테Raoul Pictet가 공기를 액화하는 데 성공하자, 브루클린의 한 신문은 "가장 뛰어난 과학자 픽테가 이 액체를 불로장생의 묘약이라고 부르고, 이 액체가 지구에서 가난을 추방할 것이라고 선언하다"라는 제목으로 그 내용을 소개했다.

기묘하게도 여섯 가지 '영구기체'는 모두 헬륨보다 먼저 액화되었다. 자연에서 가장 완강한 기체인 헬륨은 1908년에야 액화되었다.(끓는점이 -268.9°C인 헬륨이 여섯 가지 기체에 포함되지 않은 이유는 19세기 전반까지도 발견되지 않았기 때문이다.) 오늘날에도 헬륨을 액체 상태로 유지하는 것은 쉬운 일이 아니다. 2008년, CERN의 대형강입자충돌기에서 고장이 발생하는 바람에 액화 헬륨 6톤이 기화하는 일이 벌어졌다. 모든 것을 정상으로 되돌리는 데에는 1년의 세월이 걸렸고, 비용도 수천만 달러가 들었다.

356쪽 **염화불화탄소를 쓰게 되었고** 이것은 의도하지 않은 결과를 낳았다. 미국은 1995년 12월 31일부터 미국 내에서 염화불화탄소(CFCs) 기체의 생산을 금지했다. 하지만 미국 정부는 CFCs에 의존하는 기업들(예컨대 에어컨 장비에 CFCs를 사용하는 자동차 업체)이 재활용 CFCs를 사용하거나 해외에서 구입하는 것은 허용했다. 다시 말해서, 공급은 크게 준 반면, 수요는 그대로 유지되었다. 그러자 경제학 교사라면 누구나 예측할 수 있듯이 가격이 크게 치솟았다. 심지어 사람들은 돈을 쉽게 벌기 위해 CFCs를 미국으로 밀수입하기 시작했다. 중국과 인도, 러시아에서 이 기체들을 만드는 데에는 1파운드당 2달러 정도밖에 들지 않지만, 미국 내 암시장에서는 20달러 혹은 그보다 높은 가격에 팔렸다고 한다. 1990년대 후반에 미국으로 매년 밀수입되는 불법 CFCs가 1만 톤에 이르렀는데, 주로 플로리다주와 텍사스주를 통해 들어왔다. 마이애미에서는 CFCs가 코카인 다음으로 암시장에서 이문이 가장 많이 남는 밀수품이다.

로버트 피츠로이.

8장 | 기상 전쟁

360쪽 **비글호 함장이던 로버트 피츠로이** 비글호 항해를 후원한 사람들이 찰스 다윈을 비글호의 박물학자로 선택한 것은 동식물에 대한 안목을 높이 사서 그런 것이 아니었다. 그보다는 교양 있는 신사라는 점을 높이 샀는데, 항해 동안 피츠로이 함장에게 좋은 대화 상대가 될 것이라고 생각했기 때문이다. 이것은 단지 피츠로이에게 편의를 제공하기 위해 그런 것만은 아니었다. 비글호의 이전 함장이 오랫동안 대화 상대 없이 항해하다가 정신 이상이 생겨 결국 자살한 일이 있었기 때문이다.

피츠로이는 나중에 영국 해군에서 점점 높은 자리로 승진하면서 날씨 예측에 더 많은 노력을 기울였는데, 그러면서 폭풍이 예측되는 날에는 소형 어선의 출항을 금지함으로써 영국 기업인들 사이에 많은 적을 만들었다.(어부들은 물론 그를 영웅으로 칭송했다.) 하지만 항해 동안 다윈은 우울증이라는 검은 개들이 피츠로이를 물어뜯지 못하게 할 수 있었지만(영어로 black dog는 '우울증'이란 뜻이 있다.—옮긴이), 안타깝게도 피츠로이는 그 개들을 영원히 피할 수 없었고, 결국 1865년에 자살했다. 아이러니하게도 다윈도 피츠로이의 죽음에 어느 정도 영향을 미쳤을지 모른다. 피츠로이는 신앙심이 아주 깊었는데, 자신의 배에서 자신의 지휘를 받던 사람이 세상에 다위니즘이라는 재앙을 풀어놓았다는 사실에 늘 죄책감을 느꼈다.

371쪽 **이상 기체 법칙의 마술** 기체의 법칙이 날씨에 어떻게 영향을 미치는지 보여주는 또 하나의 예는 천둥이다. 번개 섬광은 주변 공기의 온도를 급격하게 높인다. 그러면 공기의 부피가 급팽창하면서 엄청난 소음을 만들어낸다. 번개는 온도가 아주 높기 때문에(태양 표면 온도보다 5배나 높은 약 3만 ℃), 번개 주변의 공기는 핵폭발 때 나타나는 초가스 상태인 플라스마로 변한다.

385쪽 **난류라고 부른다** 난류는 과학에서 아주 까다로운 주제 중 하나로 유명하다. 2000년, 클레이수학연구소는 난류를 지배하는 방정식(나비에-스토크스 방정식)을 푸는 데 진전을 이룬 사람에게 100만 달러의 상금을 내걸었다. 아직까지 상금을 타간 사람은 없고, 가까운 시일 내에 그런 사람이 나타날 것 같지도 않다. 양자 물리학자 베르너 하이젠베르크Werner Heisenberg는 1976년 임종 직전에 자신이 하느님을 만나면 두 가지 질문을 할 것이라고 말했다고 한다. 하나는 왜 우주의 대규모 구조는 상대성 이론의 지배를 받는가 하는 질문이고, 또 하나는 공기와 물 같은 유체는 흘러갈 때 왜 난류로 변하는가 하는 질문이었다. 그러고 나서 하이젠베르크는 이렇게 속삭였다. "나는 하느님이 첫 번째 질문에 대한 답은 알고 있으리라고 생각한다."

397쪽 **그 소리가 우리 귀로 들어오는 것이다** 분명히 해두는데, 말한 사람의 입에서 떠난 공기 분자들 자체가 방을 가로질러서 우리 고막에 충돌하는 것은 아니다. 소리는 바람이 아니다. 각각의 충돌은 최초의 분자들이 가졌던 '에너지'를 전달하는 것에 불과하다.(물론 카이사르의 마지막 숨과 마찬가지로 말한 사람의 입에서 나온 공기 분자들 중 일부는 공기 중에서 퍼져나가면서 결국 우리 귀에 도달할 것이다. 하지만 처음에 내뱉은 소리가 사라지고 나서 한참 지난 뒤에야 도착할 것이다.)

400쪽 **아주 강한 소리** 1883년에 크라카토아 화산이 폭발했을 때, 그 폭발 소리는 160km 이상 떨어진 곳에 있던 선원 여러 명의 고막을 찢어놓았고, 그 압력파는 5일 동안 지구 주위를 계속 돌았다. 그 소리는 더 이상 들을 수 없었지만, 토론토와 런던처럼 아주 먼 곳에 있는 도시들에서도 34시간마다 기압계에 요동이 계속 기록되었다.(34시간은 소리가 지구 주위를 한 바퀴 도는 데 걸리는 시간이다.)

401쪽 **1944년에 처음 음파 통로 물리학 개념을 생각해냈다** 유잉은 바다에서도 음파 통로를 발견했다. 바닷물은 깊이 들어갈수록 더 차가워지는데, 소리는 더 차가운 유체 속에서는 속도가 느려진다. 하지만 물속에서 소리의 전파 속도에 영향을 미치는 요인은 그것 말고도 여러 가지가 있다. 예컨대 밀도와 염분이 있는데, 이 둘은 수심이 깊을수록 커진다. 그래서 계산이 아주 복잡해지지만, 결과만 말하자면 소리는 맨 위층과 맨 아래층에서 가장 빨리 전달되고, 약 900m 깊이에서 가장 느리게 전달된다. 그래서 대양에서 소리는 이 깊이를 향해 마치 자석에 끌리듯이 구부러지는 경향이 있다.

유잉은 바다의 음파 통로가 바다에서 실종된 파일럿을 구조하는 데 도움을 줄 것이라고 생각했다. 대양 위를 비행하는 파일럿에게 추락할 경우에 대비해 탁구공만 한 금속 구를 갖고 가게 한다. 바다에 떨어진 금속 구는 아래로 가라앉는데, 수심 900m에 도달할 때까지는 짜부라지지 않을 만큼 충분히 두껍다. 하지만 이 깊이에 도달하면, 금속 구는 안쪽으로 짜부라지면서 폭죽 터지는 소리만큼 큰 소리를 낸다. 그 정도라면 별로 대단한 소리처럼 보이지 않지만, 음파 통로가 그 소리를 아주 크게 증폭시킨다. 그리고 특수 음파 부표로(마이크로폰을 줄에 매달아 파도 아래로 수심 900m까지 내려뜨림으로써) 그 소리를 감지할 수 있다. 여러 부표에서 감지한 신호를 삼각법으로 계산하면, 파일럿의 좌표를 알아낼 수 있다.

말이 난 김에 덧붙이자면, 많은 생물학자는 혹등고래가 수천 킬로미터 밖에 있는 형제들과 소통하기 위해 노래를 부를 때 음파 통로를 이용한다고 생각한다.

9장 | 외계 행성의 공기

412쪽 **지옥에나 가라고** 지옥에 관한 이야기를 조금 더 해보자. 「요한 묵시록」 21장 8절에 따르면, 지옥에는 불과 유황이 타오르는 못이 있는데, 유황은 녹은(즉, 액체 상태의) 황이다. 황은 444°C까지만 액체 상태로 존재하기 때문에, 이론적으로 지옥은 금성보다 덜 뜨겁다.

금성의 상황은 추가로 지옥보다 더 나빠진다. 성경은 또한 「이사야서」 30장 26절에서 달빛이 햇빛처럼 될 것이라고 말한다. 또, "햇빛은 일곱 배나 밝아져 이레 동안의 빛을 한데 모은 듯하리라."라고 덧붙인다. 다시 말해서, 하늘은 태양 50개가 있는 것만큼 밝아진다는 뜻이다. 태양만큼 밝은 달 하나와 49배가 밝아진 태양이 있으니까 말이다. 행성 온도는 햇빛의 양이 증가하면 금방 오르기 때문에(네제곱에 비례해), 이 해석에 따른 금성의 하늘 온도는 538°C에 이르러 지옥보다 더 뜨거운 곳이 된다!

이 개념은 내가 생각해낸 것이 아니다. 완전한 원문은 Ron DeLorenzo, "When Hell Freezes Over," *Journal of Chemical Education*, volume 76 (1999), 503쪽을 참고하라.

417쪽 **1868년에 태양에서 헬륨을 발견한 것도** 아마도 여러분은 설마 이 책이 창자 속의 기체를 한 번 더 다루지 않고 끝나리라고는 생각하지 않았을 것이다. 그렇지 않은가? 인터넷에 따르면, 피에르 쥘 세자르 장센(1868년에 태양에서 헬륨을 발견한 천문학자 중 한 명)이 집에서 기르던 개를 대상으로 헬륨을 실험했다고 한다. 개에게 헬륨을 마시게 하고, 심지어 헬륨으로 관장도 몇 번 시켰다고 한다.(그로 인해 개의 방귀 소리가 높고 새된 소리로 나왔을까 하는 질문은 여러분에게 숙제로 남기겠다.) 하지만 1895년에 가서야 램지가 지구에서 이 기체를 분리했고, 그것도 극소량을 분리하는 데 그쳤다는 점을 고려하면, 이 이야기는 사실일 가능성이 희박하다.

말이 난 김에 덧붙이자면, 아폴로 우주 계획에 참여한 의사들은 우주 비행사들의 고창을 관찰하느라 많은 노력을 쏟아부었다. 그렇게 한 이유 중 일부는 호기심에서였는데, 무중력 상태가 소화에 어떤 영향을 미칠지 몰랐기 때문이다. 또 일부 이유는 두려움 때문이었는데, 압력이 낮은 우주 환경에서 내부의 기체 덩어리가 우주 비행사의 배에 구멍을 뚫을지 뚫지 않을지 몰랐기 때문이다. 결과는 염려할 필요가 없는 것으로 나타났다. 기압이 낮은 곳(지구의 산악 지역을 포함해)에서 사는 사람들은 방귀를 훨씬 쉽게 뀐다.(산악인들은 가끔 '로키 산맥의 휘파람 거미'를 만난 이야기를 한다.) 하지만 자신의 몸에 해를 끼칠 만큼 격렬한 방귀를 뀌지는 않는다.

421쪽 **온갖 종류의 복잡한 종교적 질문을 제기한다** 한 가지 질문은 종교적 믿음에 관한 것이다. 외계 지능 생명체가 발견되면, 신과 사후 세계에 대한 믿음이 약해질까? 그 답은 해당 종교의 교리에 따라 다르다. 세계의 주요 종교 중에서 힌두교와 불교는 외계인 문제와 관련해 가장 유리한 위치에 있는 것처럼 보이는데, 두 종교는 다른 행성에 생명체가 살 수 있다는 개념을 적극적으로 지지하기 때문이다. 이와 비슷하게 이슬람교는 지적 존재가 다른 곳에도 존재할 수 있다고 시사한다. 다만, 그들도 이슬람교를 믿어야 하는지는 분명하게 이야기하지 않는다. 유대교는 외계인의 존재를 다소 터무니없는 것으로 취급하는 것 같다.

아마도 가장 큰 혼돈에 빠질 종교는 기독교일 것이다(모르몬교처럼 일부 친외계인 교파는 제외하고서). 일부 가톨릭 학자들은 외계인 개념을 지지하지만, 대다수 기독교 교파들은 지지하지 않는다. 특히 복음주의와 근본주의 교파들이 대표적이다. 외계인 개념은 사실 상당히 골치 아픈 신학적 문제를 야기한다. 예를 들면, 원죄에 관한 문제뿐만 아니라, 우주 전체에 존재하는 모든 지적 존재가 구원을 받아 하늘나라로 여행을 해야 하는가 하는 문제가 생긴다. 어쩌면 다른 지적 존재는 자동적으로 하늘나라로 가는지도 모른다. 하지만 그렇다면 하늘로 올라가야 하는 노고를 치러야 하는 지구인만 불공평하게 불이익을 받는 셈이다.

422쪽 **무려 500°C나 끌어올린다** 이 수치에 고개를 갸웃하는 독자가 있을지 모르겠다. 앞에서 나는 금성 표면의 온도가 460°C라고 말했다. 여기서 온실가스가 끌어올린 온도 500°C를 빼면, -40°C가 나온다. 나는 또 온실가스가 없다면 지구의 온도는 -18°C가 될 것이라고 말했다. 금성이 지구보다 태양에 평균 약 4200만 km나 더 가까운데, 어떻게 이런 일이 일어날 수 있을까? 그 이유는 금성이 솜털 같은 흰색 황산 구름으로 뒤덮여 있기 때문이다. 이 구름이 많은 햇빛을 반사해 우주 공간으로 되돌려보냄으로써 금성의 온도를 낮춘다. 지구에는 황산 구름이 없어 더 따뜻한 온도를 유지할 수 있다. 그렇다 하더라도 요점은 변하지 않는다. 지구가 온실가스 덕분에 얻는 여분의 온도는 수십 도에 불과하지만, 금성은 수백 도나 된다.

425쪽 **증발이 더 일어나고, 이런 식으로 악순환이 이어진다** 이것은 반대 효과도 약간 수반한다. 증발 피드백 고리는 수증기를 더 많이 만듦으로써 구름도 더 많이 만드는데, 구름은 햇빛을 우주로 반사해 기온을 약간 낮추는 경향이 있다. 반면에 따뜻한 공기는 바다를 따뜻하게 하는데, 수온이 조금만 따뜻해져도 메탄을 함유한 특정 얼음이 녹는 속도를 높인다. 이렇게 해서 얼음에서 빠져나온 메탄 기체는 지구의 온도를 더 높이는 효과를 발휘한다. 따라서 전체적인 효과는 아주 복잡하다. 실제로 이러한 복잡성과 2차 효과 때문에 정확한 기후 모형을 만들기가 아주 어렵다. 한 가지 변수만 바꿔도 나머지 십여 가지 변수에 영향을 미치게 된다.

429쪽 **화성이나 달의 환경을 개조해야 한다** 거대한 돔을 건설하고 그 안에서 살아가는 방법으로 화성이나 달을 식민지로 만들 수 있지 않느냐고 생각하는 사람들이 있을 것이다. 1990년대 초에 이 개념을 검증하기 위해 과학자 8명이 애리조나주에 건설된 바이오스피어 안에 들어가 밀폐 생활을 한 적이 있다. 하지만 이 실험은 생각대로 잘 굴러가지 않았다. 그들은 몇 년 동안은 잘 버텼지만, 그 시간이 지나고 나자 돔 내부의 산소 농도는 지구의 정상 농도(21%)에서 사람이 숨 쉬기에 어려움을 겪는 17%로 떨어졌다. 2만 7000kg의 산소가 사라졌는데, 아마도 흙 속에 사는 세균의 뱃속으로 들어갔을 것이다. 이산화탄소 농도도 요동쳤는데, 돔 내부의 콘크리트 구조물이 이산화탄소를 흡수하는 경향이 있었기 때문이다. 이 실험에서 얻은 교훈은 기체는 밀폐된 컨테이너 속에서도 계속 붙들어두기가 매우 어렵다는 것이다. 혜성을 수입하는 편이 더 쉬운 해결책일지 모른다!

참고 문헌

Allaby, Michael. *Atmosphere: A Scientific History of Air, Weather, and Climate*. New York: Facts on File, 2009.

Almqvist, Ebbe. *History of Industrial Gases*. New York: Kluwer Academic/Plenum Publishers, 2003.

Canfield, Donald E. *Oxygen: A Four Billion Year History*. Princeton, NJ: Princeton University Press, 2014.

Fenster, Julie. *Ether Day*. New York: Harper Perennial, 2002.

Fisher, David. *Much Ado about (Practically) Nothing: A History of the Noble Gases*. New York: Oxford University Press, 2010.

Greenberg, Arthur. *From Alchemy to Chemistry in Picture and Story*. Hoboken, NJ: John Wiley & Sons, 2007.

Hazen, Robert M. *The Story of Earth: The First 4.5 Billion Years, from Stardust to Living Planet*. New York: Viking, 2012.

Jay, Mike. *The Atmosphere of Heaven*. New Haven, CT: Yale University Press, 2009.

머리말 | 마지막 숨

Dando-Collins, Stephen. *The Ides: Caesar's Murder and the War for Rome*. New York: John Wiley & Sons, 2010.

Goldsworthy, Adrian. *Caesar: Life of a Colossus*. New Haven, CT: Yale University Press, 2008.

Parenti, Michael. *The Assassination of Julius Caesar*. New York: The New Press, 2003.

1부 공기의 탄생: 최초의 네 가지 대기

1장 | 지구의 초기 공기

Carson, Rob. *Mount St. Helens*. Seattle, WA: Sasquatch Books, 2000.

Findley, Rowe. "Mountain with a Death Wish," *National Geographic* 159, no. 1 (1981): 3–33.

Mastrolorenzo, Giuseppe et al. "Lethal Thermal Impact at Periphery of Pyroclastic Surges: Evidences at Pompeii," PLoS ONE 5, no. 6 (June 2010): 1–12, http://journals.plos.org/plosone/article?id=10.1371/journal.pone.0011127

Rosen, Shirley. *Truman of St. Helens*. Seattle, WA: Madrona Publishers, 1981.

Stylianidis, Nearchos, Olorunfunmi Adefioye-Giwa, and Zane Thornley. "Complete Vaporisation of a Human Body," *Journal of Interdisciplinary Science Topics* 2, no. 1 (2013): 1–4.

____. "Human Body Vaporisation," *Journal of Interdisciplinary Science Topics* 2, no. 1 (2013): 1–3.

Zahnle, Kevin, Laura Schaefer, and Bruce Fegley. "Earth's Earliest Atmospheres," *Cold Spring Harbor Perspectives in Biology* 2, no. 10 (October 2010): 1–17.

못다 한 이야기 | 폭발하는 호수

Baxter, Peter J., M. Kapila, and D. Mfonfu. "Lake Nyos Disaster, Cameroon, 1986," *British Medical Journal* 298, no. 5 (1989): 1437–1441.

Kling, George W. "The 1986 Lake Nyos Gas Disaster in Cameroon, West Africa," *Science* 236, no. 4798 (1987): 169–175.

Krajick, Kevin. "Defusing Africa's Killer Lakes," *Smithsonian* 34, no. 6 (2003): 46–50.

Scarth, Alwyn. *Vulcan's Fury*. New Haven, CT: Yale University Press, 1999.

2장 | 공기 중의 악마

Bown, Stephen. *A Most Damnable Invention*. New York: Thomas Dunne Books, 2005.

Craig, Peter. "Mankind in Peace, the Fatherland in War," *New Scientist* 101, no. 1395 (1984): 15–17.

Hager, Thomas. *The Alchemy of Air*. New York: Crown, 2008.

못다 한 이야기 | 산소로 금속을 녹이다

Almqvist, Ebbe. *History of Industrial Gases*. New York: Kluwer Academic/Plenum Publishers, 2003.

3장 | 산소의 저주와 축복

Bell, Madison Smartt. *Lavoisier in the Year One*. New York: W. W. Norton, 2010.

Bygrave, Stephen. "'I Predict a Riot': Joseph Priestley and Languages of Enlightenment in Birmingham in 1791," *Romanticism* 18, no. 1 (2012): 70–88.

Malone, John. *It Doesn't Take a Rocket Scientist*. New York: John Wiley & Sons, 2002.

Poirier, Jean-Pierre, and Rebecca Balinski. *Lavoisier: Chemist, Biologist, Economist*. Philadelphia: University of Pennsylvania Press, 1998.

Rose, R. B. "The Priestley Riots of 1791," *Past & Present* 18, no. 1 (1960): 68–88.

못다 한 이야기 | 자연 발화

Haight, Gordon. "Dickens and Lewes on Spontaneous Combustion," *Nineteenth-Century Fiction* 10, no. 1 (1955): 53–63.

Perkins, George. "Death by Spontaneous Combustion," *Dickensian* 60, no. 342 (1964): 57.

West, John. "Spontaneous Combustion, Dickens, Lewes, and Lavoisier," *Physiology* 9, no. 6 (1994): 276–278.

2부 공기의 이용: 인간과 공기의 관계

4장 | 웃음 가스의 경이로운 작용

Fenster, Julie. *Ether Day*. New York: Harper Perennial, 2002.

Holmes, Richard. *The Age of Wonder*. New York: Pantheon, 2009.

Jay, Mike. *The Atmosphere of Heaven*. New Haven, CT: Yale University Press, 2009.

못다 한 이야기 | 르 페토만

Moore, Alison. "The Spectacular Anus of Joseph Pujol," *French Cultural Studies* 24, no. 1 (2013): 27–43.

Nohain, Jean, and F. Caradec. *Le Pétomane*. London: Souvenir Press, 1992.

Provine, Robert. *Curious Behavior*. Cambridge, MA: Harvard University Press, 2012.

Suarez, F. L., J. Springfield, and M. D. Levitt. "Identification of Gases Responsible for the Odour of Human Flatus and Evaluation of a Device Purported to Reduce this Odour," *Gut* 43, no. 1 (1998): 100–104.

Suarez, F. L., J. K. Furne, J. Springfield, and M. D. Levitt. "Morning Breath Odor: Influence of Treatments on Sulfur Gases," *Journal of Dental Research* 79, no. 10 (2000): 1773–1777.

5장 | 혼돈을 제어하다

Bown, Stephen. *A Most Damnable Invention*. New York: Thomas Dunne Books, 2005.

Marsden, Ben. *Watt's Perfect Engine*. New York: Columbia University Press, 2004.

못다 한 이야기 | 테이 다리 참사

Bessemer, Henry. *Sir Henry Bessemer, F.R.S.: An Autobiography*. London: Offices of Engineering, 1905.

Jeans, William. *The Creators of the Age of Steel*. London: Chapman and Hall, 1973.

Lewis, Peter, and Ken Reynolds. "Forensic Engineering: A Reappraisal of the Tay Bridge Disaster," *Interdisciplinary Science Reviews* 27, no. 4 (2002): 287–298.

6장 | 하늘로 날아오르다

Fisher, David. *Much Ado about (Practically) Nothing: A History of the Noble Gases*. New York: Oxford University Press, 2010.

Fontani, Marco, Mariagrazia Costa, and Mary Virginia Orna. *The Lost Elements*. New York: Oxford University Press, 2014.

Gillispie, Charles Coulston. *The Montgolfier Brothers and the Invention of Aviation*. Princeton, NJ: Princeton University Press, 1983.

Holmes, Richard. *Falling Upwards: How We Took to the Air*. New York: Pantheon, 2013.

Wolfenden, John. "The Noble Gases and the Periodic Table," *Journal of Chemical Education* 46, no. 9 (1969): 569–575.

못다 한 이야기 | 어둠을 환히 밝히는 빛

Dewdney, Christopher. *Acquainted with the Night*. New York: Bloomsbury USA, 2008.

Ekirch, A. Roger. *At Day's Close: Night in Times Past*. New York: W. W. Norton, 2006.

Tomory, Leslie. *Progressive Enlightenment*. Cambridge, MA: MIT Press, 2012.

3부 프런티어: 새로운 하늘

7장 | 죽음의 재

Boese, Alex. *Electrified Sheep*. New York: Thomas Dunne Books, 2012.

Mahaffey, James. *Atomic Accidents*. New York: Pegasus, 2015.

National Park Service, "The Archaeology of the Atomic Bomb," Chapters One, Two, Three, and Five. http://www.nps.gov/parkhistory/online _books/swcrc/37/contents.htm. Accessed November 4, 2015.

Rhodes, Richard. *The Making of the Atomic Bomb*. New York: Simon & Schuster, 1988.

Simon, Steven, André Bouville, and Charles Land. "Fallout from Nuclear Weapons Tests and Cancer Risks," *New Scientist* 94, no. 1 (2006): 48–56.

Smith-Norris, Martha. "'Only as Dust in the Face of the Wind': An Analysis of the BRAVO Nuclear Incident in the Pacific, 1954," *Journal of American–*

East Asian Relations 6, no. 1 (1997): 1–34.
Welsome, Eileen. *The Plutonium Files*. New York: Dial Press, 1999.
Winkler, Allan. *Life Under a Cloud*. Champaign: University of Illinois Press, 1999.

못다 한 이야기 | 아인슈타인과 국민 냉장고

Bryson, Bill. *A Short History of Nearly Everything*. New York: Broadway Books, 2004.
Dannen, Gene. "The Einstein-Szilard Refrigerators," *Scientific American* 276, no. 1 (1997): 90 –95.
Illy, József. *The Practical Einstein*. Baltimore: Johns Hopkins University Press, 2013.
Trainer, Matthew. "Albert Einstein's Patents," *World Patent Information* 28, no. 2 (2006): 159–165.

8장 | 기상 전쟁

Fleming, James R. "The Climate Engineers," *Wilson Quarterly* (Spring 2007): 46–60.
Gleick, James. *Chaos*. New York: Penguin, 1987.
Langmuir, Irving. "Control of Precipitation from Cumulus Clouds by Various Seeding Techniques," *Science* 112, no. 2898 (1950): 35–41.
Lorenz, Edward. *The Essence of Chaos*. Seattle: University of Washington Press, 1995.

못다 한 이야기 | 로스웰 대소동

McAndrew, James. "The Roswell Report," Air Force Historical Studies Division, 1995. http://www.afhso.af.mil/shared/media/document/AFD-101027-030.pdf. Accessed November 4, 2015.
Muller, Richard. *Physics for Future Presidents*. New York: W. W. Norton, 2009.
Pretor-Pinney, Gavin. *The Wave Watcher's Companion*. New York: Penguin, 2011.

9장 | 외계 행성의 공기

Bennett, Jeffrey. *Beyond UFOs*. Princeton, NJ: Princeton University Press, 2010.
Kasting, James, and David Catling. "Evolution of a Habitable Planet," *Annual Review of Astronomy and Astrophysics* 41, no.1 (2003): 429–463.

찾아보기

ㅎ

A~Z

숫자

옮긴이 이충호

서울대학교 사범대학 화학과를 졸업했다. 지금은 교양 과학도서의 번역가로 활동하고 있다. 『신은 왜 우리 곁을 떠나지 않는가』로 제20회 한국과학기술도서(대한출판문화협회) 번역상을 수상했다. 옮긴 책으로는 『사라진 스푼』 『바이올리니스트의 엄지』 『뇌과학자들』 『잠의 사생활』 『그러므로 나는 의심한다』 『경영의 모험』 『동물의 생각에 관한 생각』 『진화심리학』 『원소의 이름』 『돈의 물리학』 『변화는 어떻게 일어나는가』 등이 있다.

카이사르의 마지막 숨

1판 1쇄 2021년 8월 30일
1판 3쇄 2022년 12월 21일

지은이 샘 킨
옮긴이 이충호
펴낸이 김정순
편집 조장현 허영수 이보영
디자인 이강효
마케팅 이보민 양혜림 정지수

펴낸곳 (주)북하우스 퍼블리셔스
출판등록 1997년 9월 23일 제406-2003-055호
주소 04043 서울시 마포구 양화로 12길 16-9(서교동 북앤빌딩)
전자우편 henamu@hotmail.com
홈페이지 www.bookhouse.co.kr
전화번호 02-3144-3123
팩스 02-3144-3121

ISBN 979-11-6405-129-8 03400